Artificial Intelligence

人工智能基础

主　编　尹宏鹏

副主编　张　可　屈剑锋　刘　切

1011 1100 1010 11110 00001 0100 1001 1111 11110 0000

AI

重庆大学出版社

内容提要

本书系统地梳理了人工智能知识体系，并对人工智能领域的核心基础和算法及应用技术进行了深入细致的介绍。全书共12章。第1—5章介绍人工智能的核心基础；第6—9章讲解人工智能领域代表性算法；第10—12章讨论人工智能的几个主要应用研究方向。书中各章均配有习题，便于教师教学和学生自学。

本书可作为高等院校计算机、自动化及相关专业的本科生或研究生教材，也可作为对人工智能感兴趣的研究人员和工程技术人员的参考用书。

图书在版编目(CIP)数据

人工智能基础/尹宏鹏主编. --重庆：重庆大学出版社，2023.1

(人工智能丛书)

ISBN 978-7-5689-3738-2

Ⅰ.①人… Ⅱ.①尹… Ⅲ.①人工智能 Ⅳ.①TP18

中国国家版本馆CIP数据核字(2023)第011211号

人工智能基础

主 编 尹宏鹏

副主编 张 可 屈剑锋 刘 切

策划编辑：杨粮菊

责任编辑：姜 凤 版式设计：杨粮菊

责任校对：邹 忌 责任印制：张 策

*

重庆大学出版社出版发行

出版人：饶帮华

社址：重庆市沙坪坝区大学城西路21号

邮编：401331

电话：(023) 88617190 88617185(中小学)

传真：(023) 88617186 88617166

网址：http://www.cqup.com.cn

邮箱：fxk@cqup.com.cn (营销中心)

全国新华书店经销

重庆天旭印务有限责任公司印刷

*

开本：787mm×1092mm 1/16 印张：17 字数：427千

2023年1月第1版 2023年1月第1次印刷

印数：1—2 000

ISBN 978-7-5689-3738-2 定价：59.00元

前言

人工智能(Artificial Intelligence)正在迅速改变世界。简单而言,人工智能是将诸如计算机这样高精度的机器拥有如人一般的思维模式并能够应用和改进。人工智能具有的感知、学习、思维、决策等能力远远突破了以往任何特定的算法或复杂功能,特别是在大数据分析、模式识别、博弈、超大规模信息检索、高精度控制等方面,执行复杂任务能力已经超越了普通的人类——并将持续地反馈、改进、更新,呈现出生机勃勃的进化特性。

近年来,人工智能科学和性能的显著提升促进了一系列的技术革新,包括自动驾驶汽车、物联网设备、智能化工厂、脑机接口等被广泛应用。有大量的成功案例证明了人工智能的价值,如将机器学习和认知交互融合到传统业务流程和应用程序中可以极大地改善用户体验并提高生产力,无论是在工业、商业、医疗卫生、交通、通信网络还是在环境保护方面均因此受益匪浅。

人工智能本身是关于知识的学科,涉及自然科学和社会科学的多领域理论与方法,许多前所未闻的技术不断涌现,如机器学习、区块链、云计算、计算机视觉等。尽管有很多思想家在若干世纪前就预言了当今人工智能的可能性,然而这大多基于浪漫的空想,没有三次工业革命的积淀、没有现代知识的高速增长,很难想象人工智能会有怎样的前世今生。

受益于人工智能带来的巨大便利(也面临着新技术开发和使用赋予的潜在挑战与风险),“什么是人工智能?”“人工智能包含什么内容?”“人工智能能够做什么?”,这些问题的答案让顶尖科学家和普通民众都为之好奇并孜孜以求。

幸而有众多先贤为我们指引道路,约翰·麦卡锡认为,人工智能“以人类行为被称为智能的方式”让机器进行运作;马文·明斯基也指出,人工智能使机器胜任“如果由人类来做,则需要智能”的事情,而克劳德·艾尔伍德·香农更是将博弈思想引入计算机中,通过观察、记忆和分析进行预测。这些思想无疑为人们深入地理解和应用人工智能技术、实现“让机器友好、高效、道德的试图发现和实现解决方案的计算手段”提供了理论基础。

本书立足于前述3个问题，在参考了大量国内外书籍和文献的基础上深入思考，针对人工智能的基本概念、知识体系、方法应用进行梳理和整理。不同于纯数理类和计算机科学类教材，本书注重理论与实用紧密结合，并强调应用性和实践性，努力把同行以及在实践中的经验体会融入其中。尽管本书按照一般高等教育专业教材的方式进行组织，每章末给出了简单的思考与习题，但是读者不必拘泥于书中的理论与例题，我们鼓励读者自己结合对理论的理解，利用实际对象、问题、数据去实践这些方法。

本书第1、5、9章由尹宏鹏教授编写，第2、6、10章由张可教授编写，第3、7、11章由屈剑锋副教授编写，第4、8、12章由刘切副教授编写。本书由尹宏鹏教授统稿、张可教授总体校对。特别感谢汤鹏、刘洋、金邦、朱莹莹、廖城霖、赵丹丹、钟锦涛、易旻涵等多位研究生在本书绘图、修改、校对等工作中的辛勤劳动。

限于编者的学识水平，书中难免会存在疏漏和不足之处，敬请广大读者批评指正。

编　者

2022年10月

目录

1 绪　论

1.1 人工智能的定义与发展

1.1.1 人工智能的定义

关于人工智能的相关研究已有60多年之久，但早期的学术界并未给出明确的人工智能的概念。"计算机之父"艾伦·图灵利用"机器是否能思考"的问题去替代，提出了判断机器是否具有智能的方法，那就是让机器完成"图灵测试"。测试让被测机器去和正常思维的人进行交流和沟通，如果在所选的测试者中有30%的人相信与自己交流的对方是人，那么这台机器则可称为"具有智能"。在这种假设下的智能机器，能够在多种环境下自主且有一定的组织交互形式，执行拟人任务。

美国斯坦福大学人工智能研究中心的尼尔逊教授给出对人工智能的定义：人工智能是关于知识的学科，是怎样表示知识以及怎样获取知识并使用知识的科学。人工智能被划分为两大类：强人工智能和弱人工智能。我们通常认为强人工智能有可能制造出真正能推理和解决问题的智能机器，这样的机器是有知觉、有自我意识的。强人工智能又被划分为两大类：一类是类人的人工智能，即机器的思考和推理类似于人类思维；另一类是非类人的人工智能，即机器产生不同于人类的知觉和意识，使用不同于人类的推理方式。弱人工智能被认为不可能制造出真正能推理和解决问题的智能机器，这些机器看起来是智能的，但并不真正拥有智能，也不会有自主意识。强人工智能的研究方面始终没有很大的进展，这是因为实现难度较大。而弱人工智能从严格意义上讲，并不真正拥有智能，因为弱人工智能并没有思维意识，只能按照编写好的程序进行相应的工作。与强人工智能相比，弱人工智能得到了较快发展，目前人工智能的发展也主要是围绕弱人工智能进行的。

人工智能基于人脑思维的不同层次进行研究，分化成符号主义、连接主义和行为主义3种主流学派。符号主义即传统的人工智能，以Newell和Simon的物理符号系统假设为理论基础。物理符号系统假设认为，物理符号系统以一组符号实体的形式表现，物理模式能够使其在符号结构实体中作为组分，通过建立、复制、修改或删除等操作生成其他符号结构，因此是智能行为的充要条件;而连接主义就非程序的、适应性的、大脑的信息处理本质和功能,研究神经网络的机理、模型、算法,从大脑神经系统结构分析大量简单神经元信息处理能力和动态行为。由于侧重于模拟实现认知过程的感知、形象思维、分布式记忆和自组织、自学习过程,适合大部分低层次的模式处理;行为主义将神经系统的运作原理与信息论、控制论、逻辑以及计算机相连,研究自优化、自适应、自校正、自镇定、自组织、自学习等控制论系统过程中的智能行为和作用。目前人工智能主要研究运用知识求解问题,是一种以知识为对象,研究知识表示、运用、获取方法的知识工程学学科。①

1.1.2　人工智能的起源与发展

自19世纪起,诸如数理逻辑、自动机理论、控制论、信息论、仿生学、计算机和心理学等学科的充分发展为人工智能的诞生提供了思想、理论和物质基础。乔治·布尔(George Boole)于1847年出版的《Mathematical Analysis of Logic》中,首次运用符号语言对思维活动的基本推理法则进行描述;1854年出版的《思维规律的研究》一书中创立了布尔代数。库尔特·哥德尔(Kurt Godel)提出了不完备性定理。艾伦·图灵创立了自动机理论。McCulloch和Pitts于1943年共同提出M-P神经网络模型,这是人工神经网络研究的开端。诺伯特·维纳(Noebert Wiener)于1948年提出控制论,同年克劳德·香农提出信息论(史忠植,1998)。

在1956年达特茅斯学会上,"人工智能"一词首次被科学家们提出,是科学家们用来讨论机器模拟人类智能的专业术语。人工智能发展的60多年来,具体可分为以下5个阶段。

1)萌芽阶段

1950年,"人工智能之父"马文·明斯基(Marvin Lee Minsky)建造了世界上第一台神经网络计算机,被看作人工智能的一个起点。英国数学家艾伦·图灵同年发表了《计算机器与智能》(*Computing Machinery and Intelligence*)一文中提出机器可以思考的论述,并设计了图灵测试,同时预言了开发真正具有智能机器的可行性,成为人工智能哲学的重要组成部分。因此,人工智能的思想开始萌芽,为人工智能的诞生奠定了基础。其间相继出现了很多显著成果,如机器定理证明、跳棋程序、通用问题、求解程序、LISTP表处理语言等。

2)诞生起步阶段

计算机学家约翰·麦卡锡(John McCarthy)在1956年的美国达特茅斯大学会议上提出了"人工智能"一词,人工智能的名称和任务得以确定,于是出现了最初的成就和最早的一批研究者,并创立了人工智能这一研究方向和学科,人工智能正式诞生。当时,人工智能的研究方向主要集中在博弈、翻译以及定理的证明等。心理学家赫伯特·西蒙(Herbert Alexander Simon)和艾伦·纽厄尔(Allen Newell)同年也在定理证明上取得了突破,开启了通过计算机程序模拟人类思维的道路。1958年,约翰·麦卡锡开发了Lisp语言,这是人工智能研究中最受欢迎且青睐的编程语言之一。亚瑟·塞缪尔(Arthur Samuel)在1959年提出编程计算机能比人更好地进行国际象棋游戏,并提出了"机器学习"一词。

随后在20世纪60年代初期,人工智能取得了迅速发展,出现了新的编程语言、机器人和

① 参见史忠植.高级人工智能[M].北京:科学出版社,1998.

自动机。计算机学家詹姆斯·斯拉格(James Slagle)在1961年开发了SAINT(符号自动积分器),它是一个启发式问题解决方案,重点是新生微积分中的符号整合。计算机学家丹尼尔·鲍博罗(Daniel Bobrow)于1964年创建了STUDENT,一个用Lisp语言编写的早期AI程序,解决了代数词问题,通常被认为是人工智能应用于自然语言处理的早期里程碑。1965年,计算机学家约瑟夫·维岑鲍姆(Joseph Weizenbaum)开发了ELIZA交互式计算机程序,实现了英语的交谈功能。1966年第一个通用移动机器人Shakey由Charles Rosen等人制造,称为"第一个电子人"。在这段长达十余年的时间里,人工智能被广泛应用于数学和自然语言领域,以解决代数、几何和语言等问题,也让很多研究学者看到了机器向人工智能发展的可能。

3)低谷萧条阶段

在1967年至20世纪70年代初期,当科学家试图对人工智能进行深层探索时,发现人工智能的研究遇到大量当代技术理论无法解决的问题。该阶段主要有3个方面的问题:其一,计算机性能的不足导致很多程序无法在人工智能领域得到应用;其二,问题的复杂性,早期人工智能程序主要解决特定问题,一旦问题维度增多,程序就无法处理;其三,数据量缺失,在当时找不到足够大的数据库支撑程序深度学习,导致机器无法读取足量数据智能化。在1973年的英国科学理事会上,应用数学家詹姆斯·莱特希尔(James Lighthill)对人工智能研究状况作出报告,报告中指出"该领域的任何一部分都没有发现产生的重大影响"。随后各界科研委员会开始停止对人工智能研究的资助,人工智能技术的发展跌入低谷。

4)黄金阶段

在1980年至1987年间,随着理论研究和计算机的快速发展,英、美等国对人工智能重启研究并开始投入大量资金。在1980年,卡内基梅隆大学设计了XCON专家系统,这是一种采用人工智能程序的系统,可以简单理解为"知识库+推理机"的组合,它具有完整的专业知识和经验。随后衍生出像Symbolics、Lisp Machines和IntelliCorp、Aion这样的硬件、软件公司。该时期的专家系统产业价值高达5亿美元。大量研究人工智能的技术人员开发了各种人工智能实用系统,尝试商业化并投入市场,人工智能发展又掀起了一股浪潮。

5)平稳发展阶段

自20世纪90年代中期以来,伴随着人工智能,尤其是神经网络的稳步发展,学术界对人工智能的认知趋于客观理性,人工智能技术开始进入平稳发展时期。1997年5月11日,IBM的"深蓝"计算机系统击败了国际象棋世界冠军卡斯帕罗夫,引发了现象级的人工智能话题讨论,这是人工智能发展的一个重要里程碑。Hinton在2006年取得了神经网络深度学习领域的突破,人类又一次看到机器赶超人类的希望,这是标志性的技术进步。人工智能技术同时不断向大型分布式人工智能、大型分布式多专家协同系统、大型分布式人工开发环境、并行推理、多种专家系统开发工具和分布式环境下的多智能协同系统等方向发展。

总体来说,人工智能先后提出了启发式搜索策略、非单调推理、机器学习等方法,从而取得了一定的研究进展。在人工智能的应用上,尤其是专家系统、智能决策、智能机器人、自然语言处理等方面,以知识信息处理为中心的知识工程仍是人工智能的显著标志。但人工智能目前还较为欠缺,如全局性判断模糊信息、多粒度视觉信息的处理比较困难。

近期,人工智能引爆了一场商业革命。谷歌、微软、百度等互联网巨头,以及众多初创科技公司着眼于人工智能产品,引领了新一轮的智能化潮流。随着技术的日趋成熟和大众的广泛接受,在未来发展中,人工智能技术将会越来越完善,带领人类开创一个新的时代。

1.2 人工智能的研究目标及内容

1.2.1 人工智能的研究目标

围绕“如何实现机器拟人智能”的研究问题，人工智能的研究目标按照机器拟人智能的发展深度和实现功能的不同，一般分为近期目标和远期目标。

1)近期目标

计算机是基于大量数值计算的需求而创造的。在其出现的早期阶段，计算机的工作主要是数值计算，其内部有事先规定的计算法则，数值和运算符号均是人为输入的，故当时的计算机不具有逻辑推理功能，而逻辑推理正是人类主要的智力活动。物理符号系统的提出给计算机模拟人类智能提供了新思路，当计算机和人类使用的物理符号系统一致时，就有可能通过编写程序模拟智能。目前已有的例子有象棋博弈、定理证明、机器翻译等计算机实现的智能功能，但这些计算机程序只能接近于人类智能，且通常只针对某一特定场景，它们所展现的智能水平是非常有限的。

故人工智能的近期目标是研究如何使计算机执行过去需要人类高端智能的复杂任务，基于现有计算机技术去研究模拟人类智能行为的基础理论和基本方法。也就是说，计算机不仅能够完成相对简单的数值计算和非数值信息的数据处理任务，而且能够运用知识和智能，模拟人类智能解决传统方法所不能解决的问题。要实现这一短期目标，以能够模仿人类的智力活动的理论、技术和方法作为支撑，开发出相应的人工智能系统。

2)远期目标

强人工智能作为人工智能的主要研究目标之一，也是人工智能远期目标。强人工智能要求人工智能具备一般智能行为能力，这样的人工智能与知识、意识、感性和自觉等人类智能特征相联系，能够自动推理决策、自动规划、知识表示、学习以及使用自然语言沟通。故要实现强人工智能，需要研究智能的基本机理，研究如何去模拟人类的思维活动和智能行为，构建智能系统，实现更好的智能效果。由于目前对人类思维活动和智力行为的相关研究还不够彻底，且模仿问题的本质和机制本就是一个难点，因此远期目标是当前人工智能技术远不能达到的。

1.2.2 人工智能研究的基本内容

人工智能广泛包含了数学、计算机科学、信息控制论、神经学、心理学等多门学科知识，是一门交叉性、边缘性的学科。研究人工智能来开发模拟和延展人类智能的理论、方法、技术以及实际应用，涵盖了专家系统、语音识别、自然语言处理、机器学习和知识获取等研究内容，致力于使机器完成原本需要人类高端智能的复杂任务。

1)专家系统

专家系统是人工智能领域中最重要也是最活跃的研究内容之一。它是把人工智能从理论研究转化到实际应用上，实现了由一般推理策略转向专门知识的突破。在专家系统下，计算机能够根据某个领域一个以上的专家知识和经验，通常这个领域知识库具有很高的可维护性,专家系统模拟专家的分析决策过程,从而完成综合分析与推理判断。专家系统通常采用知识表示和知识推理来处理领域专家才能解决的问题。

2)语音识别

语音识别是让机器识别和理解采集到的语音信号,把语音转换为相应的文本或者命令,语音是口语场景下的自然语言信息,同样具有自然语言的不确定性、环境相关性、上下文相关性的特点,且口语的语种、发音方式、语调、语速等通常存在较多差异,这就要求语音识别器的训练,因此包含了特征提取、模式匹配准则和模型训练 3 个方面。语音识别一般从声波分析中提取单词的发音单元相关特征,再套用模型,匹配发音单元序列与单词序列,从而生成可读文本命令。按照识别对象的不同,语音识别又可分为孤立词识别、关键词识别以及连续语音识别。语音识别常应用于语音输入系统、语音控制系统和智能对话查询系统等。

3)自然语言处理

自然语言是相对于 C 语言、Java 语言等人造语言的概念,自然语言处理研究的是实现人机之间使用自然语言沟通交流的理论方法,人工智能在自然语言处理中,要求实现理解问题、回答问题、生成摘要、阐释意义、机器翻译的功能。自然语言具有口语和书面语的表现形式,在研究自然语言处理问题时,获取不同形式、场景的各类自然语言处理数据集是研究基础。自然语言处理是一个关于计算机科学、人工智能、人机交互的领域,因为自然语言具有多义、模糊、非系统、上下文相关、环境相关、理解与应用目标相关等特性,所以它的技术难点表现在对单词的边界界定、语义的消除歧义、句法的模糊处理、不规则输入的处理和语言行为等问题上。研究自然语言处理利于寻找强人工智能的实现途径,进一步探究“智能”的本质,深化对人类语言能力和思维的认识。

4)机器学习

从人类的学习活动中,能够发现人类在学习过程中可以通过实践经验的归纳总结,完成对抽象理论的理解和学习,并在理论上进行推导活动,最后又通过实践加以检验。机器学习正是在人类学习的背景下得到启发,计算机利用已有的大量经验事实作为基础,处理某一特定任务,并要求对任务完成质量进行一定的评估,分析经验数据,反馈以改进任务的处理能力。机器学习的研究主要概括为:使机器模拟人类学习活动,获取并积累知识,对知识库进行增删、修改、拓展和维护,也就是研究在观测数据、样本中寻找规律,利用这些规律对未来数据或无法观测的数据进行预测。

5)知识获取

在当今互联网的大环境下,知识获取有了新的特点:海量、动态、形式不一、存在矛盾知识等。故知识获取,是从数据搜集、整理、知识抽取出发,主要研究人工智能中机器对知识的获取理论、方法和技术,涵盖了知识抽取、知识建模、知识输入、知识检测和知识库的重组等方面。知识获取通过人工移植、机器学习(机器视觉和机器听觉)等途径实现。

1.3 人工智能的应用领域

1.3.1 智能感知

智能感知以视觉和听觉为主,研究使机器具有类似人的感知能力。智能感知包含模式识别、自然语言处理和计算机视觉等内容。

1）模式识别

模式识别是对表征事物以及现象的各种形式信息的处理分析，从而对事物及现象完成描述、辨认、分类和解释的过程。在对事物及现象观察时，通常是通过寻找与其他事物现象的异同，按照一定的标准将不完全相同的事物现象归纳为一类，从而形成“模式”这一概念。

模式识别主要研究感知对象，以及在指定任务下运用计算机实现模式识别这两大内容。研究模式识别的方法有感知机、统计决策方法、基于基元关系的句法识别方法和人工智能方法。

通常，在计算机上的模式识别系统由数据采集、数据处理和分类决策或模型匹配 3 个基础部分构成。上述任一模式识别方法均通过传感器将对象的物理变量转换为能被计算机识别的数值或符号集合。提取利于识别的有效信息，对这些数值或符号集合的处理包括消除噪声、排除不相干信号、与对象的性质和识别方法相关的特征计算及变换等。再通过特征选择提取或基元选择形成模式的特征空间，模式分类或模式匹配在此特征空间上进行，系统输出即对象分类类型，或者为模型数据库中最相似的模型编号。

早期的模式识别主要是对文字和二维图像的识别，但从 20 世纪 60 年代开始，机器视觉方向转为面向解释和描述更为复杂的三维景物。随后，模式识别对更复杂景物和复杂环境中寻找目标及室外景物分析深入研究。目前而言，研究工作集中在活动目标的识别和分析上，景物分析也随之研究实用化。

2）自然语言处理

自然语言通常是指人类的书面语言和口头形式的自然语言信息，故自然语言处理涉及语言学、数学和计算机多个学科的领域知识。学术界对自然语言处理的研究逐渐分为两种主流：一种面向机器翻译；另一种面向人机接口。两种主流的主要研究任务均为建立如文字自动识别系统、语音自动合成系统、机器翻译系统等自然语言处理系统。

自然语言理解是自然语言处理的基础，经历了 3 个时期的研究，早期是以关键词匹配技术为主流，中期则以句法-语义分析方法为主流，目前转向其实用化和工程开发。其间词法分析、句法分析、语境分析的技术得到了完善和发展，其中短语结构语法、基于格语法及基于合一的语法理论的提出，扩充了计算语言学、语料库语言学和计量语言学理论。

自 20 世纪 90 年代起，自然语言处理针对大规模的真实文本，引入了语料库的方法，其中涵盖了统计方法、基于实例的方法、语料库转化为语言知识库的语料加工方法。以能够处理任意输入的源语言的机器翻译系统为例，其实现方式分为三大类：直接方式、转换方式、中间语言方式。由于它们的共同点是机器翻译系统要求较大的规则库和词典，因此是基于规则的方法。目前基于实例，建立大规模双语对译语料库和最佳匹配检索技术调整机制的方法已成为研究热点。机器翻译系统在应用上，有人助机译、机助人译的形式，通常还要求译前编辑和译后编辑，所以机器翻译系统性能及译文质量评价的优化也是研究重点。

3）计算机视觉

计算机视觉是指计算机进行图像处理、分析和理解、识别不同模式的目标和对象的能力，旨在实现类似于人的视觉感知能力。借助计算机视觉技术，计算机运用由图像处理操作以及其他技术组成的序列来将图像分析任务分解成小块任务，例如，识别先从图像中检测到物体的边缘和纹理，再分类识别特征来获取物体的形状、类别、位置、物理特性，并在此基础上实现决策。

一般的计算机视觉实现过程如下：

①获取图像；

②提取图像边缘、周长、惯性矩等特征；

③在已知特征库给出特征匹配最优的结果。

在获取图像常见的灰度图中，物体首先经过透视投影形成光学图像，在取样和量化后生成各像元灰度值的二维阵列，也称为数字图像。激光或超声波测距装置得到的距离图像，以物体表面一组离散点深度信息的形式，同样能够作为提取图像。近年来，获取视觉信息逐渐转为传感器组实现的数据融合方法。在特征提取和匹配中，计算机视觉分为低层视觉和高层视觉。低层视觉实现有边缘检测、动态目标检测、纹理分析等的预处理功能；高层视觉理解处理后的形象。

近期计算机视觉的研究热点集中于实时并行处理、主动式定性视觉、动态和时变视觉、三维图像的建模与识别、实时图像压缩传输与复原、多光谱及彩色图像处理与解释。

计算机视觉广泛应用于多个领域，如二维码识别、指纹自动鉴定系统、医疗成像分析、安防监控系统、遥感图像自动解释系统、无损缺陷检测系统等。同时计算机视觉作为机器人的支撑技术，对无人驾驶的自动导航驻车、自主式机器人的功能实现也起到了关键作用。

1.3.2 智能推理

智能推理对通过感知得来的外部信息及机器内部的各种工作信息进行有目的的处理，是人工智能研究中最重要、最关键的部分。它使机器能够模拟人类的思维活动，同时具有逻辑思维和形象思维。针对不同的情况得出合适的结论，推理可以大致划分为演绎和归纳。在演绎推理中，前提的真理保证了结论的真理性；在归纳推理中，前提的真理仅支持结论，但不保证结论的真理性。由于归纳推理通过收集数据并建立试验模型来描述和预测未来行为，直到出现异常数据去修正模型，因此常用在科学中。由于定理的复杂结构由一些基础公理规则的组合构成，演绎推理较多出现在数学及逻辑学中。

逻辑是推理的理论基础，而人工智能中的逻辑主要是经典逻辑的谓词逻辑和由其拓展衍生的非经典逻辑。经典逻辑的谓词逻辑作为形式语言，其强大的表达能力给计算机的智能推理提供了可能，其中一阶谓词逻辑还实现了计算机的“自然演绎”和“归结反演”两种推理功能。而非经典逻辑囊括多值逻辑、多类逻辑、模糊逻辑、模态逻辑、时态逻辑、动态逻辑、非单调逻辑等一系列经典逻辑之外的逻辑，以弥补经典逻辑的不足。如模态逻辑，在经典逻辑的“二值”演算中引入“可能”与“必然”等模态算子，以克服经典逻辑非真即假的局限性。对非经典逻辑细分，又可分为多值逻辑、模糊逻辑一类的语义扩充逻辑，以及模态逻辑、时态逻辑一类的语构扩充逻辑。前者对经典逻辑的语义进行扩充，使用语言与经典逻辑一致，但部分定理不再成立，而是添加新的概念定理；后者对经典逻辑的语构进行扩充，沿用经典逻辑的定理，但对其语言和定理都作了一定程度的扩充，例如，模态逻辑的“可能”和“必然”算子对经典逻辑词汇的扩充。

1）问题求解

在智能推理中，问题求解的研究要求人工智能能够根据复杂问题的各种特点，将其划分成多个更为简单的子问题，例如，国际象棋中的规划问题和数学自动运算。这种人工智能的问题求解实际上包含了搜索和问题归约两个分支内容。在问题求解上，人工智能已实现解空间的搜索和求出较优解，但目前存在着两大障碍：对人类一些较为复杂的、难以用规则明确表达的能力，例如，对棋盘的洞察力，人工智能还缺乏相应的理论研究来模拟；对某一些求解问题，人工智能不能很好地理解其原概念，也是问题表示的选择。

2）定理证明

基于实时数据库，如果其中的事实均是以独立的数据结构表示的，那么人工智能的定理证明程序就能够证明这种事实得出的定理。人类在一个定理证明的过程中，通常是合理地给出某种假设，从而运用演绎甚至直觉能力，选择优先需要证明的引理，逐一解决分支子问题，从而实现主问题的求解，即完成其定理的证明。

3）专家系统及知识库

专家系统是一种模仿人类专家思维活动的计算机程序，以知识库中的专业领域知识为推理基础，运用推理和判断解决某一特定领域的问题。故专家系统主要包含：知识库，即知识集合，处理特定领域知识的各种知识组成的集合；推理程序，其中包含一般的求解问题使用的推理方法和控制策略的知识。

知识库具有数据库类似的组织、管理、维护及优化技术，由知识库管理系统支持知识库的运维。知识库要求知识在计算机中有专门的表示方法和形式，这涉及对知识物理结构和逻辑结构的研究，故知识库技术通常与知识表示技术相关。所以在专家系统及知识库的研究内容中，包含了知识的分类、知识的一般表示模式、模糊知识的表示、知识分布表示、知识库模型、知识库管理系统等。

首先需要对人类专家的求解思维作简要了解。人类专家拥有大量的专门知识，但更为重要的是，他们具有根据具体问题情况而选择知识和运用知识的能力，这种选择知识和运用知识的能力，在专家系统范畴中，分别称为推理方法和控制策略。所以，对专家系统的要求，应类比于人类专家，能够详细阐述求解问题的全过程，说明推理完成后定下结论的理由，以及不能得到期望结论的具体原因。

特定领域知识中经常出现的知识不确定性及不精确性，是由于专家系统知识库的获取也是现实进行的，专家系统的研究之一就是使专家系统能够将上述这些模糊知识用于推理判断过程，最终实现解释、预测、诊断、设计、规划、监督、排错、控制等功能。

专家系统的实现，目前已经形成了较为标准的流程：识别、概念化、形式化、实现与验证，上述 5 个实现阶段通常是通过专家系统开发工具进行的，这种专家系统开发工具既包含外壳之类的开发工具，也包括如 LISP、Prolog 的程序设计语言。

现在的专家系统逐渐顺应信息技术的发展浪潮，进一步研究适用于实际专家系统应用的方法技术，已经在并行分布、多专家协同、学习功能、知识表示、推理机制、智能接口和 Web 技术等方向取得实质进展，并由此派生出一系列改进的专家系统，包括模糊专家系统、神经网络专家系统、分布式专家系统、协同式专家系统、基于 Web 的专家系统等。

1.3.3 智能学习

智能学习研究使计算机具有类似于人的学习能力，使它通过学习能自动获取知识。智能学习一直是人工智能研究中最具挑战性的领域，大部分专家系统被问题求解策略的死板和涉及大量代码修改的烦琐所制约，而解决这一问题的最有效方法就是让程序去自我学习，机器学习是使计算机具有智能的根本途径。尽管智能学习是一个很难的领域,但大量相关研究表明是可行的。例如,被设计用于发现数学定理的 AM 系统,能在被赋予集合理论的概念和公理后,推导出诸如集合基数、算术整数等重要的数学概念。

学习是人类有特定目标的知识获取过程,其实质是将已提供的信息转换为能够被理解并应用的形式过程。机器学习模拟或实现人类的学习行为,计算机的学习单元利用外部信息源的信息改进知识库,执行单元运用知识库执行具体任务,任务执行信息再反馈给学习单元。目前机器学习已有归纳学习、类比学习、分析学习、连接学习和遗传学习等内容。

目前已有很多形式的学习被应用到人工智能上,其中最简单的形式就是反复试验的学习。例如,国际象棋的简单计算机程序会通过储存不同位置上的解决方案,从而在下一次遇到相同位置时能立即调用。对独立事务和流程的简单记忆,也就是"死记硬背",容易在计算机上实现。更具挑战性的是概括,是能够将已有经验应用到相似的新情况上。

神经网络是目前人工智能对智能学习研究的主流内容,其具体运作原理不同于传统计算机的计算模式,是一种模拟人类大脑运作机制的计算模型。神经网络涉及的神经运算利用大量的计算单元,构成"神经网络"的模型结构来计算,与传统计算机的计算模型相比,神经网络计算具有更好的鲁棒性、适应性和并行性。同时神经网络计算自底向上,不要求利用先验知识,而是从数据直接学习训练,最终自动建立一个计算模型,整个运作过程是灵活的、通用的,且表现出学习能力。

神经网络研究神经计算的效率问题,从神经网络的计算过程可以看出,神经网络研究始终围绕学习的复杂性,其解决途径是寻找有效的神经网络学习方法。同时神经网络的另一个研究难点是,由于神经计算较少依靠先验知识,神经网络的结构是通过反复学习确立的,故其结构通常是不能预测的、难以理解的。

人工智能目前已衍生出前馈神经网络、反馈神经网络、RBF 径向基函数网络、Hopfiled 网络、RBM 受限玻尔兹曼机、CNN 卷积神经网络、Auto-encoder 自编码器、RNN 循环神经网络、LSTM 长短时记忆网络等理论模型。

1.3.4 智能行动

1)智能检索

在科学技术发展的形势下,科技研究文献种类繁多、数量庞大,对其进行检索是人工检索方式和传统检索方式所无法实现的,故将智能检索系统作为智能行动的一项研究内容,涉及数据库系统的开发实现。数据库系统通常是指存储某一学科各种事实的计算机软件系统,能够对使用者提出的该学科问题进行解答,针对该系统的设计搭建是计算机科学的重要分支。

目前智能检索系统的研究存在以下几个问题:如何建立一个可以理解人类自然语言所描述的询问系统,如何根据已有的存储事实来演绎推理出询问问题的解答,在询问问题超出本学科领域数据库时如何处理。

2)智能调度指挥

调度指挥研究最佳调度或者组合的问题。一种较为典型的调度指挥问题是推销员的旅行问题,以一个城市为起点,要求只访问每个城市一次,最终回到起始点的城市,为推销员找到一条距离最短的旅行途径。在人工智能上,科学家们对若干问题的组合进行了最优解的研究,希望可以使"时间-问题大小"曲线变化尽可能地慢速增长。

智能调度指挥的研究已广泛应用于汽车的运输调度、火车的编组指挥、航空运输管制以及空军作战指挥等领域，尤其在军事领域，智能调度指挥增强了侦查、信息管理、信息作战的能力，同步提升了战场情报的感知水平和信息综合处理能力、交互作用能力。

3）智能控制

在驱动智能机器自动完成既定任务的过程中，需要运用智能控制技术。多数投入实际应用的智能机器，其系统是复杂的，难以建立有效的数学物理模型，或难以运用一般控制理论进行定量分析运算。而智能控制将传统的自动化控制与人工智能及系统科学分支相联系，是一种全新的、适用于各种复杂系统的控制理论技术。

智能控制的主要方法有专家控制、模糊控制、神经网络控制、分级递阶智能控制、拟人智能控制、集成智能控制、组合智能控制、小波理论方法等。借助智能控制方法，控制系统能够解决传统控制棘手的高度非线性、不确定性等控制难点问题，具有对新信息源进行识别、存储和学习的能力，且能利用已知知识反馈改善性能，增强系统的泛化能力，具有较强的容错性和鲁棒性。控制系统的传感器组具有自组织和自协调能力，能在指定任务下自主决策并执行。系统的实时性和人机协同性也得到了保证。

4）智能机器人

智能行动主要是指机器的表达能力，如“说”“写”“画”等。对于智能机器人而言，它还应具有类人的四肢功能。智能机器人至少应具备感觉要素、反应要素和思考要素这三大要素。智能机器人需要具备相当发达的“大脑”，中央处理器在“大脑”中发挥作用，该类计算机与操作它的人有直接的联系，计算机还能够按照目的来安排动作。智能机器人具备内部传感器和外部信息传感器，如视觉、听觉、触觉、嗅觉。除具有感受器外，它还具有效应器作为作用于周围环境的手段。人工智能技术把机器视觉、自动规划等认知技术以及各种传感器集成到机器人上，使机器人拥有判断决策的能力，在各种不同的环境中处理不同的任务。例如，RET 聊天机器人，它能理解人的语言，并使用人类语言进行对话，用特定传感器采集、分析出现的情况并调整自己的动作达到特定目的。

5）分布式人工智能和 Agent

分布式人工智能（Distributed AI）是分布式计算结合人工智能的新领域。分布式人工智能形成的系统以其鲁棒性和互操作性作为衡量控制系统的质量标准，要求控制系统应用于多种异构系统情况下，对快速变化的控制环境作信息交换和协同工作。

分布式人工智能的主要目标是设计一种可以描述自然系统和社会系统的精确概念模型。人工智能在分布式人工智能问题上，主要处理团体协作，即各个 Agent 之间的合作对话，因此又划分成了分布式问题与多 Agent 系统两个研究内容。前者是指对一个具体求解问题的过程进行划分，形成多个相互合作和知识共享的模块节点，而后者研究多个 Agent 之间的如规划、知识、技术和动作的智能行为协调。

习　题

1. 首次提出“人工智能”是在________年。

2. 1956 年夏季，美国的一些年轻科学家在________大学召开了一个夏季讨论会，在该次会议上,第一次提出了________这一术语。

3. 分别从学科和能力两个角度说明人工智能的定义。

4. 列出并说明人工智能的研究方法。

5. 人工智能的目的是让机器能够________,以实现某些脑力劳动的机械化。

6. AI 研究的 3 条主要途径为________、________、________,简述它们的认知观。

7. 简述人工智能的主要应用领域。

8. 什么是物理符号系统? 什么是物理符号假设?

9. 给出机器学习的简单模型,并解释各环节的基本内容。

10. 查阅相关文献,讨论下列任务是否可以通过计算机完成:

(1)国际象棋比赛中战胜国际特级选手;

(2)发现并证明全新的数学定理;

(3)自动发现程序 Bug 并修复。

11. 讨论应从哪些层面上研究认知行为。

12. 人工智能的主要研究和应用领域是什么? 哪些是目前的研究热点问题?

13. 未来人工智能可能在哪些方面有所进展?

习题答案

2

知识表示

2.1 概述

2.1.1 知识的定义

知识是人们在改造世界的实践中所获得的认识和经验的总和，也是机器使用人工智能技术解决问题的依据基础。人类掌握知识通常需要经过“信号—数据—信息—知识”的递进转换过程。其中，信号是用于表示信息的物理量，源于人类的基本感知，在生物学中单独的信号往往是神经细胞在经过一次刺激后的响应；数据是符号化后的信号物理量及其组合，并被作为记录和鉴别客观事实的载体；信息是对数据加工后表示客观事物的符号序列，是数据在特定场合下的具体含义，或是数据的语义。数据和信息的组合实现了对现实世界中某一具体事物的确定性描述，这种描述既包含符号又含有符号之间的关系和涉及符号的规则和过程，往往被人们归纳或抽象化，形成具有特定概念性特征的知识。在这样的递进演化过程中，知识在信息的基础上进行扩充，具备与其相关的上下文信息，并随时间动态变化。由规则和已知知识能够推导出新的知识，提供更多更复杂的含义。

在人工智能范畴，智能系统的运行在本质上是模拟生物体（特别是人）那样能够使用知识来认知和鉴别特定事物，为确保这样的能力，人们规定了至少需要 4 类知识来维持智能系统的基本运作：

（1）事实

事实是关于对象的根本性知识，主要表现对象的基本类型及性质，通常是静态的、共享的、公开的，是知识库最底层的知识。

（2）规则

规则是关于问题中和事物行动相关联的因果关系的知识，通常是动态的、独有的，一般情况下可以用“如果……，那么……”的形式表示。

（3）元知识

元知识是关于知识的知识，处于知识库的高层。例如，使用规则、解释规则、校验规则、解释规则结构等知识,决定了其他事实或规则在哪一个知识库适用。

(4)常识

常识是一类特殊的事实,是普遍存在且广泛认可的客观事实,是人类共有的知识,和事实的区别在于与对象没有直接联系。

2.1.2 知识的特点

按照人们的共识,知识具有以下特点:

(1)相对正确性

在特定条件和环境的约束下,知识必须是正确的。对于智能系统而言,在运行任务时,仅能依据事实、规则、元知识等知识来实施任务理解、分析和执行,而不能判定知识本身是否正确。因此,正确的知识才会使得机器能够按照人类的逻辑作出人们认可的操作,这是人工智能应用的前提。

(2)不确定性

知识来自现实世界的客观事物或现象,受限于获取知识的模糊、随机、不完整,以及这些条件之间的关联,使得知识是辩证的而非二元存在(并不总是只有“真”“假”两种状态)、可能具有某些中间状态;知识的这种特性体现为各领域上的信息不精确、不完整,对客观事物描述的不确定。通常而言,不确定性主要分为由随机性引起的不确定性、由模糊性引起的不确定性、由不完全性引起的不确定性、由经验引起的不确定性等。其中,随机现象发生条件的不充分和流程偶然因素的存在构成了由随机性引起的不确定性;信息所承载的概念指向对象的范围不清晰或认知差异构成了由模糊性引起的不确定性(如人们对具体什么年龄属于“年长者”没有统一标准);信息存在的部分已知和部分未知的状况构成了由不完全性引起的不确定性;决策时存在的主观意识上的不足构成了由经验引起的不确定性等。

(3)可表示性与可利用性

可以被表示出来并能够被利用的知识才是有用的知识,其中,可表示性是指知识能够被适当的形式表示出来,在人工智能中,一切可以被计算机所识别和接受的形式都可以是知识的表示(承载)方式,如电平信号、文字、数值、语言、图像、图形、视频、音频、概率图、超文本和神经元网络等;而知识的可利用性是指特定知识在一个或多个领域中能够被发挥效用并广泛推广。

2.1.3 知识的分类

从古至今,科学技术在不断发展更新,人类将知识构筑成极其复杂的学科体系,并且随着科学研究活动的进一步推进、拓展延伸,如何对知识进行分类成了管理和利用这样浩大的资源的首要条件。

通常人们按照知识的作用效果来进行划分,包括事实性知识、过程性知识和控制性知识等。其中,事实性知识是采用直接表达形式的知识,例如,谓词公式表示,主要用于描述事实、常识、一般性定义等。过程性知识是通过对某一领域的各种问题的比较和分析,得出的规律性信息组合,包含领域内的规则、定律、定理和经验等。过程性知识通常以一组产生式规则或语义网络来表示。在人工智能学科中,过程性知识是智能系统的基础,其完善程度、丰富程度、一致程度将会直接影响智能系统的可靠性、准确性和时效性等指标。控制性知识是有关怎样运用已有知识求解问题的知识,是“关于知识的知识”,表示控制信息的方式有策略级控制、语句级控制和实现级控制,因此也被称为深层知识或元知识。

知识存在其他划分标准,如按照知识的性质,可划分为概念、命题、公理、定理、规则、方法等;按照知识的作用范围,可划分为常识性知识和领域性知识;按照知识的确定性,可划分为确定性知识和不确定性知识;按照知识的结构与表现形式,可划分为逻辑性知识、形象性知识,其中,逻辑性知识反映人类逻辑思维过程的知识,形象性知识通过形象建立知识;按照知识的等级,可划分为零级知识、一级知识、二级知识和三级知识等,这也对应到了对象的层级和颗粒度上。

2.1.4 知识的表示

知识的表示是对知识的描述,或者是一组对知识的约定,将知识以计算机能够接受的数据结构进行表示,使得计算机可以像人类一样运用知识。相应地,知识表示的过程就是将知识编码成某种数据结构的过程。

知识表示的观点可分为陈述性观点和过程性观点。在陈述性观点中,知识按照一定的结构方式存储起来,对知识的调用主要通过过程实现,其优点在于间接灵活、演绎过程完整明确、知识维护方便等,但推理效率相对较低,推理过程不够透明。在过程性观点中,知识存在于使用知识的过程里,将表示与运用相结合,其优点在于推理效率高、演绎过程清晰,但它不够灵活,也不利于知识的维护。

知识需要通过一定的模式表示出来,如使用一阶谓词逻辑表示法、产生式表示法、框架表示法、语义网络表示法等,其目的在于使人们和计算机能够更容易理解和应用。若按照知识的“静态—动态”的区分和关联,通常将知识的表示方法分为符号表示法和连接机制表示法两大类。其中,符号表示法用各种包含具体含义的符号,以各种不同的方式和顺序组合起来表示知识;连接机制表示法通过类似于生物神经网络的方式,将各种物理对象以不同方式和顺序连接起来,并在其之间相互传递和加工各种含有具体意义的信息,用以表示相关的概念和知识。

随着计算机算力和人们对人工智能性能需求的不断增加,不同的知识表示模式会直接在这一对立统一的矛盾中左右其平衡点,相比起来,并不存在一种“更为高级”的知识表示方法。因此,目前根据知识作用的差异,人们在选择知识表示方法时,主要有以下 5 个方面的考量:

①知识表示方法的表示能力:能否高效无误地表示任务所需的各种知识。

②知识表示方法的可理解性:运用该方法来表示知识是否便于计算机和人员的理解。

③知识表示方法的获取:能否支持智能系统的知识增进和维护新旧知识之间不发生逻辑冲突。

④知识表示方法的搜索:其符号结构和推理机制能否支持知识库的快速搜索。

⑤知识表示方法的推理:是否利于计算机层面的推理过程优化。

在接下来的内容中,本书将对几种主要的知识表示方法进行介绍。

2.2 一阶谓词逻辑表示法

2.2.1 命题和谓词

1) 命题

在数学描述中,命题被定义为一个非真即假的陈述句。例如,“铁是金属”“今天下了雪”“明天是 12 月 28 日”等。

命题有真假之分,一个命题可以在一种条件下为真(记为 T),例如,上文的“今天下了雪”,真值为真;在另一种条件下为假(记为 F)。命题同时具有逻辑性,主要研究命题及命题之间的关系是否符合一般性的真假认知(而并不用于描述事物的结构及逻辑特征,也不描述不同事物的共同特征)。在命题逻辑中,命题一般用大写英文字母表示,常用 P 表示,除 T 和 F 外,真值也用数字 0 和 1 来表示,其中,0 表示命题的真值为假,1 表示命题的真值为真。

命题在组成结构上,有原子命题和复合命题之分。原子命题不可再作分解,如“铁是金属”。复合命题是用连接词将多个命题(支命题)连接起来的命题,如“如果天在下雨,那么地是湿的”。原子命题多出现在事实性知识和常识性知识中;而复合命题多出现在规则性知识和元知识中。现实生活中,大量的知识都是按照复合命题的方式表示,即通过连接词和支命题及它们的组合,其真假由支命题的真假决定。按照组合方式和连接逻辑的不同,复合命题也有以下区分:

①联言命题:断定事物的若干种情况同时存在的命题,如“汽车既含有机械部件,又含有电气部件”。

②选言命题:断定事物若干种可能情况的命题。如“今天中午可以吃米饭,也可以吃水饺”。需要注意的是,选言命题中存在相容选言命题和不相容选言命题,上述例子为相容选言命题(支命题有同时存在真值的可能性),而“最后一个球要么是蓝色的,要么是红色的”是不相容选言命题(支命题中只有一个为真值)。

③假言命题:断定事物情况之间条件关系的命题。这类命题具有多个表示条件的前件和表示依赖该条件而成立的命题的后件,按照“如果前件,则后件”这样的方式组合,如“如果天在下雨,那么地是湿的”。

④负命题:通过对原命题断定情况的否定而作出的命题。这类命题与原命题(假设真值为真)在真值为假时(即否定命题)的含义不同,如“并非所有小朋友都喜欢看动画片”就是“所有小朋友都喜欢看动画片”的负命题,但却与否定命题“所有小朋友都不喜欢看动画片”在意义上有根本的差异。

不难发现,上述组合方式实际上对应了不同的连接逻辑,连接逻辑通过不同的连接词来实现不同支命题的组合。按照定义,命题中的连接词有 5 个,分别为否定、析取、合取、蕴涵、等价,见表 2.1。如在一个命题中含有多个连接符,可以遵从量词、非、合取、析取、蕴涵、等价的优先级进行运算。

表 2.1 连接词表

连接词	逻辑运算	作用	作用的复合命题
$\neg$	非	否定(非)	负命题
$\vee$	或	析取	选言命题
$\wedge$	与	合取	联言命题
$\rightarrow$	如果,那么	蕴涵(条件)	假言命题
$\leftrightarrow$	当且仅当	等价(双条件)	假言命题

例:设命题 P 为“明天会下雨”,Q 为“后天会下雪”,则有:

①$\neg P$ 表示“明天不会下雨”。

②$P\vee Q$ 表示“要么明天会下雨,要么后天会下雪,也有可能既明天会下雨又后天会下雪”,该关系在没有说明的情况下,不考虑不相容选言命题的情况。

③$P\wedge Q$ 表示“既明天会下雨,又后天会下雪”。

④$P\rightarrow Q$ 表示“只要明天会下雨,后天就会下雪”。

⑤$P\leftrightarrow Q$ 表示“只有明天下雨,后天才会下雪,反之亦然”(也可以理解为“后天下雪只可能由明天下雨引起,而明天下雨也只可能引起后天下雪”)。

根据前述可知,命题具有真值,而命题在通过连接词组合成复合命题后,同样具有真值,设 A,B 为两个命题,其连接词真值表见表 2.2。

表 2.2 连接词真值表

A	B	$\neg A$	$A\vee B$	$A\wedge B$	$A\rightarrow B$	$A\leftrightarrow B$
T	T	F	T	T	T	T
T	F	F	T	F	F	F
F	T	T	T	F	T	F
F	F	T	F	F	T	T

其中,需要特别注意的情况有以下两种:

①$A\rightarrow B$。当 A 为 T、B 为 F 时其真值为 F,A 为 F、B 为 T 时其真值为 T,这两个真值系人为定义,其中对 B 是整个命题的真值“是否可被接受”的核心所在,读者可参阅《离散数学》中关于“蕴涵式”的部分,并尝试理解与 $A\leftrightarrow B$ 的差异。

②$A\vee B$。前文已提及,在没有说明的情况下,不考虑不相容选言命题的情况,即有 $(A\vee B)\wedge(A\wedge B)$ 的真值可以为 T。而在不相容选言命题情况时,$(A\vee B)\wedge(A\wedge B)$ 的真值必为 F,可知 $(A\vee B)\wedge(A\wedge B)$ 与 $A\wedge B$ 等价,此时 A 和 B 的真值只有一个为 T。

除上述 5 个连接词外,还有两种符号可用于描述不同命题之间的关系。

①等价命题符号$\Leftrightarrow$:对 A,B 两个命题,若有 $P_1,P_2,\cdots,P_n$ 是 A,B 中的全部变元,如果任意一组真值 $P_1,P_2,\cdots,P_n$,均可以令 A 和 B 的真值一致,那么称 A 和 B 为等价命题,用符号表示为 $A\Leftrightarrow B$。

例 2.1 求证:$A\leftrightarrow B\Leftrightarrow(A\rightarrow B)\wedge(A\rightarrow B)$。

解 作出命题 $A\leftrightarrow B$ 与 $(A\to B)\wedge(A\to B)$ 的真值表，见表 2.3。

表 2.3 真值表

A	B	$A\leftrightarrow B$	$(A\to B)\wedge(A\to B)$
F	F	T	T
F	T	F	F
T	F	F	F
T	T	T	T

从表 2.3 中可以看出，第 3 列与第 4 列，A、B 真值的 4 种不同组合，$A\leftrightarrow B$ 和 $(A\to B)\wedge(A\to B)$ 的真值一致，由等价的定义知，证明 $A\leftrightarrow B\Leftrightarrow(A\to B)\wedge(A\to B)$。

②蕴涵命题符号⇒：对 A，B 两个命题，当且仅当 $A\to B$ 为永真式时，即有命题 A 蕴涵命题 B，用符号表示为 $A\Rightarrow B$。

例 2.2 求证：$\neg B\wedge(A\to B)\Rightarrow\neg A$。

解 作出复合命题 $\neg B\wedge(A\to B)$ 与 $\neg B\wedge(A\to B)\to\neg A$ 的真值表，见表 2.4。

表 2.4 真值表

A	B	$\neg B\wedge(A\to B)$	$\neg B\wedge(A\to B)\to\neg A$
F	F	T	T
F	T	F	T
T	F	F	T
T	T	F	T

从表 2.4 中可以看出，第 3 列与第 4 列，A、B 真值的 4 种不同组合，命题 $\neg B\wedge(A\to B)\to\neg A$ 均为真，证明 $\neg B\wedge(A\to B)\Rightarrow\neg A$。

在运算中，往往还涉及一些定理，这些定理主要用于复合命题逻辑的约简和推导分析。以下给出复合命题的常用等价式：

(1) 双重否定律

$$\neg\neg P\Leftrightarrow P$$

(2) 交换律

$$(P\vee Q)\Leftrightarrow(Q\vee P)$$
$$(P\wedge Q)\Leftrightarrow(Q\wedge P)$$

(3) 结合律

$$(P\vee Q)\vee R\Leftrightarrow P\vee(Q\vee R)$$
$$(P\wedge Q)\wedge R\Leftrightarrow P\wedge(Q\wedge R)$$

(4) 分配律

$$P\vee(Q\wedge R)\Leftrightarrow(P\vee Q)\wedge(P\vee R)$$
$$P\wedge(Q\vee R)\Leftrightarrow(P\wedge Q)\vee(P\wedge R)$$

(5)德摩根(De Morgan)定律

$$\neg(P \vee Q) \Leftrightarrow (\neg P) \wedge (\neg Q)$$
$$\neg(P \wedge Q) \Leftrightarrow (\neg P) \vee (\neg Q)$$

(6)吸收律

$$P \vee (P \wedge Q) \Leftrightarrow P$$
$$P \wedge (P \vee Q) \Leftrightarrow P$$

(7)补余律

$$P \vee \neg P \Leftrightarrow \mathrm{T}$$
$$P \wedge \neg P \Leftrightarrow \mathrm{F}$$

(8)连接词化规律

$$P \rightarrow Q \Leftrightarrow \neg P \vee Q$$
$$P \rightarrow Q \Leftrightarrow (P \rightarrow Q) \wedge (Q \rightarrow P)$$
$$P \leftrightarrow Q \Leftrightarrow (P \wedge Q) \vee (\neg Q \wedge \neg P)$$

2)谓词

在谓词逻辑中,谓词是描述个体性质和个体之间关系的词语,故命题是由谓词进行表示的。谓词的一般形式为

$$P(x_1, x_2, \cdots, x_n)$$

其中,P 是谓词名,用于体现个体的某一性质、状态或者个体之间的关系,个体 $x_1, x_2, \cdots, x_n$ 为独立存在的具体的或抽象的客体。根据个体为常量、变量或者函数的区别,谓词的表达存在差异。在个体为常量的情况下,即具体或特定的个体,例如,小王是一名工人:WORKER(Wang),10>5:GREATER(10);个体为变量的情况,即抽象或泛指的个体,需要对个体赋值后判断命题真假,例如,$y>3$:LESS(y,3);个体为函数的情况,即个体到另一个体的映射,例如,小王的父亲是厨师:COOK(FATHER(Wang))。

当谓词表示事物及相互关系时,要求根据表达需要人为地定义谓词的语义,例如,有一谓词 $P(x)$,可以表示"x 是一个苹果",也可以表示"x 是一辆汽车"等。而谓词与命题类似,也具有真值的属性。当谓词中的变元是特定个体时,谓词的真值是确定的 T 或者 F。

类比于函数,因为谓词可以包含多个个体,所以个体数目称为谓词的元数,例如,$P(x)$ 是一元谓词,Lower(c,6)是二元谓词。同样,谓词能够使用命题逻辑的连接词进行连接,如"苹果可以是红的和绿的",表示为 COLOR(Apple,Red) ∨ COLOR(Apple,Green)。

2.2.2 谓词公式

1)量词

在谓词逻辑中,有时需要对谓词与个体之间的关系进行描述,故引入两种量词,即全称量词和存在量词。全称量词($\forall x$)表示对个体域的所有个体 x,例如,"所有西瓜都是红色的",可以表示为($\forall x$)[WATERMELON(x)]→COLOR[(x,Red)]。存在量词($\exists x$)则表示在个体域中存在个体 x,例如,"1 号房间存在一个物体",可以表示为($\exists x$)INROOM(x,$R1$)。

需要注意的是,全称量词和存在量词在命题中出现的先后顺序会影响整个命题的意义。

例 2.3 使用谓词逻辑分别表示"所有学生都需要考试"和"某些学生考得好"。

解 首先对谓词作定义，$S(x)$表示“x是学生”，$T(x)$表示“x需要考试”，$G(x)$表示“x考得好”。那么“所有学生都需要考试”表示为$(\forall x)(S(x)\rightarrow T(x))$，“某些学生考得好”表示为$(\exists x)(S(x)\rightarrow G(x))$。

量词具有辖域，即量词的作用范围。在谓词逻辑中，当命题中既存在真值函项连接词，又有量词时，其辖域有以下 3 种情况：

①量词后面为一对括号时，量词的辖域是它后面的括号范围。

②量词后面为谓词时，量词的辖域是直到后面第一个真值函项的连接词。

③量词后面为另一个量词时，量词的辖域是它本身包括后面的一个量词的辖域。

辖域内与量词中同名的变元称为约束变元，不同名的变元称为自由变元。例如，有命题

$$(\exists x)(P(x,y)\rightarrow Q(x,y))\vee R(x,y)$$

其中，$(P(x,y)\rightarrow Q(x,y))$是$(\exists x)$的辖域，辖域内的变元$x$是受$(\exists x)$约束的约束变元，$R(x,y)$中的$x$是自由变元，所有$y$都是自由变元。

在运算过程中，有时需要对命题内的变元进行换名或替代，以增强不同变元之间的差异。此时，针对辖域的换名，需要将辖域中出现的某一约束变元更改为该辖域中另一未曾出现的个体变量符号；而针对辖域的替代，需要用与原公式中所有个体变元符号相异的变量符号去替代自由出现的个体变元。如上述命题可以替换为：

$$(\exists s)(P(s,z)\rightarrow Q(s,z))\vee R(x,z)(\exists x)(P(s,z)\rightarrow Q(s,z))\vee R(x,z)$$

量词的引入扩大了对命题中单个或全体对象的指向约束，使得命题的描述更为精准。基于此，复合命题在运算中还存在若干与量词相关的等价式：

(1)量词转换律

$$\neg(\exists x)P(x)\Leftrightarrow(\forall x)(\neg P(x))$$

$$\neg(\forall x)P(x)\Leftrightarrow(\exists x)(\neg P(x))$$

(2)量词分配律

$$(\forall x)(P(x)\wedge Q(x))\Leftrightarrow(\forall x)P(x)\wedge(\forall x)Q(x)$$

$$(\exists x)(P(x)\vee Q(x))\Leftrightarrow(\exists x)P(x)\vee(\exists x)Q(x)$$

(3)消去量词等价式

设个体域为有穷集合$(a_1,a_2,\cdots,a_n)$，则有

$$(\forall x)P(x)\Leftrightarrow P(a_1)\wedge P(a_2)\wedge\cdots\wedge P(a_n)$$

$$(\exists x)P(x)\Leftrightarrow P(a_1)\vee P(a_2)\vee\cdots\vee P(a_n)$$

$$(\forall x)P(x)\Leftrightarrow P(a_1)\wedge P(a_2)\wedge\cdots\wedge P(a_n)$$

$$(\exists x)P(x)\Leftrightarrow P(a_1)\vee P(a_2)\vee\cdots\vee P(a_n)$$

(4)量词辖域收缩与扩张等价式

$$(\forall x)(P(x)\vee Q)\Leftrightarrow(\forall x)P(x)\vee Q$$

$$(\forall x)(Q\rightarrow P(x))\Leftrightarrow Q\rightarrow(\forall x)P(x)$$

$$(\exists x)(P(x)\vee Q)\Leftrightarrow(\exists x)P(x)\vee Q$$

$$(\exists x)(P(x)\rightarrow Q)\Leftrightarrow(\forall x)P(x)\rightarrow Q$$

$$(\exists x)(Q\rightarrow P(x))\Leftrightarrow Q\rightarrow(\exists x)P(x)$$

$$(\forall x)(P(x)\vee Q)\Leftrightarrow(\forall x)P(x)\vee Q$$

$$(\forall x)(P(x)\wedge Q)\Leftrightarrow(\forall x)P(x)\wedge Q$$

$$(\forall x)(P(x)\rightarrow Q)\Leftrightarrow(\exists x)P(x)\rightarrow Q$$
$$(\forall x)(Q\rightarrow P(x))\Leftrightarrow Q\rightarrow(\forall x)P(x)$$
$$(\exists x)(P(x)\vee Q)\Leftrightarrow(\exists x)P(x)\vee Q$$
$$(\exists x)(P(x)\wedge Q)\Leftrightarrow(\exists x)P(x)\wedge Q$$
$$(\exists x)(P(x)\rightarrow Q)\Leftrightarrow(\forall x)P(x)\rightarrow Q$$
$$(\exists x)(Q\rightarrow P(x))\Leftrightarrow Q\rightarrow(\exists x)P(x)$$

2)谓词公式

谓词公式是将谓词进行自由包含和组合所构成的公式,其中可能含有连接词和量词。由此定义,单个谓词也是谓词公式,被称为原子谓词公式。

一个谓词公式可以由多个具有不同个体域的谓词公式解释(即个体域中实体对谓词演算表达式的每个常量、变量、谓词和函数符号的指派,可以是一个原子谓词公式,也可以是一个量词辖域中的谓词公式)组成,而针对每个谓词公式解释,谓词公式都能够求出一个真值。因此,谓词公式的真假,可以被视为这些若干谓词公式解释的真假运算组合。

谓词公式具有以下性质:

定义 2.1　永真性。如果谓词公式 P 对个体域 D 上的任何一个解释都取得真值 T,则称 P 在 D 上是永真的;如果 P 在每个非空个体域上均永真,则 P 永真。

定义 2.2　永假性。如果谓词公式 P 对个体域 D 上的任何一个解释都取得真值 F,则称 P 在 D 上是永假的;如果 P 在每个非空个体域上均永假,则 P 永假。

定义 2.3　不可满足性。对谓词公式 P,如果至少存在一个解释使得 P 在此解释下的真值为 T,则称 P 是可满足的;否则,则称 P 是不可满足的。

定义 2.4　等价性。设 P 与 Q 是两个谓词公式,D 是它们共同的个体域,若对 D 上的任何一个解释,P 与 Q 都有相同的真值,则称公式 P 和 Q 在 D 上是等价的;若 D 是任意个体域,则称 P 和 Q 是等价的,记为 $P\Leftrightarrow Q$。

除上述4个性质外,谓词公式还存在永真蕴涵的情况,即对于谓词公式 P 与 Q,如果 $P\rightarrow Q$ 永真,则称公式 P 永真蕴涵 Q,且称 Q 为 P 的逻辑结论,称 P 为 Q 的前提,记为 $P\Rightarrow Q$。由此定义,可以得出以下推导式:

(1)化简式

$$P\wedge Q\Rightarrow P$$
$$P\wedge Q\Rightarrow Q$$

(2)附加式

$$P\Rightarrow P\vee Q$$
$$Q\Rightarrow P\vee Q$$

(3)析取三段论

$$\neg P,P\vee Q\Rightarrow Q$$

(4)假言推理

$$P,P\rightarrow Q\Rightarrow Q$$

(5)拒取式

$$\neg Q,P\rightarrow Q\Rightarrow\neg P$$

(6)假言三段论

$$P \to Q, Q \to P \Rightarrow P \to R$$

(7)二难推理

$$P \vee Q, P \to R, Q \to R \Rightarrow R$$

(8)全称固化

$$(\forall x)P(x) \Rightarrow P(y)$$

其中,y 是个体域中任意客体,该式可以消去谓词公式的全称量词。

(9)存在固化

$$(\exists x)P(x) \Rightarrow P(y)$$

其中,y 是个体域中任意客体,该式可以消去谓词公式的存在量词。

需要特别注意的是:如果用永真蕴涵式演算谓词,演算后的谓词与之前的谓词不再等价,此时需要用反证法进行结论的求证。

谓词逻辑的推理是命题逻辑推理的拓展,但是由于存在不同的量词辖域和多个变元,致使形式上相同的变元在经过推导后,各自拥有不同的含义。因此,要实现谓词到命题逻辑的转换,需要对谓词逻辑中的量词进行修改。其指导思想为:删除谓词逻辑式的量词,转换成有参数的命题逻辑式,使用命题逻辑推理方法完成推理,最终转换为谓词逻辑式。

通常按照以下几条转换规则进行:

①全称指定规则。$(\forall x)P(x)$,故 $P(a)$,a 为个体域中任一客体。

②全称推广规则。若对个体域中任一客体 a,都有 $P(a)$,则推出$(\forall x)P(x)$。

③存在指定规则。$(\exists x)P(x)$,故 $P(a)$,a 为个体域中某一客体。

④存在推广规则。若 a 个体域中存在某客体 a,有 $P(a)$,则推出$(\exists x)P(a)a$ 为个体域中某一客体。

例 2.4 求证$(\forall x)(A(x) \to B(x))$和$(\exists x)B(x)$,能够推出$(\exists x)A(x)$。

解 如果有$(\exists x)B(x)$,按照存在指定规则,那么有 $B(a)$,a 是个体域中的某一客体。

又因为$(\forall x)(A(x) \to B(x))$,按照全称指定规则,那么有 $A(a) \to B(a)$。

对 $B(a)$和 $A(a) \to B(a)$,按照假言推理,有 $B(a)$,最终按存在推广规则,证得$(\exists x)A(x)$。

2.2.3 一阶谓词逻辑知识表示法

一阶谓词逻辑表示法是一种重要的知识表示方法,该方法基于数理逻辑表示,利用形式化语言精确表达人类思维活动规律,与人类自然语言较为接近。因其能够方便地存储到计算机中并精确处理,一阶谓词逻辑知识表示法也是最早应用于人工智能的表示方法。

在人与人的日常交流中,一条知识能够用完整表述的句子表示,但这些知识通常缺乏一个规范化格式。因此,人们考虑使用谓词公式表示事物的状态、属性和概念等事实性的知识,也用于表示事物之间具有确定因果关系的规则性知识。在大部分情况下,一个个体只含有常量、变元的谓词公式(个体可以是函数但不可以是谓词,建议个体不含有函数)就能够表达一个基本概念,而存在多个概念时,使用谓词连接词将这些谓词公式连接起来就能够准确表达如事实性知识这样的复杂知识(如以合取符号"∧"和析取符号"∨"连接形成的谓词公式)。针对这样的谓词逻辑表示法,人们定义它为一阶谓词逻辑知识表示法。

例如,知识“小张住在 1508 号房间,他的电话是 2231”可以表示为:

$$Occupant(zhang,1508) \vee Tel(zhang,2231)$$

其中,谓词公式 Occupant(x,y)表示“x 住在 y 号房间”,谓词公式 Tel(x,z)表示“x 的电话是 z”。通常地,单个谓词公式不超过二元,也可以定义一个谓词 Info(x,y,z) 表示为“x 住在 y 号房间,他的电话是 z”,上例即可表示为:

$$Info(zhang,1508,2231)$$

但是,这样含有多元个体的谓词公式很容易具有狭义的局限性,如在其真值为假时,并不能确定其中的哪个个体导致了该命题的真假性。因此对这类情况,一般需要将其变换为若干个不超过二元谓词的方式,并用连接符连接起来。

由上可知,一阶谓词逻辑对知识的表示通常需要通过以下 3 个步骤建立。

①按照规范化的形式定义谓词及个体,确定各个谓词及个体的具体含义。

②根据需要表述的事物或概念,为每个谓词中的变元赋予特定值。

③根据所要表达知识的语义,用合适的连接词将各谓词连接起来,形成谓词公式。

一阶谓词逻辑表示知识的优点较为明显,主要体现在以下 4 个方面:

①精确性。谓词公式的逻辑值只有“真”“假”两种结果,可以较为准确地表示知识并支持精确推理。

②通用性。具有通用的逻辑演算方法和推理规则。

③自然性。谓词逻辑表示接近于自然语言,便于表示问题的理解。

④模块化。各条知识相对独立,不直接发生联系,有利于知识的添加、删除和修改。

同时,一阶谓词逻辑知识表示法也有不足之处,如仅能表示确定性知识,不能表示非确定性知识、过程性知识和启发性知识。而且知识的组织原则仍然具有随意性,知识库管理困难。同时,由于需要多个谓词公式的连接,从而导致“组合爆炸”效应,推理演算过程冗长,系统效率不高等。

2.3 产生式表示法

2.3.1 产生式的基本形式

产生式表示法也称为产生规则表示法,是一种通过规则进行知识推导的方法。美国数学家波斯特最早于 1943 年提出了“产生式”概念,根据串替代规则设计了能够被用来描述形式语言的语法,而这种语法的核心类同于“如果……则……”的人类心理活动认知,非常适合用于表示事物之间的因果关系。由于该方法模拟了人类求解问题的思维流程,因此,目前在大量的专家系统中被广泛使用。

产生式系统的本质是广泛的规则系统,当产生式系统求解问题时,要求能够普适性建立起形式化的系统描述方法体系。通常将产生式系统的基本形式定义为:

$$P \rightarrow Q \text{ 或 IF } P \text{ THEN } Q$$

其中,P 是产生式的前提,用于说明产生式是否可用的条件,Q 是一组结论或者操作,用于说明当前提 P 指示条件满足时,执行的操作或者得出的结论。换言之,产生式的含义可以解释成,如果前提 P 被满足,则能得到结论 Q 或执行 Q 所给出的操作。

产生式的前提可以是复合条件,通过逻辑运算符 NOT、AND 和 OR 将多个简单条件组合而成。例如,“IF(节肢动物 AND 6 条腿 AND 2 对翅膀)THEN 昆虫”表示“具有 6 条腿和 2 对翅膀的节肢动物是昆虫”;又如,“IF((NOT 下雨)OR 家中停电)THEN 外出就餐”表示“如果不下雨或者家中停电就外出就餐”。需要说明的是,尽管没有强制规定,Q 却通常不使用复合条件的形式。如前述例题的逆命题,“IF 昆虫 THEN 节肢动物 AND 6 条腿 AND 2 对翅膀”的逻辑也是正确的,但更多时候为了保证结论的唯一性,建议结论中并不使用逻辑运算符来连接,而是通过映射,使用如“IF 昆虫 THEN 节肢动物且具有 6 条腿和 2 对翅膀”的方式。

在表现上,产生式与谓词逻辑中的蕴涵式有相似之处,蕴涵式谓词公式也可以被看作产生式的一种。实际上,除逻辑蕴涵外,产生式还包括各种操作、规则、变换、算子、函数等,例如,“IF 温度过高 THEN 调高风扇转速”表示“如果温度过高就需要将风扇转速调高”,这样的产生式不属于谓词逻辑中的蕴涵式,因为“调高风扇转速”是一个无事实存在的祈使性规则。读者在针对该类情况时需要特别注意。

另外,产生式还可以表示不确定性知识,通过加入置信度,即形成不确定性规则知识的产生式表示,其方式为:

IF P THEN Q(置信度)

其中,置信度取值范围为[0,1],表示如果 P 被满足,Q 成立的置信水平为多少(可以理解为有多少概率区间的 Q 是可信的)。如“IF 断电 THEN 空气断路器脱扣(0.75)”可以简单理解为“如果断电了,则有 75% 的可能性是由空气断路器脱扣引起的”。读者请注意此处和前述例子中的 Q 的差异(操作或结论)。

2.3.2 产生式系统的组成

利用产生式解决问题时一般不单独使用。人们通常将一组产生式放在一起,一个产生式生成的结论可以提供给另一个产生式作为已知事实使用,进而求解问题,这样组合而成的系统结构被称为产生式系统,如图 2.1 所示。产生式系统具有综合数据库、规则库和控制系统等的要素。

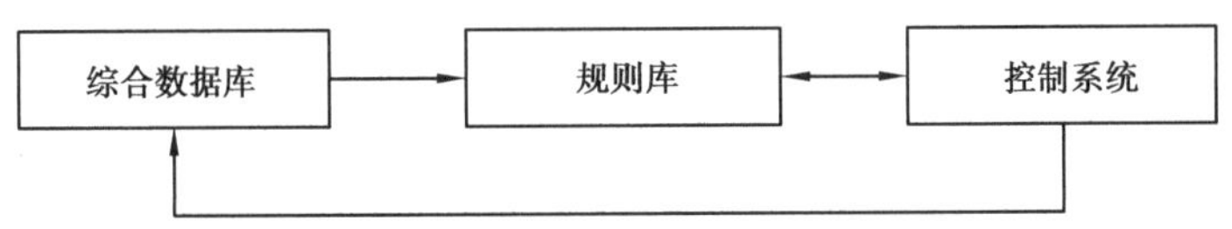

图 2.1 产生式系统的结构图

综合数据库(也称事实库),用于存放问题求解过程中的问题初始状态、输入事实、中间结论和最终结论等各种当前信息的数据结构,其内容不断变化。规则库是用于描述相应领域内知识的产生式集合,主要存放能够有效表达领域内的过程知识以及与求解问题有关的所有规则的集合,通常规则库内容不会发生变化。由于包含了将问题从初始状态转换成目标状态所需要的所有变换规则,因此,规则库是产生式系统进行问题求解的基础。控制系统是产生式用于解决问题的推理机,由一组程序组成,负责整个产生式系统的运行,从产生式规则库中选择与数据库已知事实匹配的规则,决定问题求解过程的推理线路,实现问题求解。

从运行流程上看,产生式系统求解问题主要有以下步骤:

①按照一定策略从规则库选择规则匹配综合数据库中的已知事实,即用规则的前提条件去比较综合数据库中的已知事实,如果一致或近似,并满足预先规定的条件,那么则匹配成功,相应的规则可被使用;否则匹配不成功,相应的规则不可用于当前的推理。

②匹配成功一条以上的规则,则称发生了冲突。推理机构需要调用相应的解决冲突策略进行消解,并从中选出一条执行。

③执行规则中,如果该规则的右部存在一个以上结论,则把这些结论加入综合数据库中;如果规则的右部存在一个以上操作,则执行这些操作。

④对不确定性知识,执行每一条规则需要计算结论的不确定性。

⑤寻找结束产生式系统运行的时机,停止系统的运行。可以简单概括为选择匹配、冲突消解、执行操作、不确定推理、路径解释、终止推理。

产生式系统的基本算法也可以写作下列伪代码形式:

ⅰ. DATA←初始数据库

ⅱ. Until DATA 满足结束条件,do:

ⅲ. Begin

ⅳ. 在产生式规则库中,选取一条应用于 DATA 的规则 A

ⅴ. DATA←A,并生成应用规则 A 后的结果

ⅵ. end

2.3.3 产生式系统的推理

产生式系统具有强大的推理能力,根据推理思维策略中"从一般到特殊"和"从特殊到一般"的差异,可以将推理方式分为 3 种:正向推理、反向推理和双向推理。

1)正向推理

正向推理也称数据驱动推理或前向链推理。主要是从一组表示事实的谓词或者命题出发,运用一组产生式规则,证明该谓词或命题是否属于前述事实(即判定是否成立),这是一种典型的由一般到特殊的推理方式,其算法流程如下:

①把用户提供的初始证据放入综合数据库。

②检查综合数据库中是否包含问题的解,若已包含,则求解结束,并成功推出,否则执行下一步。

③检查知识库中是否有可用知识,若有,则形成当前可用知识集,执行下一步;否则转到第五步。

④按照某种冲突消解策略,从当前可用知识集中选出一条知识进行推理,并将推出的新事实加入综合数据库中,然后转到第二步。

⑤询问用户是否可以进一步补充新的事实,若可补充,则将新事实加入综合数据库中,然后转到第三步;否则表示无解,失败退出。

一个典型正向推理如前述例"IF(节肢动物 AND 6 条腿 AND 2 对翅膀)THEN 昆虫",在该推理中,"节肢动物""6 条腿""2 对翅膀"均为事实,尽管节肢动物中还有虾蟹、蜘蛛、蜈蚣等非昆虫纲的动物,但是通过"6 条腿""2 对翅膀"的特征约束就能够将范围缩小到唯一解"昆虫"上(因为同时具有这两个特征在节肢动物中仅存在于昆虫纲中)。

正向推理具有过程直观的优点，并支持用户主动提供有用事实信息，利于诊断、设计、预测和监控等领域问题的求解。缺点是在无明确目标或求解问题时，会执行与求解无关的操作，效率低下。

2）反向推理

反向推理也称目标驱动推理或逆向链推理。与正向推理不同的是，其从一组表示目标的谓词或者命题出发，运用一组产生式规则，证明该谓词或命题是否成立。通常需要对推理的目标进行假设，再来判断是否存在支持该假设的事实。其算法流程如下：

①将问题的初始证据和要求证的目标（假设）分别放入综合数据库和假设集。

②从假设集中选出一个假设，检查该假设是否在综合数据库中，若在，则该假设成立。若假设集为空，则成功退出，否则仍执行第二步；若假设不在综合数据库中，则执行下一步。

③检查该假设是否可由知识库的某个知识导出。若不能由某个知识导出，则询问用户该假设是否为可由用户证实的原始事实。若是，则该假设成立，并将其放入综合数据库；若不是，则转到第五步。若能由某个知识导出，则执行下一步。

④将知识库中可以导出该假设的所有知识构成一个可用知识集。

⑤检查可用知识集是否为空，若是则退出，否则执行下一步。

⑥按冲突消解策略从可用知识库中取出一个知识，执行下一步。

⑦将该知识的前提中的每个子条件都作为新的假设放入假设集，转到第二步。

反向推理多用于事实不清时的逻辑推理，通过相对碎片化的信息来得出最终结果。如有A、B、C、D 4 人，针对其身高发表意见，A 认为自己最高、B 认为自己不是最矮、C 认为自己没有 A 高但不是最矮、D 认为自己最矮，在其中只有一人说错的情况，推理出 4 个人的身高排序关系。这就是一个非常适用于反向推理的问题，读者可以根据该例情况自行求解。

反向推理的优点是无须使用与假设目标无关的信息和知识，具有明确的推理目标，利于向用户提供解释。缺点是用户对解的情况不明确时，系统自主选择目标比较盲目，可能会出现选择不好的情况，影响系统效率。

3）双向推理

双向推理也称正反混合推理，是正向推理和反向推理的融合，同时从目标向事实推理和从事实向目标推理，在推理过程的某个步骤中实现事实与目标的匹配。该类方法适合于事实和目标都存在碎片化情况时的推理，既综合了正向推理和逆向推理的长处，具有较高的效率，也存在流程复杂的缺点。

总体来看，产生式表示法使用了“IF *P* THEN *Q*”形式表示知识，其格式固定、形式单一，与人类相仿，表示直观自然，便于推理；同时其所有规则格式都相同，且数据库能被所有规则访问，能实现统一处理；知识库与推理机也分离运作，利于知识的添加、删除和修改，且更容易解释系统的推理路径。

但产生式表示法仍有以下不足：效率低下，在产生式表示方式中，各规则间的联系要求以综合数据库作为媒介，求解过程需要反复进行“匹配—冲突消解—执行”过程；并且产生式表示法具有难以表示结构性或层次性知识的局限性。

2.4 框架表示法

2.4.1 框架的定义和结构

框架表示法最早由马文·明斯基于 1975 年提出。框架表示法认为,人们对现实世界中各种事物的认识都是以一种类似于框架的结构存储在记忆中的。当遇到新事物、新现象时,人类会从已有的经验中找出一个合适的框架(即"通用的数据结构"),根据实际情况对细节加以修改和补充,进而形成对事物的认知。

在定义中,框架是一种描述固定情况的数据结构,一般是由节点和关系组成的网络,由框架名、关系、槽、槽值及槽的约束条件与附加过程所组成。

框架(frame)是一种描述所论对象(一个事物、事件或概念)属性的数据结构;而一个框架又由若干个被称为"槽"(slot)的结构组成,在槽中填入具体值,形成一个描述具体事物的框架,每个槽可包含一组约束条件,每个槽又可根据实际情况划分为若干个"侧面"(faced),用于描述槽值的类型和取值范围;从区分上看,槽用于描述所论对象某一方面的属性,侧面用于描述相应属性的一个方面。因此,槽和侧面都具有属性值,分别称为槽值和侧面值。

例如,描述学生的所有属性的数据结构就是一个框架,其中,"年龄"是这个框架的一个组成部分,即为一个槽,而人的年龄必须是整型数字,这就是"年龄"这个槽的一个侧面,同时,对年龄的约束还有其分布在[0,150],这就是另一个侧面。

除此之外,还有一种附加过程侧面:如果加入过程(if-added)、如果删除过程(if-deleted)、如果需要过程(if-needed),它们描述对象的行为特征,用于控制槽值的存储和检索,在未给出指定属性值时,由附加过程表示槽值计算过程或填槽动作。

一般地,框架结构类似于下列:

框架名:〈教师〉

　　姓名:单位(姓、名)

　　年龄:单位(岁)

　　性别:范围(男、女)缺省:男

　　职称:范围(教授,副教授,讲师,助教)缺省:助教

　　部门:单位(系,教研室)

　　住址:〈住址框架〉

　　工资:〈工资框架〉

　　开始工作时间:单位(年、月)

　　截止时间:单位(年、月)缺省:现在

其中,"教师"是框架,"姓名""年龄""性别"等是槽,而"范围值(教授,副教授,讲师,助教)、缺省值"是槽"职称"的多个侧面。

在框架中,一个具体事物由槽中已填入值来表示,而具有不同槽值的框架可以反映某一类事物中的各个具体事物,相关的框架相互连接形成框架系统;同时,一个框架到另一个框架的转换能够表示状态的变化、推理以及其他活动,而不同的框架能够共享一个槽值、协调不同

角度的信息。

框架表示法也是一种关系型数据结构表示法,与关系型数据库中的数据结构类似,其中一个“框架”对应一个“关系”的结构、一个框架的实现对应一个“元组”、“槽”对应“属性”、“侧面”对应“域”。因此,这类表示法表征的知识数据,相对更加容易被存储到计算机中并调用。

2.4.2 框架表示下的推理

框架表示法由于具有规范化的结构,因此其推理过程也相对严谨,主要的推理方式有匹配和填槽两种。

1)匹配

在框架表示法中,人们一般按照已知信息去匹配框架构成的知识库的预存储框架,通过逐槽比较的方式,找到若干个适用于信息所提供情况的待选框架,并对这些框架进行评估,从而决策出最适用的框架。这种方式类似于查表,但又通过评估标准的复杂程度来体现对知识的匹配程度和相关信息提供的难易程度。

较为基础的评估标准可以用来判断某些重要属性是否匹配,或属性值是否在允许误差之内;而复杂的评估标准是通过产生式规则或过程来指导匹配。在实际应用时,还需要按照特定应用领域来规定某些适用的判定规则,特别是在实际数据和知识库中的数据存在某个槽上的偏差,但整体相似度较高时,匹配就能够给出较好的推理结果。

具体做法如下:在进行框架的匹配过程中,如果出现待选框架匹配失败的情况,此时需要选择其他框架,匹配失败仍能获取到下一待选框架的有用信息,使匹配过程连续。因此,一般采用下列步骤完成框架的匹配:

①对待选框架中部分匹配成功的片段,将其与其他同一抽象层次的可能待选框架进行片段上的匹配,匹配成功后,属性值可以填入新的框架中。

②或将一个独立存放该框架匹配失败的转向匹配建议的槽引入该框架,从而使系统的控制能够适用于其他框架。

③按照框架系统排列层次自下而上依次匹配,直到找出一个通用的、不与已知矛盾的框架。

2)填槽

在框架表示法的推理中,填槽是让不确定意图转化为明确的知识而补全信息的过程。如“票价 1 500”这一概念中并没有指明价格的单位和币种,尽管在默认条件下可以理解其含义,但在用于推理时,需要将其明确为“票价为人民币 1 500 元”,其中的“人民币”和“元”均为填槽的内容。一般可以使用查询、默认、继承、附加过程计算 4 种方式来实现。其中,查询方式是指使用系统在处理以前推理任务时,保留在数据库中的中间结果或由用户人为输入数据库的数据;默认方式和继承方式相较其他方式简单,主要是根据使用槽的侧面值来给定;而附加过程方式在框架推理中,附加过程引入针对特定领域的知识,从而增强系统的整体求解效率。

基于上述继承和填槽的框架推理方式,框架系统使用的推理方法可分为以下 3 种类型:

(1)面向检索的继承推理

以框架间层次关系的性质继承,利用缺省值为主的推理策略。低层框架可以继承较高层框架的性质。当检索到某个槽值为空(缺省值)时,可从该框架的父辈框架或其祖先框架中继承有关槽值、限制条件或附加过程。

(2)面向过程的推理

把描述型知识与过程型知识的表示组合到同一数据结构中。因此,能够利用槽中的附加过程(或子程序)实现控制。该程序体放在其他地方供多个框架共同使用。

(3)面向规则的推理

在综合运用框架方法和产生式规则表示法的机制中使用的推理方式。框架与规则的连接包括将规则连入框架和将框架连入规则两种方式。其中,将规则连入框架是指在框架中包含规则,用附加过程调用规则集合,从而控制信息的存储、检索和推理。但应用框架中的附加过程来执行所有的推理,实际会出现理解和维护困难,效率低的副作用;而将框架连入规则是指将规则中的前提和结论表示为框架,推理中应用规则控制推理,同时用框架组织智能数据库来维护推理所需知识。

此外,也可以采用组合规则和框架方法建立一种知识表示与推理相结合的综合系统,同时要求区别哪种知识在框架中描述、哪种知识在规则中描述,以及了解规则与框架的连接方法。

与其他表示方法相比,框架表示法具有以下优点:

①结构化。框架是分层次嵌套式结构,既能表示知识的内部结构,又能表示知识之间的联系。

②继承性。下层框架能够从上层框架继承某些属性或者值,又能补充和修改,从而减少冗余信息,节省存储空间。

③自然性。基于框架的理论更符合人类的思维过程。

④模块化。框架之间的数据结构相对独立,有利于知识的添加、删除和修改。

但是框架表示法的结构和形式决定了其不足:构建成本高;框架系统对知识库的质量要求非常高;缺乏形式理论;没有明确的推理机制保证求解的可行性和过程的严格性;表达形式不灵活;框架表示法很难同其他形式的数据集相互关联使用。

2.5 语义网络表示法

2.5.1 语义网络的定义和结构

语义网络表示法是知识的一种结构化图解表示,由节点和带标记的边组成,是描述事件、概念、状况、动作和客体之间关系的有向图。该表示法不仅表示了知识的基本谓词逻辑,还通过不同对象之间的相互谓词逻辑关系构成了一种图形结构,使知识的传递和演进更加明确和清晰,也解决了前述方法无法表示出命题中事实之间因果关系的问题。

正是由于这样的优点,1968 年,语义网络首次被奎林作为一种描述人类联想记忆的显式心理学模型提出。基于这个基础,西蒙在 1970 年正式提出了语义网络的概念。20 世纪 70 年代后,语义网络已在专家系统、自然语言处理等人工智能理论方面被广泛应用。

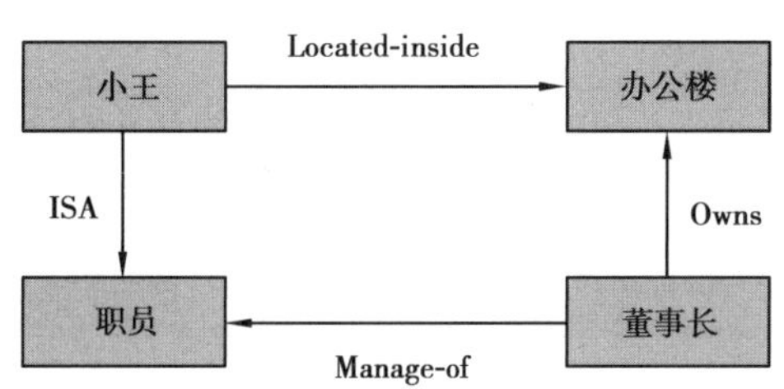

图 2.2 语义网络结构图

如图 2.2 所示，语义网络的基本结构为(节点 1，边，节点 2)，语义网络的各节点带有若干属性，一般形式为框架或元组，节点一般有实例节点和类节点两种，例如，在图 2.2 中，“职员”是类节点，“小王”是实例节点，其区别在于是表示了一般性对象还是特殊性对象。节点还可以是一个语义子网络，形成一个多层次的嵌套结构。语义网络的边表示各种语义联系，表明它所连接节点间的某种语义关系。节点和边都必须带有标识，以便区分不同对象和对象间各种不同的语义联系。

语义网络表示法由语法、结构、过程和语义 4 个部分组成。语法部分决定表示词汇表中允许的符号，这将涉及各节点和边。结构部分说明符号排列的约束条件，指定各边连接的节点对。过程部分体现用于建立和修正描述，以及回答问题的访问过程。语义部分确定与描述相关意义的方法，以及有关节点的排列和对应的边。

2.5.2 基本语义关系

在语义网络的知识表示中，节点通常分为实例节点和类节点，例如，“职员”的节点是类节点，“小王”的节点是实例节点。类似的还有“苹果”对“果园的苹果”“昆虫”对“中华枯叶蝶”“上周迟到的人”对“小李”等。实例节点与类节点以及与有向弧的语义联系通常较为复杂多样，在实际应用系统下，其语义联系的种类和解释存在较大差异，如前述实例，对类节点加上定语或状语的修饰、归属关系、特定指代关系等，都可以成为其语义联系的形式。下面介绍两种典型的语义形式：

1）以个体为中心的形式

当以独立存在的个体来构成知识时，网络节点通常是名词性的个体或概念形式，这时需要通过实例、成员、属性等联系作为有向弧，对节点概念的语义联系进行准确描述：

（1）实例关系

实例关系即一个事物是另一个事物的具体例子，是类节点与实例节点之间的联系。语义标记为“ISA”，为“is a”的缩写。在使用 ISA 时，一个实例节点以此连接多个类节点，或者是一个类节点连接多个实例节点。

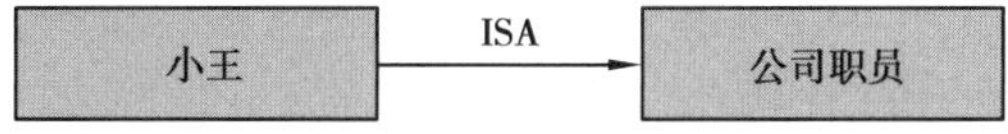

（2）分类关系

分类关系又称泛化关系，即一个事物是另一个事物的一个成员，是类节点与抽象层次更高的类节点之间的联系，体现的是子类与父类的关系。语义标记为“AKO”，为“a kind of”的缩写。在使用 AKO 时，以此可以把抽象层次相异的类节点建立 AKO 层次网络。

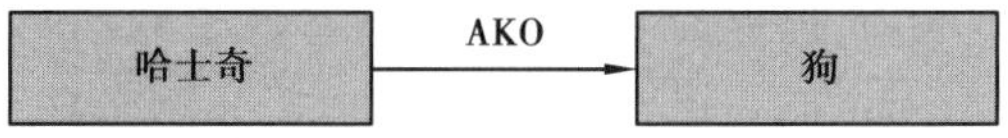

(3)成员关系

成员关系即一个事物是另一个事物的成员型,体现的是个体与集体的关系。语义标记为“A-Member-of”。

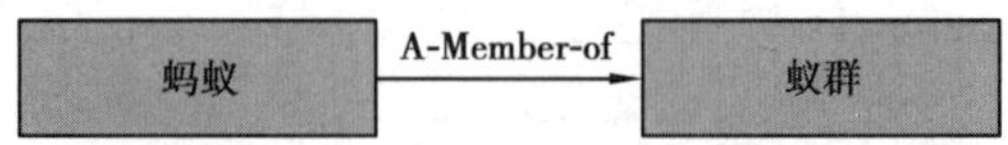

(4)属性关系

属性关系即事物与其行为、能力、状态、特征等属性之间的关系,用于个体、属性、值之间的联系。有向弧说明属性,而有向弧指向的节点说明属性的取值,语义标记不限。

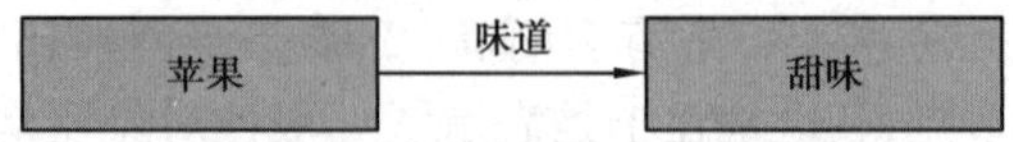

(5)包含关系

包含关系又称聚类关系,即具有组织或结构特征的“部分与整体”之间的关系。与分类关系主要的区别是包含关系一般不具有属性的继承性。语义标记为“Part-of”。

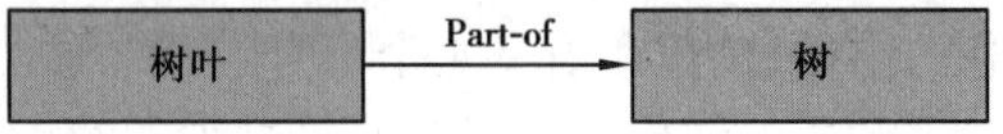

(6)时间关系

时间关系即时间上的先后次序关系。语义标记常用“Before”和“After”。

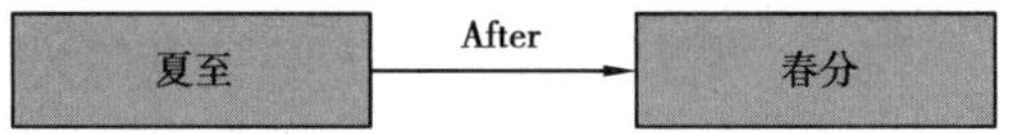

(7)位置关系

位置关系即不同事物在位置方面的关系。语义表示常用“Located-on”“Located-at”“Located-under”“Located-inside”“Located-outside”。

2)以谓词或关系为中心的形式

当语义网络存在 n 个元谓词或者关系 $R(\arg_1,\arg_2,\cdots,\arg_n)$ 的情况时,分别取值有 a_1,$a_2,\cdots,a_n$,以下为语义网络形式。

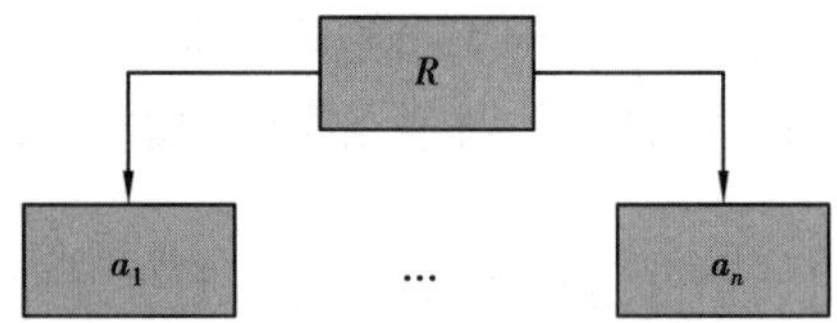

类比于个体节点,关系节点被分成类关系节点和实例关系节点,且实例关系节点和类关系节点通过 ISA 标识来连接。

2.5.3 语义网络表示下的推理

语义网络完成推理主要由匹配和继承来实现。

1)继承

语义网络中的继承推理方式接近于人类的思维方式,当认识一个事物的有关信息后,能够联想该事物的一般描述,而语义网络的继承将事物的描述从抽象节点传递到具体节点,通常沿着具有类属关系等继承关系的边进行。通过继承,语义网络能够得到所需节点的一些属性值。以下是继承的一般过程。

①建立一个节点表存放待解节点和以 ISA、AKO 等弧与该节点连接的所有节点。初始情况下,规定节点表只含待解节点。

②查看表中第一个节点是否具有继承弧,若有,则将该弧所指向的所有节点放入节点表末尾。然后对这些节点的属性进行记录,同时从节点表上删除它们。若不存在这种节点,则删除节点表第一个节点。

③重复第二步,直至节点表为空。得到的所有属性就是待解节点继承的属性。

2)匹配

在语义网络中,由于事物是通过语义网络结构描述的,因此事物的匹配是结构层面的匹配,包含了网络的节点和有向弧。匹配是在知识库的语义网络中寻找与待解问题相符的语义网络模式,在匹配的推理方式下,将待解问题构造成为网络片段,其中,某些标识为空的节点或边称为询问点,再将网络片段与知识库的某个语义网络片段匹配,则相匹配的询问点即是该问题的解。通常匹配的推理从某一有向弧连接的两节点开始,逐次来匹配与这两个节点相邻的其他所有节点,直至匹配完成。

在实际应用中,知识库可能出现规模大、层次复杂的情况,此时应考虑引入启发式知识的选择器函数,从而实现某些节点和有向弧的优先选择,提高匹配搜索过程的效率。

2.5.4 语义网络表示法的特点

由于语义网络整体是由节点和有向弧组成的,因此语义网络的表示方法直观、自然、便于理解,其推理方式与人类思维方式有很大的共通点。语义网络将客体的结构、属性和个体之间的联系运用相应节点之间的有向弧,通过显性方式表现出来,使其便于联想方式的系统解释过程。

语义网络因为使用节点表示全部事物、用有向弧表示事物之间的全部联系的可行性不足,所以语义网络的形式比较简单,节点之间的联系只能按照以上几种典型的关系,难以用来表示复杂的事物关系。同时,在知识的表示形成中,语义网络的复杂程度随着联系的增加而提高,加重了网络的知识存储和检索负担,这往往使得语义网络的管理和维护比较复杂。

习　题

1. 判断以下公式是否为永真式,其中 P、Q、R 是语法变元,它们表示任意的公式:

(1)$P \vee \neg P$。

(2)$P \to (P \vee Q)$,$Q \to (P \vee Q)$。

2. 证明等值公式$((P \to Q) \wedge (P \to R)) \leftrightarrow (P \to (Q \wedge R))$。

3. 导出命题公式

$$(P \vee (Q \wedge R)) \to (P \wedge Q \wedge R)$$

的主析取范式和主合取范式。

4. 简述谓词逻辑与命题逻辑的相同点和不同点。

5. 描述使用真值表方法对假言推理的验证过程。

6. 请判断以下命题的真值:(1)$\neg(P\vee Q)\wedge(R\vee S)$的层数为3;(2)若$A$是重言式,那么$A$的主合取范式是0;(3)若$P$、$Q$均是真命题,$R$、$S$均是假命题,那么复合命题$(P\leftrightarrow R)\leftrightarrow(\neg Q\rightarrow S)$的真值是1。

7. 某一电路有1个电灯和3个控制开关A、B、C,电灯仅在以下4种情况下亮:

(1)C打开,A和B关闭。

(2)A打开,B和C关闭。

(3)B和C打开,A关闭。

(4)A和B打开,C关闭。

现假设G表示电灯亮的状态,P、Q、R分别表示A、B、C打开的状态,请求出G的主析取范式和主合取范式。

8. 证明。前提:$\forall x(F(x)\rightarrow G(x))$;$\exists x(F(x)\wedge H(x))$,结论:$\exists x(G(x)\wedge H(x))$。

9. 有以下句子:

每个学生都要学习英语;并非所有学生都要学习人工智能;所以有些学习英语的学生不会学习人工智能。

规定谓词为:$S(x)$:x是一个学生;$E(x)$:x学习英语;$A(x)$:x学习人工智能。

请使用一阶谓词逻辑表示方法表示上述句子,并使用推理规则证明其是否正确。

10. 设个体域$R=\{A,B,C\}$,消去下列公式中的量词:

(1)$\exists xF(x)\rightarrow\forall yG(y)$

(2)$\forall x\forall y(F(x)\rightarrow G(y))$

11. 知识库的规则有哪些特征?这些特征与推理树的关系是什么?

习题答案

3 确定性推理

3.1 概述

3.1.1 推理的概念

推理可以解释为:人们在掌握相关知识的前提下,从已知事实出发,推导出当前事实所蕴涵的道理或归纳出新的事实的过程。其中,已知事实可以是与求解问题直接相关的初始证据,也可以是在推理过程中得到的中间结论,这些中间结论在推理过程中起着重要作用。将推理的概念代入人工智能系统中,其实现通常是由一些程序来完成的,这些程序在人工智能系统中称为推理机。

3.1.2 推理方法及分类

由于人类的智能活动有多种思维方式,因此与之对应的人工智能推理方式也有不同种类,下面从不同角度将推理方法分类并进行介绍。

1)演绎推理、归纳推理、默认推理

若从推出结论的途径分,推理可分为演绎推理、归纳推理和默认推理。

(1)演绎推理(Deductive Reasoning)

演绎推理是一种由一般推导出个别的推理方式,通常采用三段论式进行推理,包括以下3项内容。

①大前提:已知的一般性知识或假设。

②小前提:关于所研究的具体情况或个别事实的判断。

③结论:由大前提推出的适合于小前提所示情况的新判断。

下面列出一个演绎推理的具体实例以供理解:

①大前提:学习一门课程是一件既痛苦又有成就感的事情。

②小前提:“人工智能”是本专业开设的一门课程。

③结论:学习“人工智能”这门课程既痛苦又会产生成就感。

(2)归纳推理(Inductive Reasoning)

归纳推理是一种由个别到一般的推理方式,若按归纳时所选的事例的广泛性来划分,归纳推理又可分为完全归纳推理和不完全归纳推理两种。

完全归纳推理又称为必然性推理,类似于统计学中“普查”的概念,即在归纳时将范围覆盖至全体对象,并根据这些对象是否都具有某种属性,从而推出全体对象是否具有这个属性。最经典的例子就是对工厂某产品进行质量检查,如果对所有个体都进行检查,并且检查结果均为合格,那么就可推导出这批产品全部合格的结论。

不完全归纳推理又称为非必然性推理,类似于统计学中“抽样”的概念,即在归纳时将全体对象中的部分个体抽出进行某种属性的归类,如果都具有那种属性,那么也能推出全体对象具有此属性。同样经典的例子就是对具有破坏性的产品进行质量检查,如进行玻璃的耐热性检查或炮弹的爆炸威力检查时,只是随机地抽查了部分个体,只要它们都合格,那么可推导出这批产品全部合格的结论。

(3)默认推理(Default Reasoning)

默认推理又称为缺省推理,是在知识不完全的情况下假设某些条件已经具备所进行的推理。

通俗地讲,就是在条件 A 已成立的情况下,如果没有足够的证据能证明条件 B 不成立,那么默认 B 条件是成立的,在此默认条件下再进行推理,从而推导出某个结论。例如,要设计一个控制器,但提前不知道是否会受到干扰,则默认有干扰输入,因此得尝试性地加上一个反馈环节。

由于这种推理允许默认某些条件是成立的,因此在知识不完全的情况下也能进行。但是若在推理过程中发现默认的条件是错误的,则要撤销默认条件成立的假设及根据默认条件推理而得到的结论,再按照正常程序进行推理。

2)确定性推理、不确定性推理

若按推理时所用知识的确定性分,推理可分为确定性推理和不确定性推理。

(1)确定性推理

确定性推理就是推理时所用的知识与证据都是确定的,推出的结论也是确定的,因而其真值或者为真或者为假,不存在或真或假的情况。本章的标题就是确定性推理,所讨论的推理方法主要包括自然演绎推理和归结演绎推理。

(2)不确定性推理

不确定性推理就是推理时所用的知识与证据不都是确定的,推出的结论也是不确定的。现实世界中的事物和现象大都是不确定或者模糊的,很难用精确的数学模型来表示与处理。人们经常在知识不完全、不精确的情况下进行推理,因此要使计算机能模拟人类的思维活动,就必须使它具有不确定性推理的能力。不确定性推理又分为似然推理和模糊推理两种。似然推理是基于概率论的推理,模糊推理是基于模糊逻辑的推理,这些推理方法均在第 4 章中提到并详细讲解。

3)单调推理、非单调推理

若按推理过程中推出的结论是否越来越接近最终目标分,推理又可分为单调推理和非单调推理。

(1)单调推理

单调推理是指随着推理向前推进和新知识的加入,推出的结论会越来越接近最终目标,接下来要介绍的自然演绎推理方法就属于单调推理。

(2)非单调推理

非单调推理是指由于新知识的加入,不仅没有加强已推出的结论,反而要否定它,使推理退回到前面的某一步重新开始。非单调推理多发生在知识不完全的情况下,当由新知识的加入致使发现原假设不正确时,就需要推翻该假设以及此假设衍生推出的所有结论,再用新知识重新进行推理,显然默认推理是一种非单调推理。

4)启发式推理、非启发式推理

若按推理中是否运用与推理有关的启发性知识分,推理可分为启发式推理和非启发式推理。

(1)启发式推理

启发性知识是指与问题有关且能加快推理过程、提高搜索效率的知识。通俗地讲,如果使用的知识贴合推理问题的背景,则称其使用了启发性知识,推理方法属于启发式推理。例如,推理的目标是在颅脑伤、外擦伤和神经伤这 3 种战时伤病中选择一个,又设有 r_1、r_2、r_3 这 3 条产生式规则可供使用,其中,r_1 推出的是颅脑伤,r_2 推出的是外擦伤,r_3 推出的是神经伤,若诊断地区之前刚经历过迫击炮的轰炸,则首先考虑选择 r_1,在这个背景下“迫击炮的轰炸”是与问题求解相关的启发性信息。

(2)非启发式推理

非启发式推理是指在没有明确目标或特定策略指导下进行的推理过程。它是一种基于直觉、经验和常识的推理方式,通常使用经典逻辑或概率推理方法来分析和推断。例如,穷举式推理是非启发式推理。

3.1.3　推理的方向性

推理过程是求解问题的过程。正如数学证明题的证明过程有多种方向并且会影响证明的快速性,在人工智能系统通过推理求解问题的过程中,采取何种控制策略也很重要。推理的控制策略主要包括推理方向、搜索策略、冲突消解策略、求解策略及限制策略等,其中,推理方向占有重要一席,且推理方向分为正向推理、逆向推理、混合推理和双向推理 4 种。

1)正向推理

正向推理是一种基于事实驱动的推理,即从已知事实推得最终结论。正向推理的思路描述如下:

①从初始已知事实出发,在知识库 KB 中找到当前可适用的知识,构成可适用的知识集 KS。

②按某种冲突消解策略从 KS 中选出一条知识进行推理,并将推出的新事实加入数据库 DB 中作为下一步推理的已知事实,再从 KB 中选取可适用的知识构成 KS。

③重复第二步,直到求得问题的解或 KB 中再无可适用的知识为止。

其算法描述如图 3.1 所示。

为实现正向推理还需解决以下问题:确定匹配的方法,即如何确定知识库中的知识与已知事实相对应;确定按什么策略搜索知识库;使用何种冲突消解策略。总的来说,正向推理思想简单,也容易实现,但目的性不强,在某些情况下会呈现出效率低的特点。

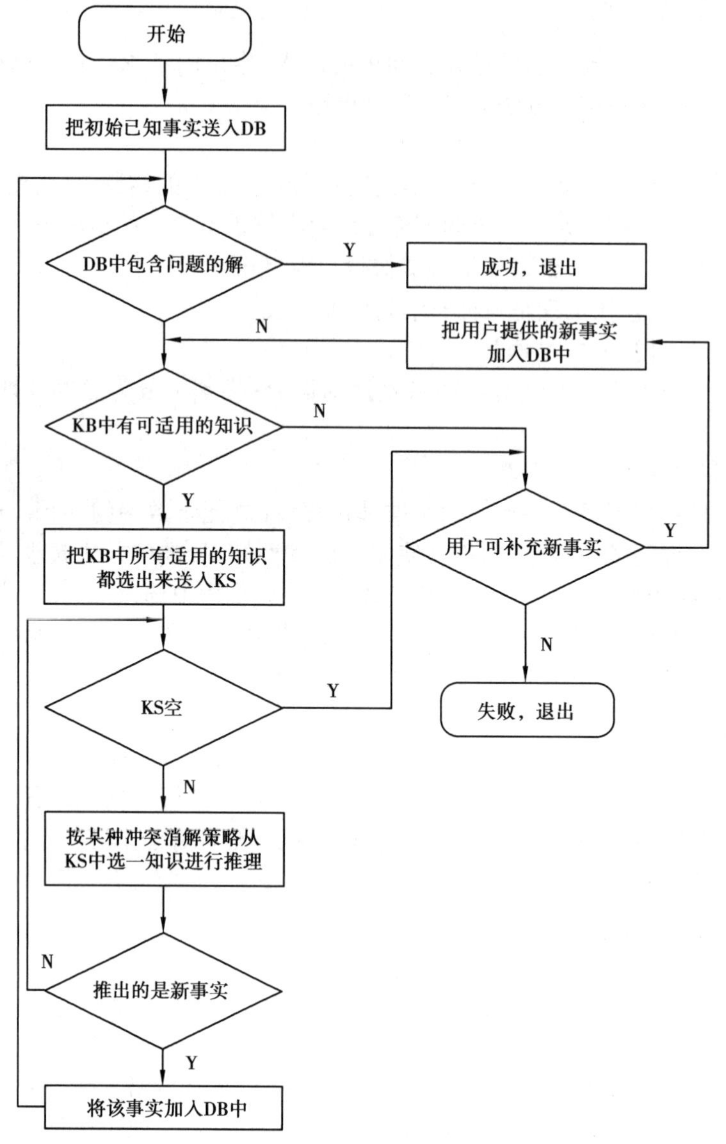

图 3.1　正向推理示意图

2)逆向推理

逆向推理是一种基于目标驱动的推理,是以某个假设目标作为出发点的推理方法。逆向推理的思路描述如下:

①选定一个假设目标,若所需的证据都能找到,则原假设成立。

②若无论如何都找不到所需的证据,则原假设不成立。

③另作新的假设,使推理能继续顺利地进行下去。

其算法描述如图 3.2 所示。

与正向推理相比,逆向推理要复杂些。对比正向推理的盲目性和效率低的特点,逆向推理的主要优点体现在不必使用与目标无关的知识,目的性强,同时它还有利于向用户提供解释。但若逆向推理提出的假设目标不符合实际,则会降低推理系统的效率,使起始目标需要多次假设。

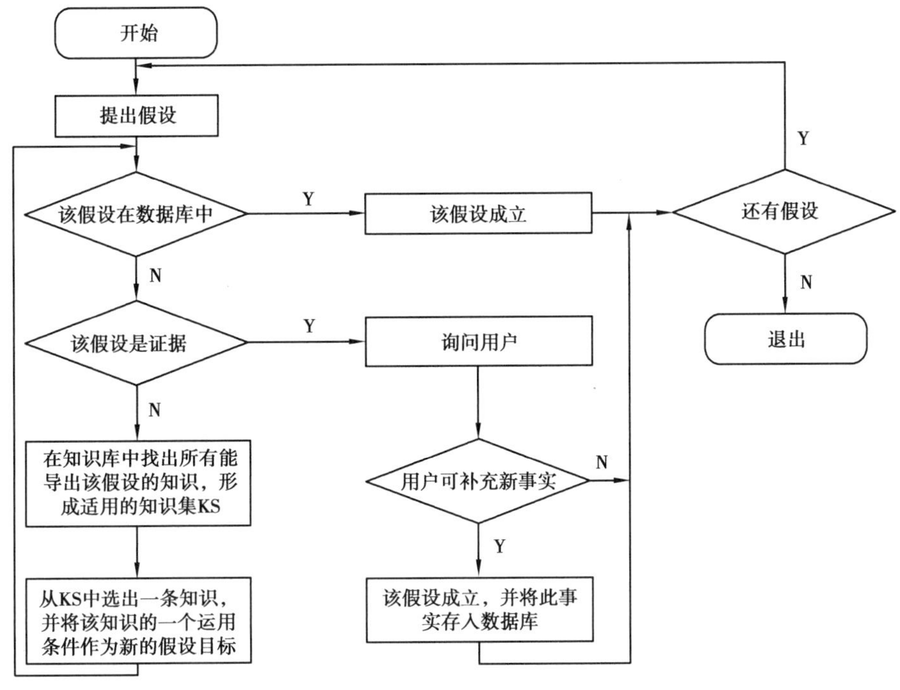

图 3.2 逆向推理示意图

3)混合推理

由前两种方法的介绍可知,正向推理具有盲目、效率低等缺点,推理过程中可能会推出许多与问题无关的子目标。在逆向推理中,若提出的假设目标偏离推理方向太大,也会降低推理系统的效率。为解决这些问题,可将正向推理和逆向推理结合起来,使其各自发挥自己的优势,取长补短。这种既有正向推理又有逆向推理的推理方法称为混合推理。混合推理通常分为以下两种情况:

(1)先正向后逆向

先进行正向推理,帮助选择某个目标,即从已知事实演绎出部分结果,然后用逆向推理证实该目标或提高可信度。其示意图如图 3.3 所示。

(2)先逆向后正向

先假设一个目标进行逆向推理,然后利用逆向推理中得到的信息进行正向推理,以推出更多的结论。其示意图如图 3.4 所示。

4)双向混合推理

所谓双向混合推理是指正向推理和反向推理同时进行,使推理过程在中间的某一步骤相汇合而结束的一种推理方法。其基本思想是:一方面根据已知事实进行正向推理;另一方面从某假设目标出发进行逆向推理,并让它们在中途相遇,这时推理结束。在这种推理方法的过程中,正向推理所得的中间结论恰好是逆向推理此时要求的证据,逆向推理时所做的假设就是推理的最终结论。

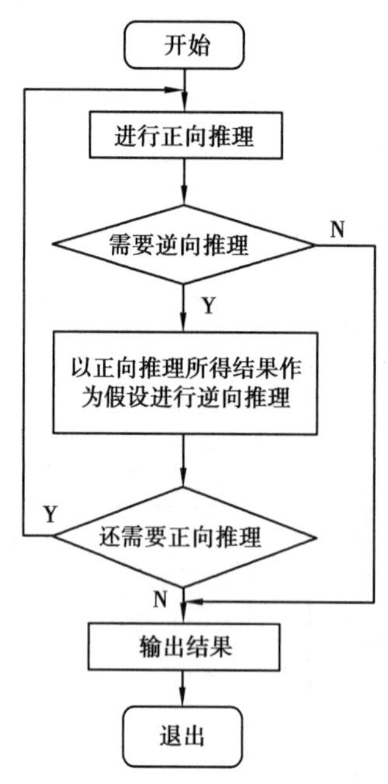

图 3.3　先正向后逆向推理示意图

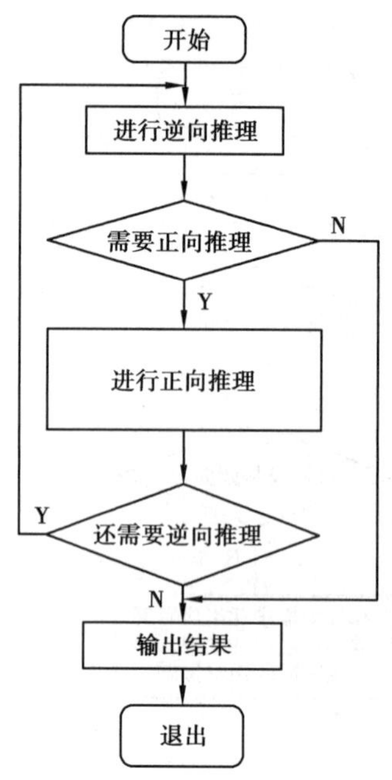

图 3.4　先逆向后正向推理示意图

3.1.4　推理的消解原理

在推理过程中,系统要不断地用当前已知的事实与知识库中的知识进行匹配。此时,可能发生以下 3 种情况:

①已知事实与知识库中的一个知识刚好匹配成功。

②已知事实与知识库中的任何知识都未能匹配成功。

③已知事实可以与知识库中的多个知识匹配成功。

第一种情况,由于匹配成功的知识恰好只有一条,则这条知识就是可以应用的知识,能直接用到当前进行的推理过程中;第二种情况,由于未能找到与当前已知的事实相匹配的知识,推理无法进行下去,需要根据实际需求与情况通过一些方法向知识库中添加知识,从而使推理能够继续进行下去;第三种情况,由于推理过程中有多条知识可以与已知事实相匹配,那么到底选择哪一条知识来与其匹配将成为一个至关重要的问题,解决这样的问题称为冲突消解。冲突消解需要按照一定的策略来进行。

目前已有多种冲突消解策略,它们的基本思想都是对匹配的知识或规则按照某种规律进行排序,进而决定匹配规则的优先级别,排序所得的高优先级规则将作为启用规则。常用的排序方法有以下几种:

1)按规则的针对性排序

该策略优先选用针对性较强的产生式规则。如果规则 1 中除包括规则 2 中的所有条件外,还包括其他条件,那么规则 1 比规则 2 拥有更强的针对性,因此当两条规则发生冲突时,优先选用规则 1。由于要求的条件较多,其结论一般更接近于目标,一旦得到满足,可缩短推理过程。

2)按已知事实的新鲜性排序

该策略优先选用新鲜的事实,一般来说,后生成的事实比先生成的事实具有更大的优先性。若一条规则被应用后生成了多个结论,既可以认为这些结论有相同的新鲜性,也可以认为排在前面(或后面)的结论有较大的新鲜性,这时就需要根据情况而定。

3)按匹配度排序

该策略优先选用匹配程度高的产生式规则,一般来说,在不确定性推理中,通过对应的方法可以计算出已知事实与知识的匹配程度,进而在发生冲突时以匹配度为标准决定选用哪一条规则。

4)按条件个数排序

该策略优先选用条件少的规则,因为当多条产生式规则生成的结论相同时,条件少的规则匹配时花费的时间会更少,间接加快了推理速度。

5)按上下文限制排序

该策略根据当前数据库的已知事实与上下文的匹配情况确定,具体操作为把产生式规则按它们所描述的上下文分成若干组,在不同条件下,只能从相应的组中选出有关的产生式规则。这样不仅可以减少冲突的发生,而且由于搜索范围小,推理的效率也得到了相应的提高。

6)按冗余限制排序

该策略优先选择应用冗余知识少的规则,因为冗余知识的处理会占用推理系统的部分资源,所以当多条产生式规则得到的结论一致时,产生冗余知识少的规则能提高推理系统的效率。

7)根据领域问题的特点排序

该策略按照求解问题领域的特点将知识排成固定的次序。例如,当领域问题有固定的解题次序时,可按该次序排列相应的知识,排在前面的知识优先被应用;当已知某些产生式规则被应用后会明显有利于问题的求解时,就使得这些产生式规则优先被应用。

在实际推理过程中发生冲突时,可以先通过对问题的分析将上述几种策略进行按需排序,然后组合使用,这样可以使冲突消解更加有效,进而加快推理系统的速度,提高处理效率。

3.2 自然演绎推理法

3.2.1 自然演绎推理的概念

自然演绎推理是指从一组已知为真的事实出发,直接运用经典逻辑中的推理规则推出结论的过程。在这种推理中,最基本的推理规则是 P 规则、T 规则、假言推理、拒取式推理等。

假言三段论的基本形式为

$$P \to Q, Q \to R \Rightarrow P \to R$$

它表示如果谓词公式 $P \to Q$ 和 $Q \to R$ 均为真,则谓词公式 $P \to R$ 也为真。

假言推理的表示形式通常为

$$P, P \to Q \Rightarrow Q$$

它表示如果谓词公式 P 和 $P \to Q$ 都为真,则可推得 Q 为真的结论。

例如,由“如果某人发烧,他的体温会高于 37.3 ℃”及“小明发烧了”可推出“小明的体温高于 37.3 ℃”的结论。

拒取式推理的表示形式通常为

$$P \to Q, \neg Q \Rightarrow \neg P$$

它表示如果谓词公式 $P \to Q$ 为真且 Q 为假,则可推得 P 为假的结论。

例如,由"如果下雨,篮球比赛将会顺延"及"篮球比赛没有顺延"可推出"没有下雨"的结论。

在利用自然演绎推理法求解问题时,应避免两种典型的错误:肯定后件(Q)的错误和否定前件(P)的错误。肯定后件的错误是指当 $P \to Q$ 为真时,希望通过肯定后件 Q 为真来推出前件 P 为真,这显然是错误的推理逻辑,如同高数中对可导与连续的关系论述,一个函数可导能推出该函数连续,但是通过函数连续并不能确定该函数是否可导;否定前件的错误是指当 $P \to Q$ 为真时,希望通过否定前件 P 来推出后件 Q 为假。这也是不允许的,因为当 $P \to Q$ 及 P 为假时,后件 Q 可能为真也可能为假,比如下面这个例子:

①如果下雨,篮球比赛将会顺延。

②没有下雨(否定前件)。

③篮球比赛正常进行。

这显然是不正确的,因为当出现高温天气、集体接种疫苗或者裁判人员协调失败的情况下篮球比赛也会进行顺延。

例 3.1 设已知如下事实:

(1)只要是需要编程序的课,小王都喜欢。

(2)所有程序设计语言课都是需要编程序的课。

(3)C 是一门程序设计语言课。

求证:小王喜欢 C 这门课。

证明:(1)首先定义谓词:

$\mathrm{Prog}(x)$:x 是需要编程序的课。

$\mathrm{Like}(x, y)$:x 喜欢 y。

$\mathrm{Lang}(x)$:x 是一门程序设计语言课。

(2)把已知事实及待求解问题用谓词公式表示如下:

$\mathrm{Prog}(x) \to \mathrm{Like}(\mathrm{Wang}, x)$

$(\forall x)(\mathrm{Lang}(x) \to \mathrm{Prog}(x))$

$\mathrm{Lang}(C)$

(3)应用推理规则进行推理:

$\mathrm{Lang}(y) \to \mathrm{Prog}(y)$ 全称固化

$\mathrm{Lang}(C), \mathrm{Lang}(y) \to \mathrm{Prog}(y) \Rightarrow \mathrm{Prog}(C)$ 假言推理$\{C/y\}$

$\mathrm{Prog}(C), \mathrm{Prog}(x) \to \mathrm{Like}(\mathrm{Wang}, x) \Rightarrow \mathrm{Like}(\mathrm{Wang}, C)$假言推理$\{C/x\}$

因此,小王喜欢 C 这门课,证明完毕。

3.2.2 自然演绎推理的特点

演绎推理是指在已知领域内的一般性知识的前提下,通过演绎求解一个具体问题或者证明一个结论的正确性。它的一个典型特点是,演绎推理所推导出的结论总是蕴涵在一般性知识的前提中,只要小前提中的判断正确,由它们推出的结论也必然正确。由于演绎推理只是将早已蕴涵在一般性知识前提中的事实揭示出来，因此它不能增加新的知识。一般情况下，利用自然演绎推理由已知事实推出的结论可能有多个，只要其中包含了需要证明的结论，就认为问题得到了解决。

自然演绎推理的优点是问题求解过程符合人的思维习惯，使人易于理解，并且有丰富的推理规则可以利用，便于人们从自然思维的角度组织问题的求解和提供问题求解所需的知识。其主要缺点是容易产生知识或规则组合爆炸，推理过程中得到的中间结果的数量可能会按指数规模增长，这对复杂问题的推理求解极为不利，甚至难以实现。

3.3　归结推理方法

归结原理由杰森·鲁滨逊(J. A. Robinson)于1965年提出，又称为消解原理。该原理是鲁滨逊在Herbrand理论的基础上提出的一种基于逻辑、采用反证法的推理方法，由于其理论上的完备性，归结原理成为机器定理证明的主要方法。海伯伦(Herbrand)采用了反证法的思想，将永真性的证明问题转化为不可满足性的证明问题。Herbrand理论为自动定理证明奠定了理论基础，而鲁滨逊的归结原理使自动定理证明得以实现。

3.3.1　谓词公式化为子句集的方法

1）范式

(1)前束形范式

一个谓词公式，如果它的所有量词均非否定地出现在公式的最前面，且它的辖域一直延伸到公式之末，同时公式中不出现连接词"→"及"↔"，这种形式的公式称为前束形范式。例如，公式

$$(\forall x)(\exists y)(\forall z)(P(x) \wedge F(y,z) \wedge Q(y,z))$$

即一个前束形的范式。

(2)斯克林范式

从前束形范式中消去全部存在量词所得到的公式，即斯克林(Skolem)范式，或称Skolem标准型。例如，如果用$f(x)$代替前束形范式中的y，即得Skolem范式：

$$(\forall x)(\forall z)(P(x) \wedge F(f(x),z) \wedge Q(f(x),z))$$

Skolem标准型的一般形式是

$$(\forall x_1)(\forall x_2)\cdots(\forall x_n)M(x_1,x_2,\cdots,x_n)$$

其中，$M(x_1,x_2,\cdots,x_n)$是一个合取范式，称为Skolem标准型的母式。

将谓词公式化为Skolem标准型的步骤如下：

①消去谓词公式中的蕴涵(→)和双条件符号(↔)，以$\neg A \vee B \sim A \vee B$代替$A \to B$，以$(A \wedge B) \vee (\neg A \wedge \neg B)(A \wedge B) \vee (\neg A \wedge \neg B)$替换$A \leftrightarrow B$。

②减少否定符号(～)的辖域，使否定符号"～"最多只作用在一个谓词上。

③重新命名变元，使所有的变元的名字均不同，并且自由变元及约束变元也不同。

④消去存在量词。这里分两种情况：一种情况是存在量词不出现在全称量词的辖域内，此时，只要用一个新的个体常量替换该存在量词约束的变元就可以消去存在量词；另一种情

况是存在量词位于一个或多个全称量词的辖域内，这时需要用一个 Skolem 函数替换存在量词来将其消去。

⑤把全称量词全部移到公式的左边，并使每个量词的辖域包括这个量词后面公式的整个部分。

⑥母式化为合取范式，任何母式都可以写成由一些谓词公式和谓词公式否定的析取的有限集组成的合取。

需要注意的是，由于在化解过程中，消去存在量词时作了一些替换，一般情况下谓词公式的 Skolem 标准型与谓词公式本身并不等值。

例 3.2 将下式化为 Skolem 标准型：

$$\neg(\forall x)(\exists y)P(a,x,y) \rightarrow (\exists x)(\neg(\forall y)Q(y,b) \rightarrow R(x))$$

解 第一步，消去蕴涵符号，得

$$\neg(\neg(\forall x)(\exists y)P(a,x,y)) \lor (\exists x)(\neg\neg(\forall y)Q(y,b) \lor R(x))$$

第二步，¬深入量词内部，得

$$(\forall x)(\exists y)P(a,x,y) \lor (\exists x)((\forall y)Q(y,b) \lor R(x))$$

第三步，变元易名，得

$$(\forall x)((\exists y)P(a,x,y) \lor (\exists u)(\forall v)Q(v,b) \lor R(u))$$

第四步，存在量词左移，直至所有的量词移到前面，得

$$(\forall x)(\exists y)(\exists u)(\forall v)P(a,x,y) \lor (Q(v,b) \lor R(u))$$

由此得到前束形范式，第五步，消去存在量词，略去任意量词，消去$(\exists y)$，因为它左边只有$(\forall x)$，所以使用 x 的函数 $f(x)$ 代替，消去$(\exists u)$，同理使用 $g(x)$ 代替，这样可得

$$(\forall x)(\exists u)(\forall v)(P(a,x,f(x)) \lor Q(v,b) \lor R(u))$$

$$(\forall x)(P(a,x,f(x)) \lor Q(v,b) \lor R(g(x)))$$

略去全程变量，原式的 Skolem 标准型为：

$$P(a,x,f(x)) \lor Q(v,b) \lor R(g(x))$$

2）子句与子句集

在谓词逻辑中，有下述定义：

①不含有任何连接词的谓词公式称为原子谓词公式，简称原子(atom)，而原子谓词公式及其否定统称为文字(literal)。P 称为正文字，$\neg P$ 称为负文字。P 与$\neg P$ 为互补文字。

②子句(clause)就是由一些文字组成的析取式，任何文字本身也都是子句。

③不包含任何文字的子句称为空子句，记为 NIL。因为空子句中不包含任何文字，不能被任何解释满足，所以空子句是永假的，不可满足的。

④由子句构成的集合称为子句集。

在谓词逻辑中，任何一个谓词公式都可以通过应用等价关系及推理归化成相应的子句集，从而能够比较容易地判定谓词公式的不可满足性。将谓词公式化为相应的子句集的过程与化为 Skolem 标准型的过程类似，但后续步骤较多，下面结合一个具体的例子，说明把谓词公式化成子句集的步骤。

例 3.3 将下列谓词公式化为子句集

$$\forall x[P(x) \rightarrow [\forall y[P(y) \rightarrow P(f(x,y))] \land \neg \forall y[Q(x,y) \rightarrow P(y)]]]$$

解 第一步，消去谓词公式中的蕴涵符号，得

$$\forall x[\neg P(x) \vee [\forall y[\neg P(y) \vee P(f(x,y))] \wedge \neg \forall y[\neg Q(x,y) \vee P(y)]]]$$

第二步，把否定符号内移，利用谓词公式的等价关系

双重否定律：

$$\neg(\neg P) \Leftrightarrow P$$

德摩根律：

$$\neg(P \wedge Q) \Leftrightarrow \neg P \vee \neg Q; \neg(P \vee Q) \Leftrightarrow \neg P \wedge \neg Q$$

量词转换律：

$$\neg(\forall x)P \Leftrightarrow (\exists x)\neg P; \neg(\exists x)P \Leftrightarrow (\forall x)\neg P$$

可得

$$\forall x[\neg P(x) \vee [\forall y[\neg P(y) \vee P(f(x,y))] \wedge \exists y[Q(x,y) \wedge \neg P(y)]]]$$

第三步，变量标准化，使不同量词约束的变元有不同的名字，得

$$\forall x[\neg P(x) \vee [\forall y[\neg P(y) \vee P(f(x,y))] \wedge \exists w[Q(x,w) \wedge \neg P(w)]]]$$

第四步，所有量词前移，且保证移动时不改变相对顺序，得

$$\forall x \forall y \exists w[\neg P(x) \vee [[\neg P(y) \vee P(f(x,y))] \wedge [Q(x,w) \wedge \neg P(w)]]]$$

第五步，消去存在量词，使用 x,y 的函数代替，得

$$\forall x \forall y[\neg P(x) \vee [[\neg P(y) \vee P(f(x,y))] \wedge [Q(x,g(x,y) \wedge \neg P(g(x,y))]]]$$

第六步，把母式化为合取范式，得

$$\forall x \forall y[[\neg P(x) \vee \neg P(y) \vee P(f(x,y))] \wedge [\neg P(x) \vee Q(x,g(x,y)] \wedge [\neg P(x) \vee \neg P(g(x,y))]]$$

第七步，隐略去前束式，得

$$[[\neg P(x) \vee \neg P(y) \vee P(f(x,y))] \wedge [\neg P(x) \vee Q(x,g(x,y)] \wedge [\neg P(x) \vee \neg P(g(x,y))]]$$

第八步，把母式用子句集表示，得

$$\{\neg P(x) \vee \neg P(y) \vee P(f(x,y)), \neg P(x) \vee Q(x,g(x,y), \neg P(x) \vee \neg P(g(x,y))\}$$

第九步，变量分离标准化，最终得到子句集

$$\{\neg P(x_1) \vee \neg P(y) \vee P(f(x_1,y_1)), \neg P(x_2) \vee Q(x_2,g(x_2,y_2), \neg P(x_3) \vee \neg P(g(x_3,y_3))\}$$

3）不可满足意义上的一致性

设有谓词公式 G，其对应的子句集为 S，则 G 是不可满足的充分必要条件为 S 是不可满足的。需要再次强调：公式 G 与其子句集 S 并不等值，知识在不同可满足意义下等价。

4）$P=P_1 \wedge P_2 \wedge \cdots P_n$ 的子句集

当 $P=P_1 \wedge P_2 \wedge \cdots P_n$ 时，若设 P 的子句集为 S_p，P_i 的子句集为 S_i，则一般情况下，S_p 并不等于 $S_1 \cup S_2 \cup S_3 \cup \cdots \cup S_n$，而是要比 $S_1 \cup S_2 \cup S_3 \cup \cdots \cup S_n$ 复杂得多。但是，在不可满足的意义下，子句集 S_p 与 $S_1 \cup S_2 \cup S_3 \cup \cdots \cup S_n$ 是一致的，即

$$S_p \text{ 不可满足} \Leftrightarrow S_1 \cup S_2 \cup S_3 \cup \cdots \cup S_n \text{ 不可满足}$$

3.3.2 海伯伦(Herbrand)定理

Herbrand 定理是归结原理的理论基础，归结原理的正确性是通过 Herbrand 定理证明的。同时归结原理是 Herbrand 定理的具体实现，利用 Herbrand 定理对公式的证明是通过归结法进行的。

要判定一个子句集是不可满足的，则需要判定该子句集中的每一个子句都是不可满足的；要判定一个子句是不可满足的，则需要判定该子句对任何非空个体域的任意解释都是不可满足的。可见，判定子句集的不可满足性是一项非常困难的工作。最重要的问题是一阶逻辑公式的永真性或永假性的判定是否能在有限步内完成。

Herbrand 定理思想如下：

要证明一个公式是永假的，采用反证法的思想（归结原理），就是要寻找一个已给的公式是真的解释。然而，如果所给定的公式的确是永假的，那么就没有这样的解释存在，并且算法在有限步内停止。因为量词是任意的，所讨论的个体变量域 D 是任意的，所以解释的个数是无限的、不可数的，要找到所有解释是不可能的。Herbrand 定理的思想是简化讨论域，建立一个比较简单、特殊的域，使得只要在这个论域上（此域称为 H 域），原子谓词公式仍然是不可满足的，即保证不可满足的性质不变。H 域和 D 域的关系如图 3.5 所示。

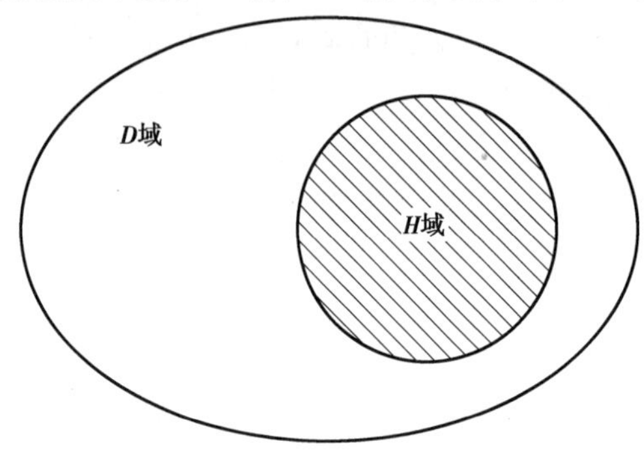

图 3.5　H 域与 D 域的关系示意图

1）H 域

定义 3.1　设 S 为子句集合，S 的 H 域 $H(S)$ 可定义如下：

（1）S 中的一切常量字母均出现在 $H(S)$ 中，若 S 中无任何常量字母，则命名一个常量字母 a，使 $a \in H(S)$。

（2）若项 $t_1, \cdots, t_n \in H(S)$，则 $f^n(t_1, \cdots, t_n) \in H(S)$，其中，$f$ 为 S 中的任意函数。

（3）$H(S)$ 中的项仅由（1）和（2）形成。

为了讨论子句集 S 在 H 域上的真值，引入 H 域上 S 的原子集 A，它是 S 中谓词公式的实例集。

定义 3.2　设 S 是子句集，对应的 H 域上的原子集 A 为所有出现在 S 中的原子谓词公式实例。

（1）如果原子谓词公式为命题（不包含变量），则其实例就是其本身。

（2）若原子公式形如 $P(t_1, \cdots, t_n)$，t_i 为变量（$i=1,2,\cdots,n$），则其实例就是用 S 的 H 域中的元素代替 $t_1, \cdots, t_n$ 形成的。

例 3.4　设子句集 $S=\{P(a), Q(x) \vee R(f(x))\}$，求 H 域。

解　在此题中只有一个常量 a

$$H_0 = \{a\}$$
$$H_1 = \{a, f(a)\}$$
$$H_2 = \{a, f(a), f(f(a)\}$$
$$\cdots\cdots$$

$$H_\infty = H_1 \cup H_2 \cup H_3 \cdots = \{a, f(a), f(f(a)), \cdots\}$$

2) H 解释

解释 I 谓词公式 G 在论域 D 上任何一组真值的指定称为一个解释。公式 G 的一个解释就是公式 G 在其论域上的一个实例化。

H 解释 子句集 S 在其 H 域上的解释称为 H 解释。

I 是 H 域下的一个指派。简单地说,原子集 A 中的各元素真假组合都是 H 的解释(或真或假只取一个),或者说凡是对 A 中各元素真假值的一个具体设定或对 S 中出现的常量、函数及谓词的一次取值就构成 S 的一个 H 解释。

为谓词公式建立子句集 S,又建立 H 域、原子集 A,目的是希望定义在一般论域 D 上,使 S 为真的任一解释 I,可由 S 的 H 域上的某个解释 I^* 实现。这样,才能真正做到任意论域 D 上 S 为真的问题,转化成仅有可数个元素的 H 域上 S 为真的问题。从而子句集 S 在 D 上满足问题转化成了 H 上的不可满足的问题。

如下的 3 个定理保证了归结法的正确性:

定理 3.1 设 I 是 S 的论域 D 上的解释,存在对应于 I 的 H 解释 I^*,使得若有 $S|_I = T$,必有 $S|_{I^*} = T$。

定理 3.2 子句集 S 是不可满足的,当且仅当 S 的一切 H 解释都为假。

定理 3.3 子句集 S 是不可满足的,当且仅当每一个解释 I 下,至少有 S 的某个子句的某个基例为假。

3) 语义树

由 H 解释的定义可以看出,通常子句集合 S 的 H 解释的个数是可数的,这样可以使用"语义树"枚举出 S 的所有可能的 H 解释,形象地描述子句集在 H 域上的所有解释,以观察每个分支对应的 S 的逻辑真值是真还是假。当子句集包含的原子公式均为命题时,其原子集是有限集,很容易画出完整的语义树。

例 3.5 令 $A = \{P, Q, R\}$ 是子句集合 S 的原子集合,画出其语义树。

解 由于每个基原子只可能有两个真值(T 和 F),因此很容易以二叉树的形式建立语义树,图 3.6 所示为 S 的完整语义树。

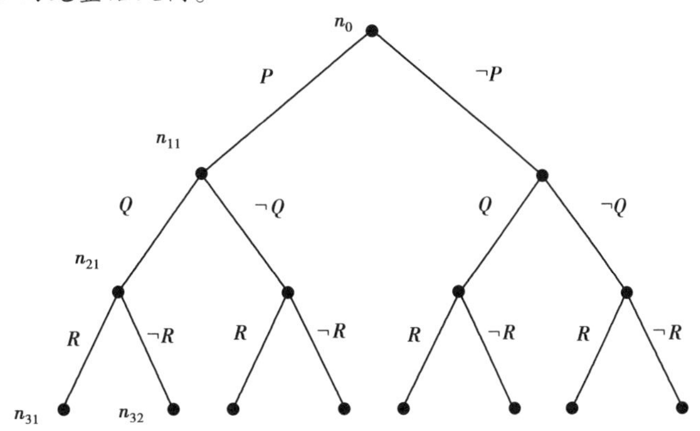

图 3.6 完整语义树

从图 3.6 中可以看出,从树根节点 n_0 到叶节点 n 的路径就指示了一个解释,记为 $I(n)$,其表示为路径上标记的集合,每个标记是一个文字。如 $I(n_{31}) = \{P, Q, R\}$。可以对语义树指示的每个解释,判别子句集的真假性,进而判别子句集是永真、可满足还是不可满足的。

对一般的子句集,H 是可数无穷集,从而相应的语义树也可能成为一棵无穷树。对无穷语义树,如果子句集是不可满足的,则不必无限地扩展语义树就可以确定语义树上的所有路径都分别对应一个导致子句集不可满足的解释,这样的语义树称为封闭语义树。

4) Herbrand 定理

在上述研究工作的基础上,海伯伦提出了 Herbrand 定理,该定理是符号逻辑中的重要定理,是机器定理证明的基础。由 H 解释的性质可知,若子句集 S 按它的任一 H 解释都为假,则可以断定 S 是不可满足的。通常 S 的 H 解释的个数是可数个,可以使用语义树组织它们。

定理 3.4(Ⅰ型 Herbrand 定理)　子句集 S 是不可满足的,当且仅当相应 S 的每个完全语义树都存在有限封闭的语义树。

证明　设 S 是不可满足的,令 T 为 S 的任一完全语义树。

对 T 中由根节点出发的到达任一叶节点的路径 B,令 I_B 为对应 B 分支上 S 的一个解释。因为 S 是不可满足的,I_B 必使得 S 中某子句 C 的一个基例 C' 为假。然而,由于 C' 是有限的,因此路径 B 上必存在一个失败节点 N_B。

因为 T 的每条这样的路径上都有一个失败节点,所以 S 存在封闭的语义树 T'。反之,若相应 S 的每个完全语义树都存在一棵有限封闭语义树,则其中由根节点出发的每条路径都含有失败节点。因为 S 的任一解释都对应 T 的某一分支,这说明每个解释都使得 S 的某个子句的基例为假。所以 S 是不可满足的。证毕。

定理 3.5(Ⅱ型 Herbrand 定理)　子句集合 S 是不可满足的,当且仅当存在不可满足的 S 的有限基例集 S'。

Ⅱ型 Herbrand 定理提出了一种反驳程序,即给定一个预证明的不可满足的子句集合 S,若存在机械程序能逐次产生 S 中子句的基例的集合 $S'_0, S'_1, \cdots$,并且能逐次检验 $S'_0, S'_1, \cdots$ 的不可满足性,则由 Herbrand 定理可知,能找出一个有限的 n,使 S'_n 是不可满足的。

这种方法效率比较低,因为即使对只有 10 个两文字基子句的情况也有 2^{10} 个合取式,所以化成析取范式并不是好的方法,故可以采用下列规则简化计算过程。

(1)重言式规则

设从子句集合 SS 中删除所有重言式得出子句集合 $S'S'$,则 $S'S'$ 是不可满足的,当且仅当 SS 是不可满足的。

(2)单文字规则

如果在子句集 SS 中存在只有一个文字的基子句 L,删除 SS 中包含 L 的所有基子句得 $S'S'$,则:

①若 $S'S'$ 是空的,则 SS 是可满足的;

②若 $S'S'$ 非空,在 $S'S'$ 中删除所有文字 $\neg L$ 得 $S''S''$,则 SS 不可满足,当且仅当 $S''S''$ 不可满足。

(3)纯文字规则

当文字 L 出现在 SS 中,而 $\neg L$ 不出现在 SS 中时,则说 L 为 SS 的纯文字。

如果 SS 中的文字 L 是纯的,删除 SS 中所有包含 L 的基子句得 $S'S'$,则:

①若 $S'S'$ 是空集,则 SS 可满足;

②若 $S'S'$ 非空,则 SS 不可满足,当且仅当 $S'S'$ 不可满足。

(4)分裂规则

若子句集 SS 可以写成如下形式：

$$(A_1 \vee L) \wedge \cdots \wedge (A_m \vee L) \wedge (B_1 \vee \neg L) \wedge \cdots \wedge (B_n \vee \neg L) \wedge R$$

其中，A_i、B_i、R 与 L 和 $\neg L$ 无关，则求出集合

$$S_1 = A_1 \wedge \cdots \wedge A_m \wedge R$$

$$S_2 = B_1 \wedge \cdots \wedge B_n \wedge R$$

S 是不可满足的，当且仅当 S_1 和 S_2 都是不可满足的。运用 Herbrand 定理并借助语义树方法，从理论上讲可以建立计算机程序实现自动定理证明，但在实际中是很难行得通的。

定理 3.6(归结原理的完备性)　子句集合 S 是不可满足的，当且仅当存在使用归结推理规则由 S 对空子句的演绎。

需要注意以下几点：

①归结原理是半可判定的，即如果 S 不是不可满足的，则使用归结原理方法可能得不到任何结果。

②归结原理是建立在 Herbrand 定理之上的。

③在子句集 S 中允许出现等号或不等号时，归结法就不完备了。

④归结方法是一种可以机械化实现的方法，它是 Prolog 语言的基础。

3.3.3　鲁滨逊(Robinson)归结原理

鲁滨逊归结原理又称为消解原理，是鲁滨逊提出的一种证明子句集不可满足性，实现定理证明的一种理论及方法。它是机器定理证明的基础。

由谓词公式转化为子句集的过程可以看出，在子句集中子句之间是合取关系，其中只要有一个子句不可满足，则子句集就不可满足。由于空子句是不可满足的，因此若一个子句集中包含空子句，则这个子句集一定是不可满足的。鲁滨逊归结原理就是基于这个思想提出的。其基本方法是：检查子句集 S 中是否包含空子句，若包含，则 S 不可满足；若不包含，就在子句集中选择合适的子句进行归结，一旦通过归结得到空子句，就说明子句集 S 是不可满足的。

下面对命题逻辑及谓词逻辑分别给出归结的定义。

1)命题逻辑中的归结原理

定义 3.3　设 C_1 与 C_2 是子句集中的任意两个子句，如果 C_1 中的文字 L_1 与 C_2 中的文字 L_2 互补，那么从 C_1 和 C_2 中分别消去 L_1 和 L_2，并将两个子句中余下的部分析取，构成一个新子句 C_{12}，这一过程称为归结。C_{12} 称为 C_1 和 C_2 的归结式，C_1 和 C_2 称为 C_{12} 的亲本子句。

下面举例说明具体的归结方法。

例如，在子句集中取两个子句 $C_1 = P$，$C_2 = \neg P$，可见，C_1 和 C_2 是互补文字，则通过归结可得归结式 $C_{12} = NIL$。这里的 NIL 代表空子句。

又如，设 $C_1 = \neg P \vee Q \vee R$，$C_2 = \neg Q \vee S$，可见，这里的 $L_1 = Q$，$L_2 = \neg Q$，通过归结可得归结式 $C_{12} = \neg P \vee R \vee S$。

例如，设 $C_1 = \neg P \vee Q$，$C_2 = \neg Q \vee R$，$C_3 = P$。首先对 C_1 和 C_2 进行归结，得到 $C_{12} = \neg P \vee R$，然后再用 C_{12} 与 C_3 进行归结，得到 $C_{123} = R$。同样的例子，如果先对 C_1 与 C_3 进行归结，然后再把其归结式与 C_2 进行归结，将得到相同的结果。归结过程也可用一棵树直观地表示出来，

上述归结过程可用图 3.7 表示。

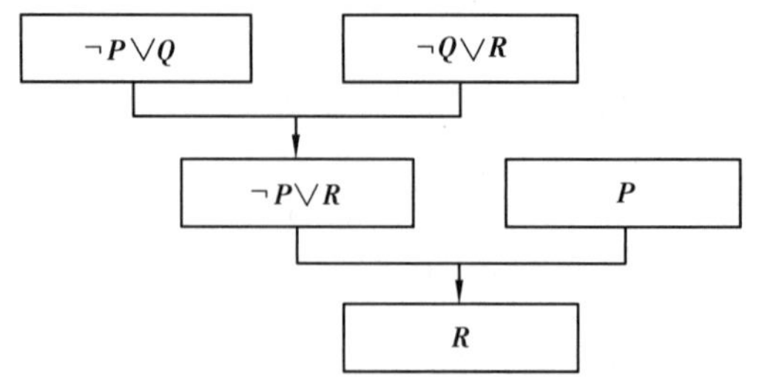

图 3.7　归结过程的树形表示

定理 3.7　归结式 C_{12} 是其亲本子句 C_1 和 C_2 的逻辑结论。即如果 C_1 和 C_2 为真，则 C_{12} 为真。

证明　设 $C_1=L\vee C_1'$，$C_2=\neg L\vee C_2'$，通过归结可得 C_1 和 C_2 的归结式 $C_{12}=C_1'\vee C_2'$。

因为

$$C_1'\vee L\Leftrightarrow\neg C_1'\rightarrow L$$

$$\neg L\vee C_2'\Leftrightarrow L\rightarrow C_2'$$

所以

$$C_1\wedge C_2=(\neg C_1'\rightarrow L)\wedge(L\rightarrow C_2')$$

根据假言三段论得

$$(\neg C_1'\rightarrow L)\wedge(L\rightarrow C_2')\Rightarrow\neg C_1'\rightarrow C_2'$$

又因为

$$\neg C_1'\rightarrow C_2'\Leftrightarrow C_1'\vee C_2'=C_{12}$$

所以

$$C_1\wedge C_2\Rightarrow C_{12}$$

由逻辑结论的定义知，即由 $C_1\wedge C_2$ 的不可满足性可推出 C_{12} 的不可满足性，可知 C_{12} 是其亲本子句 C_1 和 C_2 的逻辑结论。证毕。

这个定理在归结原理中非常重要，由它可以得到如下两个重要的推论。

推论 1　设 C_1 与 C_2 是子句集 S 中的两个子句，C_{12} 是它们的归结式，若用 C_{12} 代替 C_1 与 C_2 后得到新子句集 S_1，则由 S_1 不可满足性可推出原子句集 S 的不可满足性，即

$$S_1\text{ 的不可满足性}\Rightarrow S\text{ 的不可满足性}$$

推论 2　设 C_1 与 C_2 是子句集 S 中的两个子句，C_{12} 是它们的归结式，若把 C_{12} 加入原子句集 S 中，得到新子句集 S_2，则 S 与 S_2 在不可满足的意义上是等价的，即

$$S_2\text{ 的不可满足性}\Leftrightarrow S\text{ 的不可满足性}$$

这两个推论说明：为了证明子句集 S 的不可满足性，只要对其中可进行归结的子句进行归结，并把归结式加入子句集 S，或者用归结式替换它的亲本子句，然后对新子句集（S_1 或 S_2）证明不可满足性即可。注意到空子句是不可满足的，因此，如果经过归结能得到空子句，则立即可得原子句集 S 是不可满足的结论。这就是用归结原理证明子句集不可满足性的基本思想。

2）谓词逻辑中的归结原理

在谓词逻辑中，由于子句中含有变元，因此不像命题逻辑那样可直接消去互补文字，而需先用最一般合一对变元进行代换，然后才能进行归结。

例如,设有下列两个子句

$$C_1 = P(x) \vee Q(x)$$

$$C_2 = \neg P(a) \vee R(y)$$

由于 $P(x)$ 与 $P(a)$ 不同,因此 C_1 与 C_2 不能直接进行归结,但若用最一般合一

$$\sigma = \{a/x\}$$

对两个子句分别进行代换

$$C_1\sigma = P(a) \vee Q(a)$$

$$C_2\sigma = \neg P(a) \vee R(y)$$

就可以对它们进行直接归结,消去 $P(a)$ 与 $\neg P(a)$,得到如下归结式

$$Q(a) \vee R(y)$$

下面给出谓词逻辑中关于归结的定义。

定义 3.4 设 C_1 与 C_2 是两个没有相同变元的子句,L_1 和 L_2 分别是 C_1 和 C_2 的文字,若 σ 是 L_1 和 $\neg L_2$ 的最一般合一,则称

$$C_{12} = (C_1\sigma - \{L_1\sigma\}) \vee (C_2\sigma - \{L_2\sigma\})$$

为 C_1 和 C_2 的二元归结式。

例 3.6 设 $C_1 = P(x) \vee Q(a)$,$C_2 = \neg P(b) \vee R(x)$,求其二元归结式。

解 由于 C_1 与 C_2 有相同的变元,不符合定义要求,因此需要修改 C_2 中变元 x 的符号,令 $C_2 = \neg P(b) \vee R(y)$。此时 $L_1 = P(x)$,$L_2 = \neg P(b)$。

L_1 和 $\neg L_2$ 的最一般合一 $\sigma = \{b/x\}$,则

$$\begin{aligned} C_{12} &= (\{P(b), Q(a)\} - \{P(b)\}) \vee (\{\neg P(b), R(y)\} - \{\neg P(b)\}) \\ &= \{Q(a), R(y)\} \\ &= Q(a) \vee R(y) \end{aligned}$$

如果在参加归结的子句内部含有可合一的文字,则在归结之前应对这些文字先进行合一。

定义 3.5 子句 C_1 和 C_2 的归结式是下列二元归结式之一:

(1) C_1 与 C_2 的二元归结式;

(2) C_1 的因子 $C_1\sigma_1$ 与 C_2 的二元归结式;

(3) C_1 与 C_2 的因子 $C_2\sigma_2$ 的二元归结式;

(4) C_1 的因子 $C_1\sigma_1$ 与 C_2 的因子 $C_2\sigma_2$ 的二元归结式。

与命题逻辑中的归结原理相同,对谓词逻辑,归结式是其亲本子句的逻辑结论。用归结式取代它在子句集 S 中的亲本子句所得到的新子句集仍然保持原子句集 S 的不可满足性。

另外,对一阶谓词逻辑,从不可满足的意义上说,归结原理也是完备的。即若子句集是不可满足的,则必存在一个从该子句集到空子句的归结演绎;若从子句集存在一个到空子句的演绎,则该子句集是不可满足的。

需要指出的是,如果没有归结出空子句,则既不能说 S 不可满足,也不能说 S 是可满足的。因为可能 S 是可满足的,而归结不出空子句,也可能是因为还没有找到合适的归结演绎步骤,而归结不出空子句。

3.3.4 归结反演

归结原理给出了证明子句集不可满足性的方法。应用归结原理证明定理的过程称为归

结反演。设 F 为已知前提的公式集,Q 为目标公式(结论),用归结反演证明 Q 为真的步骤如下:

①写出谓词关系公式;

②用反演法写出谓词表达式;

③化为 Skolem 标准型;

④求取子句集 S;

⑤对 S 中可归结的子句做归结;

⑥归结式仍放入 S 中,反复归结过程;

⑦得到空子句;

⑧命题得证。

例 3.7 已知下列事实:任何通过历史考试并中了彩票的人是快乐的;任何肯学习或幸运的人可以通过所有考试;John 不学习但很幸运;任何人只要幸运就能中彩。求证:John 是快乐的。

证明 (1)谓词公式定义

Pass(x,y):x 通过 y;

Lottery(x):x 中彩票;

Happy(x):x 快乐;

Study(x):x 肯学习;

Lucky(x):x 是幸运的。

(2)将前提与欲证明的结论表示为谓词公式

$(\forall x)((\text{Pass}(x,\text{History}) \land \text{Lottery}(x)) \rightarrow \text{Happy}(x))$;

$(\forall x)((\text{Study}(x) \lor \text{Lucky}(x)) \rightarrow (\forall \text{History})\text{Pass}(x,y))$;

$\neg\text{Study}(\text{John}) \land \text{Lucky}(\text{John})$;

$(\forall x)\text{Lucky}(x) \rightarrow \text{Lottery}(x)$;

Happy(John);

(3)将上述谓词公式化为子句集

①$\neg\text{Pass}(x,\text{History}) \lor \neg\text{Lottery}(x) \lor \text{Happy}(x)$;

②$\neg\text{Study}(x) \lor \text{Pass}(x,\text{History})$;

③$\neg\text{Lucky}(x) \lor \text{Pass}(x,\text{History})$;

④$\neg\text{Study}(\text{John})$;

⑤Lucky(John);

⑥$\neg\text{Lucky}(x) \lor \text{Lottery}(x)$;

⑦$\neg\text{Happy}(\text{John})$;

(4)归结演绎证明

⑧$\neg\text{Pass}(\text{John},\text{History}) \lor \neg\text{Lottery}(\text{John})$; ①与⑦归结

⑨$\neg\text{Lucky}(\text{John}) \lor \neg\text{Lottery}(\text{John})$; ③与⑧归结

⑩$\neg\text{Lucky}(\text{John})$; ⑥与⑨归结

⑪NIL; ④与⑤归结

结论得证。

3.3.5 利用归结原理求解问题

归结原理除可用于定理证明外，还可用来求取问题的答案，其思想与定理证明类似。下面给出应用归结原理求解问题的步骤：

①已知前提用谓词公式表示出来，并且化为相应的子句集，设该子句集的名字为 S。

②待求解的问题也用谓词公式表示出来，然后将其否定并与答案谓词 ANSWER 构成析取式，ANSWER 是一个为了求解问题而专设的谓词，其变元必须与问题公式的变元完全一致。

③将第二步中得到的析取式化为子句集，并将该子句集并入子句集 S 中，得到子句集 S'。

④对 S' 应用归结原理进行归结，并把每次归结得到的归结式都并入 S' 中。如此反复进行，若得到归结式 ANSWER，则答案就在 ANSWER 中。

例 3.8 设 Tony、Mike 和 John 属于 A 俱乐部，A 俱乐部的成员不是滑雪运动员就是登山运动员。登山运动员不喜欢雨，而且任何不喜欢雪的人都不是滑雪运动员。Mike 讨厌 Tony 所喜欢的一切东西，而喜欢 Tony 所讨厌的一切东西。Tony 喜欢雨和雪。试用谓词公式的集合表示这段知识，用归结原理回答问题："谁是 A 俱乐部的一名成员？他是一名登山运动员但不是滑雪运动员？"

解 (1) 定义谓词

$A(x)$：x 是 A 的一个成员；

$B(x)$：x 是滑雪运动员；

$C(x)$：x 是登山运动员；

$L(x,y)$：x 喜欢 y。

(2) 将前提表示成谓词公式

$A(\text{Tony})$；

$A(\text{Mike})$；

$A(\text{John})$；

$(\forall x)(A(x) \to [B(x) \land \neg C(x)] \lor [\neg B(x) \land C(x)])$；

$(\forall x)(C(x) \to \neg L(x, \text{Rain}))$；

$(\forall x)(\neg L(x, \text{Snow}) \to \neg(B(x))$；

$(\forall x)(L(\text{Tony}, x) \to \neg L(\text{Mike}, x))$；

$(\forall x)(\neg L(\text{Tony}, x) \to L(\text{Mike}, x))$；

$L(\text{Tony}, \text{Rain})$；

$L(\text{Tony}, \text{Snow})$。

(3) 将前提化为子句集

①$A(\text{Tony})$；

②$A(\text{Mike})$；

③$A(\text{John})$；

④$\neg A(x) \lor B(x) \lor \neg B(x)$；

⑤$\neg A(x) \lor B(x) \lor C(x)$；

⑥$\neg A(x) \lor \neg B(x) \lor \neg C(x)$；

⑦$\neg A(x) \lor \neg C(x) \lor C(x)$;

⑧$\neg C(x) \lor \neg L(x, \text{Rain})$;

⑨$L(x, \text{Rain}) \lor \neg B(x)$;

⑩$\neg L(\text{Tony}, x) \lor \neg L(\text{Mike}, x)$;

⑪$L(\text{Tony}, x) \lor L(\text{Mike}, x)$;

⑫$L(\text{Tony}, \text{Rain})$;

⑬$L(\text{Tony}, \text{Snow})$。

(4)将待求解的问题表示成谓词公式,然后否定,并与答案谓词析取

$$\neg(A(x) \land C(x) \land \neg B(x)) \lor \text{ANSWER}(x)$$

化为子句集:

⑭$\neg A(x) \lor \neg C(x) \lor B(x) \lor \text{ANSWER}(x)$。

(5)归结过程

$\neg L(\text{Mike}, \text{Rain})$;	⑩与⑫归结
$\neg B(\text{Mike})$;	上一条与⑨归结
$\neg A(\text{Mike}) \lor C(\text{Mike})$;	上一条与⑤归结
$C(\text{Mike})$;	上一条与②归结
$\neg A(\text{Mike}) \lor B(\text{Mike}) \lor \text{ANSWER}(\text{Mike})$;	上一条与⑭归结
$B(\text{Mike}) \lor \text{ANSWER}(\text{Mike})$;	上一条与②归结
$\text{ANSWER}(\text{Mike})$。	上一条与¬B(Mike)归结

因此,Mike 是 A 俱乐部的一名成员,他是一名登山运动员,但不是滑雪运动员。

3.4 归结过程的控制策略

从命题逻辑和谓词逻辑的归结方法中可以看出,当使用归结法时,若从子句集 S 出发做所有可能的归结,并将归结式加入子句集 S 中,再做第二层这样的归结,直到产生空子句为止。这种无控制的、盲目全面归结导致大量不必要的归结式的产生,无疑会产生组合爆炸问题。更为严重的是,它们又将产生下一层的更大量的不必要的归结式。于是,如何给出控制策略,以使系统仅选择合适的子句对其做归结来避免多余不必要的归结式的出现,或者说,少做一些归结但仍然导出空子句,进而提高归结效率已成为一个重要问题。

归纳起来,归结过程控制策略的要点有:

①要解决的问题是归结方法的知识爆炸;

②控制策略的目的是归结点尽量少;

③控制策略的原则是删除不必要的子句,或对参加归结的子句加以限制;

④给出控制策略,以仅选择合适的子句对其做归结,避免多余的、不必要的归结式出现。

3.4.1 删除策略

归类:设有两个子句 C 和 D,若有置换 σ,使得 $C\sigma \subset D$ 成立,则称子句 C 把子句 D 归类。

例如,$C=P(x)$,$D=P(a) \lor Q(y)$归类。

取 $\sigma=\{a/x\}$，便有 $C\sigma=P(a)\subset\{P(a),Q(y)\}$，而 $\{P(a),Q(y)\}$ 的逻辑表达式是 $D=P(a)\vee Q(y)$，C 与 D 是两个子句，它们的关系是“与”的关系，即 C，D 中有一个为假，则整个谓词公式为假。当 $P(a)$ 为真时，C 与 D 都为真，C 可以代表 D；当 $P(a)$ 为假时，虽然 D 的真值由 $Q(y)$ 决定，但是，因为整个谓词公式的真值已经被确定了，所以讨论 $Q(y)$ 的真假已无意义。可以认为，由于 C 经过置换可以成为 D 的一部分，因此可以代表 D。也可以简单地理解为，由于小的可以代表大的，因此小的吃掉了大的。

删除策略在归结过程中可以随时删除以下子句：

①含有永真式的子句；

②被子句集中其他子句归类的子句。

对 S 使用归结推理过程，当归结式 C_j 是重言式，且 C_j 被 S 中子句和子句集的归结式 $C_i(i<j)$ 所归类时，便将 C_j 删除。这样的推理过程称作使用了删除策略的归结过程。

删除策略的主要想法是在归结过程中寻找可归结子句时，子句集中的子句越多，需要付出的代价就越大。如果在归结时能把子句集中无用的子句删除，则会缩小搜索范围，减少比较次数从而提高归结效率。删除策略有效地阻止了不必要的归结式的产生，从而缩短归结过程，然而要在归结式 C_j 产生后方能判别它是否可被删除，这部分计算量是要花费的，只是节省了被删除的子句又生成的归结式。尽管使用删除策略的归结，但不影响产生空子句，也就是说，删除策略的归结推理是完备的，即采用归结策略进行的归结过程没有破坏归结法的完备性。

由于删除策略的完备性，可以放心大胆地使用该方法提高归结的效率。然而并不是所有可以归结的谓词公式都能采用删除策略来处理，达到加快归结速度的目的。例如，当一个谓词公式中没有可删除的子句，那么在该公式中就无法使用删除策略。因此，完备的归结推理采用删除策略不一定都有效。

3.4.2　支撑集策略

支撑集的定义是：设有不可满足子句集 S 的子集 T，如果 $S-T$ 是可满足的，则称 T 是 S 的支撑集。

采用支撑集策略时，从开始到得到空子句的整个归结过程中，只选取不同时属于 $S-T$ 的子句对，在其间进行归结。也就是说，至少有一个子句来自支撑集 T 或由 T 导出的归结式。

例如，$A_1\wedge A_2\wedge A_3\wedge\neg B$ 中的 $\neg B$ 可以作为支撑集使用。要求每一次参加归结的亲本子句中，应该有一个是由目标公式的否定所得到的子句或者它们的后裔。

这种策略的思想就是尽量避免在可满足的子句集中进行归结，由于从中推导不出空子句。而求证公式的前提通常是已知的，因此支撑集策略一般是以目标公式的否定的子句作为支撑集，由此出发进行归结，也可以将支撑集策略理解为目标指导的反向推力。

例如，$S=\{P\vee Q,\neg P\vee R,\neg Q\vee R,\neg R\}$

取 $T=\{\neg R\}$

支撑集归结过程通常为：

①$P\vee Q$

②$\neg P\vee R$

③$\neg Q\vee R$

④$\neg R$

⑤$\neg P$　　②,④

⑥$\neg Q$　　③,④

⑦Q　　①,⑤

⑧P　　①,⑥

⑨R　　③,⑦

⑩NIL　　④,⑨

这是采用支撑集策略的全面归结过程。可以证明支撑集策略的归结是完备的,即采用归结策略进行归结过程没有破坏归结法的完备性。同时,任意的完备谓词归结过程都可以采用支撑集策略达到加快归结速度的目的。

对任意的归结可以放心大胆地运用支撑集策略,问题是如何寻找合适的支撑集。一个最容易找到的支撑集是目标子句的非。

3.4.3　语义归结策略

语义归结策略是将子句 S 按照一定的语义分成两个部分,约定每部分内的子句间不允许进行归结。还引入了文字次序,约定归结时,其中一个子句的被归结文字只能是该子句中“最大”的文字。

例如,$S=\{\neg P\vee\neg Q\vee R, P\vee R, Q\vee R, \neg R\}$,它首先规定 S 中出现的文字次序,如依次为 P,Q,R,或记作 $P>Q>R$。再选出 S 的一个解释 I,令

$$I=\{\neg P,\neg Q,\neg R\}$$

用这个解释将 S 分为两个部分。规定在 I 下为假的子句放在 S_1 中,在 I 下为真的子句放在 S_2 中,于是有

$$S_1=\{P\vee R, Q\vee R\}$$

$$S_2=\{\neg P\vee\neg Q\vee R,\neg R\}$$

规定 S_i 内部的子句间不允许进行归结,同时 S_1 与 S_2 子句间的归结必须是 S_1 中的最大文字才可进行。这样所得的归结式,仍按照 I 放入 S_1 或 S_2。

归结过程为:

①$\neg P\vee\neg Q\vee R$　$\in S_2$

②$P\vee R$　$\in S_1$

③$Q\vee R$　$\in S_1$

④$\neg R$　$\in S_2$

⑤$\neg Q\vee R$　②,①$\in S_2$

⑥$\neg P\vee R$　③,①$\in S_2$

⑦R　②,⑥$\in S_1$

⑧R　③,⑤$\in S_1$

⑨NIL　④,⑦

上例采用了语义归结策略下的盲目归结过程,明显减少了归结的次数,阻止了①和④的归结,也阻止了②和④的归结。

可以证明与支撑集策略一样,语义归结策略的归结也是完备的。同样,所有可归结的谓

词公式都可以使用语义归结策略达到加快归结速度的目的。问题是如何寻找合适的语义分类方法,并根据其含义将子句集两个部分中的子句进行适当的排序。

3.4.4 线性归结策略

线性归结策略首先从子句集中选取一个称为顶子句的子句 C_0 开始进行归结。归结过程中所得的归结式 C_1 立即同另一个子句 B_i 进行归结,得归结式 C_{i+1},而 B_i 属于 S 或已出现的归结式 $C_j(j<i)$。通过归结得到的新子句。简言之,每次归结得到的新子句立即参加归结,而后再加入子句集等待再次参加归结,如图 3.8 所示。

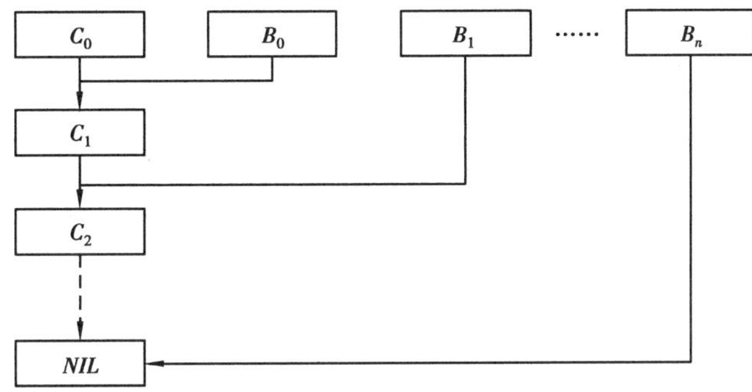

图 3.8 线性归结策略示意图

如同支撑集策略和语义归结策略一样,可以证明,线性归结策略没有破坏归结原理的基本完备性,同时,任意可归结的谓词公式集都可以采用线性归结策略提高归结效率,从而达到加快归结速度的目的。

最重要的是,如果能找到一个较好的顶子句,那么就可以使归结顺利进行;否则,归结还可能走很长的弯路。

3.4.5 单元归结策略

单元归结策略要求在归结过程中,每次归结都有一个子句是单元子句,即只含一个文字的子句或单元因子。显而易见,此种方法可以简单地削去另一个非单元子句中的一个因子,使其长度减少,趋向简单化,因此归结效率较高。同样,单元归结策略保持了归结原理的基本完备性,但并不是所有可以归结的谓词公式集合都可以采用单元归结策略进行归结。显然当初始子句集中没有单元子句时,单元归结策略无效。

3.4.6 输入归结策略

与单元归结策略相似,输入归结策略要求在归结过程中,每一次归结的两个子句中必须有一个是 S 的原始子句。这样可以避免归结出的不必要的新子句加入归结而造成的恶性循环,可以减少不必要的归结次数。同样,输入归结策略保持了归结原理的基本完备性,但并不是所有可归结的谓词公式集合都可以采用输入归结策略进行归结。

如同单元归结策略一样,不是所有的可归结谓词公式的最后结论都是可以从原始子句集中得到的。简单的例子是归结结束时,最后一个归结式为空子句的条件是参加归结的双方必须是两个单元子句。原始子句集中没有单元子句的谓词公式集合一定不能采用输入归结策略。

习　题

1. 什么是推理、正向推理、逆向推理、混合推理？试列出常用的几种推理方式并列出每种推理方式的特点。

2. 什么是冲突？在产生式系统中解决冲突的策略有哪些？

3. 什么是子句，什么是子句集？请写出求谓词公式子句集的步骤。

4. 为什么要引入 Herbrand 理论？什么是 H 域？如何求子句集的 H 域？

5. 什么是归结策略，归结策略的目的是什么？

6. 将下列谓词公式化成子句集

(1) $(((P\vee\neg Q)\to R)\to(P\wedge R))$；

(2) $(\forall x)\{P(x)\to(\forall y)[P(y)\to P(f(x,y))]\wedge\neg(\forall y)[Q(x,y)\to P(y)]\}$。

7. 假设：所有不贫穷且聪明的人都快乐。那些看书的人是聪明的。李明能看书且不贫穷。快乐的人过着激动人心的生活。

求证：李明过着激动人心的生活。

8. 已知：能够阅读的都是有文化的。海豚是没有文化的。某些海豚是有智能的。

求证：某些有智能的并不能阅读。

9. 已知：如果 x 与 y 是同班同学，则 x 的老师也是 y 的老师。王先生是小李的老师。小李和小张是同班同学。

问：小张的老师是谁？

10. 设 A,B,C 3 人中有人从不说真话，也有人从不说假话，某人向这 3 人分别提出同一个问题：谁是说谎者？A 答：“B 和 C 都是说谎者”；B 答：“A 和 C 都是说谎者”；C 答：“A 和 B 至少有一个是说谎者。”求谁是老实人，谁是说谎者？

习题答案

4 不确定性推理

4.1 概述

不确定性推理是指建立在不确定性知识和证据表示基础上的推理方法。一个人工智能系统,由于知识本身的不精确和不完全,采用标准逻辑意义下的推理方法难以达到解决问题的目的。对于一个智能系统来说,知识库是其核心,在这个知识库中,往往包含大量模糊性、随机性、不完全可知等不确定性知识。为了解决这种条件下的推理计算问题,不确定性推理方法应运而生。可以说,系统的智能主要反映在求解不确定性问题的能力上。因此,不确定性推理是人工智能领域的重要研究内容。

4.1.1 不确定推理的概念

客观世界的复杂性、多变性和人类自身知识的局限性和主观性,使得人们所获得的信息以及所处理的信息和知识中,还有大量的不准确、不完全、不一致的地方。具体而言,推理中的不确定性主要表现在以下方面:很多原因导致同一结果;推理所需的信息不完备;背景知识不足;信息描述模糊;信息中含有噪声;规划是模糊的;推理能力不足;解决方案不唯一等。

不确定性的表现形式也是多样的,主要可分为随机性、模糊性、不完全性、不一致性和时变性等。随机性主要是由于不确定性推理所要处理的事件的真实性是不完全肯定的,含有一定的可能性,只能给出一个估计值。模糊性主要是命题中出现的表现形式不明确。不完全性产生于信息的不充分、不全面。通常由种种不确定性因素,以及不确定性在推理过程中的累积,导致了一些结论的不一致性。对于推理而言,不确定性体现在推理过程的各个要素上,包括证据、规则、结论的不确定性等。

1)证据的不确定性

证据是智能系统的基本信息,是推理的前提。人们从自然界里获取的或总结归纳得到的信息含有太多的不确定因素,主要表现在以下 7 个方面。

①歧义性:证据中含有多种意义明显不同的解释,如果离开具体的上下文和环境,往往难以判断其明确含义。

②不完全性:对于某事物来说,对它的知识的掌握还不全面、不完整和不充分。

③不精确性:证据的观测值与真实值之间存在一定的差别。

④模糊性:命题中的词语从概念上讲不明确,无明确的内涵和外延。

⑤可信性:专家主观上对证据的可靠性不能完全确定。

⑥随机性:命题事实的真假性不能完全肯定,而只能对其真伪性给出一个估计。

⑦不一致性:在推理过程中发生了前后不相容的结论,或者随着时间的推移或范围的扩大,原来成立的结论变得不成立了。

2)规则的不确定性

从推理概念来讲,规则指的是系统中的启发式知识。推理即基于给定的证据,在这些启发式知识的基础上得出结论的过程。规则的不确定性体现在以下 3 个方面。

(1)证据组合的不确定性

一些规则有若干个证据作为前提条件,或者有几个证据都可以激活某一个规则。此时,组合起来的证据到底有多大程度符合前提条件,其中包含某些不确定的主观度量。

(2)规则自身的不确定性

有时领域专家对规则持有某种信任度,即专家也没有十分的把握在某种前提下得到结果必为真的结论,只能给出一个发生可能性及可能性的度量。

(3)规则结论的不确定性

规则结论的不确定性包含各种不确定因素的前提条件,运用不确定的规则,引出的结论或动作也不可避免地含有不确定的因素。

3)推理的不确定性

推理的不确定性是由知识的不确定性动态积累和传播造成的。在推理的每一步中都需要综合各个证据和规则,引出结论,还要处理证据规则的不确定性。因此,整个过程要通过某种不确定性的度量方法,寻找尽可能符合客观世界的描述,得到结论的不确定性度量。

4.1.2　不确定性推理的基本问题

在不确定性推理中,除了解决在确定性推理过程中所涉及的推理方向、推理方法、控制策略等基本问题外,一般还需要解决不确定性的表示与度量、不确定性的匹配、不确定性的传递以及不确定性的合成等问题。将不确定性问题用确定的数学公式表示出来,是不确定性推理研究的基础。

1)表示问题

表示问题是指用什么方法描述不确定性,这是解决不确定推理关键的一步。常用的不确定性表示方法包括数值表示和基于语义的非数值表示。

2)计算问题

计算问题主要是指不确定性的传播和更新,即获得新信息的过程。例如:

①已知证据 A 的不确定性度量 $P(A)$,对规则 $A \to B$,其可信度度量为 $P(B,A)$,计算结论的可信度度量 $P(B)$ 的过程就是不确定性的计算过程。

②从一个规则得到 A 的可信度度量 $P_1(A)$,又从另一个规则得到 A 的另一个可信度度量 $P_2(A)$,计算两个规则合成后的最终可信度度量 $P(A)$ 的过程。

③如何由两个证据 A_1 和 A_2 的可信度度量 $P_1(A)$ 和 $P_2(A)$，计算“析取”“合取”等逻辑计算结果的可信度度量 $P(A_1 \wedge A_2)$ 和 $P(A_1 \vee A_2)$ 等。

初始命题的不确定性度量的获得也是非常重要的，一般由领域内的专家根据经验得出，推理过程可以用推理树直观地表示出来。例如，对如下的推理过程：

$R_1: A_1 \wedge A_2 \rightarrow B_1$

$R_2: A_2 \vee A_3 \rightarrow B_2$

$R_3: B_1 \rightarrow B$

$R_4: B_2 \rightarrow B$

对应的推理树如图 4.1 所示，最下层的是初始证据，经过一些“与”和“或”的组合，形成推理中的临时证据，由这些临时证据推导出最终的结论。图中的 R_1 和 R_2 表示证据或规则的不确定度量值，R_3 和 R_4 表示的是推理弧上所使用的规则，这些值的变化反映了不确定性的传播和更新。

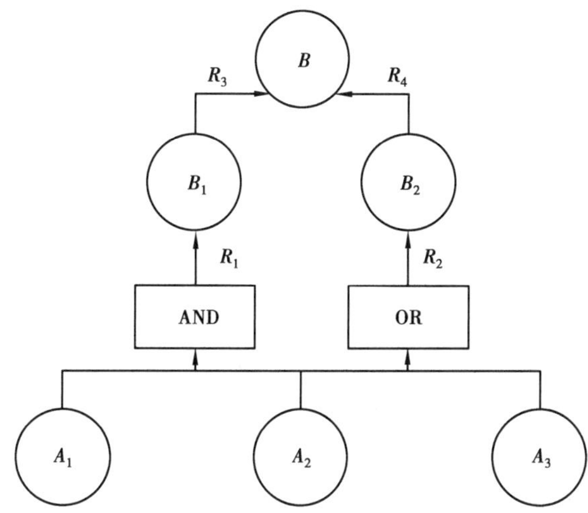

图 4.1　推理树的结果

3）语义问题

语义问题是指如何解释上述不确定性表示和计算的含义。目前大多用概率方法解决这个问题。例如，$P(B,A)$ 可理解为当前提 A 为真时结论 B 为真的可能程度，$P(A)$ 可理解为 A 为真的可能程度。对于规则，一般关注在已知条件下，结论 $P(B,A)$ 的具体含义，例如：

①$A(T) \rightarrow B(T)$，$P(B,A)=?$

②$A(T) \rightarrow B(F)$，$P(B,A)=?$

③B 独立于 A，$P(B,A)=?$

对证据的可信度度量 $P(A)$，同样，人们关心的是它在特殊状态下的意义：

①A 为 T，$P(A)=?$

②A 为 F，$P(A)=?$

在任何一个人工智能系统中，都必须较好地解决这 3 个问题。表示问题实际上要解决的是如何表示知识，以便于计算和推理；计算问题实际是在一定的知识表示方式下进行数学运算。当然，上述两个步骤都必须有合理的语义解释，也即表示、计算推理所代表的知识含义。

4.1.3 不确定性推理的基本方法

不确定性推理方法可分为形式化方法和非形式化方法。

(1)形式化方法

形式化方法有逻辑法、新计算法和新概率法。逻辑法是非数值方法,采用多值逻辑和非单调逻辑来处理不确定性。新计算法认为概率法不足以描述不确定性,从而出现了证据理论、确定性方法以及模糊逻辑方法等。新概率法试图在传统的概率论框架内,采用新的计算方法以适应不确定性描述,如主观贝叶斯方法、贝叶斯网络方法等。

(2)非形式化方法

非形式化方法是指启发性方法,对不确定性没有给出明确的定义。

另一种观点是,把处理不确定问题的方法分为工程方法、控制方法和并行确定性法。工程方法是将问题简化为确定性推理方法。控制方法是利用控制策略消除不确定性的影响,如启发式的搜索方法。并行确定性法是把不确定性的推理分解为两个相对独立的过程:一个过程是不考虑不确定性采用标准逻辑进行推理;另一个过程是对第一个过程的结论加以不确定性的度量。前一个过程决定信任什么,后一个过程决定对它的信任程度。

本章只介绍不确定性推理中的可信度方法、主观贝叶斯方法、证据理论和模糊推理方法。

4.2 可信度方法

可信度方法是 Shortliffe 等人在确定性理论的基础上,结合概率论等提出的一种不确定性推理方法,是处理随机不确定性的一种推理技术。它首先在专家系统 MYCIN 中得到了成功应用。人工智能面向的大多是结构不良的复杂问题,难以给出精确的数学模型,先验概率及条件概率的确定又比较困难,可信度方法是这种情况下处理和描述不确定性的一种比较实用的方法。但是可信度带有较大的主观性和经验性,其准确性难以把握。

4.2.1 可信度的基本概念

人们在长期的实践活动中,对客观世界的认识积累了大量的经验,当面临一个新事物或新情况时,往往可用这些经验对问题为真的程度作出判断。这种根据经验对一个事物或现象为真的相信程度称为可信度。

4.2.2 知识不确定性的表示

$C\text{-}F$ 模型是基于可信度表示的不确定性推理的基本方法,在 $C\text{-}F$ 模型中,知识用产生式规则表示,其一般形式为:

$$\text{IF} \quad E \quad \text{THEN} \quad H(CF(H,E))$$

其中,$CF(H,E)$是该条知识的可信度,称为可信度因子或规则强度,即静态强度。$CF(H,E)$反映了前提条件和结论的联系强度。它表明当前提条件 E 所对应的证据为真时,对结论 H 为真的支持程度,$CF(H,E)$的值越大,就越支持结论 H 为真。

一般 $CF(H,E)$的取值范围是$[-1,1]$,$CF(H,E)$的值由领域专家直接给出。其原则是:

若由于相应证据的出现增加结论 H 为真的可信度,则取 $CF(H,E)>0$,如果证据的出现越是支持 H 为真,就使 $CF(H,E)$ 的值越大;若由于相应证据的出现降低结论 H 为真的可信度,则取 $CF(H,E)<0$,如果证据的出现越是支持 H 为假,就使 $CF(H,E)$ 的值越小;若证据的出现与否与 H 无关,则取 $CF(H,E)=0$。

4.2.3 证据不确定性的表示

在 C-F 模型中,证据不确定性也是用可信度因子表示的。不过与知识不确定性表示 $CF(H,E)$ 不同的是,证据不确定性表示 $CF(E)$ 是证据为真的强度,即动态强度。

证据可信度值的来源分两种情况:一种是对初始证据,其可信度的值由提供证据的用户给出;另一种是对用先前推出的结论作为当前推理的证据,其可信度的值在推出该结论时通过不确定性传递算法计算得到。

证据 E 的可信度 $CF(E)$ 取值也在$[-1,1]$上。对初始证据,若对它的所有观察 S 能肯定它为真,则取 $CF(E)=1$;若肯定它为假,则取 $CF(E)=-1$;若它以某种程度为真,则取 $CF(E)$ 为$(0,1)$中的某一个值,即 $0<CF(E)<1$;若它以某种程度为假,则取为$(-1,0)$中的某一个值,即$-1<CF(E)<0$;若它还未获得任何相关的观察,此时可看作观察 S 与它无关,则 $CF(E)=0$。

4.2.4 不确定性的推理方法

1)组合证据不确定性的算法

当组合证据是多个单一证据的合取时,即

$$E=E_1 \quad \text{AND} \quad E_2 \quad \text{AND} \cdots \text{AND} \quad E_n$$

若已知 $CF(E_1),CF(E_2),\cdots,CF(E_n)$,则

$$CF(E)=\min\{CF(E_1),CF(E_2),\cdots,CF(E_n)\} \tag{4.1}$$

当组合证据是多个单一证据的析取时,即

$$E=E_1 \quad \text{OR} \quad E_2 \quad \text{OR} \cdots \text{OR} \quad E_n$$

若已知 $CF(E_1),CF(E_2),\cdots,CF(E_n)$,则

$$CF(E)=\max\{CF(E_1),CF(E_2),\cdots,CF(E_n)\} \tag{4.2}$$

2)不确定性的传递算法

C-F 模型中的不确定性推理从不确定的初始证据出发,通过运用相关的不确定性知识,最终推出结论并求出结论的可信度值。其中,结论 H 的可信度由下式计算

$$CF(H)=CF(H,E)\times\max\{0,CF(E)\} \tag{4.3}$$

由式(4.3)可以看出,当相应证据以某种程度为假,即 $CF(H,E)<0$ 时,则

$$CF(H)=0$$

这说明在该模型中没有考虑证据为假时对结论 H 所产生的影响。另外,当证据为真时,即 $CF(E)=1$ 时,由上式可推出

$$CF(H)=CF(H,E)$$

这说明知识中的规则强度 $CF(H,E)$ 实际上就是在前提条件对应的证据为真时结论 H 的可信度。或者说,当知识的前提条件所对应的证据存在且为真时,结论 H 有 $CF(H,E)$ 大小的可信度。

3）结论不确定性的合成算法

若由多条不同的知识可以推出相同的结论，但其可信度不尽不同，则可用合成算法求出相应的综合可信度。因为对多条知识的综合可通过两两合成实现，所以下面只考虑两条知识的情况。

设有如下知识

$$\text{IF} \quad E_1 \quad \text{THEN} \quad H(CF(H,E_1))$$
$$\text{IF} \quad E_2 \quad \text{THEN} \quad H(CF(H,E_2))$$

则结论 H 的综合可信度可分为以下两步算出：

①分别对每一条知识求出 $CF(H)$：

$$CF_1(H) = CF(H,E_1) \times \max\{0, CF(E_1)\}$$
$$CF_2(H) = CF(H,E_2) \times \max\{0, CF(E_2)\}$$

②用下述公式求出 E_1 与 E_2 对 H 的综合影响所形成的可信度 $CF_{1,2}(H)$：

$$CF_{1,2}(H) = \begin{cases} CF_1(H) + CF_2(H) - CF_1(H)CF_2(H) & \text{若 } CF_1(H) \geqslant 0, CF_2(H) \geqslant 0 \\ CF_1(H) + CF_2(H) + CF_1(H)CF_2(H) & \text{若 } CF_1(H) < 0, CF_2(H) < 0 \\ \dfrac{CF_1(H) + CF_2(H)}{1 - \min\{|CF_1(H)|, |CF_2(H)|\}} & \text{若 } CF_1(H)CF_2(H) < 0 \end{cases} \tag{4.4}$$

例 4.1 设有如下一组知识：

r_1：IF E_1 THEN H (0.8)

r_2：IF E_2 THEN H (0.6)

r_3：IF E_3 THEN H (−0.5)

r_4：IF E_4 AND(E_5 OR E_6)THEN E_1 (0.7)

r_5：IF E_7 AND E_8 THEN E_3 (0.9)

已知：$CF(E_2)=0.8$，$CF(E_4)=0.5$，$CF(E_5)=0.6$，$CF(E_6)=0.7$，$CF(E_7)=0.6$，$CF(E_8)=0.9$。求 $CF(H)$。

解 (1)对每一条规则求出对应的 $CF(H)$。

由 r_4 得

$$\begin{aligned} CF(E_1) &= 0.7 \times \max\{0, CF[E_4 \text{ AND } (E_5 \text{ OR } E_6)]\} \\ &= 0.7 \times \max\{0, \min\{CF(E_4), CF(E_5 \text{ OR } E_6)\}\} \\ &= 0.7 \times \max\{0, \min\{CF(E_4), \max\{CF(E_5), CF(E_6)\}\}\} \\ &= 0.7 \times \max\{0, \min\{0.5, \max\{0.6, 0.7\}\}\} \\ &= 0.35 \end{aligned}$$

由 r_5 得

$$\begin{aligned} CF(E_3) &= 0.9 \times \max\{0, CF(E_7 \text{ AND } E_8)\} \\ &= 0.9 \times \max\{0, \min\{CF(E_7), CF(E_8)\}\} \\ &= 0.9 \times \max\{0, \min\{0.6, 0.9\}\} \\ &= 0.54 \end{aligned}$$

由 r_1 得

$$\begin{aligned}CF_1(H) &= 0.8 \times \max\{0, CF(E_1)\} \\ &= 0.8 \times \max\{0, 0.35\} \\ &= 0.28\end{aligned}$$

由 r_2 得

$$\begin{aligned}CF_2(H) &= 0.6 \times \max\{0, CF(E_2)\} \\ &= 0.6 \times \max\{0, 0.8\} \\ &= 0.48\end{aligned}$$

由 r_3 得

$$\begin{aligned}CF_3(H) &= -0.5 \times \max\{0, CF(E_3)\} \\ &= -0.5 \times \max\{0.0.54\} \\ &= -0.27\end{aligned}$$

(2)根据结论不确定性的合成算法得

$$\begin{aligned}CF_{1,2}(H) &= CF_1(H) + CF_2(H) - CF_1(H) \times CF_2(H) \\ &= 0.28 + 0.48 - 0.28 \times 0.48 \\ &= 0.63\end{aligned}$$

$$\begin{aligned}CF_{1,2,3}(H) &= \frac{CF_{1,2}(H) + CF_3(H)}{1 - \min\{|CF_{1,2}(H)|, |CF_3(H)|\}} \\ &= \frac{0.63 - 0.27}{1 - \min\{0.63, 0.27\}} \\ &= 0.49\end{aligned}$$

因此,综合可信度 CF(H)=0.49。

4.3 主观贝叶斯方法

4.3.1 主观贝叶斯方法的基本概念

不确定性与概率有许多内在联系。要使用概率来描述不确定性,必须将概率的含义加以拓展。在利用概率进行不确定性推理中,概率一般解释为专家对证据和规则的主观信任度。贝叶斯理论是概率计算的经典方法,为了利用概率方法进行不确定性推理。1976 年,Duda, Hart 等人在贝叶斯公式的基础上提出了主观贝叶斯方法,建立了相应的不确定性推理模型,并成功地应用于地矿勘探系统 PROSPECTOR 中。

4.3.2 知识不确定性的表示

在主观贝叶斯方法中,知识用产生式规则表示,具体形式为

$$\text{IF} \quad E \quad \text{THEN} \quad (LS, LN) \quad H \quad (P(H))$$

其中:

①E 是该知识的前提。它既可以是一个简单条件,也可以是一个符合条件。

②H 是结论。$P(H)$ 是 H 的先验概率,它指出在没有任何证据情况下的结论 H 为真的概

率,即 H 为真的一般可能性,其值由领域专家根据以往的实践及经验给出。

③(LS,LN)用来表示该知识的知识强度,在统计学中称为似然比,其值由领域专家给出。(LS,LN)相当于知识的静态强度。其中,LS 称为规则成立的充分性度量,用于指出 E 对 H 的支持程度,取值范围为$[0,+\infty)$,其定义为

$$LS=\frac{P(E\mid H)}{P(E\mid \neg H)} \tag{4.5}$$

LN 为规则成立的必要性度量,用于指出$\neg E$ 对 H 的支持程度,即 E 对 H 为真的必要性程度,取值范围为$[0,+\infty)$,其定义为

$$LN=\frac{P(\neg E\mid H)}{P(\neg E\mid \neg H)}=\frac{1-P(E\mid H)}{1-P(E\mid \neg H)} \tag{4.6}$$

(LS,LN)既考虑了证据 E 的出现对其结论 H 的支持,又考虑了证据 E 的不出现对其结论 H 的影响。

4.3.3 证据不确定性的表示

在主观贝叶斯方法中,证据的不确定性也是用概率表示的。例如,对初始证据 E,由用户根据观察 S 给出概率 $P(E\mid S)$,它相当于动态强度。但由于 $P(E|S)$不太直观,因而在具体的应用系统中通常采用符合一般经验的比较直观的方法,如在地矿勘测专家系统 PROSPECTOR 中就引入了可信度的概念,让用户在-5 至 5 之间的 11 个整数中根据实际情况选出一个数作为初始证据的可信度,表示他对所提供的证据可以相信的程度。然后从可信度 $C(E\mid S)$计算出概率 $P(E\mid S)$。

可信度 $C(E\mid S)$与概率 $P(E\mid S)$的对应关系如下:

①$C(E\mid S)=-5$,表示在观察 S 下证据 E 肯定不存在,即 $P(E\mid S)=0$。

②$C(E\mid S)=0$,表示观察 S 与证据 E 无关,应仍然是先验概率,即 $P(E\mid S)=P(E)$。

③$C(E\mid S)=5$,表示在观察 S 下证据 E 肯定存在,即 $P(E\mid S)=1$。

$C(E\mid S)$为其他数时与 $P(E\mid S)$的对应关系,可以通过对上述 3 点进行分段线性插值得到,$C(E\mid S)$与 $P(E\mid S)$的关系式如下:

$$P(E\mid S)=\begin{cases}\dfrac{C(E\mid S)+P(E)\times(5-C(E\mid S))}{5} & 若\ 0\leqslant C(E\mid S)\leqslant 5\\[2ex] \dfrac{P(E)\times(C(E\mid S)+5)}{5} & 若\ -5\leqslant C(E\mid S)<0\end{cases}$$

这样,用户只要对初始证据给出相应的可信度 $C(E\mid S)$,就可由上式将其转换为相应的概率 $P(E\mid S)$。

4.3.4 组合证据不确定性的算法

当组合证据是多个单一证据的合取时,即

$$E=E_1\ \text{AND}\ E_2\ \text{AND}\cdots\text{AND}\ E_n$$

则组合证据的概率取各个单一证据的概率的最小值,即

$$P(E\mid S)=\min\{P(E_1\mid S),P(E_2\mid S),\cdots,P(E_n\mid S)\}$$

当组合证据是多个单一证据的析取时,即

$$E=E_1\ \text{OR}\ E_2\ \text{OR}\cdots\text{OR}\ E_n$$

则组合证据的概率取各个单一证据的概率的最大值,即

$$P(E\mid S)=\max\{P(E_1\mid S),P(E_2\mid S),\cdots,P(E_n\mid S)\}$$

对非运算,则用下式计算

$$P(\neg E\mid S)=1-P(E\mid S)$$

4.3.5 不确定性的传递算法

主观 Bayes 方法推理的任务就是根据 E 的概率 $P(E)$ 及 LS 和 LN 的值,把 H 的先验概率(或似然性)$P(H)$ 或先验机率 $O(H)$ 更新为后验概率(或似然性)或后验机率。由于一条规则对应的证据可能肯定为真,也可能肯定为假,还可能既非真又非假,因此在把 H 的先验概率或先验机率更新为后验概率或后验机率时,需要根据证据的不同情况计算其后验概率或后验机率。下面分别讨论这些不同情况。

1)证据肯定为真

当证据 E 肯定为真,即证据一定出现时,$P(E)=P(E\mid S)=1$。将 H 的先验机率更新为后验机率的公式为

$$O(H\mid E)=LS\times O(H)$$

如果把 H 的先验概率更新为其后验概率,则根据机率和概率的对应关系有

$$P(H\mid E)=\frac{LS\times P(H)}{(LS-1)\times PH+1}$$

这是把先验概率 $P(H)$ 更新为后验概率 $P(H\mid E)$ 的计算公式。

2)证据肯定为假

当证据 E 肯定为假,即证据不出现时,$P(E)=P(E\mid S)=0$,$P(\neg E)=1$。将 H 的先验机率更新为后验机率的公式为

$$O(H\mid\neg E)=LN\times O(H)$$

如果把 H 的先验概率更新为其后验概率,则有

$$P(H\mid\neg E)=\frac{LN\times P(H)}{(LN-1)\times P(H)+1}$$

这是把先验概率 $P(H)$ 更新为后验概率 $P(H\mid\neg E)$ 的计算公式。

3)证据既非真又非假

当证据既非真又非假时,不能再用上面的方法计算 H 的后验概率。这是因为 H 依赖于证据 E,而 E 基于部分证据 S,则 $P(H\mid S)$ 是 H 依赖于 S 的似然性。根据条件概率

$$P(H\mid S)=\frac{P(H,S)}{P(S)}$$

可以推出

$$P(H\mid S)=P(H\mid E)\times P(E\mid S)+P(H\mid\neg E)\times P(\neg E\mid S)$$

可以利用上面的公式计算在证据不确定的情况下,不确定性的传递问题。

下面分 4 种情况讨论这个公式。

①$P(E\mid S)=1$。

当 $P(E\mid S)=1$ 时,$P(\neg E\mid S)=0$,则有

$$P(H|S)=P(H|E)=\frac{LS\times P(H)}{(LS-1)\times P(H)+1}$$

这实际上就是证据肯定存在的情况。

②$P(E|S)=0$。

当 $P(E|S)=0$ 时，$P(\neg E|S)=1$，则有

$$P(H|S)=P(H|\neg E)=\frac{LN\times P(H)}{(LN-1)\times P(H)+1}$$

这实际上是证据肯定不存在的情况。

③$P(E|S)=P(E)$。

当 $P(E|S)=P(E)$ 时，表示 E 与 S 无关。由全概率公式可得

$$\begin{aligned}P(H|S)&=P(H|E)\times P(E|S)+P(H|\neg E)\times P(\neg E|S)\\&=P(H|E)\times P(E)+P(H|\neg E)\times P(\neg E)\\&=P(H)\end{aligned}$$

通过上述分析，已得到 $P(E|S)$ 上的 3 个特殊值 0，$P(E)$ 和 1，并分别取得了对应值 $P(H|\neg E)$，$P(H)$ 和 $P(H|E)$。这样就构成了 3 个特殊点。

④$P(E|S)$ 为其他值。

当 $P(E|S)$ 为其他值时，$P(E|S)$ 的值可通过上述 3 个特殊点的分段线性插值函数求得。该分段线性插值函数的解析表达式为

$$P(H|S)=\begin{cases}P(H|\neg E)+\dfrac{P(H)-P(H|\neg E)}{P(E)}\times P(E|S) & 若\ 0\leqslant P(E|S)<P(E)\\[2ex] P(H)+\dfrac{P(H|E)-P(H)}{1-P(E)}\times[P(E|S)-P(E)] & 若\ P(E)\leqslant P(E|S)\leqslant 1\end{cases}$$

4.4 D-S 证据理论

证据理论由德普斯特(Dempster)于 20 世纪 60 年代首先提出，他曾试图用一个概率范围而不是一个简单的概率值来模拟不确定性。该想法是由他的学生沙佛(Shafer)发展起来的，沙佛在 1976 年出版的《证据的数学理论》(*A Mathematical Theory of Evidence*)一书中延拓并改进了德普斯特的工作。因此，该方法也称为 D-S 理论。证据理论是经典概率论的一种扩充形式，在其表达式中，德普斯特把证据的信任函数与概率的上下限值相联系，从而提出了一个构造不确定推理模型的一般框架。该理论不仅在人工智能、专家系统的不确定性推理中已经得到广泛的应用，也很好地应用于模式识别领域中，主要用于处理那些不确定、不精确以及间或不准确的信息。证据理论中引入了信任函数，它满足概率论弱公理。在概率论中，当先验概率很难获得，但又被迫给出时，用证据理论能区分不确定性和不知道的差别。所以它比概率论更适合于专家系统推理方法。当概率值已知时，证据理论就成了概率论。因此，概率论是证据理论的一个特例，有时也称证据论为广义概率论。

4.4.1 概率分配函数

证据理论是用集合表示命题的。设 D 是变量 x 所有可能取值的集合，且 D 中的元素是互

斥的,在任一时刻 x 都取且只能取 D 中的某一元素为值,则称 D 为 x 的样本空间。在证据理论中,D 的任何一个子集 A 都对应一个关于 x 的命题,称该命题为"x 的值是在 A 中"。

设 D 为样本空间,领域内的命题都用 D 的子集表示,则概率分配函数定义如下:

定义 4.1 设函数 $M:2^D \to [0,1]$,即对任何一个属于 D 的子集 A,命它对应一个数 $M \in [0,1]$,且满足

$$M(\varnothing) = 0$$

$$\sum_{A \subseteq D} M(A) = 1$$

则称 M 是 2^D 上的基本概率分配函数,$M(A)$ 为 A 的基本概率数。

关于概率分配函数的定义有以下 3 点说明:

①设样本空间 D 中有 n 个元素,则 D 中的子集个数为 2^n 个,定义中的 2^D 就是表示这些子集的。例如,设

$$D = \{1,2,3\}$$

则它的子集个数刚好是 $2^3 = 8$ 个,具体为

$$A_1 = \{1\}, A_2 = \{2\}, A_3 = \{3\}, A_4 = \{1,2\}$$

$$A_5 = \{1,3\}, A_6 = \{2,3\}, A_7 = \{1,2,3\}, A_8 = \varnothing$$

②概率分配函数的作用是把 D 的任意一个子集 A 都映射成 $[0,1]$ 上的一个数 $M(A)$。概率分配函数实际上是对 D 的各个子集进行信任分配,$M(A)$ 表示分配给 A 的那一部分。例如,设

$$A = \{1\}, M(A) = 0.1$$

它表示对命题"x 代表数字 1"的正确性的信任度是 0.1。

当 A 由多个元素组成时,$M(A)$ 不包括对 A 的子集的信任度,而且也不知道该对它如何进行分配。例如,在

$$M(\{1,2\}) = 0.2$$

中不包括对 $A = \{1\}$ 的信任度 0.1,而且也不知道该把这个 0.2 分配给 $\{1\}$ 还是分配给 $\{2\}$。

当 $A = D$ 时,$M(A)$ 是对 D 的各子集进行信任分配后剩下的部分,它表示不知道该对这部分如何进行分配。例如,在

$$M(D) = M(\{1,2,3\}) = 0.2$$

时,它表示不知道该对这个 0.2 如何分配,但它不是属于 $\{1\}$,就一定是属于 $\{2\}$ 或者 $\{3\}$,只是因为存在某些未知信息,不知道应如何分配。

③概率分配函数与概率不同。例如,设

$$D = \{1,2,3\}$$

且设

$$M(\{1\}) = 0.1, M(\{2\}) = 0.3, M(\{3\}) = 0, M(\{1,2\}) = 0.2$$

$$M(\{1,3\}) = 0.1, M(\{2,3\}) = 0.1, M(\{1,2,3\}) = 0.2, M(\phi) = 0$$

显然,M 符合概率分配函数的定义,但是

$$M(\{1\}) + M(\{2\}) + M(\{3\}) = 0.4 \neq 1$$

4.4.2 信任函数

信任函数是用来对命题 A 的不确定性进行度量的。

定义 4.2 设 D 为样本空间，2^D 为 D 的所有子集表示的命题集合，A 是 2^D 中的一个命题。定义 $Bel:2^D \to [0,1]$ 且对所有的 $A \subseteq D$ 有

$$Bel(A) = \sum_{B \subset A} M(B) \tag{4.7}$$

其中，Bel 函数又称为下限函数，$Bel(A)$ 表示对命题 A 为真的总的信任程度，从定义的公式可以看出，命题 A 的信任函数值是 A 的所有子集的基本概率之和。

由信任函数及概率分配函数的定义容易推出

$$Bel(\varnothing) = M(\varnothing) = 0$$

$$Bel(D) = \sum_{B \subseteq D} M(B) = 1$$

根据上面给出的数据，可求得

$$Bel(\{1\}) = M(\{1\}) = 0.1$$

$$\begin{aligned} Bel(\{1,2\}) &= M(\{1\}) + M(\{2\}) + M(\{1,2\}) \\ &= 0.1 + 0.3 + 0.2 \\ &= 0.6 \end{aligned}$$

$$\begin{aligned} Bel(\{1,2,3\}) = & M(\{1\}) + M(\{2\}) + M(\{3\}) + M(\{1,2\}) + \\ & M(\{1,3\}) + M(\{2,3\}) + M(\{1,2,3)\} \\ = & 0.1 + 0.3 + 0 + 0.2 + 0.1 + 0.1 + 0.2 \\ = & 1 \end{aligned}$$

4.4.3 似然函数

似然函数也是一个从集合 2^D 到区间 $[0,1]$ 的映射函数，将其称为不可驳斥函数或上限函数。

定义 4.3 设 D 为样本空间，2^D 为 D 的所有子集表示的命题的集合，A 是 2^D 中的一个命题。似然函数 $Pl:2^D \to [0,1]$，且对所有的 $A \subseteq D$ 有

$$Pl(A) = 1 - Bel(\neg A) \tag{4.8}$$

由于 $Bel(A)$ 表示对命题 A 为真的信任程度，因此 $Bel(\neg A)$ 就表示对 $\neg A$ 为真的信任程度，即 A 为假的信任程度，由此可推出 $Pl(A)$ 表示对 A 为非假的信任程度。我们可以看一个例子，其中用到的基本概率数仍为之前给出的数据。

$$\begin{aligned} Pl(\{1\}) &= 1 - Bel(\neg \{1\}) \\ &= 1 - Bel(\{2,3\}) \\ &= 1 - [M(\{2\}) + M(\{3\}) + M(\{2,3\})] \\ &= 1 - [0.3 + 0 + 0.1] \\ &= 0.6 \end{aligned}$$

另外，由于与 $\{1\}$ 相交不为空集的那些子集

$$\begin{aligned} \sum_{\{1\} \cap B \neq \varnothing} M(B) &= M(\{1\}) + M(\{1,2\}) + M(\{1,3\}) + M(\{1,2,3\}) \\ &= 0.1 + 0.2 + 0.1 + 0.2 \\ &= 0.6 \end{aligned}$$

可见其中包含的规律，推广到一般情况可以得出

$$Pl(A) = \sum_{A \cap B \neq \varnothing} M(B) \tag{4.9}$$

证明如下：

$$\begin{aligned} Pl(A) - \sum_{A \cap B \neq \varnothing} M(B) &= 1 - Bel(\neg A) - \sum_{A \cap B \neq \varnothing} M(B) \\ &= 1 - \left(Bel(\neg A) + \sum_{A \cap B \neq \varnothing} M(B) \right) \\ &= 1 - \left(\sum_{C \subseteq \neg A} M(C) + \sum_{A \cap B \neq \varnothing} M(B) \right) \\ &= 1 - \sum_{E \subseteq D} M(E) \\ &= 0 \end{aligned}$$

所以

$$Pl(A) = \sum_{A \cap B \neq \varnothing} M(B)$$

这里可以拓展信任函数与似然函数的关系，因为

$$\begin{aligned} Bel(A) + Bel(\neg A) &= \sum_{B \subseteq A} M(B) + \sum_{C \subseteq \neg A} M(C) \\ &\leqslant \sum_{E \subseteq D} M(E) \\ &= 1 \end{aligned}$$

所以

$$\begin{aligned} Pl(A) - Bel(A) &= 1 - Bel(\neg A) - Bel(A) \\ &= 1 - (Bel(\neg A) + Bel(A)) \\ &\geqslant 0 \end{aligned}$$

所以

$$Pl(A) \geqslant Bel(A)$$

4.4.4 概率分配函数的正交和

由上述可以看出，命题的不确定性需要用信任函数和似然函数来度量，而信任函数和似然函数的定义又依赖于概率分配函数，所以概率分配函数是不确定性度量的基础。然而，在某些情况下，同样的证据，由于数据来源不同或先验知识的差异，可能得到不同的概率分配函数。例如，对样本空间 $D=\{c,d\}$，可得如下两个不同的概率分配函数。

第一个概率分配函数 M_1：

$$M_1(\varnothing)=0, M_1(\{c\})=0.2, M_1(\{d\})=0.5, M_1(\{c,d\})=0.3$$

第二个概率分配函数 M_2：

$$M_2(\varnothing)=0, M_2(\{c\})=0.3, M_2(\{d\})=0.6, M_2(\{c,d\})=0.1$$

为了计算信任函数和似然函数，必须将两个概率分配函数合并成一个概率分配函数。德普斯特提出了一种组合方法，即对两个概率分配函数进行正交和运算。

定义 4.4　设 M_1 和 M_2 是两个概率分配函数，则它们的正交和 $M=M_1 \oplus M_2$ 为

$$M(\varnothing) = 0$$

$$M(A) = K^{-1} \times \sum_{x \cap y = A} M_1(x) \times M_2(y)$$

$$K = 1 - \sum_{x \cap y = \varnothing} M_1(x) \times M_2(y)$$

$$= \sum_{x \cap y \neq \varnothing} M_1(x) \times M_2(y) \tag{4.10}$$

如果 $K \neq 0$,则正交和 M 也是一个概率分配函数;如果 $K=0$,则不存在正交和 M,称 M_1 和 M_2 矛盾。

对多个概率分配函数 $M_1, M_2, \cdots, M_n$,如果它们可以组合,也可以通过正交和运算将它们组成一个概率分配函数,其定义如下:

定义 4.5　设 $M_1, M_2, \cdots, M_n$ 是 n 个概率分配函数,则 $M = M_1 \oplus M_2 \oplus \cdots \oplus M_n$ 为

$$M(\varnothing) = 0$$

$$M(A) = K^{-1} \times \sum_{\cap A_i = A} \prod_{1 \leqslant i \leqslant n} M_i(A_i) \tag{4.11}$$

其中,K 由下式计算得

$$K = \sum_{\cap A_i \neq \varnothing} \prod_{1 < i < n} M_i(A_i) \tag{4.12}$$

4.5　模糊推理

"模糊"是人类感知、推理、决策过程中的重要特征。"模糊"比"清晰"所拥有的信息容量更大,内涵更丰富,更符合客观世界。在日常生活中,人们通常用"较少""较多""小一些""很小"等模糊语言进行控制。例如,当在公路上开车时,有这样的经验:当超完车要驶回原来的车道,如果离原车道还较远时,打方向盘的角度要大一些;离原车道较近时,打方向盘的角度要小一些;已经驶回原来的车道时,方向盘应保持摆正的状态。这里描述的车离车道的"较远""较近"以及描述所打方向盘角度的"大一些""小一些"等都是模糊概念。

为了用数学方法描述和处理自然界出现的不精确、不完整的信息,如人类语言信息和图像信息。1965 年,美国著名学者加利福尼亚大学教授扎德发表了题为"fuzzy set"的论文,首次提出了模糊理论。从 20 世纪 70 年代开始,李和章,以及吉尔斯等先后提出了自己的模糊逻辑形式系统。这些成果是对经典数理逻辑的推广。它们在语法上与一阶谓词逻辑十分相似,但语义却不同。因为模糊逻辑公式的真值不再是简单的 0 或 1,而可能是[0,1]区间上的任意实数。基于这些理论,美国的利夫埃瓦尔于 1974 年实现了第一个模糊推理语言。随后,美国、日本、英国、中国和法国等国家的科学家又相继实现了一系列风格不同的模糊推理语言和知识处理工具,使模糊推理研究进入崭新的阶段。

模糊推理的另一个重要分支是模糊产生式系统,模糊产生式不同于模糊逻辑公式,它的前件和后件之间不一定存在必然的逻辑关系,这种规则只被用作某种触发机制。模糊产生式系统与模糊逻辑系统的不同之处主要在于,模糊产生式规则被视为元级规则,且模糊产生式系统的推理机是显式的,而模糊逻辑规则是通过自身隐含的推理机执行的。

模糊推理应用最有效、最广泛的领域就是模糊控制、其方法被用于工业过程的控制以及新型家电产品的开发。并在这些领域出人意料地解决了传统控制理论无法解决的或难以解决的问题,并取得了一些令人信服的成效。

模糊推理包括经典控制理论和现代控制理论的传统控制理论是利用受控对象的数学模型(传递函数或状态空间模型)对系统进行定量分析,而后设计控制策略。这种方法由于其本

质的不相容性,当系统变得复杂时,难以对其工作特性进行精确的描述。而且,这样的数学模型结构,也不利于表达和处理有关受控对象的一些不确定信息,进而不便于利用人的经验知识、技巧和直觉推理,所以难以对复杂系统进行有效控制。近年来,随着智能控制理论研究的深入开展,也因其特有的对控制对象要求知识少、控制方法简单、实时性强、鲁棒性好等诸多优点,模糊控制方法被广泛应用在各个领域的复杂系统控制中。然而对多变量非线性的复杂系统的控制,当前仍处于研究和探索中,研究的主要问题包括模糊控制的稳定性、模糊模型及辨识、模糊最优控制、模糊自组织控制、模糊自适应控制、多模态模糊控制等。

1974 年,英国的玛达尼首次用模糊逻辑和模糊推理实现了世界上第一个实验性的蒸汽机控制,并取得了比传统的直接数字控制算法更好的效果,从而宣告模糊控制的诞生。1980 年,丹麦的 Holmblad 和 Ostergard 在水泥窑炉采用模糊控制并取得了成功,这是第一个商业化的有实际意义的模糊控制器。1986 年,贝尔实验室研制出第一块基于模糊逻辑的芯片。1988 年,由日本京都 MYCOM 株式会社发表的世界最高速推理芯片(每秒六千万次),解决了模糊推理速度不快的限制,使其应用范畴更加宽广。

4.5.1 模糊集理论

1)模糊集与隶属函数

模糊集与隶属函数是从传统的集合及特征函数发展而来的,是专为处理模糊性而提出的。在传统的集合论中,把论域中具有某种属性的事物的全体称为集合,其中的每一个事物称为集合的元素。由于集合中的每个元素都具有某种属性,因此,可用集合表示某种确定性的概念,而且可用一个函数刻画它,该函数称为特征函数。其定义如下:

定义 4.6 设 A 是论域 U 上的一个集合,对任意的 $u \in U$,令

$$C_A(u) = \begin{cases} 1, u \in A \\ 0, u \notin A \end{cases} \tag{4.13}$$

则称 $C_A(u)$ 为集合 A 的特征函数。特征函数 $C_A(u)$ 在 $u=u_0$ 处的取值称为 u_0 对集合 A 的隶属度,特征函数的值域为$\{0,1\}$。

一个确定性概念可以用一个普通的集合表示,并用相应的特征函数来刻画。例如,设有论域

$$U = \{2,3,5,6,7,9,12\}$$

在此论域上,“质数”是一个确定性概念,可用以下集合表示:

$$A = \{2,3,5,7\}$$

并且可用下列特征函数刻画:

$$C_A(u) = \begin{cases} 1, u = 2,3,5,7 \\ 0, u = 6,9,12 \end{cases} \tag{4.14}$$

对模糊性的概念,由于它没有明确的边界线,应用普通集合及特征函数很难将模糊概念之间存在的连续过渡特征表示出来,因此 Zadeh 把普通集合论中的特征函数的取值范围由$\{0,1\}$推广到闭区间$[0,1]$上,引入了模糊集与隶属函数的概念。下面给出其定义。

定义 4.7 设 U 是给定论域(问题所限定的范围),μ_A 是把任意 $u \in U$ 映射到$[0,1]$上的某个值函数,即

$$\mu_A: U \to [0,1]$$

$$u \to \mu_A(u) \tag{4.15}$$

则称 μ_A 为定义在 U 上的一个隶属函数,由 $\mu_A(u)$ 所构成的集合 A 称为论域 U 上的一个模糊集,$\mu_A(u)$ 称为 u 对 A 的隶属度。

由上述定义可以看出,模糊集 A 是完全由隶属函数 μ_A 来刻画的,μ_A 把 U 上的每一个元素 u 都映射为[0,1]上的一个值 $\mu_A(u)$,它表示元素 u 隶属于模糊集 A 的程度,其值越大表示隶属程度越高。当 $\mu_A(u)$ 的值仅为 0 或 1 时,模糊集 A 就退化成一个普通集合,而相应的隶属函数则退化成特征函数。

一般情况下,模糊集与隶属函数之间是一一对应的,一个模糊集只能由一个隶属函数刻画;反之,一个隶属函数也只能刻画一个模糊集。

2)模糊集的表示方法

模糊集的表示方法与论域的性质有关,论域可以是离散的,也可以是连续的。

(1)若论域是离散的且为有限集

$$U = \{u_1, u_2, \cdots, u_n\}$$

时,其模糊集可表示为

$$A = \{\mu_A(u_1), \mu_A(u_2), \cdots, \mu_A(u_n)\} \tag{4.16}$$

为了具体地指出论域元素和其隶属度之间的对应关系,Zadeh 引入了如下的模糊集表示方式:

$$A = \frac{\mu_A(u_1)}{u_1} + \frac{\mu_A(u_2)}{u_2} + \cdots + \frac{\mu_A(u_n)}{u_n} \tag{4.17}$$

也可以表示为

$$A = \sum_{i=1}^{n} \frac{\mu_A(u_i)}{u_i} \tag{4.18}$$

其中,$\mu_A(u_i)$ 为 u_i 对 A 的隶属度。

在 Zadeh 表示法中,$\mu_A(u_i)/u_i$ 并不表示相除的关系,它只是表示 $\mu_A(u_i)$ 是 u_i 对模糊集 A 的隶属度的符号,式中的"+"也不表示各值相加,只是表示一个分隔符。此外,模糊集也可以表示为以下两种方式:

$$A = \left\{\frac{\mu_A(u_1)}{u_1}, \frac{\mu_A(u_2)}{u_2}, \cdots, \frac{\mu_A(u_n)}{u_n}\right\} \tag{4.19}$$

或

$$A = \{(\mu_A(u_1), u_1), (\mu_A(u_2), u_2), \cdots, (\mu_A(u_n), u_n)\} \tag{4.20}$$

其中,前一种称为单点形式,后一种称为序偶形式。单点形式与 Zadeh 表示法在本质上是一样的,只是分隔符不同而已。

(2)若论域是连续的,则模糊集可用一个实函数来表示

以下为 Zadeh 给出的以年龄为论域,取 $U=[0,100]$,对"年轻"和"年老"这两个模糊概念给出的隶属度计算函数,从而表示出相应的模糊集。

$$\mu_{年轻}(u) = \begin{cases} \left[1 + \left(\dfrac{u-25}{5}\right)^2\right]^{-1} & 当 0 < u \leqslant 100 \\ 1 & 当 0 \leqslant u \leqslant 25 \end{cases} \tag{4.21}$$

$$\mu_{\text{年老}}(u)=\begin{cases}\left[1+\left(\frac{5}{u-50}\right)^{2}\right]^{-1} & \text{当}0<u\leqslant 100\\ 0 & \text{当}0\leqslant u\leqslant 25\end{cases} \tag{4.22}$$

另外，不管论域 U 是有限的还是无限的，是离散的还是连续的，Zadeh 又给出了一种模糊集 A 的一般表示方法：

$$A=\int_{u\in U}\frac{\mu_A(u)}{u} \tag{4.23}$$

其中，“$\int$”不是数学中的积分符号，也不是求和运算，只是表示论域中各元素与其隶属度的对应关系的总括。

3）模糊集的运算

与普通集合类似，模糊集也可进行包含、并、交、补等运算。

定义 4.8　设 A、B 分别是论域 U 上的模糊集，若对任意的 $u\in U$，总有

$$\mu_A(u)=\mu_B(u) \tag{4.24}$$

成立，则称 A 等于 B，记为 $A=B$。

定义 4.9　设 A,B 分别是论域 U 上的模糊集，若对任意的 $u\in U$，总有

$$\mu_A(u)\leqslant\mu_B(u) \tag{4.25}$$

成立，则称 A 包含于 B，记为 $A\subseteq B$。

定义 4.10　设 A,B 分别是论域 U 上的模糊集，则 $A\cup B$ 称为 A 和 B 的并集。并集的隶属度函数定义为

$$\mu_{A\cup B}(u)=\max_{u\in U}\{\mu_A(u),\mu_B(u)\} \tag{4.26}$$

定义 4.11　设 A,B 分别是论域 U 上的模糊集，则 $A\cap B$ 称为 A 和 B 的交集。交集的隶属度函数定义为

$$\mu_{A\cap B}(u)=\min_{u\in U}\{\mu_A(u),\mu_B(u)\} \tag{4.27}$$

为了简便起见，模糊集合论中通常用“∨”表示 max，用“∧”表示 min，分别称为取极大或取极小运算，即有

$$A\cup B:\mu_{A\cup B}(u)=\mu_A(u)\vee\mu_B(u) \tag{4.28}$$

$$A\cap B:\mu_{A\cap B}(u)=\mu_A(u)\wedge\mu_B(u) \tag{4.29}$$

这里的“∨”和“∧”符号完全不同于谓词逻辑中的析取和合取符号，在本章中要着重注意其含义。

定义 4.12　设 A 是论域 U 上的模糊集，称$\neg A$ 为 A 的补集。补集的隶属函数定义为

$$\mu_{\neg A}(u)=1-\mu_A(u) \tag{4.30}$$

与普通集合类似，模糊集合也可进行简单的代数运算。

定义 4.13　设 A,B 分别是论域 U 上的模糊集，它们的代数积记作 $A\cdot B$，运算规则为

$$\mu_{A\cdot B}(x)=\mu_A(x)\mu_B(x) \tag{4.31}$$

它们的代数和记作 $A+B$，运算规则为

$$\mu_{A+B}(x)=\mu_A(x)+\mu_B(x)-\mu_{A\cdot B}(x) \tag{4.32}$$

它们的有界积记作 $A\otimes B$，运算规则为

$$\mu_{A\otimes B}(x)=\max\{0,\mu_A(x)+\mu_B(x)-1\}=0\vee[\mu_A(x)+\mu_B(x)-1] \tag{4.33}$$

它们的有界和记作 $A \oplus B$,运算规则为

$$\mu_{A\oplus B}(x) = \min\{1, \mu_A(x) + \mu_B(x)\} = 1 \wedge [\mu_A(x) + \mu_B(x)] \tag{4.34}$$

例 4.2 设有论域 $U=\{u_1, u_2, u_3, u_4\}$,A 和 B 分别为 U 上的两个模糊集:

$$A = \frac{0.1}{u_1} + \frac{0.5}{u_2} + \frac{0.7}{u_3} + \frac{0.8}{u_4}$$

$$B = \frac{0.3}{u_1} + \frac{0.4}{u_2} + \frac{0.6}{u_3} + \frac{0.9}{u_4}$$

分别求 $A\cup B, A\cap B, \neg A, \neg B, A\cdot B, A+B, A\otimes B$ 和 $A\oplus B$。

解

$$A \cup B = \frac{0.1 \vee 0.3}{u_1} + \frac{0.5 \vee 0.4}{u_2} + \frac{0.7 \vee 0.6}{u_3} + \frac{0.8 \vee 0.9}{u_4} = \frac{0.3}{u_1} + \frac{0.5}{u_2} + \frac{0.7}{u_3} + \frac{0.9}{u_4}$$

$$A \cap B = \frac{0.1 \wedge 0.3}{u_1} + \frac{0.5 \wedge 0.4}{u_2} + \frac{0.7 \wedge 0.6}{u_3} + \frac{0.8 \wedge 0.9}{u_4} = \frac{0.1}{u_1} + \frac{0.4}{u_2} + \frac{0.6}{u_3} + \frac{0.8}{u_4}$$

$$\neg A = \frac{0.9}{u_1} + \frac{0.5}{u_2} + \frac{0.3}{u_3} + \frac{0.2}{u_4}$$

$$\neg B = \frac{0.7}{u_1} + \frac{0.6}{u_2} + \frac{0.4}{u_3} + \frac{0.1}{u_4}$$

$$A \cdot B = \frac{0.03}{u_1} + \frac{0.2}{u_2} + \frac{0.42}{u_3} + \frac{0.72}{u_4}$$

$$A + B = \frac{0.37}{u_1} + \frac{0.88}{u_2} + \frac{0.3}{u_3} + \frac{0.98}{u_4}$$

$$A \otimes B = \frac{0.3}{u_3} + \frac{0.7}{u_4}$$

$$A \oplus B = \frac{0.4}{u_1} + \frac{0.9}{u_2} + \frac{1.0}{u_3} + \frac{1.0}{u_4}$$

4)模糊关系

在模糊集合论中,模糊关系占有重要地位,模糊关系是普通关系的推广。普通关系描述两个集合中的元素之间是否有关联,模糊关系则描述两个模糊集合中的元素之间的关联程度,可以通过模糊集的笛卡尔积来定义模糊关系。

定义 4.14 设 A_i 是 $U_i(i=1,2,\cdots,n)$ 上的模糊集,则称

$$A_1 \times A_2 \times \cdots \times A_n = \int_{U_1\times U_2\times\cdots\times U_n} \frac{(\mu_{A_1}(u_1) \times \mu_{A_2}(u_2) \times \cdots \times \mu_{A_n}(u_n))}{(u_1, u_2, \cdots, u_n)} \tag{4.35}$$

为 $A_1, A_2, \cdots, A_n$ 的笛卡尔积,它是 $U_1\times U_2\times\cdots\times U_n$ 上的一个模糊集。

定义 4.15 在 $U_1\times U_2\times\cdots\times U_n$ 上的一个 n 元模糊关系 R 是指以 $U_1\times U_2\times\cdots\times U_n$ 为论域的一个模糊集,记为

$$R = \int_{U_1\times U_2\times\cdots\times U_n} \frac{\mu_R(u_1, u_2, \cdots, u_n)}{(u_1, u_2, \cdots, u_n)} \tag{4.36}$$

在上述两个定义中，$\mu_{A_i}(u_i)(i=1,2,\cdots,n)$是模糊集$A_i$的隶属函数，$\mu_R(u_1,u_2,\cdots,u_n)$是模糊关系$R$的隶属函数。

例4.3 设有一组学生

$$U=\{u_1,u_2,u_3\}=\{\text{小钟},\text{小关},\text{小易}\}$$

他们对课外娱乐活动

$$V=\{\text{跑步},\text{篮球},\text{摄影}\}$$

有着不同的爱好，设他们对各种课外活动的爱好程度分别用隶属度函数$\mu_R(u_i,u_j)(i,j=1,2,3)$表示，即

$$\mu_R(\text{小钟},\text{跑步})=0.9\quad \mu_R(\text{小钟},\text{篮球})=0.5\quad \mu_R(\text{小钟},\text{摄影})=0$$

$$\mu_R(\text{小关},\text{跑步})=0.2\quad \mu_R(\text{小关},\text{篮球})=0.3\quad \mu_R(\text{小关},\text{摄影})=0.8$$

$$\mu_R(\text{小易},\text{跑步})=0.1\quad \mu_R(\text{小易},\text{篮球})=0.2\quad \mu_R(\text{小易},\text{摄影})=0.9$$

则论域U上各元素和论域V上各元素之间的模糊关系为

$$R=\begin{pmatrix}0.9 & 0.5 & 0\\ 0.2 & 0.3 & 0.8\\ 0 & 0.2 & 0.9\end{pmatrix}$$

如果要讨论论域U上3个人之间的亲疏关系如何，则可用U代替V，得到U上3个元素之间的模糊关系。

一般而言，当论域U和V都是有限域时，如果论域U中有m个元素，论域V中有n个元素，那么$U\times V$上的模糊关系R可用一个$m\times n$的矩阵表示为

$$R=\begin{pmatrix}\mu_R(u_1,v_1) & \mu_R(u_1,v_2) & \cdots & \mu_R(u_1,v_n)\\ \mu_R(u_2,v_1) & \mu_R(u_2,v_2) & \cdots & \mu_R(u_2,v_n)\\ \vdots & \vdots & \vdots & \vdots\\ \mu_R(u_m,v_1) & \mu_R(u_m,v_2) & \cdots & \mu_R(u_m,v_n)\end{pmatrix}\tag{4.37}$$

定义4.16 设R_1与R_2分别是$U\times V$与$V\times W$上的两个模糊关系，则R_1与R_2的合成是从U到W的一个模糊关系，记为

$$R_1\circ R_2\tag{4.38}$$

其隶属度函数为

$$\mu_{R_1\circ R_2}(u,w)=\vee\ \{\mu_{R_1}(u,v)\ \wedge\ \mu_{R_2}(v,w)\}$$

其中，$\vee$和$\wedge$分别表示取最大和最小操作。

5）模糊变换

定义4.17 设$A=\{\mu_A(u_1),\mu_A(u_2),\cdots,\mu_A(u_n)\}$是论域$U$上的模糊集，$R$是$U\times V$上的模糊关系，则

$$B=A\circ R\tag{4.39}$$

称为模糊变换。

例4.4 设有一模糊集合A和模糊关系R分别如下：

$$A=\{0.8,0.5,0.6\}$$

$$R=\begin{pmatrix}1 & 0.5 & 0 & 0\\ 0.5 & 1 & 0.5 & 0\\ 0 & 0.5 & 1 & 0.5\end{pmatrix}$$

解 $B = A \circ R$

$= \{0.8 \wedge 1 \vee 0.5 \wedge 0.5 \vee 0.6 \wedge 0, 0.8 \wedge 0.5 \vee 0.5 \wedge 1 \vee 0.6 \wedge 0.5,$
$0.8 \wedge 0 \vee 0.5 \wedge 0.5 \vee 0.6 \wedge 1, 0.8 \wedge 0 \vee 0.5 \wedge 0 \vee 0.6 \wedge 0.5\}$

$= \{0.8, 0.5, 0.6, 0.5\}$

4.5.2 模糊知识的表示

模糊知识的表示是模糊推理的前提,本节将在模糊集合论的基础上对模糊知识的表示方法进行论述,为此先讨论模糊命题。

1)模糊命题

模糊命题是那些含有模糊概念、模糊数据或带有确信程度的语句。其一般表示形式为

$$x \text{ is } A$$

或

$$x \text{ is } A(CF)$$

其中,x 是论域上的变量,用以代表所论对象的属性;A 是论域上的模糊集,用以刻画或表示模糊概念或模糊数;CF 是模糊命题的确信度或相应事件发生的可能性程度。

表示模糊命题的确信度或事件发生的可能性程度的 CF 值,既可以是一个确定值,也可以是一个模糊数或者模糊语言值。这里的模糊语言值是指表示长短、轻重、快慢、多少、大小、高低、缓急等程度的一些词汇。在实际应用中可根据需要设定自己需要的语言值的集合或值域。例如,可用下述语言值的集合表示对歌剧的感受程度。

$$V = \{\text{很优美,较优美,优美,刺耳,较刺耳,很刺耳}\}$$

应用语言模糊值表示程度的不同,比较符合人们日常生活中的说话习惯,在模糊知识表示中经常会用到。

2)模糊知识表示

现实世界中,事物之间最常见且用得最多的一种关系是因果关系,而产生式规则是适于表示因果关系的表示方法,因此,这里只讨论基于产生式规则的模糊知识表示方法,并把模糊知识的产生式规则简称为模糊产生式规则。

模糊产生式规则的一般形式为

$$\text{IF } E \text{ THEN } H(CF, \lambda)$$

其中,E 为执行模糊产生式规则的条件,H 为结论,这里的条件和结论都是模糊的,是用模糊命题表示的,E 可以是单个模糊命题表示的简单条件,也可以是由多个模糊命题通过逻辑运算构成的复合条件。CF 是该产生式规则所表示的知识的可信度因子,并且如前所述,它既可以是一个确定的数,也可以是一个模糊数或语言值。λ 是阈值,用于确定该知识能够被应用的条件。

例如,IF x is A THEN y is $B(CF, \lambda)$

$$\text{IF } x_1 \text{ is } A_1 \text{ AND } (x_2 \text{ is } A_2 \text{ OR } x_3 \text{ is } A_3) \text{ THEN } y \text{ is } B(\lambda)$$

都是模糊产生式规则。其中,x, x_1, x_2, x_3, y 是变量,表示对象;A, A_1, A_2, A_3, B 分别是论域 U, U_1, U_2, U_3 和 V 的模糊集,表示概念。

4.5.3 模糊证据的表示

模糊证据也是通过模糊命题来表示的，其一般表示形式为

$$x \text{ is } A'$$

或

$$x \text{ is } A'(CF)$$

其中，A'是推理证据论域 U'上的模糊集，也表示概念，CF 是证据的可信度因子。

4.5.4 模糊推理方法

1) 模糊推理的模式

与自然演绎推理相似，模糊推理也有相应的 3 种基本推理模式，即模糊假言推理、拒取式推理和模糊假言三段论推理。

(1) 模糊假言推理

设 A 和 B 分别是论域 U 和 V 上的两个模糊集，且有知识

$$\text{IF } x \text{ is } A \text{ THEN } y \text{ is } B$$

若有 U 上的一个模糊集 A'且 A 可以与 A'匹配，则可以推出 y is B'，且 B'是 V 上的一个模糊集。这种推理模式称为模糊假言推理，其表示形式为

证据：x is A'

知识：IF x is A THEN y is B

结论：y is B'

(2) 模糊拒取式推理

设 A 和 B 分别是论域 U 和 V 上的两个模糊集，且有知识

$$\text{IF } x \text{ is } A \text{ THEN } y \text{ is } B$$

若有 V 上的一个模糊集 B'且 B 可以与 B'匹配，则可以推出 x is A'，且 A'是 U 上的一个模糊集。这种推理模式称为模糊拒取式推理，其表示形式为

证据：x is B'

知识：IF x is A THEN y is B

结论：y is A'

在这种推理模式下，模糊知识

$$\text{IF } x \text{ is } A \text{ THEN } y \text{ is } B$$

也表明 A 和 B 之间存在着确定的因果关系，设此因果关系为 R，那么当已知模糊证据 B'和模糊知识中的前提条件 B 匹配时，则可通过 R 与 B'的合成得到 A'，即

$$A' = R \circ B'$$

(3) 模糊假言三段论推理

设 A、B、C 分别是论域 U、V、W 上的 3 个模糊集，且有知识

$$\text{IF } x \text{ is } A \text{ THEN } y \text{ is } B$$

$$\text{IF } y \text{ is } B \text{ THEN } z \text{ is } C$$

则可推出

$$\text{IF } x \text{ is } A \text{ THEN } z \text{ is } C$$

这种推理模式称为模糊假言三段论推理。可表示为:

证据:IF y is B THEN z is C

知识:IF x is A THEN y is B

结论:IF x is A THEN z is C

2)简单模糊推理

当知识中只含有简单条件且不带可信度因子时,称为简单模糊推理。按照 Zadeh 等人提出的合成推理规则,对于知识

$$\text{IF } x \text{ is } A \text{ THEN } y \text{ is } B$$

首先要构造 A 和 B 之间的模糊关系 R,然后根据 R 与证据的合成求出结论。

若已知证据为

$$x \text{ is } A'$$

且 A 和 A'是模糊匹配的,则可通过下列合成运算求得 B'

$$B' = A' \circ R$$

若已知证据为

$$x \text{ is } B'$$

且 B 和 B'是模糊匹配的,则可通过下列合成运算求得 A'

$$A' = B' \circ R$$

从上述表述可以得知,这种推理方法的关键是要构造两个模糊集合之间的模糊关系 R,那么接下来介绍 3 种模糊关系 R 的构造方法。

3)模糊关系的构造方法

(1)Zadeh 方法

为了建立模糊关系,Zadeh 提出了两种方法:一种称为条件命题的极大极小规则;另一种称为条件命题的算术规则,所获得的模糊关系分别记为 R_m 和 R_a。在此只介绍 R_m 模糊关系的求法。

设 A 和 B 分别是论域 U 和 V 上的两个模糊集,则它们之间的模糊关系 R_m 定义为

$$R_m = \int_{U\times V} (\mu_A(u) \wedge \mu_B(v)) \vee \frac{1-\mu_A(u)}{(u,v)} \tag{4.40}$$

其中,×号表示模糊集的笛卡尔积。

例 4.5 设 $U=V=\{4,5,6\}$,A 和 B 分别是 U 和 V 上的两个模糊集,并设

$$A = \frac{1}{4} + \frac{0.6}{5} + \frac{0.1}{6}$$

$$B = \frac{0.1}{4} + \frac{0.6}{5} + \frac{1}{6}$$

则 R_m 为

$$R_m = \begin{pmatrix} 0.1 & 0.6 & 1 \\ 0.4 & 0.6 & 0.6 \\ 0.9 & 0.9 & 0.9 \end{pmatrix}$$

(2)Mamdani 法

设 A 和 B 分别是论域 U 和 V 上的两个模糊集,Mamdani 提出了一个称为条件命题的最小

运算规则建立模糊关系，定义它们之间的模糊关系 R_c 为

$$R_c = \int_{U\times V} \frac{(\mu_A(u) \wedge \mu_B(v))}{(u,v)} \tag{4.41}$$

对例 4.5 中给出的模糊集，应用 Mamdani 法计算它们之间的模糊关系 R_c 为

$$R_c = \begin{pmatrix} 0.1 & 0.6 & 1 \\ 0.1 & 0.6 & 0.6 \\ 0.1 & 0.1 & 0.1 \end{pmatrix}$$

(3) Mizumoto 法

设 A 和 B 分别是论域 U 和 V 上的两个模糊集，Mizumoto 定义它们之间的模糊关系 R_g 为

$$R_g = \int_{U\times V} \frac{(\mu_A(u) \rightarrow \mu_B(v))}{(u,v)} \tag{4.42}$$

其中

$$\mu_A(u) \rightarrow \mu_B(v) = \begin{cases} 1 & \mu_A(v) \leqslant \mu_B(v) \text{ 时} \\ \mu_B(v) & \mu_A(v) > \mu_B(v) \text{ 时} \end{cases}$$

对同一个例中给出的模糊集，应用 Mizumoto 法计算它们之间的模糊关系 R_g 为

$$R_g = \begin{pmatrix} 0.1 & 0.6 & 1 \\ 0.1 & 1 & 1 \\ 1 & 1 & 1 \end{pmatrix}$$

习　题

1. 什么是不确定性推理？为什么要采取不确定性推理？不确定性推理的理论依据是什么？不确定性推理中要解决哪些基本问题？

2. 不确定性推理可分为哪几种类型？本章介绍的各个不确定性推理方法的特点是什么？

3. 什么是可信度？由可信度因子 $CF(H,E)$ 的定义说明它的含义。

4. 概率分配函数与概率相同吗？为什么？

5. 什么是模糊性？它与随机性有什么区别？试举出几个日常生活中的模糊概念。

6. 模糊推理的一般过程是什么？

7. 设有以下知识：

r_1: IF　E_1　THEN　H (0.9)；

r_2: IF　E_2　THEN　H (0.6)；

r_3: IF　E_3　THEN　H (−0.5)；

r_4: IF　E_4　AND (E_5　OR　E_6) THEN E_1(0.8)。

已知：$CF(E_2)=0.8$，$CF(E_3)=0.6$，$CF(E_5)=0.6$，$CF(E_6)=0.8$，求 $CF(H)$。

8. 设有以下推理规则：

(1) 如果流鼻涕则感冒但非过敏性鼻炎(0.9)或过敏性鼻炎但非感冒(0.1)；

(2) 如果眼睛发炎则感冒但非过敏性鼻炎(0.8)或过敏性鼻炎但非感冒(0.05)。

有以下事实：

(1)小王流鼻涕(0.9);

(2)小王眼睛发炎(0.4)。

问:小王得了什么病?

9. 设有以下推理规则:

r_1:IF E_1 THEN (2,0.0001) H_1;

r_2:IF E_2 THEN (100,0.0001) H_1;

r_3:IF E_3 THEN (200,0.001) H_2;

r_4:IF E_4 THEN (50,0.01) H_2。

已知:$P(H_1)=0.1$,$P(H_2)=0.01$,$C(E_1 \mid S_1)=3$,$C(E_2 \mid S_2)=1$,$C(E_3 \mid S_3)=2$,用主观 Bayes 方法求 $P(H_2 \mid S_1,S_2,S_3)$的值。

10. 有一个变量 x,它的可能取值为 a,b,c,其基本概率分配函数为

$$m(\{a\})=0.4$$
$$m(\{a,c\})=0.4$$
$$m(\{a,b,c\})=0.2$$

请填写下表:

A	$\varnothing$	$\{a\}$	$\{b\}$	$\{c\}$	$\{a,b\}$	$\{b,c\}$	$\{a,c\}$	$\{a,b,c\}$
$m(A)$								
$Bel(A)$								
$Pl(A)$								

11. 设有以下两个模糊关系

$$A=\begin{bmatrix}0.7 & 0.6 & 0.3\\0.7 & 0.6 & 0.2\\0.5 & 0.5 & 0.2\end{bmatrix}\qquad B=\begin{bmatrix}0.8 & 0.4\\0.6 & 0.2\\0.9 & 0.4\end{bmatrix}$$

求 $A\circ B$。

12. 设有以下 3 个模糊关系

$$R_1=\begin{bmatrix}1.0 & 0.0 & 0.7\\0.3 & 0.2 & 0.0\\0.0 & 0.5 & 1.0\end{bmatrix}\quad R_2=\begin{bmatrix}0.6 & 0.6 & 0.0\\0.0 & 0.6 & 0.1\\0.0 & 0.1 & 0.0\end{bmatrix}\quad R_3=\begin{bmatrix}1.0 & 0.0 & 0.7\\0.0 & 1.0 & 0.0\\0.7 & 0.0 & 1.0\end{bmatrix}$$

求模糊关系的合成 $R_1\circ R_2$,$R_1\circ R_3$,$R_1\circ R_2\circ R_3$。

习题答案

5 搜索求解策略

5.1 概述

5.1.1 搜索的概念

现实世界中的大多数问题都是非结构化问题，一般不存在现成的求解方法，只能利用已有的知识一步一步地摸索着前进。像这样根据问题的实际情况，按照一定的策略或规则，从知识库中寻找可利用的知识，从而构造出一条使问题获得解决的推理路线的过程，则称为搜索。所以说，搜索是指从问题出发寻找解的过程。

搜索的第一步就是要准确地表示出问题，如果一个问题无法得到合适的表示，那么就无从谈及搜索。在5.2节中将介绍一种常用的问题表示方法——状态空间表示法。问题找到合适的表示方式后，搜索就要解决两个方面的难题：一是要找到从初始状态到问题目标状态的一条推理路线；二是评估找到的这条路线的时间及空间复杂度，是否为最优解。

5.1.2 搜索的类别

根据搜索过程中是否运用与问题相关的知识，可将搜索方法分为盲目式搜索和启发式搜索。

(1)盲目式搜索(Blind Search)

盲目式搜索，又称无信息搜索，在搜索过程中只按照预先固定的搜索控制策略进行搜索，不考虑问题本身的特性，没有使用与问题有关的知识来改变这些控制策略。这种搜索带有盲目性，效率不高，如果遇到比较复杂的问题，其搜索求解的时空复杂度会大大增加，效率较低，所以盲目搜索只能应用于解决简单的问题。

(2)启发式搜索(Heuristic Search)

启发式搜索，又称有信息搜索，在搜索过程中根据问题本身的特性并使用与问题有关的知识不断地改变或调整搜索的方向，使搜索向有利于解决问题的方向前进，加速问题的求解，并找到最优解。但是在启发式搜索中，每使用一些知识便需要做更多的计算与判断。

由于启发式搜索考虑了问题本身的特性并利用了这些特性，从而使搜索求解效率更高，更容易解决复杂的问题。启发式搜索一般要优于盲目式搜索，但是不可过于追求更多的甚至完整的启发信息，因为并不是对所有的问题都能方便地得到问题的相关特性和信息，所以，尽管启发式搜索优于盲目式搜索，但盲目式搜索也在很多问题的求解中得到了应用。

5.2 状态空间表示

5.2.1 状态空间表示法

状态空间(State Space)表示法是知识表示的一种基本方法。

状态是用来表示系统状态、事实等叙述型知识的一组变量或数组

$$Q=[q_1,q_2,\cdots,q_n]^{\mathrm{T}}$$

操作是用来表示引起状态变化的过程型知识的一组关系或函数

$$F=\{f_1,f_2,\cdots,f_m\}$$

状态空间是利用状态变量和操作符号，表示系统或问题的有关知识的符号体系。状态空间可以用一个三元组表示，即

$$(S,O,G)$$

在三元组中，S 是状态集合，S 中每一个元素 $q_i(i=0,1,\cdots,n)$ 表示一个状态，状态是某种结构的符号或数据；O 是操作算子的集合，利用算子可将一个状态转换为另一个状态；G 是问题的目标状态，是 S 的非空子集。

假设问题的初始状态为 S_0，是 S 的非空子集，$S_0 \subset S$。从 S_0 节点到 G 节点的路径称为求解路径。求解路径上的操作算子序列为问题状态空间的一个解。例如，操作算子序列 $O_1,O_2,\cdots,O_k$，它们使初始状态 S_0 转换为目标状态 G，则 $O_1,O_2,\cdots,O_k$ 即为状态空间的一个解，通常来说，解都不是唯一的。

$$S_0 \xrightarrow{O_1} S_1 \xrightarrow{O_2} S_2 \xrightarrow{O_3} \cdots \xrightarrow{O_k} G$$

用状态空间方法表示问题时的步骤如下：

①定义状态的描述形式。

②用所定义的状态描述形式把问题的所有可能的状态都表示出来，并确定出问题的初始状态集合描述和目标状态集合描述。

③定义一组操作算子。使得利用这组操作算子可把问题由一种状态转变成另一种状态。

问题的表示对求解工作量有很大的影响。人们显然希望有较小的状态空间表示。许多似乎很难的问题，当表示适当时就可能具有小而简单的状态空间。

5.2.2 状态空间的图描述

状态空间可用有向图来描述，图的节点表示问题的状态，图的弧表示状态之间的关系，也就是上节提到的操作算子，即求解问题的步骤。初始状态对应于实际问题的已知信息，是图中根节点。在问题的状态空间描述中，寻找从一种状态转变成另一种状态的某个操作算子序列就等价于在一个图中寻找某一路径。

如图 5.1 所示是用有向图描述的状态空间。图中表示对状态 S_0,允许使用操作算子 O_1,O_2 及 O_3,并分别使 S_0 转换为 S_1,S_2 及 S_3。这样一步步利用操作算子转换下去,到了 $S_{10} \in G$,此时已经到达目标状态,则 O_2,O_6,O_{10} 就是状态空间的一个解。

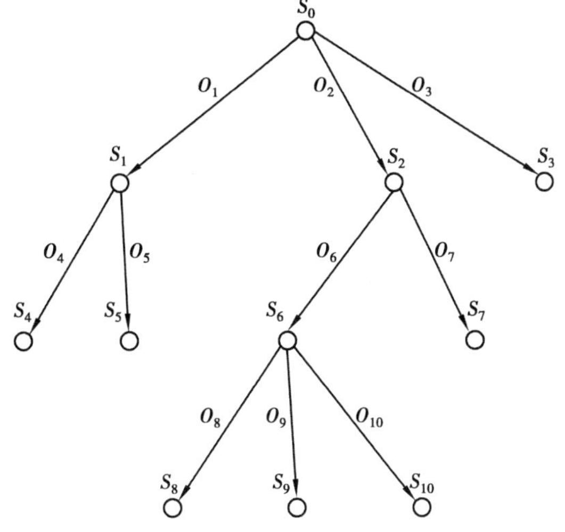

图 5.1 状态空间的有向图描述

例 5.1 对于八数码问题,如果给出问题的初始状态,就可以用图描述其他状态空间。其中,弧可用表明空格的 4 种可能移动的 4 个操作算子来标注,即空格向上 Up、向左移 Left、向下移 Down、向右移 Right。该图的部分描述如图 5.2 所示。

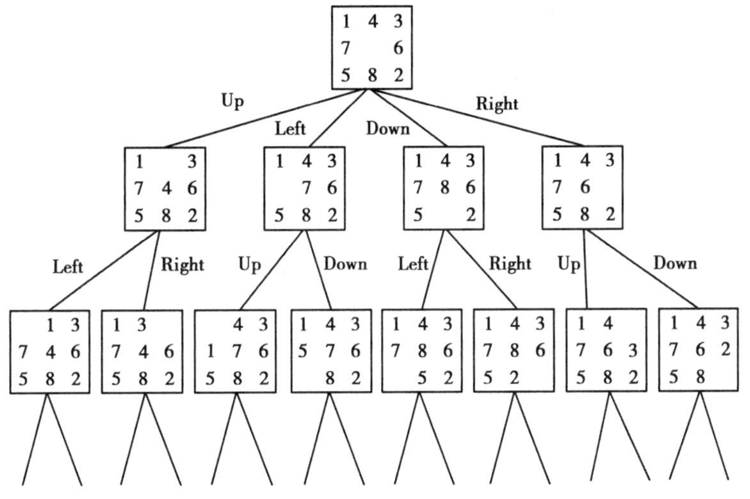

图 5.2 八数码状态空间图(部分)

在上述例子中,只绘出了问题的部分状态空间图,当然,完全可以绘出问题的全部状态空间图,但对实际问题,要在有限的时间内绘出问题的全部状态图是不可能的。因此,要研究能在有限的时间内搜索到较好解的搜索算法。

5.2.3 状态空间图的搜索策略

状态空间图是一个有向图。当把一个待求解的问题表示为状态空间后,就可以通过对状态空间的搜索,实现对问题的求解。如果从状态空间图的角度来看,则对问题的求解就相当于在有向图上寻找一条从初始状态节点到目标状态节点的路径。然而,若要把表示问题的整个状态都存入计算机,往往需要占据巨大的存储空间,尤其对比较复杂的问题,这几乎是不可能实现的,并且一般也没有这种必要。因为对一个具体的问题,其解往往只与状态空间的一部分相关,只要计算机生成并存储与问题有关的解状态空间部分,即可将问题解决。搜索法求解问题的基本思想是:首先将问题的初始状态当作当前状态,选择一适当的操作算子作用于当前状态,生成一组后继状态,然后检查这组后继状态中有没有目标状态。如果有,则说明搜索成功,从初始状态到目标状态的一系列操作算子即是问题的解;若没有,则按照某种控制策略从已生成的状态中再选一个状态作为当前状态,重复上述过程,直到目标状态出现或不再操作为止,此时无解。

这里先说明已扩展节点和未扩展节点的概念。对状态空间图中的某个节点,如果求出它的后继节点,则此节点为已扩展的节点,而尚未求出后继节点的节点称为未扩展节点。使用一个 OPEN 表存放未扩展的节点,使用一个 CLOSED 表存放已扩展的节点。在这两个表中,还得存放各个节点的父节点,这样在最后搜索到目标节点后,才能一步步溯源回到初始节点,形成一个解。

状态空间图的搜索算法如下:

①建立一个只含有初始节点 S_0 的搜索图 G,把 S_0 放入 OPEN 表中。

②建立 CLOSED 表且置为空表。

③判断 OPEN 表是否为空表,若为空,则问题无解,退出。

④选择 OPEN 表中的第一个节点,将其从 OPEN 表中移出,并放入 CLOSED 表中,将此节点记为节点 n。

⑤考察节点 n 是否为目标节点,若是,则问题有解,并成功退出。问题的解即可从图 G 中沿着指针从 n 到 S_0 的这条路径得到。

⑥扩展节点 n 生成一组不是 n 的祖先的后继节点,并将它们记为集合 M,将 M 中的这些节点作为 n 的后继节点加入图 G 中。

⑦对那些未曾在 G 中出现过的(即未曾在 OPEN 表或 CLOSED 表上出现过的)集合 M 中的节点,设置一个指向父节点(即节点 n)的指针,并把这些节点加入 OPEN 表中;对已在 G 中出现过的集合 M 中的那些点,确定是否需要修改指向父节点(节点 n)的指针;对那些先前已在 G 中出现并且已在 CLOSED 表中的集合 M 中的节点,确定是否需要修改通向它们后继节点的指针。

⑧按某一任意方式或按某种策略重排 OPEN 表中节点的顺序。

⑨转向第③步。

其相应的流程图如图 5.3 所示。

上述这一状态空间图的一般搜索算法具有通用性。各种策略的主要区别就是第⑧步对 OPEN 表中的节点排序的算法不同。第⑧步对 OPEN 表中的节点排序时,主要是希望从未扩展节点中选出一个最有希望的节点作为第④步扩展用。若这时的排序选择是盲目的或者随机的,搜索即为盲目搜索;如果是按照某种启发信息进行排序选择,则称为启发式搜索。

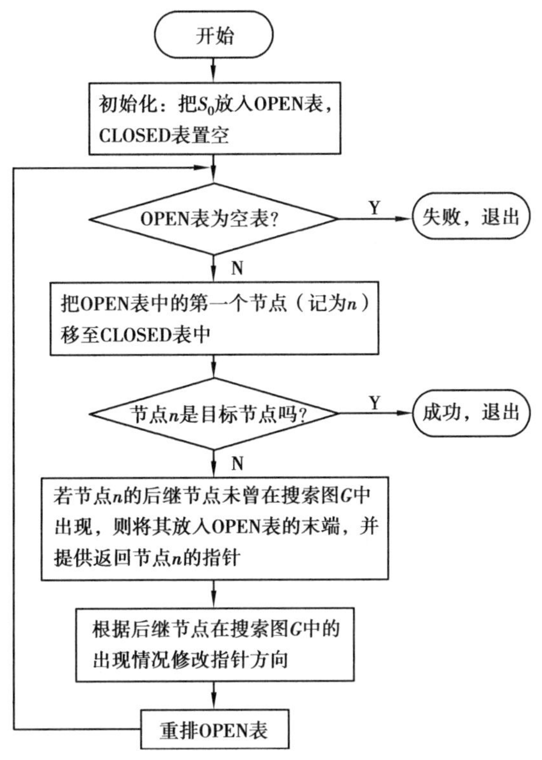

图 5.3 状态空间的搜索流程图

5.3 盲目式搜索策略

5.3.1 宽度优先搜索策略

宽度优先搜索又称为广度优先搜索(Breadth-first Search),是一种盲目搜索策略。这种搜索是逐层进行的,在对下一层的节点进行搜索前,必须搜索完本层的所有节点,其示意图如图 5.4 所示。

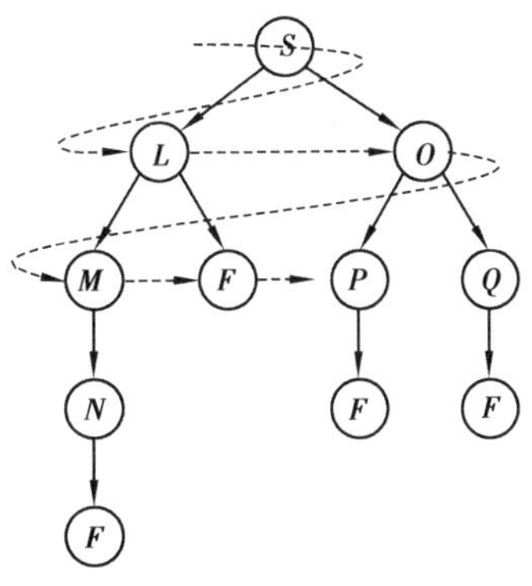

图 5.4 宽度优先搜索示意图

宽度优先搜索算法如下:

①把初始节点 S_0 放入 OPEN 表中。

②如果 OPEN 表是空表,则没有解,失败退出;否则继续。

③把 OPEN 表中的第一个节点(记为节点 n)移出,并放入 CLOSED 表中。

④判断节点 n 是否为目标节点,若是,则求解结束,并用回溯法根据父节点找出解的路径,退出;否则继续执行步骤⑤。

⑤若节点 n 不可扩展,转到步骤②;否则继续执行步骤⑥。

⑥对节点 n 进行扩展,将它的所有后继节点放入 OPEN 表的末端,并为这些后继节点设置指向父节点 n 的指针,然后转到步骤②。

在宽度优先搜索中,节点进出 OPEN 表的顺序是先进先出,因此,其 OPEN 表是一个队列结构。

其相应的流程图如图 5.5 所示。

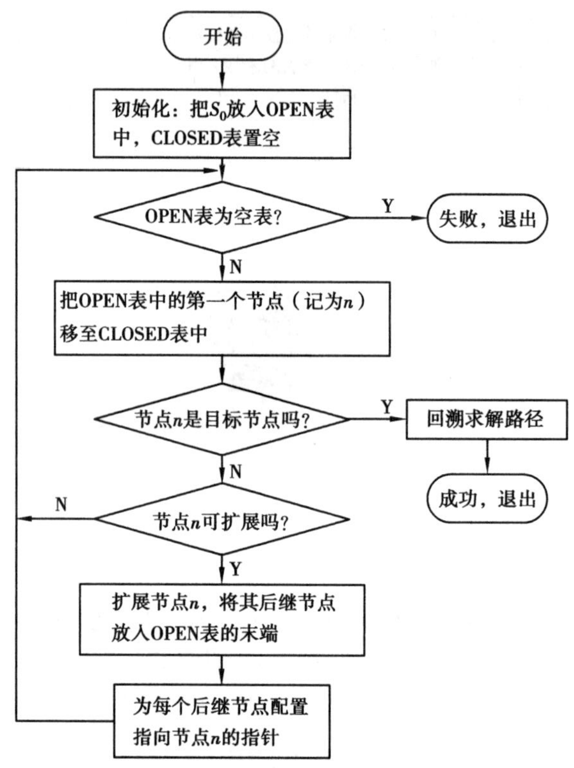

图 5.5　宽度优先算法流程图

例 5.2　八数码宽度优先搜索。

八数码难题:其初始状态如图 5.6(a)所示,要求执行操作使 8 个数据最终按图 5.6(b)所示摆放。要求寻找从初始状态到目标状态的路径。

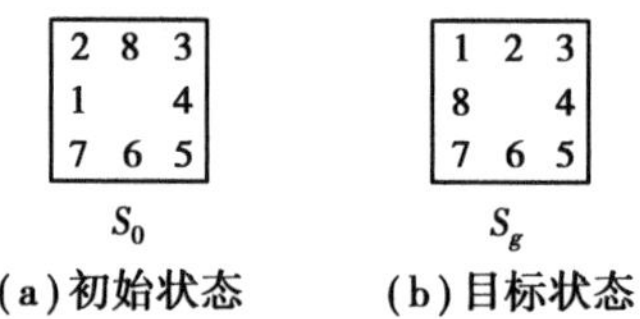

图 5.6　八数码难题

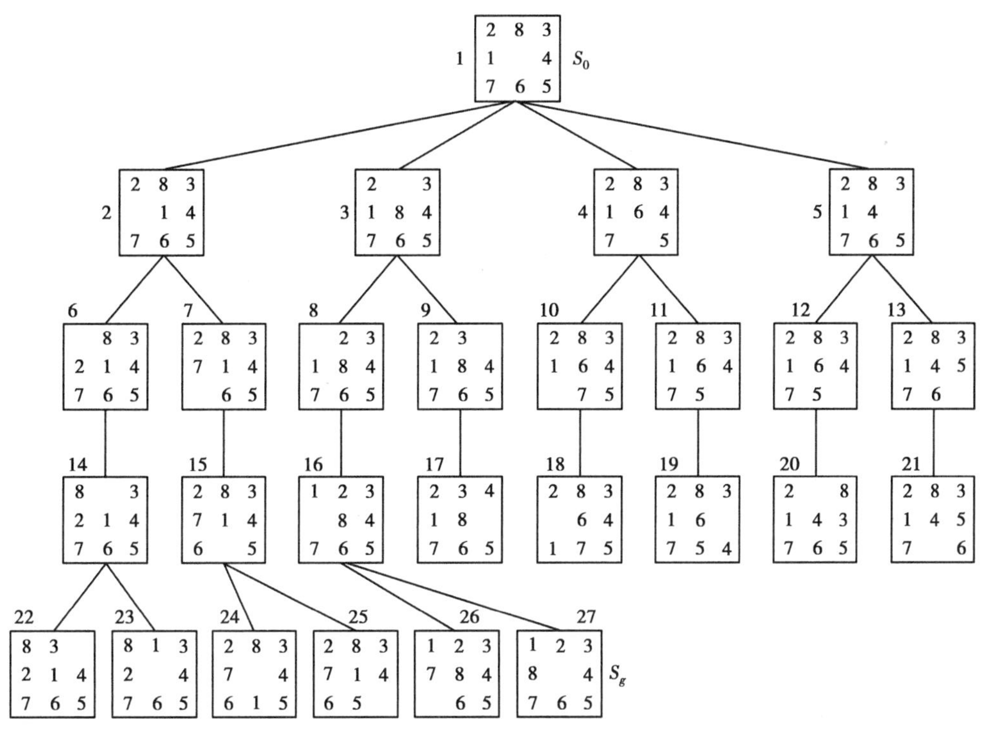

图 5.7 八数码问题宽度优先搜索解法

搜索树上的所有节点都标记它们所对应的状态描述，每个节点旁边的数字表示节点扩展的顺序。从图 5.7 中可以得到解为：S_0→3→8→16→27。

宽度优先搜索的盲目性较大，当目标节点距离初始节点较远时，将会产生大量的无用节点，降低搜索效率。但是，宽度优先搜索总能找到从初始节点到目标节点的路径最短的解。

5.3.2 深度优先搜索策略

深度优先搜索（depth-first search）策略也是一种盲目搜索策略（图 5.8）。在深度优先搜索中，当搜索到某一个节点时，它的所有子节点与其扩展的节点都必须先于该节点的兄弟状态被搜索。深度优先搜索在搜索空间时应尽量往深处去，只有再也找不出某节点的后继时，才考虑它的兄弟节点。显然，深度优先搜索策略不一定能找到最优解，并且可能由于深度的限制，会找不到解（问题存在解），然而，如果不加深度限制值，则可能会沿着一条路径无限地扩展下去，这当然是不希望的。为了保证找到解，应选择合适的深度限制。

深度优先搜索算法如下：

①把初始节点 S_0 放入 OPEN 表中。

②如果 OPEN 表是空表，则没有解，失败退出；否则继续。

③把 OPEN 表中第一个节点（记为节点 n）移出，并放入 CLOSED 表。

④如果节点 n 的深度等于最大深度，则转到步骤②。

⑤扩展节点 n，产生其全部后继节点，并将它们放入 OPEN 表的前面。如果没有后继节点，则转到步骤②。

⑥如果后继节点中有任一个为目标节点，则求得一个解，退出；否则，转到步骤②。

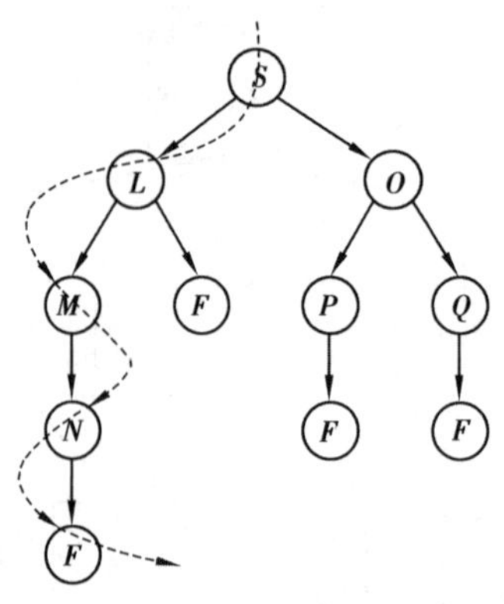

图 5.8　深度优先搜索示意图

在深度优先搜索中，节点进出 OPEN 表的顺序是先进后出，因此，其 OPEN 表是一个堆栈结构。

其相应的流程图如图 5.9 所示。

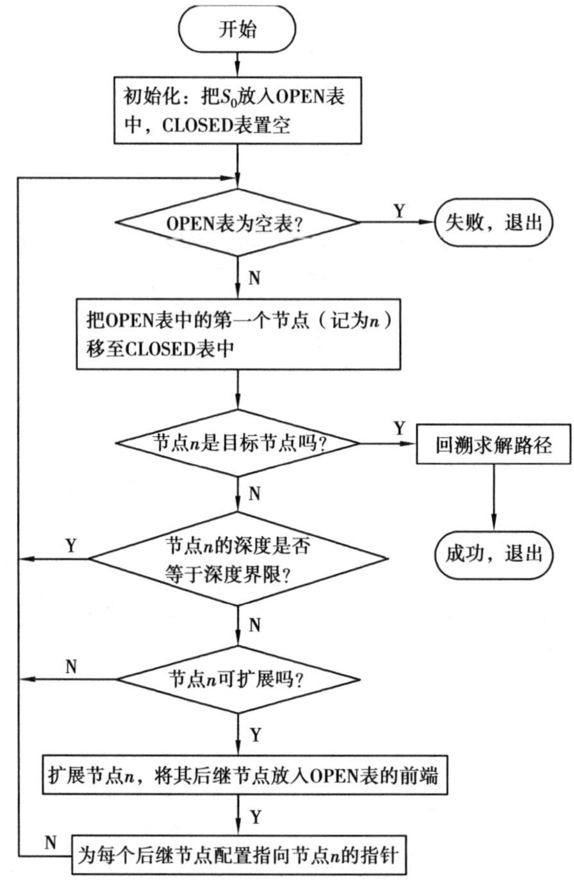

图 5.9　有界深度优先搜索算法流程图

例 5.3　八数码，如图 5.10 所示。

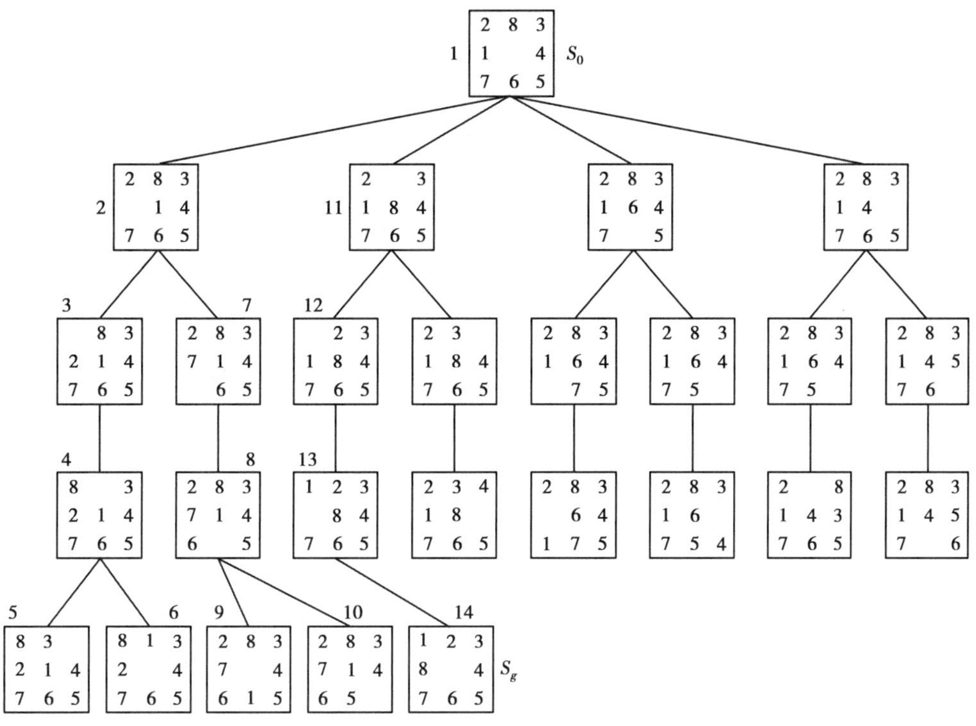

图 5.10 八数码问题有界深度优先搜索解法

5.4 启发式搜索策略

5.4.1 启发式策略的含义

在 5.3 节中讨论的两种搜索策略的一个共同点是它们的搜索路线是事先决定好的,没有使用待求解问题的任何信息,在决定要被扩展的节点时,没有考虑该节点是否可能是解路径上的节点,是否有利于问题的求解以及所求的解为最优解等问题,所以这样的搜索策略有很大的盲目性。盲目搜索所需扩展的节点数目很大,产生的无用节点肯定也很多,效率低下。

如果能找到一种搜索方法,能够充分利用待求解问题自身的某些特点,引导搜索朝着最有利的方向前进。即在选择节点进行扩展时,选择那些最有希望的节点加以扩展,此时搜索的效率就会大大提高。这种利用问题自身特性信息来提高搜索效率的搜索策略,称为启发式搜索(Heuristic Search)或有信息搜索(Informed Search)。

5.4.2 启发信息与估价函数

在搜索过程中,关键步骤在于如何选择要被扩展的节点,不同的选择方法为不同的搜索策略。如果在确定要被扩展的节点时,能够利用被求解问题的有关信息,估计出各节点的重要性和优先度,那么就可以选择重要性较高的节点进行扩展,以便提高求解效率。像这样可用于指导搜索过程且与具体问题求解有关的信息称为启发信息。

启发信息按运用的方法不同,可分为陈述性启发信息、过程性启发信息和控制性启发信息 3 种。

(1)陈述性启发信息

陈述性启发信息一般被用于更准确、更精练地描述状态，缩小问题的状态空间，如待求解问题的特定状况等属于此类信息。

(2)过程性启发信息

一般被用于构造操作算子，使操作算子少而精，如一些规律性知识等属于此类信息。

(3)控制性启发信息

它是表示控制策略方面的知识，包括协调整个问题求解过程中所使用的各种处理方法、搜索策略、控制结构等有关的知识。

提高搜索效率就需要利用上述 3 种启发信息作为搜索的辅助性策略来决定下一步要扩展的节点，把这一节点称为“最有希望”的节点。通常可以构造一个函数表示节点的“希望”程度，称这种函数为估价函数。

估价函数的任务就是估计待搜索节点的重要程度为它们排序。一般来说，评估一个节点必须考虑两个方面的因素：已经付出的代价和将要付出的代价。我们把估价函数 $f(x)$ 定义为从初始节点经过节点 x 到达目标节点的最小代价路径的代价估计值，表示为

$$f(x)=g(x)+h(x)$$

其中，$g(x)$ 为初始节点 S_0 到节点 x 已实际付出的代价；$h(x)$ 是从节点 x 到目标节点 S_g 的最优路径的估计代价，搜索的启发信息主要由 $h(x)$ 来体现，故把 $h(x)$ 称为启发函数。因为实际代价 $g(x)$ 可以根据已生成的搜索树实际计算出来，而启发函数 $h(x)$ 却依赖于某种经验估计，它是人们对问题的解的一种认识，对问题的解的一些特性的了解，这些特性可以帮助人们很快地找到问题的解。

估价函数是针对具体问题构造的，是与问题特性密切相关的。不同的问题，其估价函数可能不同。在构造估价函数时，依赖于问题特性的启发函数 $h(x)$ 的构造尤为重要。构造启发函数需要考虑两个方面因素的影响：一个是搜索工作量；另一个是搜索代价。有的启发信息可以大大减少搜索工作量，但是找出的解不一定是最优解。我们目标是问题求解的路径代价与为求解此路径所花费的搜索代价的综合指标最小。

5.4.3 A 搜索算法

A 搜索算法是基于估价函数的一种加权启发式图搜索算法，它既不同于宽度优先所使用的队列(先进先出)，也不同于深度优先所使用的堆栈(先进后出)，而是一个按状态的启发估价函数值的大小排列的一个表。进入 OPEN 表的状态不是简单地排列，而是根据其估值的大小插入表中合适的位置，每次从表中优先取出启发估价函数值最小的状态加以扩展，具体步骤如下：

①把初始节点 S_0 放入 OPEN 表中，计算 $f(S_0)$。

②如果 OPEN 表是空表，则没有解，失败，退出；否则继续。

③把 OPEN 表中第一个节点(记为节点 n)移出，并放入 CLOSED 表。

④考察节点 n 是否为目标节点，若是，则求得问题的解，退出；否则转向步骤⑤。

⑤如果节点 n 可扩展，转向步骤⑥；否则转向步骤②。

⑥对节点 n 进行扩展，并计算所有后继节点的估价函数 $f(x)$ 的值，并为每个后继节点设

置指向 n 的指针。

⑦把这些后继节点都送入 OPEN 表,然后对 OPEN 表中的全部节点按照估价函数值从小到大的顺序排序。

⑧转向步骤②。

其相应的算法流程图如图 5.11 所示。

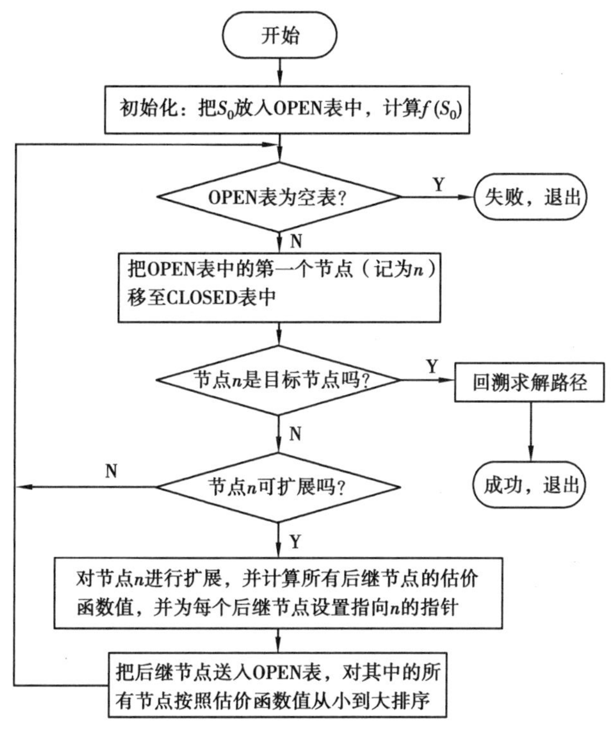

图 5.11 A 搜索算法流程图

在启发式搜索中,估价函数的定义是非常重要的,如果定义不好,则搜索算法不一定能找到问题的解,即便找到解,也不一定是最优解。所以,有必要讨论如何对估价函数进行限制或定义。下面的 A^* 启发式搜索算法就使用了一种特殊定义的估价函数。

5.4.4 A^* 搜索算法

A^* 搜索算法也是一种启发式搜索方法,它选用了一个比较特殊的估价函数。这时的估价函数 $f(x)=g(x)+h(x)$ 是对下列函数

$$f^*(x)=g^*(x)+h^*(x)$$

的一种估计或近似。

在 A^* 搜索算法中要求启发函数 $h(x)$ 是 $h^*(x)$ 的下界,即对所有的 x 均有

$$h(x)\leqslant h^*(x)$$

它保证 A^* 搜索算法能找到最优解。

如果在一般状态空间图的搜索算法(5.2 节)中,依据估计函数对 OPEN 表中的节点进行排序,并且要求启发函数 $h(x)$ 是 $h^*(x)$ 的一个下界,即 $h(x)\leqslant h^*(x)$,则这种状态空间图的搜索算法就称为A^* 搜索算法。如果对启发函数 $h(x)$,不限制条件 $h(x)\leqslant h^*(x)$,则这种状

态空间图的搜索算法就是 5.4.3 节介绍的 A 搜索算法。

A^* 搜索算法是由著名的人工智能学者 Nilsson 提出的,它是目前最有影响的启发式图搜索算法之一,也称为最佳图搜索算法。A^* 搜索算法不仅能得到目标解,还一定能找到问题的最优解(问题有解)。

A^* 搜索算法具有下列一些性质。

1)可采纳性

可采纳性是指对可解的状态空间图,如果一个搜索算法能在有限步内终止,并且能找到最优解,则称该算法是可采纳的。可以证明 A^* 搜索算法是可采纳的,即它能在有限步内终止并找到最优解。宽度优先算法是 A^* 搜索算法的一个特例,该算法相当于 A^* 搜索算法中取 $h(n)=0$ 和 $f(n)=g(n)$,只考虑与起始状态的代价。

2)单调性

单调性是指在 A^* 搜索算法中,如果对其估价函数中的启发函数 $h(x)$ 加以单调性的限制,就可以使它对所扩展的一系列节点的估价函数值有单调性,从而减少比较代价和调整路径的工作量,进而减少搜索代价提高搜索效率。

如果某一启发函数满足:

①对所有的节点 n_i,如果 n_j 是 n_i 的子节点,有 $h(n_i)-h(n_j)\leqslant \cos\ t(n_i,n_j)$,其中 $\cos\ t(n_i,n_j)$ 是从 n_i 到 n_j 的实际代价。

②目标状态的启发函数值为 0 或 $h(S_g)=0$。

则称该启发函数 $h(n)$ 是单调的。

我们可以得到 $h(n_i)\leqslant \cos\ t(n_i,n_j)+h(n_j)$,也就是说,节点 n_i 到目标节点最优费用的估价不会超过从 n_i 到其子节点 n_j 的代价加上从 n_j 到目标节点最优费用的估价。

3)信息性

信息性是指在两个 A^* 启发策略的启发函数 h_1 和 h_2 中,如果对搜索空间中的任一状态 n 都有 $h_1(n)\leqslant h_2(n)$,则称策略 h_2 比 h_1 具有更多的信息性。如果某一搜索策略的 $h(n)$ 越大,则它所搜索的状态要少得多。

如果启发策略 h_2 的信息性比 h_1 多,则用 h_2 所搜索的状态集合是 h_1 所搜索的状态集合的一个子集。因此,A^* 算法的信息性越多,它所搜索的状态数就越少。需要注意的是,更多的信息性即需要更多的计算时间,从而有可能抵消减少搜索空间所带来的益处。

5.5 与或树的有序搜索

与或(AND-OR)图,也称为与或树,其搜索过程可以看作一个问题归约过程,与或图基于人们在求解问题时的如下两种思维方法。

1)分解——与树

分解是将复杂的大问题分解为一组简单的小问题,将总问题分解为若干子问题。若所有子问题都解决了,则总问题也解决了。这是与的逻辑关系。同样,子问题又可分为子子问题。以此类推,可以形成问题分解的树图,称为与树,如图 5.12 所示。

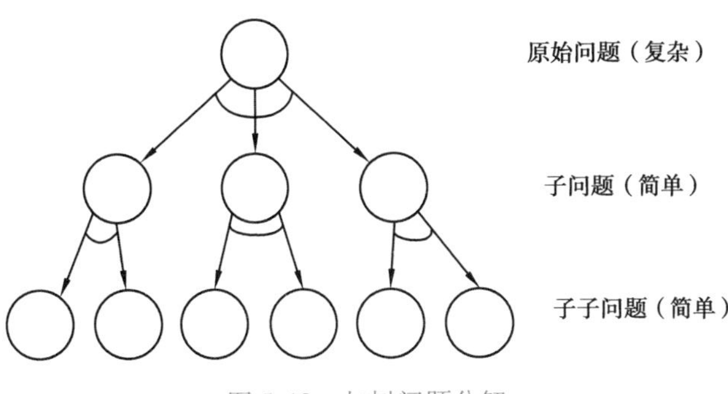

图 5.12　与树问题分解

2) 变换——或树

变换是将较难的问题变换成较易的等价或等效问题。若一个困难问题可以等价变换成几个容易问题,则任何一个容易问题解决了,也就解决了原有的困难问题。这是或的逻辑关系。而这些容易问题还有可能进一步再等价变换为若干更容易的问题,如此下去,可形成问题变换的或树,如图 5.13 所示。

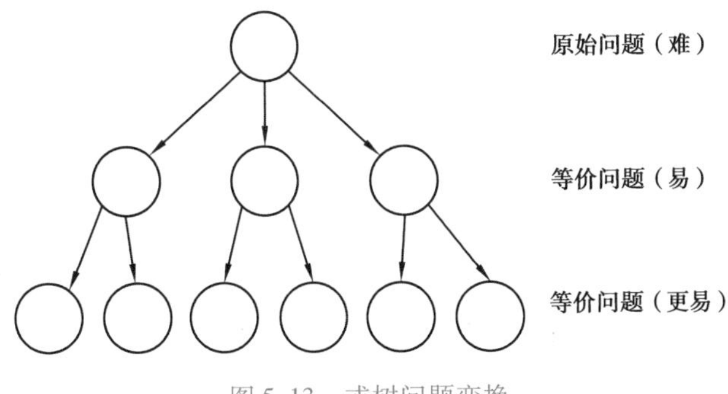

图 5.13　或树问题变换

5.5.1　与或图表示

用与或图可以方便地把问题归约为子问题替换集合。例如,假设问题 A 既可通过问题 C_1 和 C_2,也可通过问题 C_3,C_4 和 C_5,或者由单独求解问题 C_6 来解决,如图 5.14 所示。图中各节点表示要求解的问题或子问题。

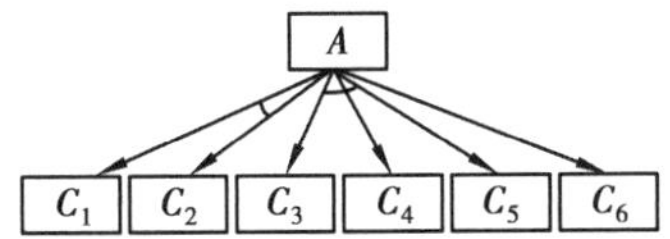

图 5.14　子问题替换集合的结构

问题 C_1 和 C_2 构成后继问题的一个集合,问题 C_3,C_4 和 C_5 构成另一后继问题的集合;而问题 C_6 则为第三个集合。对应于某个给定集合的各节点,用一个连接它们的圆弧来标记。图 5.14 中连接 C_1,C_2 和 C_3,C_4,C_5 的圆弧分别称为 2 连接弧和 3 连接弧。一般而言,如果某种弧称为 K 连接弧,则表示对问题 A 由某个操作算子作用后产生 K 个子问题。

由节点及 K 连接弧组成的图,称为与或图,当所有 K 均为 1 时,就变为普通的或图。可以对如图 5.14 所示的与或图进行变换,引进某些附加节点,以便使含有一个以上后继问题的每个集合能够聚集在它们各自的父辈节点下。这样图 5.14 就变成图 5.15 所示的结构,每个节点的后继只包含一个 K 连接弧。弧连接的子节点称为与节点,如 C_1,C_2 及 C_3,C_4,C_5。$K=1$

的连接弧连接的子节点称为或节点。

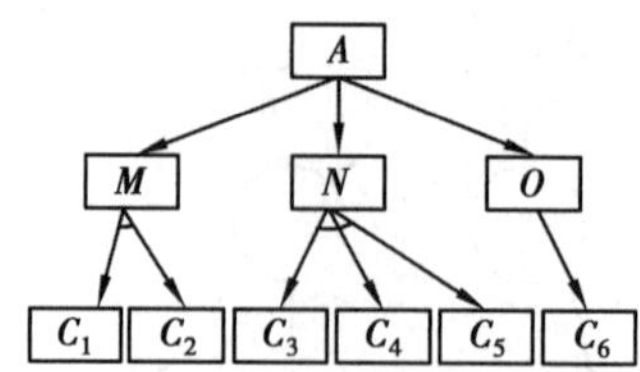

图 5.15　各节点后继只含一个连接弧的与或图

在下列讨论中,假设与或图中每个节点只包含一个 K 连接弧的子节点。

将问题求解归约为与或图搜索时,将初始节点表示初始问题描述,对应于本原问题的节点称为叶节点。

在与或图上执行搜索过程,其目的在于表明初始节点有解,与或图中一个可解节点可递归地定义如下:

①叶节点是可解节点。

②如果某节点为或子节点,那么该节点可解当且仅当至少有一个子节点为可解节点。

③如果某节点为与子节点,那么该节点可解当且仅当所有子节点均为可解节点。

不可解节点可递归定义如下:

①没有后继节点的非叶节点是不可解节点。

②或节点是不可解节点,当且仅当它的所有子节点都是不可解节点。

③与节点是不可解节点,当且仅当它的子节点中至少有一个是不可解节点。

能导致初始节点可解的那些可解节点及有关连线组成的子图称为该与或图的解图。

对或图搜索,若搜索到某个节点 n 时,不论 n 是否生成后继节点,n 的费用都是由其本身的状态决定的,但对与或图则不同,其费用计算规则如下:

①n 未生成后继节点,则费用由 n 本身决定。

②n 已经生成了后继节点,则费用由 n 的后继节点的费用决定。因为后继节点代表了分解的子问题,子问题的难易程度决定原问题求解的难易程度,所以不再考虑 n 本身的难易程度。因此,当决定了某个路径时,要将后继节点的估计值往回传送。假设当前节点 n 到目标集 S 的费用估计为 $h(n)$。节点 n 的费用可按下列方法计算。

③如果 $n \in S_g$,则 $h(n)=0$。

④若 n 有一组由“与”弧连接的后继节点$\{n_1, n_2, \cdots, n_m\}$,则

$$h(n)=c_1+c_2+\cdots c_m+h(n_1)+h(n_2)+\cdots+h(n_m)$$

其中,c_i 为 n 到 n_i 弧的费用。

⑤若 n 有一组由“或”弧连接的后继节点$\{n_1, n_2, \cdots, n_m\}$,则 $h(n)$ 为其后继节点中费用最小者的费用。

⑥若 n 是既有“与”弧又有“或”弧连接的后继节点,则整个“与”弧作为一个“或”弧后继来考虑。

5.5.2　AO* 算法

为了在与或图中找到解,需要一个类似于 A* 的算法,尼尔森(Nilson)把它称为 AO* 算法,它与 A* 算法不同。A* 算法不能搜索与或图,可以考察图 5.16(a)扩展顶点 A 产生两个子

节点集合,一个为节点 B,另一个由节点 C 和 D 组成。在每个节点旁的数表示该节点的 f 值。为简单起见,假定每一操作的耗费是一致的。设到一个后继节点的耗费为 1。若查看节点并从中挑选一个带最低 f 值的节点进行扩展,则要挑选 C。但根据现有信息,最好开发穿过 B 的那条路径,因扩展 C 也得扩展 D,其总耗费为 9,即(D+C+2);而穿过 B 的耗费为 6。问题在于下一步要扩展节点的选择不仅依赖于那一节点的 f 值,而且取决于那一节点是否属于从初始节点出发的当前最短路径的一部分。因此,图 5.16(b)更加清楚。按照 A^* 算法,最有希望的节点是 G,其 f 值为 3。G 节点是 C 的后继。C 也是 B,C,D 中最有希望的节点,其总耗费为 9。但 C 节点不是当前最短路径的一部分,因用 C 就得用 D,而 D 的耗费为 27。因此不应扩展 G,而应考察 E 和 F。

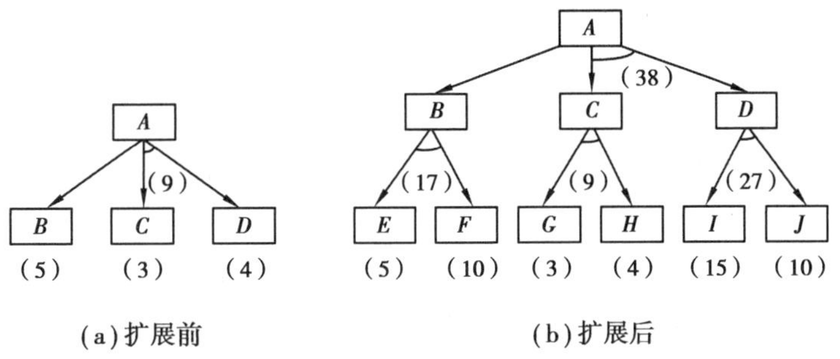

图 5.16　与或图

由此可见,在扩展搜索与或图时,每步需做三件事:

①遍历图,从初始节点开始,顺沿当前最短路径,积累在此路径上但未扩展的节点集。

②从这些未扩展节点中选择一个并扩展之。将其后继节点加入图中,计算每一后继节点的 f 值(只需计算 h,不管 g)。

③改变最新扩展节点的 f 估值,以反映由其后继节点提供的新信息。将这种改变往后回传至整个图。在图中往后回走时,每到一节点就判断其后继路径中哪一条最有希望,并将它标记为目前最短路径的一部分。这样可能引起目前最短路径的变动。这种图的往后回走传播修正耗费估计的工作在 A^* 算法中是不必要的,因为它只需考察未扩展节点。但现在必须考察已扩展节点以便挑选目前最短路径。于是,其值是目前最佳估计这一点很重要。

下面通过图 5.17 中的例子来说明此过程:

①A 是唯一节点,因此它在目前最短路径的末端。

②扩展 A 后得节点 B,C 和 D,因为 B 和 C 的耗费为 9,到 D 的耗费为 6,所以把到 D 的路径标志为出自 A 的最有希望的路径(被标志的路径在图中用箭头指出)。

③选择 D 扩展,从而得到 E 和 F 的与弧,其复合耗费估计为 10,故将 D 的 f 值修改为 10。往回退一层发现,A 到 B,C 与节点集的耗费为 9,所以,从 A 到 B,C 是当前最有希望的路径。

④扩展 B 节点,得到节点 GC,H,且它们的耗费分别为 5 和 7。往回传其 f 值后,B 的 f 值修改为 6(因为 G 的弧最佳)。往回上一层后,A 到 B,C 与节点集的耗费修改为 12,即(6+4+2)。此后,D 的路径再次成为更好的路径,所以将它作为目前最短路径。

最后求得的耗费为

$$f(A)=\min\{3+4+2,5+1\}$$

从上述可以看出与或图搜索由以下两个过程组成:

①自顶向下,沿着最优路径产生后继节点,判断节点是否可解。

②自底向上,传播节点是否可解,作估值修正,重新选择最优路径。

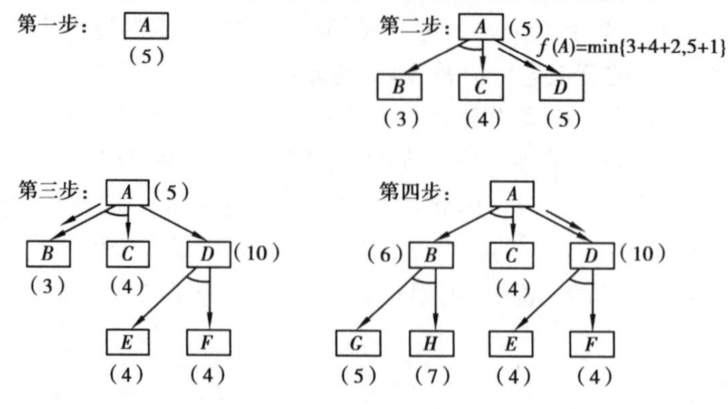

图 5.17　一个与或图的搜索过程

由上可以看出,AO* 算法与 A* 搜索算法不同,其主要区别在于:

①AO* 算法要能处理与或图,它应找出一条路径,即从该图的开始节点出发到达代表解状态的一组节点。

②如果有些路径通往的节点是其他路径上的"与"节点扩展出来的节点,那么不能像"或"节点那样只考虑从节点到节点的个别路径,有时路径长一些可能会更好。

考虑图 5.18(a)中的例子。图中节点已按生成它们的顺序给定了序号。现假定下步要扩展节点 10,其后继节点之一为节点 5,扩展后的结果如图 5.18(b)所示。到节点 5 的新路径比通过节点 3 到节点 5 的先前路径长。但因为要穿过节点 3 的路径通向解,还必须要走节点 4,而节点 4 不可能通向解,所以穿过节点 10 的路径好一些。

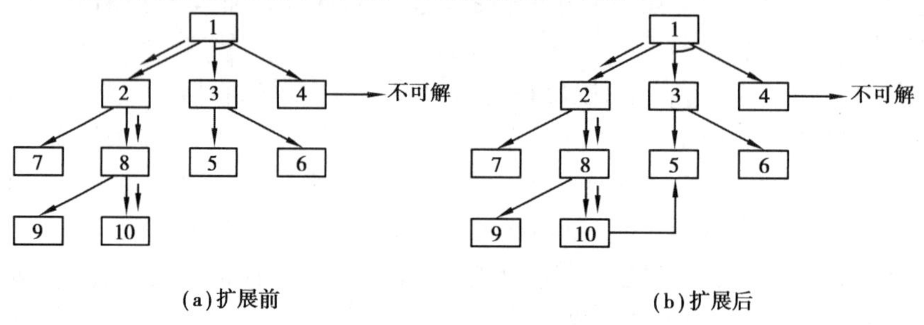

图 5.18　长路径和短路径

③AO* 算法仅对保证不含任何回路的图进行操作。做这种保证是因为存储一条回路路径绝无必要,这样的路径代表一条循环推理链。

5.6　博弈搜索

博弈是一类富有智能行为的竞争活动,如下棋、打牌等。博弈的常用方法是双人完备信息博弈,是两位选手对垒,轮流走步,最终一方胜出或者双方和局。这类博弈的实例有象棋、围棋等。在双人完备信息博弈的过程中,双方都希望自己获胜。因此,当任何一方走步时,都选择对自己最为有利而对另一方最为不利的行动方案。假设博弈的一方为 MAX,另一方为 MIN,对博弈过程中的每一步,可供 MAX 和 MIN 选择的行动方案可能都有很多种。从 MAX

的观点看,可供自己选择的那些行动方案之间是"或"的关系,原因是主动权在 MAX 手中,选择哪个方案完全可由自己决定;而那些可供对方选择的行动方案之间是"与"的关系,原因是主动权在 MIN 手中,任何一个方案都可能被 MIN 选中,MAX 必须防止那种对自己最不利的情况发生。双人完备信息博弈的过程可用改进的状态空间图和有向树表示,这种树称为博弈树。博弈树与状态空间图中的有向树唯一不同的是:在节点下方的弧中可用符号增加"与""或"语义,因此,博弈树也是一棵与或树。

在博弈树中,那些下一步该 MAX 走的节点称为 MAX 节点,而下一步该 MIN 走的节点称为 MIN 节点。

博弈树具有以下特点:

①博弈的初始状态是初始节点。

②博弈树中的"或"节点和"与"节点逐层交替出现。

③整个博弈过程始终站在某一方的立场上。所有能使自己一方胜利的终局都是本原问题,相应的节点是可解节点;所有能使对方获胜的终局都是不可解节点。例如,站在 MAX 方,所有能使 MAX 方获胜的节点都是可解节点,所有能使 MIN 方获胜的节点都是不可解节点。

在人工智能中可以采用搜索方法来求解博弈问题,下面讨论博弈中两种最基本的搜索方法。

5.6.1 极大极小过程

极大极小(MAX-MIN)过程是考虑双方对弈若干步后,从可能的走法中选一步相对好的走法来走,即在有限的搜索深度范围内进行求解。

为此需要定义一个静态估价函数 f,以便对棋局的态势作出评估。这个函数可以根据棋局的态势特征进行定义。假定对弈双方分别为 MAX 和 MIN,规定:

①有利于 MAX 方的态势,$f(p)$取正值。

②有利于 MIN 方的态势,$f(p)$取负值。

③态势均衡时,$f(p)$取零。

其中,p 代表棋局。

MAX-MIN 的基本思想是:

①当轮到 MIN 走步的节点时,MAX 应考虑最坏的情况[即 $f(p)$取极小值]。

②当轮到 MAX 走步的节点时,MAX 应考虑最好的情况[即 $f(p)$取极大值]。

③评价往回倒推时,相应两位棋手的对抗策略,交替使用①和②两种方法传递倒推值。

所以这种方法称为极大极小过程。图 5.19 表示了向前看两步,共四层博弈树,用□表示 MAX,用○表示 MIN,端节点上的数字表示它对应的估价函数值。在 MIN 处用圆弧连接,0 用以表示其子节点取估值最小的格局。

图 5.19 中节点处的数字,在端节点是估价函数的值,称它为静态值,在 MIN 处取最小值,在 MAX 处取最大值,最后 MAX 选择箭头方向的走步。

利用一字棋来具体说明极大极小过程(图 5.20),不失一般性,设只进行两层,即每方只走一步(实际上,多看一步将增加大量的计算和存储)。

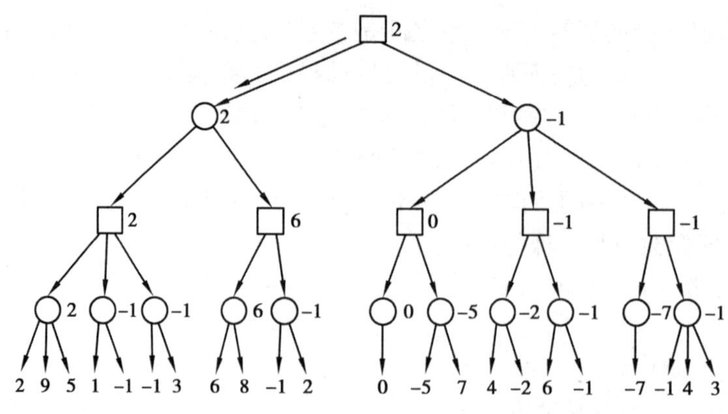

图 5.19　四层博弈树

估价函数 $e(p)$ 规定如下：

①若格局 p 对任何一方都不是获胜的，则 $e(p)$ = (所有空格都放上 MAX 的棋子后三子成一线的总数)-(所有空格都放上 MIN 的棋子后三子成一线的总数)。

②若 p 是 MAX 获胜，则

$$e(p)=+\infty$$

③若 p 是 MIN 获胜，则

$$e(p)=-\infty$$

因此，若 p 为

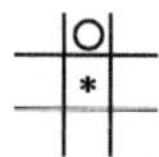

则有 $e(p)=6-4=2$，其中 * 表示 MAX 方，○表示 MIN 方。

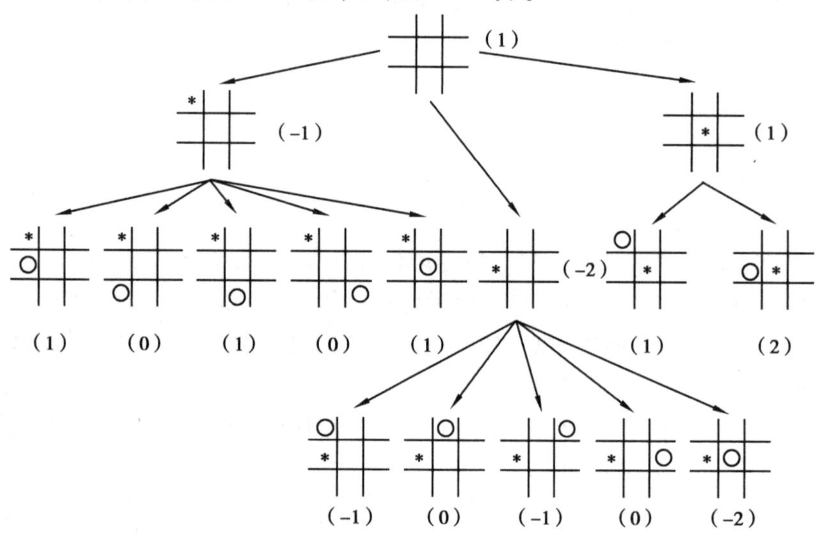

图 5.20　一字棋博弈的极大极小过程

在生成后继节点时，可以利用棋盘的对称性，省略从对称上看是相同的格局。

图 5.20 给出了 MAX 最初一步走法的搜索树，由于 * 放在中间位置有最大的倒推值，故 MAX 第一步就选择它。

MAX 走了箭头指向的一步，假如 MIN 将棋子走在 * 的上方，得

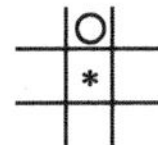

下面 MAX 就从这个格局出发选择一步，做法与图 5.19 类似，直到某方取胜为止。

5.6.2 α-β 剪枝

上面讨论的极大极小过程先生成一棵博弈搜索树，而且会生成规定深度内的所有节点，然后进行估值的倒推计算，这样使生成博弈树和估计值的倒推计算两个过程完全分离，因此搜索效率较低。如果能在生成博弈树的同时进行估值计算，则可能不必生成规定深度内的所有节点，以减少搜索的次数，这就是下面要讨论的 α-β 过程。

α-β 过程是将生成后继和倒推值估计结合起来，及时剪掉一些无用分支，以此提高算法的效率。

下面仍然用一字棋进行说明。现将图 5.20 的左侧部分重画在图 5.21 中。

前面的过程实际上类似于宽度优先搜索，将每层格局均生成，现在用深度优先搜索来处理，比如在节点 A 处，若已生成5 个子节点，并且 A 处的倒推值等于-1，将此下界称为 MAX 节点的 α 值，即 $\alpha \geqslant -1$。现在轮到节点 B，产生它的第一个后继节点 C，C 的静态值为-1，可知 B 处的倒推值$\leqslant -1$，此为上界 MIN 节点的 β 值，即 B 处 $\beta \leqslant -1$，这样 B 节点最终的倒推值可能小于-1，但绝不可能大于-1，因此，B 节点的其他后继节点的静态值不必计算，自然不必再生成，因为 B 绝不会比 A 好，所以通过倒推值比较，就可以减少搜索的工作量，在图 5.21 中即作为 MIN 节点 B 的 β 值小于等于 B 的先辈 MAX 节点 S 的 α 值，则 B 的其他后继节点可以不必再生成。

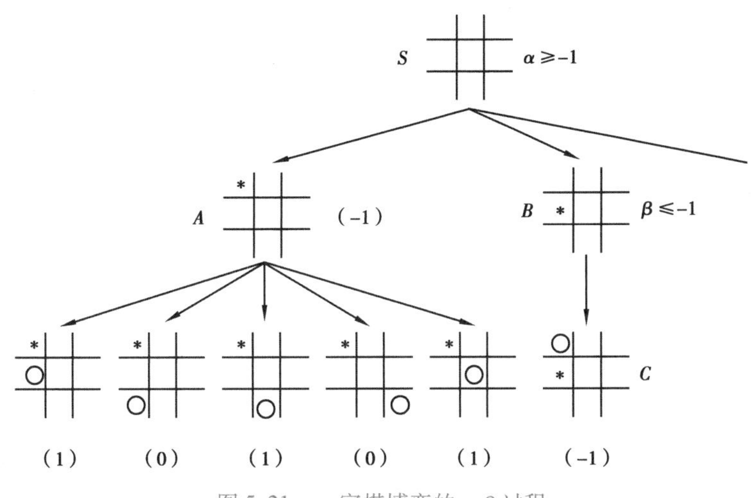

图 5.21 一字棋博弈的 α-β 过程

图 5.21 表示 β 值小于等于父节点的 α 值的情况，实际上，当某个 MIN 节点的 β 值不大于它先辈的 MAX 节点（不一定是父节点）的 α 值时，则 MIN 节点就可以终止向下搜索。同样，当某个节点的 α 值大于等于它的先辈 MIN 节点的 β 值时，则该 MAX 节点就可以终止向下搜索。

通过上面的讨论可以看出，α-β 过程首先使搜索树的某一部分达到最大深度，这时计算出某些 MAX 节点的 α 值，或者某些 MIN 节点的 β 值。随着搜索的继续，不断修改个别节点的 α

或β值。对任一节点,当其某一后继节点的最终值给定时,就可以确定该节点的α或β值。当该节点的其他后继节点的最终值给定时,就可以对该节点的α或β值进行修正。注意α或β值修改具有以下规律:

①MAX 节点的α值永不下降。

②MIN 节点的β值永不增加。

因此,可以利用上述规律进行剪枝。一般来说,可以停止对某个节点的搜索,即剪枝的规则表述如下:

①若任何 MIN 节点的β值小于或等于任何它的先辈 MAX 节点的α值,则可停止该 MIN 节点以下的搜索,这个 MIN 节点的最终倒推值即为它已得到的β值。该值与真正的极大极小的搜索结果的倒推值可能不同,但是对于开始节点而言,倒推值是相同的,使用它选择的走步也是相同的。

②若任何 MAX 节点的α值大于或等于它的 MIN 先辈节点的β值,则可以停止该 MAX 节点以下的搜索,这个 MAX 节点处的倒推值即为它已得的α值。

当满足规则①而减少搜索时,我们说进行了α剪枝;当满足规则②而减少搜索时,我们说进行了β剪枝。保存α和β值,当可能时就进行剪枝的整个过程通常称为α-β过程,当初始节点的全体后继节点的最终倒推值全都给出时,上述过程便结束。在搜索深度相同的条件下,采用这个过程所获得的走步总与简单的极大极小过程的结果是相同的,其区别在于α-β过程通常只用少得多的搜索便可以找到一个理想的走步。

图 5.22 给出了一个α-β过程的应用例子。图中节点A,B,C,D处都进行了剪枝,剪枝处用两条横杠标出。实际上,凡剪去的部分,搜索时是不生成的。

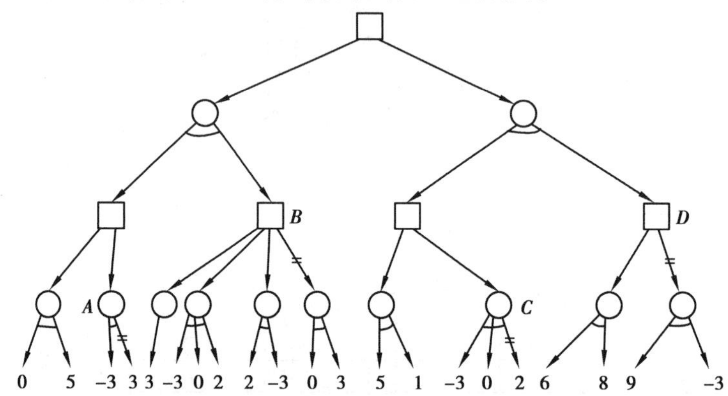

图 5.22 α-β剪枝

α-β过程的搜索效率与最先生成的节点α,β值和最终倒推值之间的近似程度有关。初始节点最终倒推值将等于某个叶节点的静态估值。如果在深度优先的搜索过程中,第一次就碰到了这个节点,则剪枝数最大,搜索效率最高。

假设一棵树的深度为d且每个非叶节点的分枝系数为b。对于最佳情况,即 MIN 节点先扩展出最小估值的后继节点,MAX 节点先扩展出最大估值的后继节点,这种情况可使得修剪的枝数最大。设叶节点的最少个数为N_d,则有

$$N_d=\begin{cases} 2b^{\frac{d}{2}}-1, & d\text{ 为偶数} \\ b^{\frac{(d+1)}{2}}+b^{\frac{(d-1)}{2}}-1, & d\text{ 为奇数} \end{cases}$$

由此可见,在最佳情况下,α-β 搜索生成深度为 d 的叶节点数目大约相当于极大极小过程所生成的深度为 $d/2$ 的博弈树的节点数。也就是说,为了得到最佳走步,α-β 过程只需要检测 $O(b^{d/2})$ 节点,而不是极大极小过程的 $O(b^d)$。这样有效分支系数是 $\sqrt{b}$,而不是 b。假设国际象棋可以有 35 种走步的选择,则现在可以是 6 种。从另一个角度来看,在相同的代价下,α-β 过程向前看的走步数是极大极小过程向前看走步数的两倍。

习 题

1. 什么是搜索? 有哪两大类不同的搜索方法? 二者的区别是什么?

2. 搜索问题的状态空间可抽象为一张图或一棵树,图和树有什么区别?

3. 修道士和野人的问题。设有 3 个修道士和 3 个野人来到河边,打算用一条船从河的左岸渡到河的右岸。但该船每次只能装载 2 个人,在任何岸边,野人的数目都不得超过修道士的人数,否则修道士就会被野人吃掉。假设野人服从任何一种过河安排,如何规划过河计划才能把所有人安全渡过河? 用状态空间表示法表示修道士和野人的问题,画出状态空间图。

4. 用状态空间搜索法求解农夫、狐狸、鸡、小米问题。农夫、狐狸、鸡、小米都在一条河的左岸,现在要将它们全部送到右岸去,农夫有一条船,过河时,除农夫外,船上至多能载狐狸、鸡和小米中的一样。狐狸要吃鸡,鸡要吃小米,除非农夫在。试规划出一个确保全部安全的过河计划。

5. 用有界深度优先搜索方法求解图 5.23 所示的八数码难题。初始状态为 S_0,目标状态为 S_g,要求寻找从初始状态到目标状态的路径。

2		8
1	6	3
7	5	4

S_0

1	2	3
8		4
7	6	5

S_g

图 5.23 八数码难题

习题答案

6. 用 A^* 搜索算法求解图 5.23 所示的八数码难题。

6 智能优化算法

6.1 概述

现代科学技术发展的一个显著特点就是信息科学与生命科学的相互交叉、相互渗透和相互促进。计算智能就是两者结合而形成的新的交叉学科。计算智能涉及模糊计算、进化计算、蚁群算法、神经计算、自然计算、免疫计算和人工生命等领域,其研究和发展反映了当代科学技术多学科交叉与集成的重要发展趋势。

现代人工智能领域力图抓住智能的本质。人工神经网络(Artificial Neural Networks,ANN)研究自1943年开始,几起几落,总体呈波浪式发展。20世纪80年代,人工神经网络的复兴,主要是通过Hopfield网络的促进和反向传播网络训练多层感知器来推广的。把神经网络归类于人工智能(Artificial Intelligence,AI)可能不大合适,而归类于计算智能(Computational Intelligence,CI)则更能说明问题的实质。进化计算、人工生命和模糊逻辑系统的某些课题,也都归类于计算智能。

什么是计算智能,它与传统的人工智能有何区别?

第一个对计算智能的定义是由贝兹德克(Bezdek)于1992年提出的。贝兹德克认为,从严格意义上讲,一方面,计算智能取决于制造者(Manufacturers)提供的数值数据,而不依赖于知识;另一方面,人工智能则应用知识精品(Knowledge Tidbits)。他认为人工神经网络应当称为计算神经网络。贝兹德克关心模式识别(Pattern Recognition,PR)与生物神经网络(Biological Neural Network,BNN)、人工神经网络(ANN)和计算神经网络(Computational Neural Network,CNN)的关系,以及模式识别与其他智能的关系。

贝兹德克对这些相关术语给予了一定的符号和简要说明或定义。首先,他给出有趣的ABC:

A——Artificial,表示人工的(非生物的),即人造的

B——Biological,表示物理的+化学的+(?)=生物的

C——Computational,表示数学+计算机

图6.1表示ABC及其与神经网络(NN)、模式识别(PR)和智能(I)之间的关系。它们是

由贝兹德克于1994年提出的。图6.1的中间部分共有9个节点,表示9个研究领域或学科。ABC三者对应于3个不同的系统复杂性级别,其复杂性从左到右及从下到上逐步提高。节点间的距离衡量领域间的差异,如CNN与CPR之间的差异要比BNN与BPR间的差异要小得多。图6.1中的符号"→"表示"适当的子集"。例如,对于中层,有ANN⊂APR⊂AI;对于右列,有CI⊂AI⊂BI等。

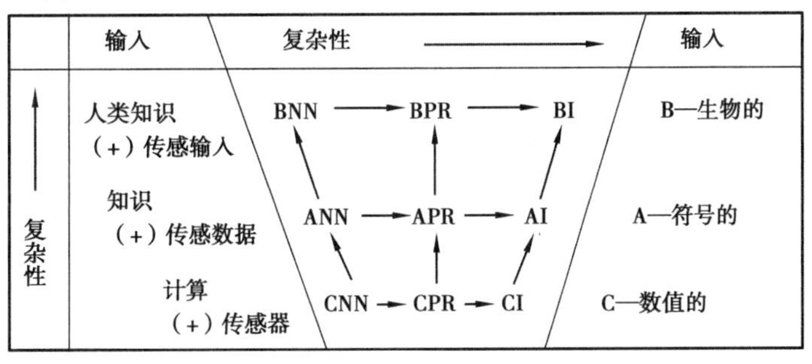

图6.1 ABC的交互关系图

表6.1对图6.1中的各个子领域给出了相应的定义。

表6.1 ABC及其相关领域的定义

BNN	人类智能硬件:大脑	人的传感输入的处理
ANN	中层模型:CNN+知识精品	以大脑方式的中层处理
CNN	低层,生物激励模型	以大脑方式的传感数据处理
BPR	对人的传感数据结构的搜索	对人的感知环境中结构的识别
APR	中层模型:CPR+知识精品	中层数值和语法处理
CPR	对传感数据结构的搜索	所有CNN+模糊、统计和确定性模型
BI	人类智能软件:智力	人类的认知、记忆和作用
AI	中层模型:CI+知识精品	以大脑方式的中层认知
CI	计算推理的低层算法	以大脑方式的低层认知

由表6.1可知,计算智能是一种智力方式的低层认知,它与人工智能的区别只是认知层次从中层下降至低层而已。中层系统含有知识(精品),低层系统则没有。

若一个系统只涉及数值数据,含有模式识别部分,不应用人工智能意义上的知识,而且能呈现出:知识适应性,计算容错性,接近人的速度,误差率与人相近,则该系统就是计算智能系统。

若一个智能计算系统以非数值方式加上知识(精品)值,即成为人工智能系统。

6.2 模拟退火算法

6.2.1 模拟退火算法的基本原理

模拟退火算法是局部搜索算法的一种扩展,该算法的思想最早由Metropolis在1953年提出。作为求解复杂组合优化问题的一种有效方法,模拟退火算法已经在许多工程和科学领域得到广泛应用。

固体退火过程是一种物理现象,属于热力学和统计物理学的研究范畴。当对一个固体加热时,粒子的热运动不断增加,逐渐脱离其平衡位置,变得越来越自由,直到达到固体的溶解温度,粒子排列从原来的有序状态变为完全的无序状态。退火过程正好与此过程相反。随着温度的下降,粒子的热运动逐渐减弱,粒子逐渐停留在不同的状态,其排列也从无序向有序方向发展,直到温度很低时,粒子重新以一定的结构排列。如果以粒子的排列或相应的能量来表达固体所处的状态,在温度 T 下,固体所处的状态具有一定的随机性。一方面,物理系统倾向于向能量较低的状态转换;另一方面,热运动又妨碍了系统准确落入低能状态。根据这一物理现象,Metropolis 给出了从状态 i 到状态 j 的转换准则:

①如果 $E(i) \geqslant E(j)$,则状态转换被接受;

②如果 $E(i)<E(j)$,则状态转换有概率被接受,接收概率为

$$e^{\frac{E(j)-E(i)}{KT}} \tag{6.1}$$

其中,$E(i)$,$E(j)$分别表示状态 i,j 下的能量,T 是温度,K 是玻尔兹曼常数。Metropolis 准则说明了在温度 T 下,粒子的运动会导致系统的状态发生变化,此时存在两种情况:一种情况是若变化使得系统的能量减少,则接受这种转换;另一种情况是若变化使得系统的能量增加,则以一定的概率接受转换。

根据热力学知识可以得出如下结论。在给定的温度下,系统落入低能量状态的概率大于系统落入高能量状态的概率。这样在同一温度下,如果系统交换得足够充分,则系统会趋向于落入较低能量的状态。随着温度的缓慢下降,系统落入低能量状态的概率逐步增加,而落入高能量状态的概率则逐步减少,使得系统各状态能量的期望值随着温度的下降单调下降,而只有那些能量小于期望值的状态,其概率才随温度下降增加,其他状态均随温度下降而下降。因此,随着能量期望值的逐步下降,能量低于期望值的状态逐步减少。当温度趋于 0 时,只剩下那些具有最小能量的状态,系统处于其他状态的概率趋于 0。因此,最终系统将以概率 1 处于具有最小能量的一个状态。

固体退火过程最终会到达最小能量状态,就理论上而言,最小能量状态必须满足以下 3 个条件:

①初始温度必须足够高;

②在每个温度下,状态的交换必须足够充分;

③温度 T 的下降必须足够缓慢。

6.2.2 模拟退火算法的实现

受固体退火过程的启发,Kirkpatrick 等人意识到组合优化问题与固体退火过程的类似性,将组合优化问题类比为固体的退火过程,提出了模拟退火算法。表 6.2 给出了组合优化问题与固体退火过程的类比关系。

表 6.2 组合优化问题与固体退火过程的类比关系

固体退火过程	组合优化问题
物理系统中的一个状态	组合优化问题的解
状态的能量	解的指标函数
能量最低状态	最优解
温度	控制参数

设一个定义在有限集 S 上的组合优化问题,$i \in S$ 是该问题的一个解,$f(i)$ 是解 i 的一个指标函数。由表 6.2 给出的类比关系可知,i 对应物理系统的一个状态,$f(i)$ 对应该状态的能量 $E(i)$,一个用于控制算法进程、其值随进程递减的控制参数 t 对应温度 T,解在邻域内的交换对应粒子的热运动。

在求解时,首先给定一个比较大的 t 值,这相当于给定了足够高的初始温度。随机给定一个问题的解 i 作为问题的初始解。在给定的 t 下,随机产生一个新解 j。从解 i 到新解 j 的转移概率,按照 Metropolis 准则确定,即

$$P_t(i \Rightarrow j) = \begin{cases} 1 & f(j) < f(i) \\ e^{-\frac{f(i)-f(j)}{t}} & \text{其他} \end{cases} \tag{6.2}$$

如果新解 j 被接受,则以解 j 代替解 i,否则继续保持解 i。重复迭代这一过程,直到在该控制参数 t 下达到平衡。随着迭代次数的增加,控制参数 t 值也要像温度 T 一样逐渐下降,直到降低到足够小为止。最终得到的是该问题的一个最优解,这就是模拟退火算法的执行过程,模拟退火算法的流程如图 6.2 所示。

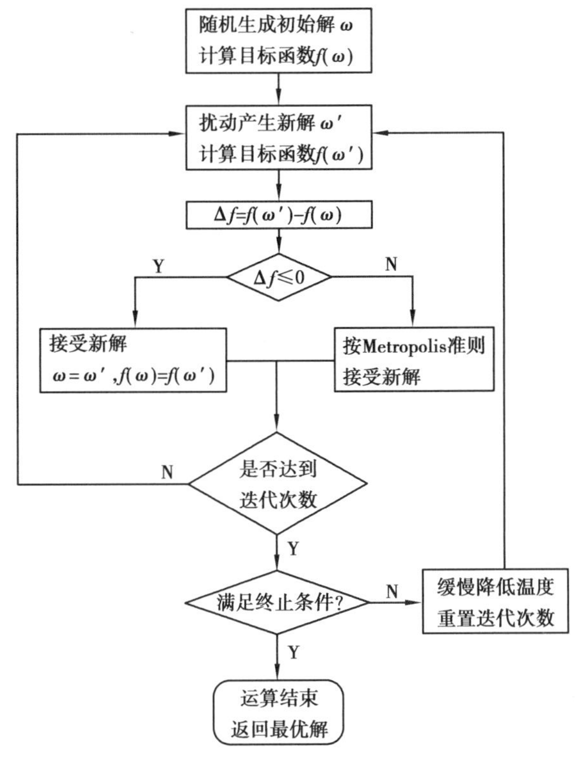

图 6.2　模拟退火算法流程图

从图 6.2 中可以看出,模拟退火算法有内外两层循环。内循环模拟的是在给定温度下系统达到热平衡的过程。外循环模拟的是温度的下降过程。模拟退火算法按照 Metropolis 准则随机地接受一些劣解,即指标函数值大的解。当温度较高时,接受劣解的概率比较大,在初始高温下,几乎以 100% 的概率接收劣解。随着温度的下降,接受劣解的概率逐渐减少,直到温度降到足够低或趋于 0 时,接受劣解的概率也同时趋于 0。这样就可以让算法从局部最优解中跳出,求得问题的全局最优解。

6.2.3 模拟退火算法的参数设定

模拟退火算法找到全局最优解的基本条件，是初始温度必须足够高，在每个温度下状态的交换必须足够充分，温度 t 的下降必须足够缓慢。因此，用模拟退火算法求解问题时，必须要考虑初始的温度 t_0、温度 t 的下降方法、温度下降到什么程度算法结束等参数。下面给出模拟退火算法中一些参数或者准则的确定方法。

1）初始温度 t_0 的选取

模拟退火算法要求初始温度足够高，这样才能够使得在初始温度下，以等概率处于任何一个状态。对于不同的问题而言，“足够高”的温度的含义是不同的，因此，初始温度 t_0 应根据具体问题而定。

一个合适的初始温度，应保证平稳分布在每一个状态的概率基本相等，也就是初始接受概率 P_0 近似等于1。在 Metropolis 准则下，即要求

$$e^{-\frac{\Delta f(i,j)}{t_0}} \approx 1 \tag{6.3}$$

如果给定一个比较大的接受概率 P_0，如 $P_0=0.9$ 或 0.8，t_0 的表达式为

$$t_0=\frac{\Delta f(i,j)}{\ln(P_0^{-1})} \tag{6.4}$$

其中，$\Delta f(i,j)$ 可以取最大值，其表达式为

$$\Delta f(i,j)=\max_{i\in S}(f(i))-\min_{i\in S}(f(i)) \tag{6.5}$$

或者如式（6.6）所示的平均值。

$$\Delta f(i,j)=\frac{\sum\limits_{i,j\in S}|f(i)-f(j)|}{|S|^2} \tag{6.6}$$

2）温度的下降方法

退火过程要求温度下降足够缓慢，常用的温度下降方法有以下两种。

（1）等比例下降

该方法通过设置一个衰减系数，使温度每次以相同的比率下降：

$$t_{k+1}=\alpha\cdot t_k,k=0,1,\cdots \tag{6.7}$$

其中，t_k 是当前温度，t_{k+1} 是下一时刻的温度，$0<\alpha<1$ 是一个常数。α 越接近1，温度下降得越慢，一般可选取0.8～0.95的一个值。该方法简单实用，是一种常用的温度下降方法。

（2）等值下降

该方法每次温度的下降幅度是一个固定值：

$$t_{k+1}=t_k-\Delta t \tag{6.8}$$

设 k 是希望的温度下降总次数，t_0 是初始温度，则

$$\Delta t=\frac{t_0}{K} \tag{6.9}$$

该方法的好处是可以控制总的温度下降次数，但由于每次温度下降都是一个固定值，可能会存在在高温时温度下降太慢，在低温时温度下降过快的问题。

3）算法的终止原则

模拟退火算法从初始温度 t_0 开始逐渐下降温度，最终当温度下降到一定值时，算法结束。

合理的结束条件,可以使算法收敛于问题的某一个近似解,同时应能保证解有一定的质量,并且整个算法应在一个合适的时间内终止。一般有下面几种确定算法终止的方法。

(1)零度法

从理论上讲,当温度趋于0时,模拟退火算法才结束。因此,可设定一个正常数 ε,当 $t_k<\varepsilon$ 时,算法结束。

(2)循环总控制法

给定一个指定的温度下降次数 k,当温度的迭代次数达到 k 次时,则算法停止。这要求给定一个合适的 k。如果 k 值选择不合适,对小规模问题将导致增加算法无谓的运行时间,而对大规模问题,则可能难以得到高质量的解。

(3)无变化控制法

随着温度的下降,虽然由于模拟退火算法会随机地接受一些不好解,但从总体上讲,得到的解的质量应逐步提高,在温度比较低时,更是如此。如果在相邻的 n 个温度中,得到的解的指标函数值无任何变化,则说明算法已经收敛。即便是收敛于局部最优解,由于在低温下跳出局部最优解的可能性很小,因此可以终止算法。

(4)接受概率控制法

给定一个小的概率值 p,如果在当前温度下除了局部最优状态外,其他状态的接受概率小于 p 值,则算法结束。

以上给出了用模拟退火算法求解组合优化问题时确定参数的一些方法,这些方法基本上都是基于经验的,并没有太多的理论指导,需要根据具体问题具体分析,确定具体的方法和参数。

6.2.4　模拟退火算法的应用举例

旅行商问题就是假设有一个旅行商人要拜访 n 个城市,他必须选择所要走的路径,路径的限制是每个城市只能拜访一次,而且最后要回到原来出发的城市。路径的选择目标是如何行走才能使得行走的路径长度最短。

现有一个旅行商要走遍78个城市,城市的经纬度坐标已知。我们使用计算机对模拟退火算法进行仿真。在选用合适的初始温度、迭代次数、温度衰减系数和停止准则等参数后,运行模拟退火算法,图6.3是模拟退火算法在不同迭代次数时的当前解。

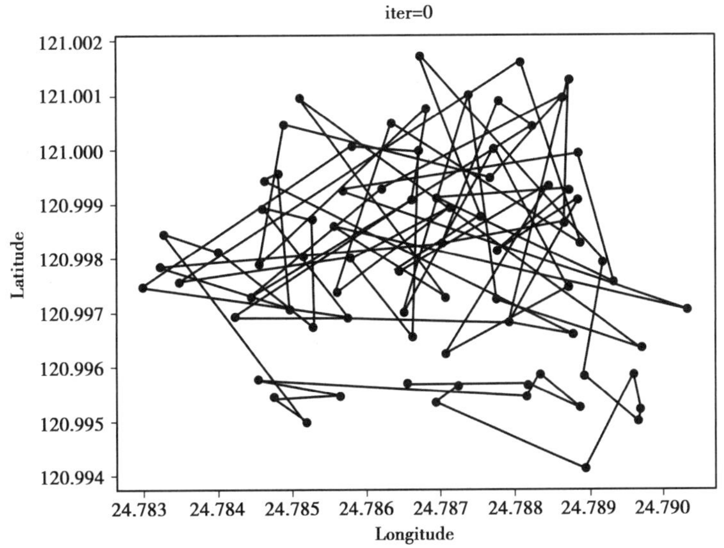

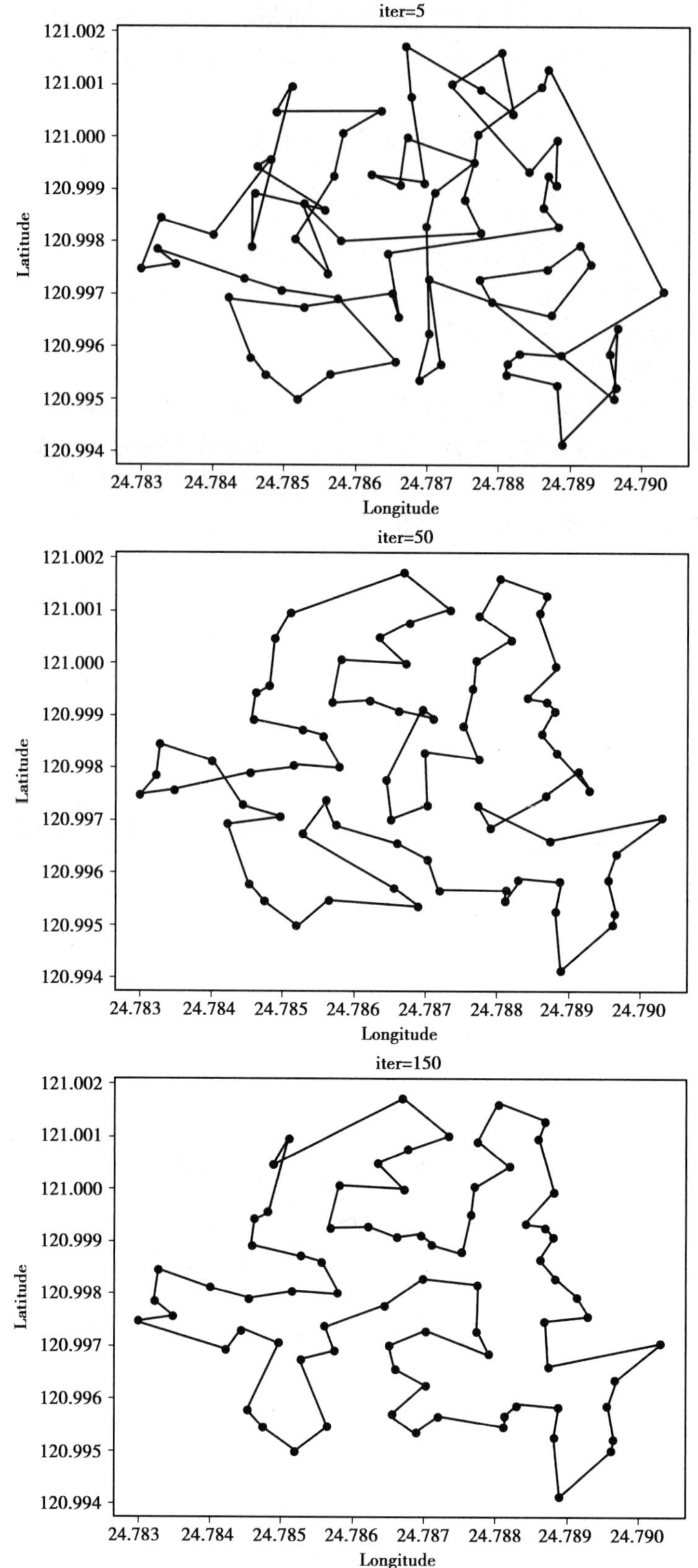
iter=5
121.002
121.001
121.000
120.999
120.998
120.997
120.996
120.995
120.994
Latitude
24.783 24.784 24.785 24.786 24.787 24.788 24.789 24.790
Longitude
iter=50
121.002
121.001
121.000
120.999
120.998
120.997
120.996
120.995
120.994
Latitude
24.783 24.784 24.785 24.786 24.787 24.788 24.789 24.790
Longitude
iter=150
121.002
121.001
121.000
120.999
120.998
120.997
120.996
120.995
120.994
Latitude
24.783 24.784 24.785 24.786 24.787 24.788 24.789 24.790
Longitude

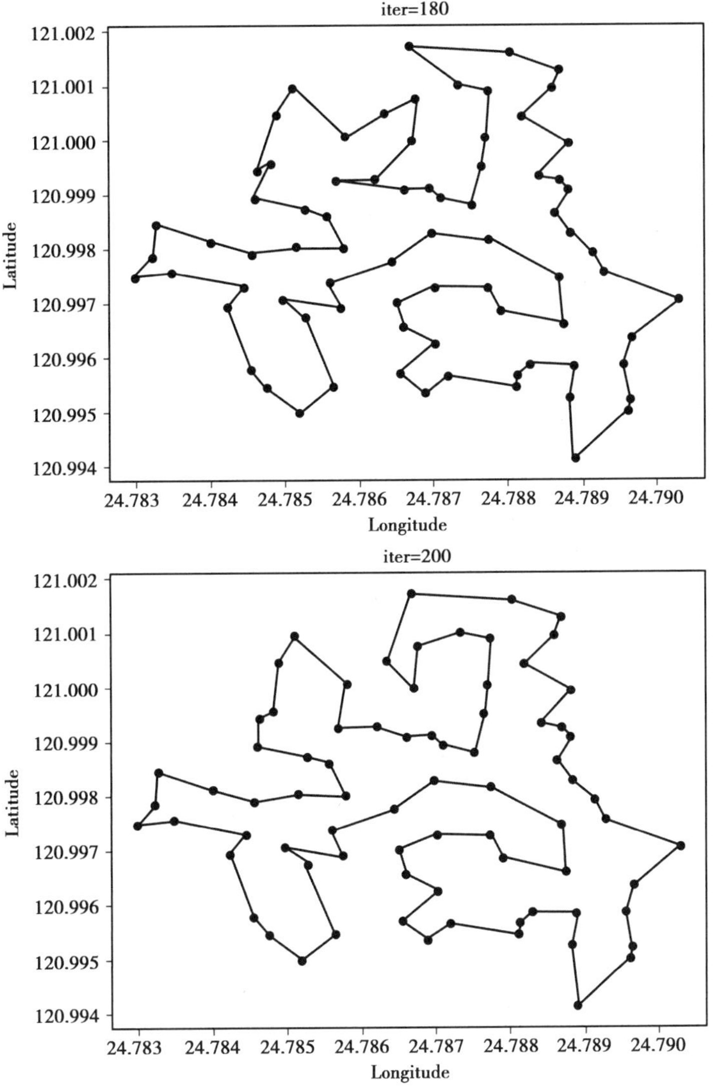

图 6.3 模拟退火算法运行结果

从图 6.3 中可以看出,当初始状态迭代次数为 0 时,由于有足够高的温度,粒子热运动杂乱无序,粒子可以处于任意一个状态;从迭代次数 5 至迭代次数 180 的过程中,我们可以看到随着温度逐渐降低,迭代次数逐渐增加,每个状态的能量在逐渐变小,其找到的路径也逐渐变得有序;当迭代次数达到 200 后,模拟退火算法找到的路径总长度已经无任何变化,说明算法已经收敛,故算法终止。模拟退火算法在求解旅行商的问题是非常有效的。大多数情况都能找到最优解结束,即便不是最优解,也是一个可以接受的满意解。

6.3 进化算法

6.3.1 进化算法的基本原理

为了求解优化问题,研究人员试图从自然界中寻找答案。优化是自然界进化的核心,例如,每个物种都在随着自然界的进化而不断优化自身结构。研究人员通过对优化与自然界进化的深入观察和思考后,引出了一个重要的研究方向——进化算法(Evolutionary Algorithms, EA)。

进化算法是基于自然选择和自然遗传等生物进化机制的一种搜索算法。生物进化是通过繁殖、变异、竞争和选择实现的;而进化算法则主要是通过选择、重组、变异这 3 种操作实现优化问题的求解。

进化算法不是一个具体的算法,而是一个“算法簇”,包括遗传算法(Genetic Algorithms, GA)、遗传规划(Genetic Programming)、进化策略(Evolution Strategies)和进化规划(Evolution Programming)等。

进化算法从选定的初始群体出发,通过不断迭代逐步改进当前群体,直至最后收敛于全局最优解和满意解。与传统优化算法相比,进化算法是一种成熟的具有高鲁棒性和广泛适用性的全局优化方法,具有自组织、自适应、自学习的特性,能够不受问题性质的限制,有效地处理传统优化算法难以解决的复杂问题。

在求解优化问题时,进化算法的整体框架如图 6.4 所示。在迭代过程中,首先产生一个群体,随后通过选择算子(Selection Operator)从群体中选择某些个体组成父代集合(Parent Set),然后利用交叉算子(Crossover Operator)和变异算子(Mutation Operator)对父代个体集合进行相应操作产生子代集合(Offspring Set),最后将替换算子(Replacement Operator)应用在旧的群体和子代个体集合,得到下一代群体。其中,初始群体一般在搜索空间中随机产生,交叉算子和变异算子用于找到新的解,选择算子和替换算子则用于确定群体的进化方向。

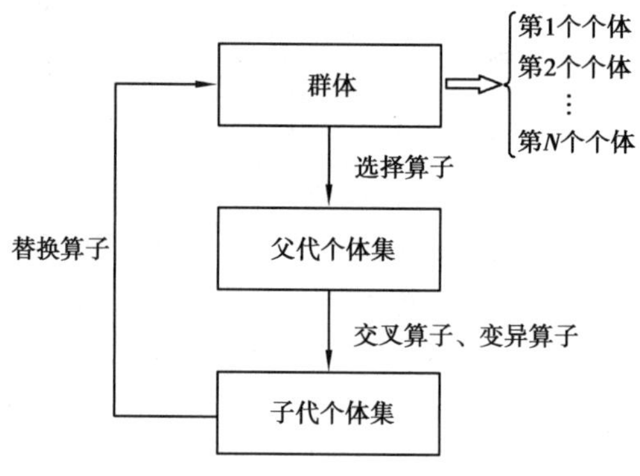

图 6.4 进化算法整体框架图

6.3.2 遗传算法的重要概念

在遗传算法中,染色体对应的是数据或数组,通常是由一维的串结构数据来表示的。遗传算法处理的是染色体，或者称为基因型个体。一定数量的个体组成了群体，群体中个体的数量称为种群的大小。各个个体对环境的适应程度称为适应度。适应度大的个体被选择进行遗传操作产生新个体，体现了生物遗传中适者生存的原理。选择两个染色体进行交叉产生一组新的染色体的过程，类似生物遗传中的婚配。编码的某一个分量发生变化的过程，类似生物遗传中的变异。

遗传算法包含两个数据转换操作：一个是从表现型到基因型的转换，将搜索空间中的参数或解转换成遗传空间中的染色体或个体，这个过程称为编码（Coding）。另一个是从基因型到表现型的转换，即将个体转换成搜索空间中的参数，这个过程称为译码（Decoding）。

遗传算法在求解问题时从多个解出发，然后通过一定的法则进行逐步迭代以产生新的解。这多个解的集合称为一个种群。一般地，种群中元素的个数在整个演化过程中是不变的，可将群体的规模记为 N。在进行演化时，要选择当前解进行交叉以产生新解。这些当前解称为父代，产生的新解称为子代。

1）编码

遗传算法中包含了 5 个基本要素：参数编码；初始群体设定；适应度函数设定；遗传操作设计；控制参数设定。

使用遗传算法时，需要通过编码将要求解的问题表示成染色体或个体。它们由基因按照一定结构组成。由于遗传算法的鲁棒性，对编码表示方式没有严苛的要求，但是编码方式会对算法的性能、效率等产生很大的影响。下面将介绍几种典型的编码方式。

（1）二进制编码

将问题空间的参数编码成一维排列的染色体的方法，称为一维染色体编码方法。其中一维染色体编码方法最常用的符号集是二值符号集{0,1}，即采用二进制编码。二进制编码的优点是二进制编码类似于染色体的组成，从而可以使用生物遗传理论解释算法，并使得遗传操作如交叉、变异等很容易实现。但是，二进制编码也存在一些缺点。其一，对相邻整数的二进制编码，如 7 和 8，算法从 0 111 到 1 000 必须改变所有位，有较大的 Hanming 距离；其二，二进制编码一般要先给出求解的精度，所以算法会缺乏微调的功能；其三，对高维优化问题，二进制编码串特别长，这些都会降低算法的效率。

（2）实数编码

实数编码是用若干实数表示一个个体，然后在实数空间上进行遗传操作。这样就不必进行数值转换，可直接在解的表现型上进行遗传操作。从而可引入与问题领域相关的启发式信息来增加算法的效率。遗传算法在求解高维或复杂问题时一般使用实数编码。

（3）多参数级联编码

对多参数优化问题的遗传算法，常采用多参数级联编码。其基本思想是把每个参数先进行二进制或其他编码得到子串，再把这些子串连成一个完整的染色体。因为多参数级联编码中的每个子串对应各自的编码参数，所以可以有不同的串长度和参数的取值范围。

（4）有序串编码

对很多组合优化问题，目标函数的值不仅与表示解的字符串的值有关，而且与其所在字符串的位置有关。当用遗传算法求解这类有序问题时，需要针对具体问题专门设计有效且能保证后代合法的遗传算子。这类编码方案较多地用在组合优化问题中。

2）群体设定

由于遗传算法是对群体进行操作的，因此必须为其准备一个由若干初始解组成的初始群体。群体设定主要包括初始种群的产生和种群规模的确定两个部分。

（1）初始种群的产生

遗传算法中初始群体中的个体可以是随机产生的，但最好遵循以下策略设定：

①根据问题的特性知识，找到最优解所占空间在整个解空间的分布范围，然后在这个分布范围内初始群体。

②先随机产生一定数目的个体，然后挑选好的个体加入初始群体中，不断重复这一过程，直到初始群体中个体数目达到预先设定的规模。

（2）种群规模的确定

群体中个体的数量称为种群规模。群体规模影响遗传优化的结果和效率。一方面，当群体规模太小时，遗传算法的优化性能一般不会太好，容易陷入局部最优解。另一方面，群体规模太大也会带来若干弊病：一是群体越大，其适应度评估次数增加，所以计算量也增加，从而影响算法效率；二是群体中个体生存下来的概率大多采用和适应度成比例的方法，当群体中个体非常多时，少量适应度很高的个体会被选择而生存下来，但大多数个体却被淘汰，这会影响配对库的形成，从而影响交叉操作。

3）适应度函数

适应度函数（Fitness Function）是用来区分群体中的个体好坏的标准，是算法演化过程的驱动力，是进行自然选择的唯一依据。遗传算法遵循自然界优胜劣汰的原则，在进化搜索中基本上不用外部信息，而是用适应度值表示个体的优劣，作为遗传操作的依据。个体的适应度高，则被选择的概率就高；反之则低。改变种群内部结构的操作都是通过适应值加以控制的。因此，适应度函数设计非常重要。在具体应用中，适应度函数的设计要结合求解问题本身的要求而定。一般而言，适应度函数是由目标函数变换得到的，但要保证适应度函数是最大化问题和非负性。

4）选择

选择操作也称为复制（Reproduction）操作，是从当前群体中按照一定概率选出优良的个体，使它们有机会作为父代繁殖下一代子孙。判断个体优良与否的准则是各个个体的适应度值。显然这一操作借用了达尔文适者生存的进化原则，即个体适应度越高，其被选择的机会就越多。选择操作的实现方法有很多。这里，介绍几种常用的选择方法。

在遗传算法中，哪个个体被选择进行交叉是按照概率进行的。适应度大的个体被选择的概率大，但不是说一定能够选上。同样，适应度小的个体被选择的概率小，但也可能被选上。目前，适应度比例法是遗传算法中最基本也是最常用的选择方法。适应度比例法中，各个体被选择的概率与其适应度值成比例。设群体规模大小为 M，个体 i 的适应度值为 f_i，则这个个体被选择的概率如式（6.10）所示。

$$p_{si} = \frac{f_i}{\sum_{i=1}^{M} f_i} \tag{6.10}$$

根据个体的选择概率确定哪些个体被选择进行交叉、变异等操作。遗传算法中使用最多的是轮盘赌选择策略。在轮盘赌选择方法中，先按个体的选择概率产生一个轮盘，轮盘每个区的角度与个体的选择概率成比例，然后产生一个随机数，它落入轮盘的哪个区域就选择相应的个体交叉。显然，选择概率大的个体被选中的可能性大，获得交叉的机会就大。

如果有时需要把群体中适应度最高的一个或者多个个体不进行交叉而直接复制到下一代，这时需要使用最佳个体保存法。这种方法能够保证遗传算法终止时得到的最后结果一定是历代出现过的最高适应度的个体。使用这种方法能够明显提高遗传算法的收敛速度，但可能使种群收敛过快，从而只能找到局部最优解。实验结果表明：保留种群个体总数的 2% ~ 5% 的适应度最高的个体，效果最理想。

以上两种方法可以同时使用，以保证不会丢失最优个体。

5）交叉

在遗传算法中，交叉算子通过个体之间的信息交换来模仿自然界中的交配过程。交叉法能够使父代的优秀特征遗传给子代，子代应能够部分或者全部继承父代的结构特征和有效基因。对群体中随机选择的两个个体，交叉算子以概率 p_c 对它们执行交叉操作。通常使用的交叉算子包括一点交叉和两点交叉。假设随机选择的两个个体如图 6.5 所示。

0	1	0	0	1	0
0	0	1	0	1	1

图 6.5　随机选择的两个交叉个体信息

一点交叉首先需要选择一个交叉点 CPoint，接着在[0,1]之间随机产生一个均匀分布的随机数 rand。如果交叉概率 p_c>rand，则将这两个个体位于交叉点右半部分的信息进行交换，得到两个子代个体，如图 6.6 所示。

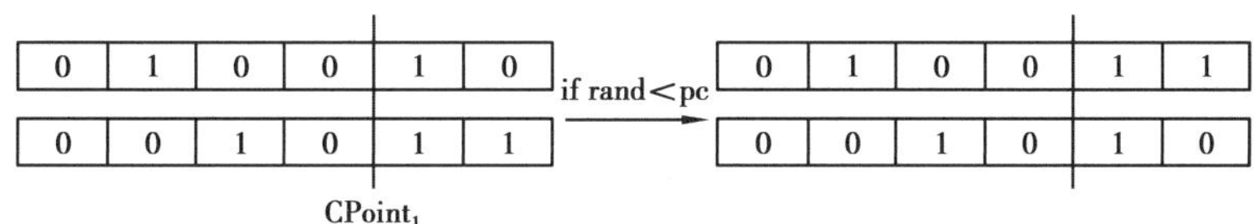

图 6.6　一点交叉示意图

在执行两点交叉时，首先需要选择两个交叉点 $CPoint_1$，$CPoint_2$，接着在[0,1]之间随机产生一个均匀分布的随机数 rand。如果交叉概率 p_c>rand，则将这两个个体位于两个交叉点之间的信息进行交换，得到两个子代个体，如图 6.7 所示。

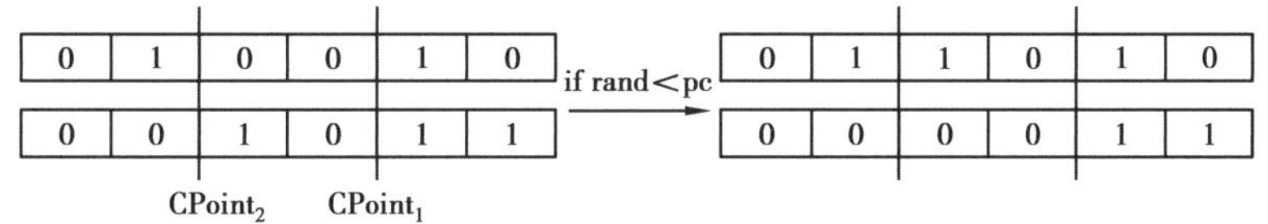

图 6.7　两点交叉示意图

除一点交叉和两点交叉外，还有很多基本的交叉算子，例如，均匀交叉、洗牌交叉、缩小代理交叉等。当基本的交叉算子无法满足遗传算法的特殊要求时，还可以使用修正的交叉方法、实数编码的交叉方法等。由于篇幅原因，这里不仔细介绍。

6）变异

在遗传算法中，变异算子旨在模仿生物界的基因突变过程。变异的主要目的是维持群体的多样性，为选择、交叉过程中可能丢失的某些遗传基因进行修复和补充。变异算子对执行完交叉操作后的群体中的每个个体以概率 p_m 执行变异操作。首先对每一个个体的 l 个二进制位，在[0,1]内随机产生 l 个均匀分布的随机数，记为：$\text{rand}_1, \text{rand}_2, \cdots, \text{rand}_l$。如果变异概率 $p_m > \text{rand}_i (i \in \{1,2,\cdots,l\})$，则对第 i 个二进制位执行取反操作。变异算子的执行过程可由图 6.8 进行解释。

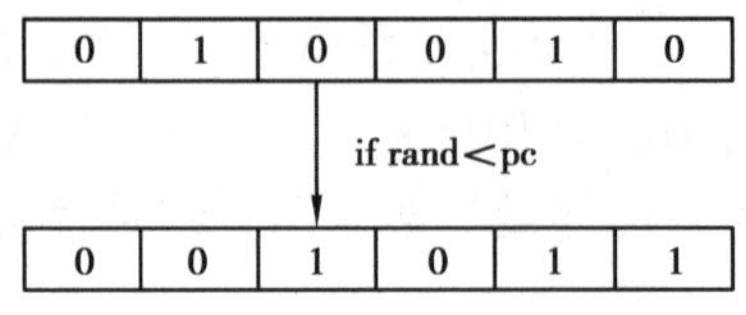

图 6.8　变异算子示意图

在遗传算法中，变异属于辅助性的搜索操作。变异概率 p_m 一般不能太大，以防止群体中重要的、单一的基因可能被丢失。事实上，变异概率太大将使遗传算法趋于纯粹地随机搜索。通常变异概率 p_m 取 0.001 左右可以得到较好的效果。

6.3.3　遗传算法的实现

综上所述，遗传算法的步骤如下：

①使用随机方法或者其他方法，产生一个由 N 个染色体的初始群体 $\text{pop}(t)$，初始 $t=1$。

②对群体 $\text{pop}(t)$ 中的每一个染色体 $\text{pop}_i(t)$，计算它的适应值

$$f_i = \text{fitness}(\text{pop}_i(t)) \tag{6.11}$$

③若满足停止条件，则算法停止；否则，以概率

$$p_i = \frac{f_i}{\sum_{j=1}^{N} f_j} \tag{6.12}$$

从 $\text{pop}(t)$ 中随机选择一些染色体构成一个新种群

$$\text{newpop}(t+1) = \{\text{pop}_j(t) \mid j=1,2,\cdots,N\} \tag{6.13}$$

④以概率 p_c 进行交叉产生一些新的染色体，得到一个新群体

$$\text{crosspop}(t+1) \tag{6.14}$$

⑤以一个较小的概率 P_m 使染色体的一个基因产生变异，形成一个新的群体 $\text{pop}(t)$，$t=t+1$；返回步骤②。

$$\text{pop}(t) = \text{mutpop}(t+1)\, t=1 \tag{6.15}$$

遗传算法的基本流程如图 6.9 所示。

与其他普通的优化搜索算法相比，遗传算法采用了许多独特的方法和技术。主要包括以下 4 个方面：

①遗传算法的编码操作使得它可以直接对结构对象进行操作。因为结构对象泛指集合、序列、矩阵、树、图、链和表等各种一维、二维甚至三维结构形式的对象，所以遗传算法具有非常广泛的应用领域。

②遗传算法是一个利用随机技术来指导一个被编码的参数空间进行高效率搜索的方法，而不是无方向的随机搜索。

③许多传统搜索方法都是单解搜索算法，即在状态空间中将问题的初始状态移动到目标状态，从而得到一条解路径。对多峰分布的搜索空间，这种点对点的搜索方法常常会陷于局部单峰的最优解。而遗传算法采用群体搜索策略，即采用同时处理群体中多个个体的方法，

对搜索空间中的多个解进行评估,从而使遗传算法具有较好的全局搜索性能,减少了搜索到局部最优解的情况。同时,遗传算法本身也十分易于并行化。

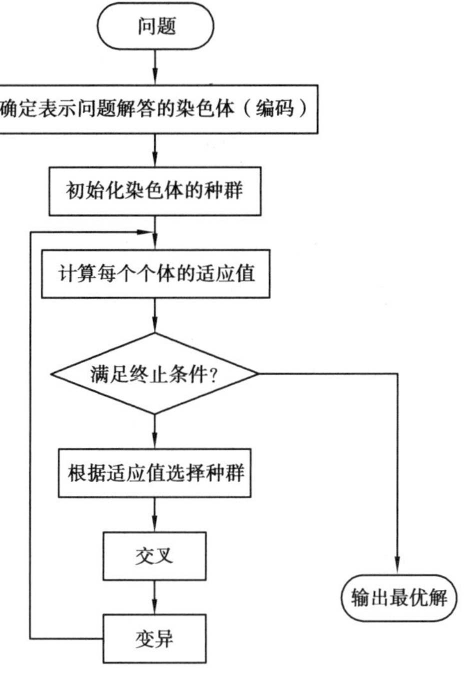

图 6.9 遗传算法的基本流程

④在基本遗传算法中,基本上不用搜索空间的知识或其他辅助信息,而仅用适应度函数值来评估个体,并在此基础上进行遗传操作,使种群中个体之间进行信息交换。特别是遗传算法的适应度函数不仅不受连续可微的约束,而且其定义域也可以任意设定。对适应度函数的唯一要求是能够算出可以比较的正值。遗传算法的这一特点使其应用范围大大扩展,非常适合于传统优化方法难以解决的复杂优化问题。

6.3.4 遗传算法的应用举例

由于生产调度问题的解容易进行编码,且遗传算法可以处理大规模额外难题,所以遗传算法称为求解生产调度问题的重要算法。其中,流水车间调度问题(Flow-shop Scheduling Problem,FSP)一般可以描述为 n 个工件要在 m 台机器上加工,每个工件需要经过 m 道工序,每道工序要求不同的机器,n 个工件在 m 台机器上的加工顺序相同。工件在机器上的加工时间是已知的,设为 $t_{ij}(i=1,\cdots,n;j=1,\cdots,m)$。问题的目标是确定 n 个工件在每台机器上的最优加工顺序,使最大流程时间达到最小。

令 $c(j_i,k)$ 表示工件 j_i 在机器 k 上的加工完成时间,$\{j_1,j_2,\cdots,j_n\}$ 表示工件的调度,对无限中间存储方式,n 个工件、m 台机器的流水车间调度问题的完工时间可表示为

$$
\begin{aligned}
&c(j_1,1)=t_{j_11}\\
&c(j_1,k)=c(j_1,k-1)+t_{j_1k}\\
&c(j_i,1)=c(j_{i-1},1)+t_{j_i1}\\
&c(j_i,k)=\max\{c(j_{i-1},k),c(j_i,k-1)\}+t_{j_ik}
\end{aligned}
\tag{6.16}
$$

其中，$i=2,\cdots,n;k=2,\cdots,m$，最大流程时间为

$$c_{\max}=c(j_n,m) \tag{6.17}$$

调整目标为确定$\{j_1,j_2,\cdots,j_n\}$工件调度，使得 $c_{\max}$ 最小。

由于调度问题通常不采用二进制编码，而使用实数编码。将各个生产任务编码为相应的整数变量。针对 FSP，最自然的编码方式是用染色体表示工件的顺序，例如，对由 4 个工件 FSP，第 k 个染色体 $v_k=[1,2,3,4]$，表示工件的加工顺序为：j_1,j_2,j_3,j_4。

令 $c_{\max}^k$ 表示 k 个染色体 v_k 的最大流程时间，那么，FSP 的适应度函数如式(6.18)所示。

$$\text{eval}(v_k)=\frac{1}{c_{\max}^k} \tag{6.18}$$

例如，由 Ho 和 Chang(1991)给出的 5 个工件、4 台机器问题的加工时间数据见表 6.3。

表 6.3　加工时间表

工件 j	t_{j1}	t_{j2}	t_{j3}	t_{j4}
1	31	41	25	30
2	19	55	3	34
3	23	42	27	6
4	13	22	14	13
5	33	5	57	19

为了便于比较，用穷举法求得最优解为：4—2—5—1—3，加工时间为 213；最劣解为：1—4—2—3—5，加工时间为 294；平均解的加工时间为：265。

下面用遗传算法求解。选择交叉概率 $P_c=0.6$，变异概率 $P_m=0.1$，种群规模为 20，迭代次数 $N=50$。运算结果见表 6.4 和图 6.10 所示。

表 6.4　遗传算法运行结果

总运行次数	最优解	最劣解	平均	最优解的频率	最优解的平均代数
20	213	221	213.95	0.85	12

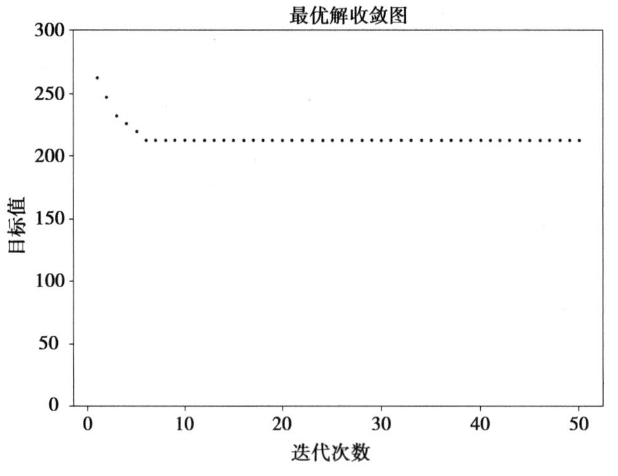

图 6.10　最优解收敛图

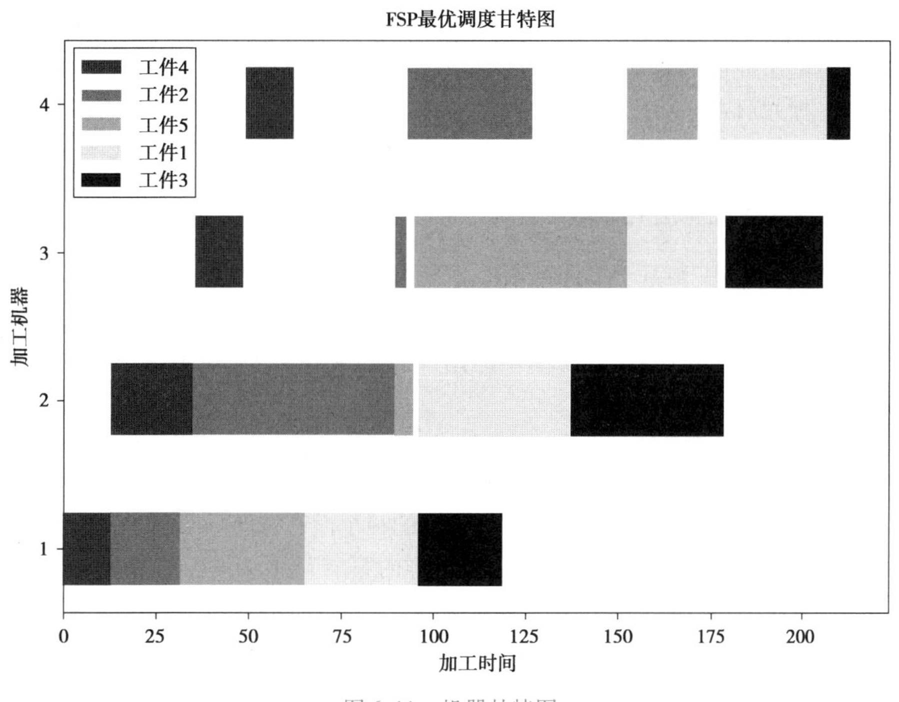

图 6.11 机器甘特图

由图 6.11 可知,用遗传算法可以找到最优解 213,比起平均加工时间 265 好很多。这表明遗传算法一般都能找到全局最优解,至少能找到比较好的解。

6.4 群智能算法

6.4.1 群智能算法的基本思想

自然界中很多生物以社会群居的形式生活在一起,例如,鸟群、鱼群、蚁群、人群等。群智能系统研究的热点之一是探索这些生物如何以群体的形式存在。受对群体运动行为模拟的启发,近 20 年来,研究人员提出大量的群智能系统,其中以粒子群优化算法(Particle Swarm Optimization,PSO)和蚁群算法(Ant Colony Optimization,ACO)最具代表性。

可将群(Swarm)定义为某种交互作用的组织结构集合。在群智能计算研究中,群的个体组织包括蚂蚁、白蚁、蜜蜂、黄蜂、鱼群和鸟群等。在这些群体中,个体在结构上很简单,而它们的集体行为却可能变得相当复杂。例如,在一个蚁群中,每只蚂蚁个体只能执行一组很简单任务中的一项,而在整体上,蚂蚁的动作和行为却能够确保建造最佳的蚁巢结构、保护蚁后和幼蚁、清洁蚁巢、发现最好的食物源以及优化攻击策略等全局任务的实现。

社会组织的全局群行为是由群内个体行为以非线性方式实现的。一方面,在个体行为和全局群行为之间存在某种紧密的联系。这些个体的集体行为构成和支配了群行为。另一方面,群行为又决定了个体执行其作用的条件。这些作用可能改变环境,因而也可能改变这些个体自身的行为和地位。

群智能算法与进化算法既有相同之处,也有明显的不同之处。相同之处:首先,进化算法和群智能算法都是受自然现象的启发,基于抽取出的简单自然规则而发展出的计算模型。其次,两者又都是基于种群的方法,且种群中的个体之间、个体与环境之间存在相互作用。最后,两者都是一种元启发式随机搜索方法。不同之处:进化算法强调种群的优胜劣汰的生物进化模型,而群智能优化算法则注重对群体中个体之间的相互作用与分布式协同的模拟。

6.4.2 粒子群优化算法的原理与实现

粒子群优化算法是一种基于群体搜索的算法,它建立在模拟鸟群社会的基础上。粒子群概念的最初含义是通过图形来模拟鸟群优美和不可预测的舞蹈动作,发现鸟群支配同步飞行和以最佳队形突然改变飞行方向并重新编队的能力。这个概念已被包含在一个简单和有效的优化算法中。

在粒子群优化中,被称为粒子(Particle)的个体的变化是受其邻近粒子的经验或知识影响的。一个粒子的搜索行为受群中其他粒子的搜索行为的影响。由此可见,粒子群优化是一种共生合作算法。将每个粒子看作 n 维搜索空间中的一个没有体积质量的粒子,在搜索空间中以一定的速度飞行。在 n 维搜索空间中,对粒子群的第 $i(i=1,2,\cdots,m)$ 个粒子,定义 n 维当前位置向量 $x^i(k)=[x_1^i x_2^i \cdots x_n^i]^{\mathrm{T}}$ 表示搜索空间中粒子的当前位置,n 维最优位置向量 $p^i(k)=[p_1^i p_2^i \cdots p_n^i]^{\mathrm{T}}$ 表示该粒子至今所获得的具有最优适应度 $f_p^i(k)$ 的位置,n 维速度向量 $v^i(k)=[v_1^i v_2^i \cdots v_n^i]^{\mathrm{T}}$ 表示该粒子的搜索方向。

每个粒子经历过的最优位置(Pbest)记为 $p^i(k)=[p_1^i p_2^i \cdots p_n^i]^{\mathrm{T}}$,群体经历过的最优位置(Gbest)记为 $p^g(k)=[p_1^g p_2^g \cdots p_n^g]^{\mathrm{T}}$,则基本的 PSO 算法为

$$
\begin{aligned}
&v_j^i(k+1)=\omega(k)v_j^i(k)+\varphi_1 \mathrm{rand}(0,a_1)(p_j^i(k)-x_j^i(k))+\varphi_2 \mathrm{rand}(0,a_2)(p_j^g(k)-x_j^i(k))\\
&x_j^i(k+1)=x_j^i(k)+v_j^i(k+1),\ i=1,2,\cdots,m;j=1,2,\cdots,n
\end{aligned}
\tag{6.19}
$$

其中,ω 是惯性权重因子;φ_1,φ_2 是加速度常数,均为非负值;$\mathrm{rand}(0,a_1)$ 和 $\mathrm{rand}(0,a_2)$ 为 $[0,a_1]$,$[0,a_2]$ 范围内的具有均匀分布的随机数;a_1 和 a_2 为相应的控制参数。

式(6.19)右边的第一部分是粒子在前一时刻的速度;第二部分为个体“认知”分量,表示粒子本身的思考,将现有的位置和曾经经历过的最优位置相比。第三部分是群体“社会”分量,表示粒子间的信息共享与相互合作。φ_1 与 φ_2 分别控制个体认知分量和群体社会分量相对贡献的学习率。引入 $\mathrm{rand}(0,a_1)$ 和 $\mathrm{rand}(0,a_2)$ 将增加认知和社会搜索方向的随机性和算法多样性。

上述介绍的是标准粒子群优化算法的全局版,此外,还有局部版粒子群优化算法。局部版的差别在于,用局部领域内最优邻居的状态代替整个群体的最优状态。全局版的收敛速度比较快,但容易陷入局部极值点,而局部版搜索到的解可能更好,但总耗时可能更多。

粒子群优化算法的流程如下:

①初始化每个粒子,即在允许范围内随机设置每个粒子的初始位置和速度。

②评价每个粒子的适应度,计算每个粒子的目标函数。

③设置每个粒子的 P_i。对每个粒子,将其适应度与其经历过的最好位置 P_i 进行比较,如果优于 P_i,则将其作为该粒子的最好位置 P_i。

④设置全局最优值 P_g。对每个粒子,将其适应度与群体经历过的最好位置 P_g 进行比较,如果优于 P_g,则将其作为当前群体的最好位置 P_g。

⑤根据式(6.19)更新粒子的速度和位置。

⑥检查终止条件。如果未达到设定条件,则返回第二步。

粒子群优化算法的流程图如图 6.12 所示。

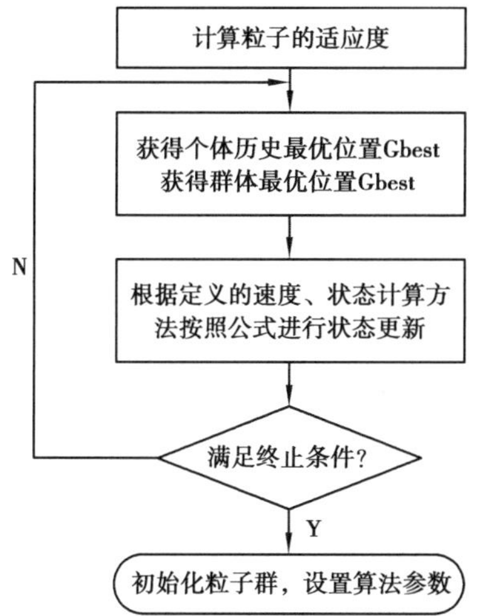

图 6.12 粒子群优化算法流程图

6.4.3 粒子群优化算法的应用举例

1)粒子群优化算法的应用领域

粒子群优化算法已在诸多领域得到应用,简单归纳如下:

(1)神经网络训练

利用 PSO 训练神经元网络,将遗传算法与 PSO 结合起来设计递归或模糊神经元网络等。利用 PSO 设计神经元网络是一种快速、高效并具有潜力的方法。

(2)化工系统领域

利用 PSO 求解苯乙烯聚合反应的最优稳态操作条件,获得了最大的转化率和最小的聚合体分散性;使用 PSO 来估计在化工动态模型中产生不同动态现象(如周期振荡、双周期振荡、混沌等)的参数区域,仿真结果显示提高了传统动态分叉分析的速度;利用 GP 和 PSO 辨识最优生产过程模型及其参数。

(3)电力系统领域

Kannan 等[①]将 PSO 用于最低成本发电扩张 GEP 问题,结合罚函数法的粒子群优化算法有效地解决了带有强约束的组合优化问题;利用 PSO 优化电力系统稳压器参数;利用 PSO 解决考虑电压安全的无功功率和电压控制问题;利用 PSO 算法解决满足发电机约束的电力系统经济调度问题;利用 PSO 解决满足开、停机热备约束的机组调度问题。

(4)机械设计领域

利用 PSO 优化设计碳纤维强化塑料;利用 PSO 对降噪结构进行最优化设计。

① KANNAN S,SLOCHANAL S M R,SUBBARAJ P,etc. Application of particle swarm optimization technique and variant to generation expansion planning problem[J]. Electric Power Systems Research,2004,70(3):203-210.

(5)通信领域

利用 PSO 设计电路;将 PSO 用于光通信系统的 PMD 补偿问题。

(6)机器人领域

利用 PSO 和基于 PSO 的模糊控制器对可移动式传感器进行导航;利用 PSO 求解机器人路径规划问题。

(7)经济领域

利用 PSO 求解博弈论中的均衡解;利用 PSO 和神经元网络解决最大利益的股票交易决策问题。

(8)图像处理领域

离散 PSO 方法解决多边形近似问题,提高多边形近似结果;利用 PSO 对用于放射治疗的模糊认知图的模型参数进行优化;利用基于 PSO 的微波图像法来确定电磁散射体的绝缘特性;利用结合局部搜索的混合 PSO 算法对生物医学图像进行配准。

(9)生物信息领域

利用 PSO 训练隐马尔可夫模型来处理蛋白质序列比对问题,克服利用 Baum-Welch 算法 HMMS 时容易陷入局部极小的缺点;利用基于自组织映射和 PSO 的混合聚类方法来解决基因聚类问题。

(10)医学领域

离散 PSO 选择 MLR 和模型 PLS 的参数,并预测血管紧缩素的对抗性。

(11)运筹学领域

基于可变领域搜索的 VNS 的 PSO,解决满足最小耗时指标的置换问题。

2)粒子群优化算法在求最值时的应用

粒子群优化算法在各个领域中最普遍应用的就是求一个函数的极值最值问题。这里以函数 $y=(x_1+0.25)^2+(x_2-0.25)^2$ 为例,求 y 的最小值及其对应的 x_1 和 x_2 的值。

在解的大致范围生成 20 个粒子,并用随机数生成它们的初始位置和速度;接着计算每个粒子的目标函数,即 y 值;然后设置每个粒子的 P_i 和全局最优值 P_g,根据粒子群优化算法更新粒子的速度和位置;最后检查是否达到预设条件,如果找到最小值或迭代次数已满则退出算法,否则继续执行算法。

具体执行过程如图 6.13 所示,用 iter 表示迭代次数。我们可以观察到当 iter=1 时,此时由于迭代次数过小,粒子之间相隔较远,相互作用不明显;当 iter=8 时,粒子的运动开始有收敛的倾向,逐渐向最值靠拢;当 iter=19 时,可以看到粒子群已经找到最佳位置 P_g;当 iter=29 时,除了一个粒子,其他粒子都位于(-0.25,0.25)处,此时找到问题的解,即 $x_1=-0.25$,$x_2=0.25$ 时,原函数取得最小值。

虽然这个最值问题用常规的数学方法也能很快求解,但是在工程应用时,很多函数都找不到解析解,这时就可以使用粒子群优化算法找到范围内的数值解,这在实际应用中是非常广泛的。

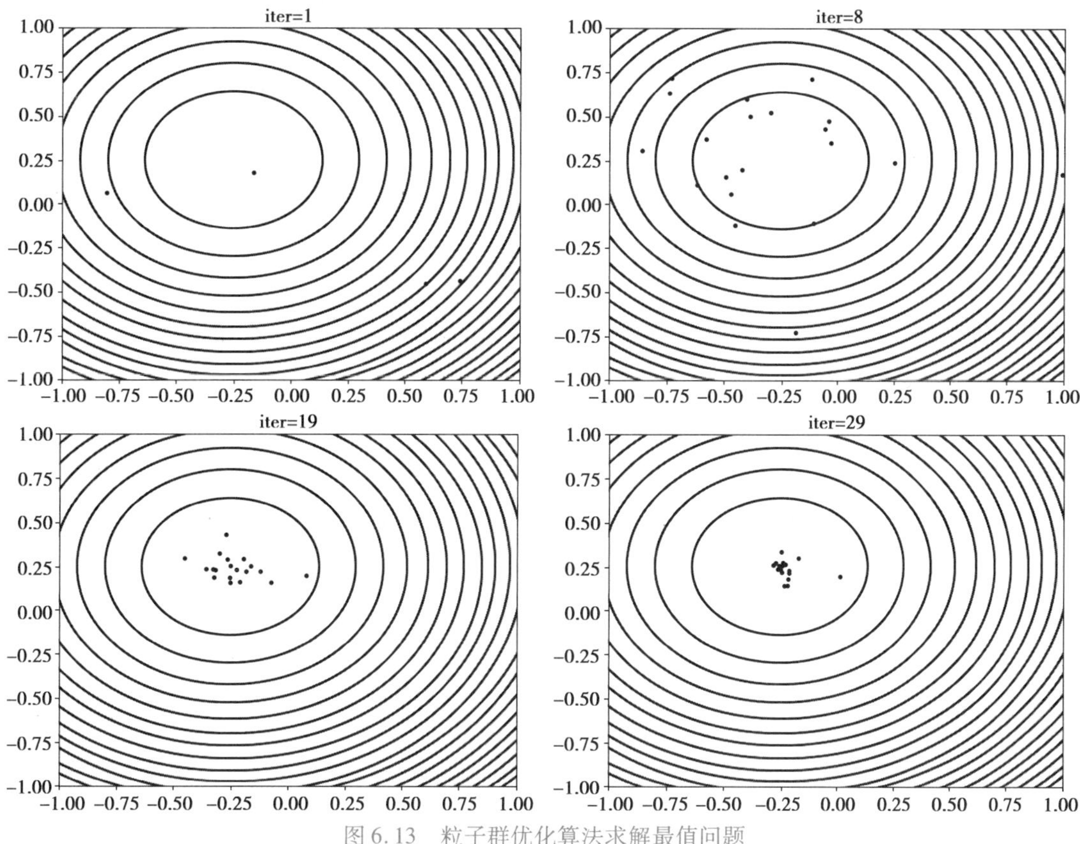

图 6.13　粒子群优化算法求解最值问题

6.4.4　蚁群算法的原理与实现

在 20 世纪 90 年代初，意大利学者 Marco Dorigo 受到真实蚁群行为研究的启发，提出了蚁群算法。为了说明人工蚁群系统的原理，先从蚁群搜索食物的过程谈起。人们经过大量细致地观察研究后发现，蚂蚁个体之间是通过一种称为外激素（Pheromone）的物质进行信息传递的。蚂蚁在运动过程中，能够在它所经过的路径上留下该物质，而且蚂蚁在运动过程中能够感知这种物质，并以此指导自己的运动方向。因此，由大量蚂蚁组成的蚁群的集体行为便表现出一种信息正反馈现象：某一路径上走过的蚂蚁越多，则后来者选择该路径的概率就越大。蚂蚁个体之间就是通过这种信息的交流达到搜索食物的目的。

下面用 Dorigo 所举的例子来说明蚁群系统的原理。如图 6.14 所示，设 A 是蚂蚁的巢穴，E 是食物源，HC 为一障碍物。由于存在障碍物，蚂蚁只能绕经 H 或 C 由 A 到达 E，或由 E 到达 A。各点之间的距离为 d。设每个时间单位有 30 只蚂蚁由 A 到达 B，又有 30 只蚂蚁由 E 到达 D，蚂蚁经过后留下的外激素为 1。为便于讨论，设外激素停留的时间为 1。在初始时刻，由于路径 BH，BC，DH，DC 上均无信息存在，位于 B 和 D 的蚂蚁可以随机选择路径。从统计的角度可以认为它们以相同的概率选择 BH，BC，DH，DC。经过一个时间单位后，在路径 BCD 上的信息量是路径 BHD 上的信息量的两倍。在 $t=1$ 时刻，将有 20 只蚂蚁由 B 和 D 到达 C，有 10 只蚂蚁由 B 和 D 到达 H。随着时间的推移，蚂蚁将会以越来越大的概率选择路径 BCD，最终完全选择路径 BCD，从而找到由蚁巢到食物源的最短路径，由此可见，蚂蚁个体之间的信息交换是一个正反馈过程。

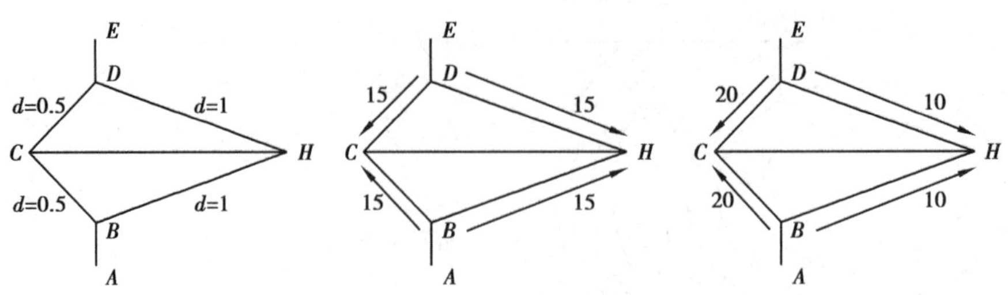

图 6.14　蚁群系统示意图

蚁群算法的经典应用就是用来求解旅行商问题(TSP)。下面以求解 n 个城市 TSP 的问题为例来说明蚁群算法。

为了模拟实际蚂蚁的行为,令 m 表示蚁群中蚂蚁的数量;$d_{ij}(i,j=1,2,\cdots,)$ 表示城市 i 和城市 j 之间的距离,$b_i(t)$ 表示 t 时刻位于城市 i 的蚂蚁个数,很容易得到 $m=\sum_{i=1}^{n}b_i(t)$ 。$\tau_{ij}(t)$ 表示 t 时刻在 ij 连线上的残留信息量。在初始时刻,各条路径上的信息量相等,设 $\tau_{ij}(0)=C$(C 为常数)。蚂蚁 $k(k=1,2,\cdots,m)$ 在运动过程中,根据各条路径上的信息量决定转移方向。$p_{ij}^k(t)$ 表示在 t 时刻蚂蚁由城市 i 转移到城市 j 的概率:

$$p_{ij}^k(t)=\begin{cases}\dfrac{\tau_{ij}^{\alpha}\eta_{ij}^{\beta}(t)}{\sum\limits_{s\in \text{allowed}_k}\tau_{ij}^{\alpha}\eta_{ij}^{\beta}(t)}, & j\in \text{allowed}_k\\ 0, & \text{其他}\end{cases} \tag{6.20}$$

其中,$\text{allowed}_k=\{0,1,\cdots,n-1\}$ 表示蚂蚁 k 下一步允许选择的城市。与真实蚁群系统不同的是,人工蚁群系统具有一定的记忆功能,这里用 $\text{tabu}_k(k=1,2,\cdots,m)$ 记录蚂蚁 k 目前已经走过的城市。随着时间的推移,以前留下的信息逐渐消逝,用参数 $(1-p)$ 表示信息消逝程度,经过 n 个时刻,蚂蚁完成一次循环。各路径上信息量要根据下式作调整:

$$\tau_{ij}(t+n)=\rho\cdot\tau_{ij}(t)+\Delta\tau_{ij}$$

$$\Delta\tau_{ij}=\sum_{k=1}^{m}\Delta\tau_{ij}^k \tag{6.21}$$

$\Delta\tau_{ij}^k$ 表示第 k 只蚂蚁在本次循环中留在路径 ij 上的信息量,$\Delta\tau_{ij}$ 表示本次循环中留在路径 ij 上的信息量:

$$\Delta\tau_{ij}^k=\begin{cases}\dfrac{Q}{L_k}, & \text{若第 } k \text{ 只蚂蚁在本次循环中经过 } ij\\ 0, & \text{其他}\end{cases} \tag{6.22}$$

其中,Q 是常数,L_k 表示第 k 只蚂蚁在本次循环中所走过的路径长度。在初始时刻,$\tau_{ij}(0)=C$,$\Delta\tau_{ij}=0$,其中,$i,j=0,1,2,\cdots,n-1$。α,β 分别表示蚂蚁在运动过程中所积累的信息及启发式因子在蚂蚁路径选择中所起的不同作用,α 值越大,该蚂蚁越倾向于选择其他蚂蚁经过的路径,β 越小,算法越偏向纯粹正反馈的启发式算法。η_{ij} 表示由城市 i 到城市 j 的期望程度,可根据某种启发式算法具体确定。停止条件可以用固定循环次数或当前趋势无明显变化时便停止计算。

Dorigo 曾给出 3 种不同的模型,分别称为 ant-cycle system、ant-quantity system 和 ant-density system。其中,ant-cycle system 的效果最好,因为它利用的是全局信息 Q/L_k,即上述式

(6.22),而其余两种算法用的是局部信息 Q/d_{ij} 和 Q。全局信息更新方法很好地保证了残留信息素不会无限累计,如果路径没有被选中,那么上面的残留信息素会随着时间的推移而逐渐减弱,这使算法能“忘记”不好的路径。因此,在蚁群算法中,通常采用 ant-cycle system 作为基本模型。

图 6.15 为 ant-cycle system 算法的框图。

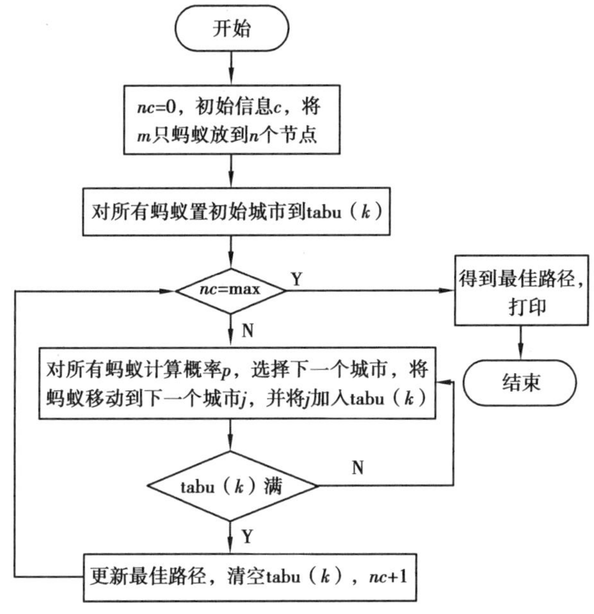

图 6.15 ant-cycle system 算法框图

6.4.5 蚁群算法的应用举例

蚁群算法是一种并行算法,所有“蚂蚁”均独立行动,没有监督机构。同时它也是一种合作算法,依靠群体的行为进行寻优。它还是一种鲁棒算法,只要对算法稍作修改,就可以求解其他组合优化问题。

旅行商问题(TSP):某个国家有 40 个城市,一位旅行商人要从一个城市出发,走遍全国所有城市并且不能重复,最后回到初始的城市,求最后总路程最短的路径。

我们可以将 40 个城市按比例放在单位坐标系中,形成 40 个点,此时城市之间的距离即点与点之间的距离是确定的。我们假设蚂蚁在其中的移动速度是恒定不变的,设定好蚂蚁数量、迭代次数、信息素重要程度和信息素挥发速度等初始信息后,开始在计算机中执行蚁群优化算法,这里设置的迭代次数为 200 次。

最后运行结果如图 6.16 所示。

在图 6.16(a)中可以得到一条总路程最短的路径,它从头到尾连接了所有的城市,并且没有重复。在图 6.16(b)中可以看到刚开始迭代时,效果并不理想,但在 50 次迭代后,蚁群优化算法已找到了一条最短的路径,路径的总长度可以读为 5.36。

这就是蚁群算法在旅行商问题上的应用。除此之外,蚁群优化算法已被成功地应用于二次分配问题、作业调度问题、图标着色问题、电话网络和数据通信网络的路由优化以及机器人建模和优化等。蚁群算法是一个十分年轻的研究领域,尚未形成完整的理论体系,其参数选择更多依赖于实验和经验,许多实际问题也有待深入研究与解决。随着蚁群算法的深入开展,它将会提供一个分布式和网络化的优化算法,促进计算智能的进一步发展。

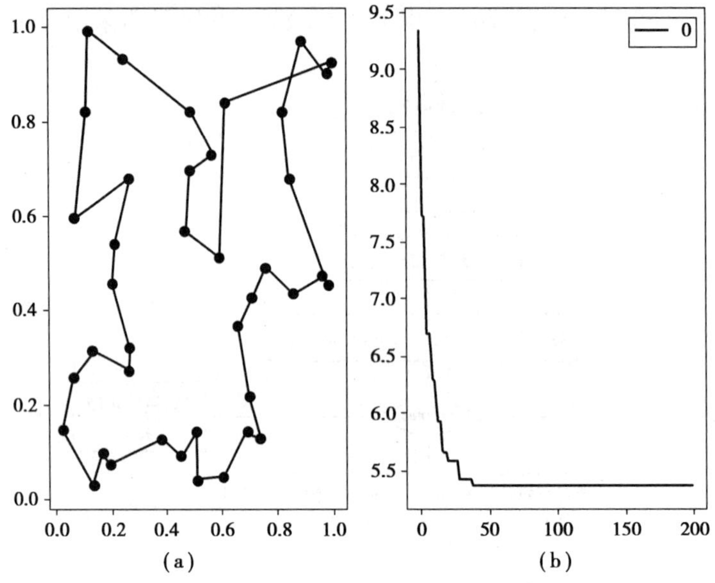

图 6.16 蚁群算法解决 TSP 问题

习　题

1. 遗传算法的基本步骤和主要特点是什么?

2. 适应度函数在遗传算法中的作用是什么?试举例说明如何构造适应度函数。

3. 遗传算法避免局部最优解的关键技术是什么?

4. 群智能算法的基本思想是什么?

5. 群智能算法的主要特点是什么?

6. 简述群智能算法与进化算法的异同。

7. 举例说明蚁群算法的搜索原理,并简要叙述蚁群算法的特点。

8. 执行遗传算法的选择操作:假设种群规模为 4,个体采用二进制编码,适应度函数为 $f(x)=x^2$,初始种群情况见表 6.5。

表 6.5 初始种群情况

编号	个体串	x	适应度值	百分比/%	累计百分比/%	选中次数
S_{01}	1010					
S_{02}	0100					
S_{03}	1100					
S_{04}	0111					

若规定选择概率为 100%,选择算法为轮盘赌算法,并且依次生成的 4 个随机数为 0.42,

0.16,0.89,0.71,在表6.5中填上全部内容,并求出经本次选择操作后得到的新种群。

9.已知10个个体的适应度见表6.6,用幂函数变换法求出调整后的适应度值($K=2$),然后采取适应度比例法分别求出调整前后各个个体的选择概率。

表6.6 10个个体的适应度

个体编号	原适应度	调整后的适应度	原选择概率	调整后的选择概率
1	2.5			
2	1.0			
3	3.0			
4	1.2			
5	2.1			
6	0.8			
7	2.3			
8	1.5			
9	0.9			
10	1.8			

10.用遗传算法求解下列非线性函数的最小值:

$$f(x_1,x_2)=\frac{\cos(x_1)+\sin(x_2)}{\sqrt{x_1^2+x_2^2}},\ 0\leqslant x_i\leqslant 1.5,i=1,2 \tag{6.23}$$

(1)若采用二进制编码,要求编码精度为0.1,试确定染色体的长度;

(2)描述二进制编码的优势与特点;

(3)分析交叉概率和变异概率对遗传算法性能的影响。

习题答案

7 机器学习

7.1 概述

在讨论机器学习前,不妨思考人类的学习阶段是怎样的。按照逻辑顺序,人类的学习阶段可分为输入、整合和输出3个阶段。总的来讲,人类的学习就是基于以往的认知或者实践,总结某一类问题并形成某种认识或客观规律,并利用这些认识或规律解决新问题的过程。机器学习亦是如此,现代社会所产生的海量数据为计算机的学习提供了有效支撑,再借助各式各样的机器学习算法,便可从海量数据中总结出规律,不断重复上述过程优化模型,直至模型可用于解决实际问题。本章将首先介绍机器学习的基本概念、意义及主要类别,随后对机器学习的主要策略与基本结构进行讨论,最后详细分析机器学习领域中的3个广泛应用算法。

7.1.1 机器学习的基本概念

人类正是借助"学习"这一特有的能力才有了今天的辉煌成就,然而面对什么是学习这一问题,不同领域的专家有着不同的回答,目前还没有统一的定义。一般来讲,有以下几种解释:

(1)学习是系统优化自身效能的过程

这是人工智能之父赫伯特·西蒙所提出的观点,他认为,学习就是系统在不断重复的工作中对本身能力的增强或者改进,使系统在下次执行同样任务或类似任务时,会比现在做得更好或效率更高。此观点在机器学习领域产生了深远的影响,是被普遍接受的一种观点。

(2)学习是知识获取的过程

这一观点来自从事专家系统研究的人们,专家系统的构建需要人类输入大量的已有知识,而人类专家的知识又分为可表述知识与不可表述知识,因此,对于专家系统来说,知识的自主获取是十分困难的,以此观之,知识获取似乎就等同于学习。但只获取知识并不会从本质上改变系统的性能,性能的提升通常是基于大量知识的反复训练实现的,知识获取仅作为其中一个环节,需要机器"知其然并知其所以然"才能有效提升系统性能。

(3)学习是对客观规律或实践经验的总结或优化

世界中蕴涵的客观规律并不会以人的意志为转移,实践经验涵盖对外部事物的感知和内部机理的思考,学习就是透过现象看本质的一个过程,通过洞察某类问题的内部原理,实现对客观世界感知与剖析。学习系统的建立就是在不断地总结或优化这些客观规律或实践经验。

基于上述观点,可以对学习给出如下定义:学习是在特定目的驱使下的知识获取过程,其通过知识获取、经验积累、规律总结使得系统性能更优、功能更加完善。

什么是机器学习(Machine Learning)? 顾名思义,机器学习就是研究如何利用机器模拟人类学习活动的一门学科。更为严格的表述是:机器学习是一门研究如何通过计算机获取新知识与新技能、学习现有知识、改善系统性能的学科。

7.1.2 机器学习的意义与发展史

如前所述,机器学习是研究如何使用计算机模拟人类学习活动的一门学科。作为人工智能研究领域中的一个最为前沿的分支,随着通信技术与互联网技术的蓬勃发展,"数据爆炸"问题已成为人类社会的一个重要问题,如何将海量的数据很好地组织并运用起来,具有十分重要的现实意义。

人类学习的时段受生理规律和身体发育的限制。英国神经科学家彼得·琼斯称,人类大脑发育是一个缓慢、循序渐进的过程,在人类30岁左右时才能达到成人状态,此外,人类还需要充足的休息时间以保证个体机能的恢复和发育。因此,人类的学习活动与学习时间在很大程度上受限于生理规律和身体发育过程。而机器不用休息、不会经历成长过程,其学习的速度和效率是人类所无法企及的。

人类学习的效率受个体学习能力差异的影响。个体学习能力差异是指人类由于先天发育或者后天培养的不同,导致个体学习能力的差异化,面对同样的新知识或新技能,不同个体的学习效率和接受能力也会参差不齐。而同样配置的机器在同样的运行环境下,计算效率与运行效率具有很好的一致性,大大缩短了学习周期,保证了学习的效率。

人类的历史知识无法直接继承。人类已经在各个领域发现和创造了大量的知识,人的一生可以学习各种各样海量的知识,积累丰富的知识,但人的生命始终是有限的,生命一旦走向终结,之前所积累的知识也就不复存在了。在此过程中,人类的下一代无法直接继承父辈所积累的知识,必须在相当长的一段时间内,依靠自己和外部协助完成知识的积累。人类社会的知识正呈现出爆炸式增长的趋势,这无疑增加了人类个体从头学习的成本。而计算机具有专用的存储结构,不同的计算机之间可以高效地完成数据共享,从而实现历史知识的"直接继承",有效避免了大量的重复学习过程,更容易使得知识到达新的高度,以便于产生新的学习成果。

机器学习有利于知识的关联理解与传播。人类理解知识的方式与机器不同,所有知识在计算机内部都是以二进制码的形式存在的,因此,计算机更容易在数据层面实现不同知识间的关联理解与融合,从而可能会产生人类所没有的认知与理解。人类社会知识的传播方式多种多样,但传播效率远不如机器直接"复制"的效率高。总的来讲,机器学习的学习效率高、传播速率快、学习成果易积累,如今计算机算力的大幅提升更是为机器学习领域注入了源源不断的动力,在信息化社会的今天,机器学习定将对人类社会产生持续而深远的影响。

机器学习作为人工智能的一个重要分支,其发展历程与人工智能相似,同样经历了曲折而漫长的发展历程才逐步有了今天的成就。机器学习的研究始于20世纪50年代,随着研究的逐步深入,机器学习的研究目标和研究方法也越来越成熟,大体上可分为4个阶段。

1)第一阶段:热烈时期(20世纪50年代中期—60年代中期)

本阶段的理论基础源于20世纪40年代所研究的神经网络模型,主要通过不断尝试修改系统的控制参数以期达到系统效能的提升,因此,该阶段的机器学习研究并未建立在已有的知识之上,可称其为"无知学习"。通过此类研究方法所建立的系统称为自适应系统或自组织系统,同时催生了判别函数与进化学习这两种重要的机器学习方法。该阶段的代表性工作有弗兰克·罗森布拉特所提出的感知机模型(Perceptron),这是一种根据生物学原理构造的具有学习能力的电子设备,可以模拟人与动物对外界光线的感知作用。

2)第二阶段:低潮时期(20世纪60年代中期—70年代中期)

由于人类的学习过程是由模糊到清晰的一个动态过程,因此,本阶段的研究者们专注于将人类概念学习的方法引入机器学习,使得机器能够利用图或者逻辑结构等符号描述某种概念,并提出关于学习概念的各种假设,因此可将其统称为符号概念获取研究。该阶段的代表性工作有Hayes-Roth等的基于逻辑的归纳学习系统以及Winston的结构学习系统,尽管这类机器学习系统取得了较大的成功,但因其只针对单一的学习概念,并没有大范围投入实际应用。

3)第三阶段:复兴时期(20世纪70年代中期—80年代中期)

本阶段研究者为解决单一学习概念的局限性,通过研究新型的学习策略与学习方法,将单概念学习扩展到多概念学习,以提升机器学习系统的通用性。机器学习因为高度依赖已有的知识,所以系统模型搭建一般基于大规模知识库以实现知识的增强学习。在知识的机器表述和多概念学习的推动下,各类学习系统已与实际应用相结合,并取得了一定的成就,极大地推动了机器学习的发展进程。该阶段的代表性工作有爱德华·费根鲍姆(Edward Feigenbaum)所领导的DENDRAL专家系统,该系统由用户界面、推理引擎和知识库组成,能够实现土壤物质的识别。

4)第四阶段:高潮时期(20世纪80年代中期至今)

自生理学家McCulloch和数学家Pitts于1943年提出第一个神经元模型以来,经过神经元模型研究学者们的不懈努力,隐节点与反向传播算法(Backpropagation Algorithm)取得了突破,大力推动了基于神经元模型的神经网络学习的蓬勃发展,神经网络学习系统对传统的符号学习系统发起了挑战,使得连接机制(Connectionism)学习的研究进展迅速,归纳学习与连接机制学习受到众多研究者的重视。如今,人工神经网络已运用至人类社会的方方面面,且处于持续蓬勃发展的进程中。

7.1.3 机器学习的类别

一般来讲,根据学习系统中可用的"信号"或者"反馈"的性质分,机器学习方法可分为三大类:监督学习、无监督学习和强化学习。起初,研究者将带有输出的输入数据用于监督学习系统,随后将不带有对应输出的输入数据用于构建无监督学习系统,研究者进一步发现,当机器按照预期完成工作时对其进行奖励是不错的方法,便出现了强化学习系统。

1)监督学习

监督学习需要人类向计算机提供示例输入与对应的输出,这些输出由"老师"给出,系统目标是学习将输入映射到输出的一般规则。监督学习可类比于教孩子走路,握住孩子的手并向他展示自己走路的方式,并在该过程中纠正错误的走路方式,直至孩子学会走路。监督学习又可根据目标值的类别分为分类问题和回归问题。

(1)分类问题

分类问题是指监督学习系统的目标值为离散值的情况,例如,按照身高对100名学生进行分组时,要求分为“矮”“中”“高”3组。计算机通过遵循回归训练的原理将学生身高进行分类,当机器能够对未知的学生正确分类时,可将测试数据输入模型加以评估。

(2)回归问题

回归问题是指监督学习系统的目标值为连续值的情况,例如,已知大量的输入 X 以及对应的输出 Y,并将第 i 个数据点表示为 (X_i,Y_i)。将足量的 (X_i,Y_i) 输入计算机后,期望机器能够给出正确的预测值,并在输入新的数据点时,系统仍能给出正确的预测值。

总之,监督学习算法尝试对目标预测输出和输入特征之间的关系和依赖关系进行建模,以便可以从先前数据集中学习到的关系预测新数据的输出值。常见的监督学习算法有k-NN、朴素贝叶斯、决策树、线性回归算法、支持向量机、神经网络等。

2)无监督学习

无监督学习并没有为数据提供相应的标签,仅仅依靠算法自身从输入数据中寻找对应的规则。无监督学习本身可以是目标(发现数据中的隐藏模式),也可以是达到目的的手段(特征学习)。无监督学习适用于人类不知道何种数据有用的情况,主要用于模式识别与描述建模,由于没有类别或者标签数据,无监督学习算法可以对输入输出之间的关系进行建模,从而发掘能够描述对应关系的关键信息。

3)强化学习

当计算机程序与动态环境进行交互时,计算机在该环境中必须执行特定的目标(车辆驾驶或玩游戏)。当算法在问题空间中寻求解答时,强化学习会为正确的解答提供奖励,并尝试将其最大化。强化学习无须提供标记的输入输出数据对,重点在于如何在探索新的解决方案与利用已学习到的解决方案之间找到平衡。著名的AlphaGo围棋程序就是应用强化学习的最有力的例子,研究者将人类棋谱的数据输入程序完成训练,从而“教会”AlphaGo如何下围棋。强化学习流程图如图7.1所示。

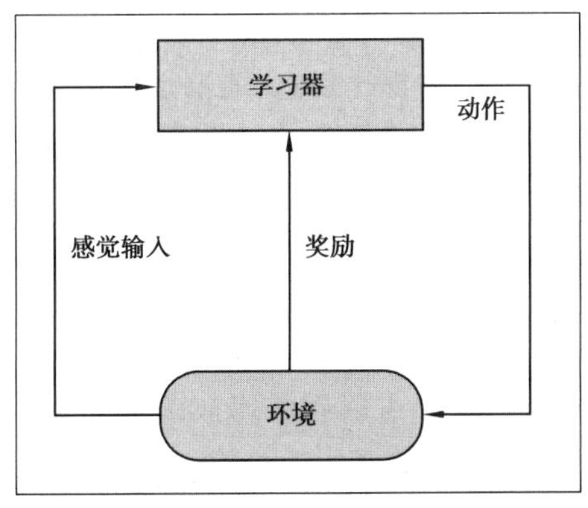

图7.1　强化学习流程图

7.2 机器学习的主要策略与基本结构

7.2.1 机器学习的主要策略

学习过程与推理过程是密不可分的,学习作为一种复杂的智能活动,需要针对不同性质和特点的知识运用不同的推理方法完成学习,以保证学习的高效性和有效性,推理方法又称为学习策略。机器学习系统需要将外界已有的知识以特定的某种形式存入系统中,以便于知识的存储、转换和利用。不同的变换形式中所蕴涵的推理程度是不同的,根据推理程度的多少,可将机器学习策略分为4种:机械学习、讲授学习、类比学习和示例学习。一般来讲,推理程度越高的系统,学习系统的能力越强。

1)机械学习

机械学习类似于人类学习过程中的"死记硬背",只是简单地将外部知识存入学习系统,该过程不存在任何推理过程,知识在系统内部的表示方式与从外部输入时的表示方式一样。Samuel所设计的下棋程序正是通过这种学习策略完成了50 000多盘棋局的学习,在不断对弈的过程中,每个棋局所对应的分数是动态变化的,每次决策时选择分数最高的棋局。

2)讲授学习

不同于机械学习,讲授学习系统需要将外部知识进行一定的推理、翻译与转化,然后才能将处理后的知识存入学习系统。首个专家系统DENDRAL对外部知识的处理方式正是基于此种学习策略。

3)类比学习

类比学习的思想可以很好地用"举一反三"来概括,也就是当系统接收到新的问题时,在系统已有知识和解决方法中寻找与当前问题相类似的对应解决方法,基于已有解决方法制订出具体的解决方案。因此,类比学习可以从某一领域的知识学习到另一领域中类似的知识,也需要经历更多的推理过程。

4)示例学习

对采用示例学习策略的系统来讲,输入到系统中的知识只是一些具体的工作例子和经验信息,并未提供完成某类任务的完整的规律信息,需要系统根据例子和经验知识自主总结归纳出解决任务的一般规律,并在解决具体任务的过程中不断地验证规律的正确与否,并及时调整已有规律不断完善优化。相比于类比学习策略,示例学习策略所需的推理过程更多。

7.2.2 机器学习的基本结构

根据人工智能之父赫伯特·西蒙(Herbert Simon)对学习的定义,系统在不断重复执行任务的过程中可以优化自身的效能,由此可以构建出如图7.2所示的机器学习系统的基本结构,并基于此结构总结出在设计学习系统时应注意的一些原则性问题。

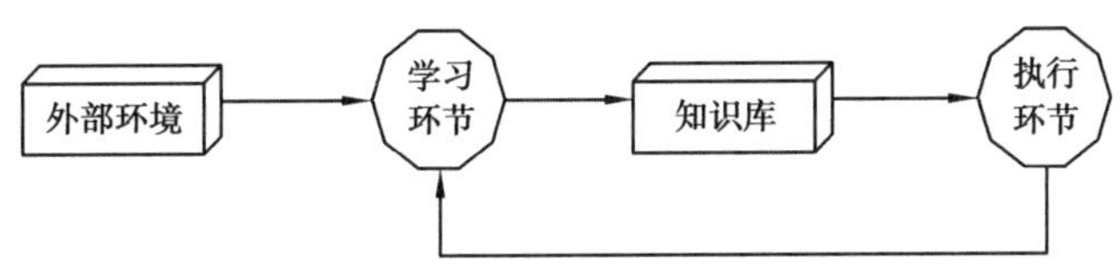

图 7.2 机器学习系统基本结构

机器学习系统的基本结构主要由 4 个部分组成,包括外部环境、学习环节、知识库以及执行环节。其中,外部环境与知识库代表某种知识表示形式所表达的信息集合,是学习系统完成决策的基石。学习环节与执行环节代表学习系统完成任务所经历的两个过程。外部环境向系统的学习环节提供"某种信息",学习环节利用这种信息对知识库完成改进,提升学习系统完成执行环节的效能。类似于经典控制理论中的负反馈系统,执行环节在知识库的指导下完成某种任务后,将获得的信息输送至学习环节,实现知识库的更新迭代。外部环境、知识库和执行环节决定了具体的工作内容,学习环节所解决的问题由其余 3 个部分决定,下面分析这 3 个部分对学习系统的具体影响。

(1)外部环境

外部环境是系统外部信息的来源,如何获取符合系统所需的量多高质的有效信息,是影响学习系统能效的重要因素之一。外部环境向系统所提供的信息形式是多种多样的,但知识库中存放的均是完成任务的部分指导性动作的原则,若外部环境所提供的信息质量较高,能够准确表述对象,且与一般性原则的差异较小时,则学习环节更容易完成处理与归纳。反之,若外部环境所提供的信息质量低下,包含大量无用或者杂乱的信息,则学习环节的处理过程更为困难,难以形成指导动作的一般性原则。

此外,因为学习环节获得的信息并不是完整的,所以总结出的一般性原则并不一定可靠,因此需要系统在实际执行过程中不断加以检验,持续对已有知识库进行完善和更新,以实现学习系统性能的逐步增强。

(2)知识库

知识库对学习系统具有重要的意义,学习环节所学习到的知识均保存在知识库中,而知识库对知识的表达方式多种多样,包括产生式规则、谓词逻辑、特征向量、语义网络和框架等。不同的知识表示形式具有不同的优劣之处,在选择时应注意以下 4 点。

①表达能力的强弱。学习系统所选择的知识表示形式应能很好地表达有关知识,既要满足条理清晰又要保证精确无误。例如,谓词逻辑相比于框架表示法更适合于表示带有二值逻辑的精确性知识,能够准确地表述且条理清晰无歧义。

②推理的难度。为保证学习系统的实时性,在系统具备较强表达能力的基础上,为了减少系统计算的时间复杂度与空间复杂度,所选择的知识表示方法应保证推理过程易于实现。

③知识库的优化难度。学习系统是在执行任务的过程中不断加深对任务的全方位理解,即知识库的不断扩充,因此需要保证所选择的知识表示方法易于知识库的增删改查,并保证优化后的知识库不存在逻辑错误。

④知识的扩充难度。随着系统学习能力的逐步提升,对知识表示的要求也会越来越高,一个高级的机器学习系统往往会运用多种知识表示方法,甚至有时要求系统自主构造出新的知识表示形式,以适应外部环境不断变化的需求,增强系统的普适性。

(3)执行环节

执行环节是直接与现实问题相接触的部分,需要根据输入信息结合知识库中的相关知识解决问题,对解决效果进行综合评价并将评价结果反馈到学习环节,从而完成输入信息对学习系统的闭环指导过程,实现了系统的优化和完善。执行环节中所涉及的问题复杂度、反馈信息质量与执行透明度都会对学习环节产生影响,问题越复杂所需运用的知识也会越多,反馈信息质量越高的知识库更新也就越精准,执行过程越透明,学习环节就越容易跟踪执行环节的行为,更好地保障学习系统的整体效能。

7.3 决策树

7.3.1 决策树与决策树构造算法

决策(Decision,decision-making)是根据信息和评价准则,用科学的方法寻找或选取最优处理方案的过程或技术。决策树的思想十分朴素,它是一种更加接近人类思维方式的决策方法,可以产生可视化分类规则,产生的决策树模型具有可解释性。例如,判断一个贷款用户是否具有偿还贷款的能力,通常会进行一系列的判断或决策:我们会考虑贷款用户是否有房产;如果有,则看贷款用户的月收入是否大于每月还款金额;最后得出决策:这个贷款用户具备偿还贷款的能力。所谓决策树,就是一个类似于流程图的树形结构,树内部的每一个节点代表的是对一个特征的测试,树的分支代表该特征的每一个测试结果,而树的每一个叶子节点代表一个类别。树的最高层就是根节点。图 7.3 为“判断一个贷款用户是否具有偿还贷款的能力”的决策树示意描述。

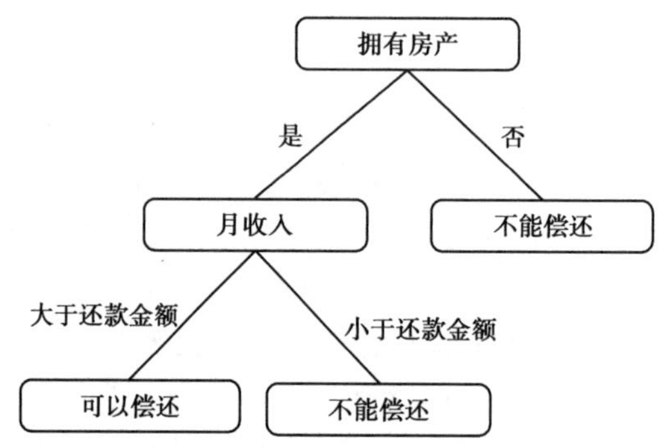

图 7.3　判断一个贷款用户是否具有偿还贷款的能力

决策树分类算法是一种基于实例的归纳学习方法,它能从给定的无序的训练样本中,提炼出树型的分类模型。树中的每个非叶子节点记录了使用哪个特征来进行类别的判断,每个叶子节点则代表了最后判断的类别。根节点到每个叶子节点均形成一条分类的路径规则。而对新的样本进行测试时,只需从根节点开始,在每个分支节点进行测试,沿着相应的分支递归进入子树再测试,一直到达叶子节点,该叶子节点所代表的类别即是当前测试样本的预测类别。在分类问题中,决策树表示基于特征对实例进行分类的过程,可以认为是 if-then 的集合,也可以认为是定义在特征空间与类空间上的条件概率分布。决策树学习的目的是产生一棵泛化能力强,即处理未见示例能力强的决策树。

一棵决策树的生成过程主要分为特征选择、决策树生成和剪枝 3 个部分。

1) 特征选择

特征选择是指从训练数据众多的特征中选择一个特征作为当前节点的分裂标准,如何选择特征有很多不同量化评估标准,从而衍生出不同的决策树算法。对特征选择,常用的特征选择指标有信息增益、增益率和基尼指数。

(1)信息增益

"信息熵"是度量样本集合纯度最常用的一种指标。假定当前样本集合 D 中第 k 类样本所占的比例为 $p_k(k=1,2,\cdots,|y|)$,则 D 的信息熵定义为

$$H(D)=-\sum_{k=1}^{|y|}p_k\log_2 p_k \tag{7.1}$$

$H(D)$ 的值越小,则 D 的纯度越高。但信息熵只能代表纯度,并不能代表信息量。要获得信息增益还需将分类前后的纯度相减,即

$$\text{Gain}(D,a)=H(D)-\sum_{v=1}^{v}\frac{|D^v|}{|D|}H(D^v) \tag{7.2}$$

一般而言,信息增益越大,则意味着使用属性 a 进行决策获得的"纯度提升"越大。

(2)增益率

信息增益可以很好地度量特征信息量,但对可取值数目较多的属性有所偏好。因为信息增益反映的是给定一个条件后不确定性减少的程度,必然是分得越细得到数据集的确定性更高。为了减少这种偏好带来的不利影响。增益率定义如下

$$\text{Gain\_ratio}(D,a)=\frac{\text{Gain}(D,a)}{IV(a)} \tag{7.3}$$

其中,

$$IV(a)=-\sum_{v=1}^{V}\frac{|D^v|}{|D|}\log_2\frac{|D^v|}{|D|} \tag{7.4}$$

称为属性 a 的固有值,属性 a 的可能取值越多,则 $IV(a)$ 的值通常会越大。

(3)基尼指数

与信息增益和增益率类似,基尼指数是另一种度量指标,是 CART 决策树使用的划分属性的指标。基尼指数定义如下

$$\text{Gini}(D)=\sum_{k=1}^{|y|}\sum_{k'\neq k}p_k p_{k'}=1-\sum_{k=1}^{|y|}p_k^2 \tag{7.5}$$

$\text{Gini}(D)$ 反映了从数据集 D 中随机抽取两个样本,其类别标记不一致的概率。因此,$\text{Gini}(D)$ 越小,数据集 D 的纯度越高。

2) 决策树生成

根据选择的特征评估标准,从上至下递归地生成子节点,直到数据集不可分则决策树停止生长。其基本流程遵循简单且直观的"分而治之"策略,其算法见表 7.1。

表 7.1 决策树算法

输入:训练集 $D=\{(x_1,y_1),(x_2,y_2),\cdots,(x_m,y_m)\}$;属性集 $A=\{a_1,a_2,\cdots,a_d\}$.

过程:函数 TreeGeneratr(D,A)

续表

生成节点 node
if D 中样本全属于同一类别 C then
将 node 标记为 C 类叶节点;return
end if
if $A=\phi$ or D 中样本在 A 上取值相同 then
将 node 标记为叶节点,其类别标记为 D 中样本数最多的类;return
end if
从 A 中选择最优属性 a_*
for a_* 的每一个值 a_*^v do
为 node 生成一个分支,令 D_v 表示 D 中在 a_* 上取值为 a_*^v 的样本子集;
if D_v 为空 then
将分支节点标记为叶节点,其类标记为 D 中样本最多的类;return
else
以 TreeGenerate(D_v,$A\setminus\{a_*\}$)为分支节点
end if
end for
输出:以 node 为根节点的一棵决策树

构建决策树的算法繁多,如 C4.5,ID3 和 CART,这些算法在运行时并不总是在每次划分数据分组时都会消耗特征。由于特征数目并不是每次划分数据分组时都减少,因此,这些算法在实际使用时可能引起一定的问题。决策树生成算法递归地产生决策树,直到不能继续下去为止。这样产生的树往往对训练数据的分类很准确,但对未知的测试数据的分类却没那么准确,即出现过拟合现象。过拟合的原因在于学习时过多地考虑如何提高对训练数据的正确分类,从而构建出过于复杂的决策树。解决这一问题的办法是考虑决策树的复杂度,对已生成的决策树进行简化。

3)剪枝

从已经生成的树上裁掉一些子树或叶节点,并将其根节点或父节点作为新的叶子节点,从而简化分类树的模型。

决策树容易过拟合,一般需要剪枝来缩小树结构规模、缓解过拟合。剪枝有预先剪枝和后剪枝两种。

(1)预先剪枝

预先剪枝是在树的生长过程中设定一个指标,当达到该指标时就停止生长,这样做容易产生“视界局限”,一旦停止分支,使得节点 N 成为叶节点,就断绝了其后继节点进行“好”的分支操作的任何可能性。不严格地说,这些已停止的分支会误导学习算法,导致产生的树不纯度降差最大的地方过分靠近根节点。

(2)后剪枝

后剪枝中,树首先要充分生长,直到叶节点都有最小的不纯度值为止,因而可以克服“视界局限”。然后对所有相邻的成对叶节点考虑是否消去它们,如果消去能引起令人满意的不纯度增长，那么执行消去，并令它们的公共父节点成为新的叶节点。这种“合并”叶节点的做法和节点分支的过程恰好相反，经过剪枝后叶节点常常会分布在很宽的层次上，树也变得非平衡。后剪枝技术的优点克服了“视界局限”效应，而且无须保留部分样本用于交叉验证，所以可以充分利用全部训练集的信息。但后剪枝的计算量代价比预剪枝方法大得多，特别是在大样本集中，不过对小样本的情况，后剪枝方法还是优于预剪枝方法。

7.3.2 ID3 算法

ID3 算法是罗斯昆(J. Ross Quinlan)于 1975 年提出的分类预测算法，它是基于奥卡姆剃刀原理，即尽量用较少的东西做更多的事。ID3(Iterative Dichotomiser 3)算法用自顶向下的贪婪搜索遍历可能的决策空间。在信息论中，如果期望信息越小，那么信息增益就越大，从而纯度就越高。ID3 算法的核心思想就是以信息增益来度量属性的选择，选择分裂后信息增益最大的属性进行分裂。分类能力最好的属性就被选为树的根节点进行测试。接着为根节点属性的每个可能值产生一个分支，并把训练样例排列到适当的分支之下。然后重复整个过程，用每个分支节点关联的训练样例来选取在该点被测试的最佳属性。ID3 的整个算法如下：

表 7.2 ID3 决策树算法

ID3 决策树算法 ID3_tree(samples, attribute)
创建树的根节点 N
if samples 都在同一个类 C then
return N 作为叶节点，以类 C 标记
if attribut_list 为空 then
return N 作为叶节点，标记为 samples 中最普通的类
选择 attribute_list 中具有最高信息增益的属性 best_attribute
标记节点 N 为 best_attribute
for each best_attribute 中的未知值 a_i
由节点 N 长出一个条件为 best_attribute $=a_i$ 的分枝
设 s_i 是 samples 中 best_attribute $=a_i$ 的样本集合
if s_i 为空 then
加上一个树叶，标记为 samples
else 加上一个由 ID3_tree(si, attribute_list - best_attribute)返回的节点

ID3 决策树算法作为一个典型的决策树学习算法，其核心是在决策树的各级节点上都用信息增益作为判断标准来进行属性的选择，使得在每个非叶子节点上进行测试时，都能获得最大的类别分类增益，使分类后的数据集的熵最小。这样的处理方法使得树的平均深度较小，从而有效提高分类效率。ID3 算法的优点是分类和测试速度快，特别适用于大数据库的分类问题。其缺点是：决策树的知识表示没有规则易于理解；两棵决策树是否等价问题是子图匹配问题，是 NP 完全问题；不能处理未知属性值的情况；对噪声问题也没有很好的处理方法。

7.3.3 决策树算法应用举例

给定数据见表 7.3，采用 ID3 算法构建决策树模型的具体步骤如下：

表 7.3 决策树给定数据表

序号	天气	周末	促销	销量	序号	天气	周末	促销	销量
1	坏	是	是	高	18	好	否	是	高
2	坏	是	是	高	19	好	否	否	高
3	坏	是	是	高	20	坏	否	否	低
4	坏	否	是	高	21	坏	否	是	低
5	坏	是	是	高	22	坏	否	是	低
6	坏	否	是	高	23	坏	否	是	低
7	坏	是	否	高	24	坏	否	否	低
8	好	是	是	高	25	坏	是	否	低
9	好	是	否	高	26	好	否	是	低
10	好	是	是	高	27	好	否	是	低
11	好	是	是	高	28	坏	否	否	低
12	好	是	是	高	29	坏	否	否	低
13	好	是	是	高	30	好	否	否	低
14	坏	是	是	低	31	坏	是	否	低
15	好	否	是	高	32	好	否	是	低
16	好	否	是	高	33	好	否	否	低
17	好	否	是	高	34	好	否	否	低

①根据式(7.1)计算信息熵，其中数据中总记录为 34，而销售数量为“高”的数据有 18，“低”的数据有 16，所以

$$H(D)=-\frac{18}{34}\log_2\frac{18}{34}-\frac{16}{34}\log_2\frac{16}{34}=0.997\ 503$$

②计算每个测试属性的信息增益值。

对天气属性，其属性值有“好”和“坏”两种。其中，天气为“好”的条件下，销售数量为“高”的记录为 11，销售数量为“低”的记录为 6，可表示为(11,6)；天气为“坏”的条件下，销售数量为“高”的记录为 7，销售数量为“低”的记录为 10，可表示为(7,10)；则天气属性的信息熵计算过程如下：

$$H(11,6)=-\frac{11}{17}\log_2\frac{11}{17}-\frac{6}{17}\log_2\frac{6}{17}=0.936\ 667$$

$$H(7,10)=-\frac{7}{17}\log_2\frac{7}{17}-\frac{10}{17}\log_2\frac{10}{17}=0.977\ 418$$

$$H(\text{天气})=\frac{17}{34}H(11,6)+\frac{17}{34}H(7,10)=0.957\ 403$$

对于是否有周末属性，其属性值有“是”和“否”两种。其中，是否周末属性为“是”的条件下，销售数量为“高”的记录为11，销售数量为“低”的记录为3，可表示为(11,3)；是否周末属性为“否”的条件下，销售数量为“高”的记录为7，销售数量为“低”的记录为13，可表示为(7,13)。则节假日属性的信息熵计算过程如下：

$$H(11,3)=-\frac{11}{14}\log_2\frac{11}{14}-\frac{3}{14}\log_2\frac{3}{14}=0.749\ 595$$

$$H(7,13)=-\frac{7}{20}\log_2\frac{7}{20}-\frac{13}{20}\log_2\frac{13}{20}=0.934\ 068$$

$$H(\text{周末})=\frac{14}{34}H(11,3)+\frac{20}{34}H(7,13)=0.858\ 109$$

对于是否有促销属性，其属性值有“是”和“否”两种。其中，是否有促销属性为“是”的条件下，销售数量为“高”的记录为15，销售数量为“低”的记录为7，可表示为(15,7)；是否有促销属性为“否”的条件下，销售数量为“高”的记录为3，销售数量为“低”的记录为9，可表示为(3,9)。则是否有促销属性的信息熵计算过程如下：

$$H(15,7)=-\frac{15}{22}\log_2\frac{15}{22}-\frac{7}{22}\log_2\frac{7}{22}=0.902\ 393$$

$$H(3,9)=-\frac{3}{12}\log_2\frac{3}{12}-\frac{9}{12}\log_2\frac{9}{12}=0.811\ 278$$

$$H(\text{促销})=\frac{22}{34}H(15,7)+\frac{12}{34}H(3,9)=0.870\ 235$$

根据式(7.2)计算天气、周末和促销属性的信息增益值。

$\text{Gain}(\text{天气})=H(18,16)-H(\text{天气})=0.997\ 503-0.957\ 043=0.040\ 46$

$\text{Gain}(\text{周末})=H(18,16)-H(\text{周末})=0.997\ 503-0.858\ 109=0.139\ 394$

$\text{Gain}(\text{促销})=H(18,16)-H(\text{促销})=0.997\ 503-0.870\ 235=0.127\ 268$

③由计算结果可以知，是否周末属性的信息增益值最大，它的两个属性值“是”和“否”作为该根节点的两个分支。然后按照上述步骤继续对该根节点的两个分支进行节点划分，针对每一个分支节点继续进行信息增益的计算，如此循环反复，直到没有新的节点分支，最终构成一棵决策树。生成的决策树模型如图7.4所示。

由于ID3决策树算法采用了信息增益作为选择测试属性的标准，会偏向于选择取值较多的即所谓的高度分支属性，而这类属性并不一定是最优的属性。同时ID3决策树算法只能处理离散属性，对连续型的属性，在分类前需要对其进行离散化。为了解决倾向于选择高度分支属性的问题，人们采用信息增益率作为选择测试属性的标准，这样便得到C4.5决策树的算法。此外，常用的决策树算法还有CART算法、SLIQ算法、SPRINT算法和PUBLIC算法等。

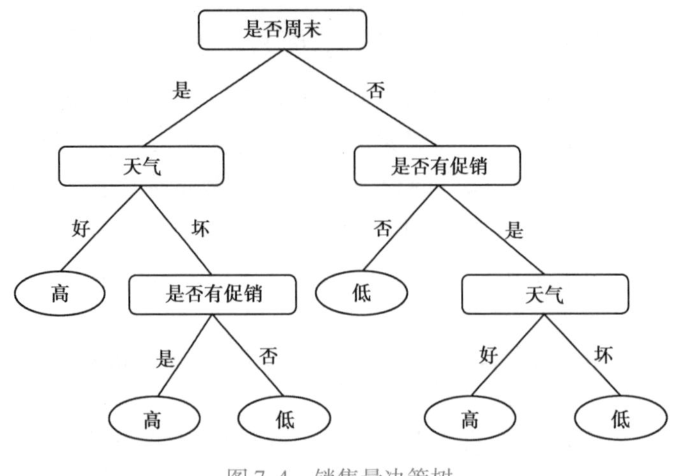

图 7.4 销售量决策树

7.4 神经网络

7.4.1 神经网络基础

神经网络起源于对生物神经元的研究,生物神经元包括细胞体、树突、轴突等部分。其中,树突是用于接受输入信息,输入信息经过突触处理,当达到一定条件时通过轴突传出,此时神经元处于激活状态;反之,没有达到相应的条件,则神经元处于抑制状态。受生物神经元的启发,1943 年心理学家 McCulloch 和数学家 Pitts 提出了神经元的概念,神经元又称为感知机,如图 7.5 所示。输入经过加权和偏置,由激活函数处理后决定输出。

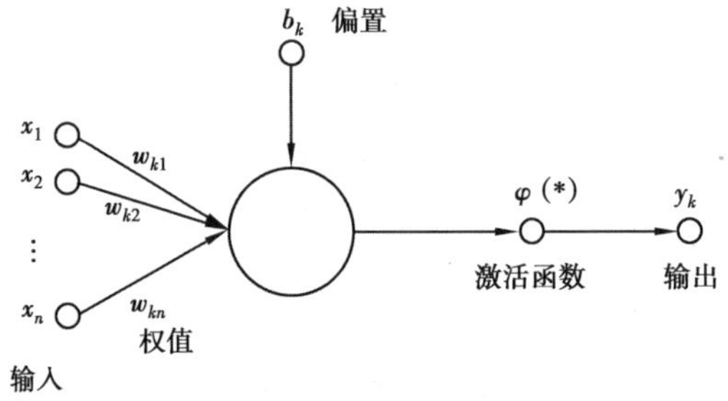

图 7.5 神经元模型

在该模型中,神经元接收到来自 n 个其他神经元传递过来的输入信号,这些输入信号通过带权重的连接进行传递,神经元接收到的总输入值将与神经元的阈值进行比较,然后通过激活函数处理易产生神经元的输出。

理想中的激活函数是阶跃函数,它将输入值映射为输出值“0”或“1”,显然“1”对应于神经元兴奋,“0”对应于神经元抑制,然而,阶跃函数具有不连续、不光滑等不太好的性质,因此,实际常用 Sigmoid 函数作为激活函数,它把可能在较大范围内变化的输入值挤压到(0,1)输出值范围内。

如图 7.5 所示的神经元可表示为

$$y=f(w^{T}x+b) \tag{7.6}$$

将许多个神经元按照一定的层次结构连接起来，就能得到神经网络。神经网络之所以被称为网络，是因为他们通常用许多不同函数组合在一起来表示。有 3 个函数 $f^{(1)}$、$f^{(2)}$ 和 $f^{(3)}$ 连接在一个链上以形成 $f(x)=f^{(3)}(f^{(2)}(f^{(1)}(x)))$。$f^{(1)}$ 称为网络的第一层，$f^{(2)}$ 称为第二层，以此类推。

7.4.2　BP 神经网络及其学习算法

BP 算法分为正向传播和误差反向传播两个部分。正向传播时，输入样本从输入层进入网络，经隐层逐层传递至输出层，如果输出层的实际输出与期望输出不同，则转至误差反向传播；如果输出层的实际输出与期望输出相同，结束学习算法。反向传播时，将输出误差（期望输出与实际输出之差）按原通路反传计算，通过隐层反向，直至输入层，在反传过程中将误差分摊给各层的各个单元，获得各层各单元的误差信号，并将其作为修正各单元权值的根据。这一计算过程使用梯度下降法完成，在不停地调整各层神经元的权值和阈值后，使误差信号减小到最低限度。

权值和阈值不断调整的过程，就是网络的学习与训练过程，经过信号正向传播与误差反向传播，权值和阈值的调整反复进行，一直进行到预先设定的学习训练次数，或输出误差减小到允许的程度。

一个简单的三层 BP 神经网络如图 7.6 所示，三层分别为输入层、隐藏层和输出层。正向传播过程比较简单，其传播公式为

$$y_j=\sum_{i=0}^{m-1}w_{ij}x_i+b_j$$

$$x_j=S(y_j) \tag{7.7}$$

其中，S 为激活函数，一般选取 sigmoid 函数或者线性激活函数。

反向传播时，误差信号反向传递子过程比较复杂，它是基于 Widrow-Hoff 学习规则的。假设输出层的所有结果为 $\hat{y}_j$，误差函数为

$$E(w,b)=\frac{1}{2}\sum_{j=0}^{n-1}(\hat{y}_j-y_j)^2 \tag{7.8}$$

而 BP 神经网络的主要目的是反复修正权值和阈值，使得误差函数值达到最小。Widrow-Hoff 学习规则是通过沿着相对误差平方和的最速下降方向，连续调整网络的权值和阈值，根据梯度下降法，权值矢量的修正正比于当前位置上 $E(w,b)$ 的梯度，对第 j 个输出节点有

$$\Delta w(i,j)=-\eta\frac{\partial E(w,b)}{\partial w(i,j)} \tag{7.9}$$

Widrow-Hoff 学习规则通过改变神经元之间的连接权值减少系统实际输出和期望输出的误差。对隐含层和输出层之间的权值和输出层的阈值计算调整过程如下：

假设选择激活函数为

$$f(x)=\frac{A}{1+\mathrm{e}^{-\frac{\varpi}{B}}} \tag{7.10}$$

对激活函数求导，得

$$f(x)'=\frac{Ae^{-\frac{\varpi}{B}}}{B(1+e^{-\frac{\varpi}{B}})^2}=\frac{1}{AB}\cdot\frac{A}{1+e^{-\frac{\varpi}{B}}}\cdot\left(A-\frac{A}{1+e^{-\frac{\varpi}{B}}}\right)=\frac{f(x)[A-f(x)]}{AB}\tag{7.11}$$

对 w_{ij} 求导，得

$$\begin{aligned}\frac{\partial E(w,b)}{\partial w_{ij}}&=\frac{1}{w_{ij}}\cdot\frac{1}{2}\sum_{j=0}^{n-1}(\hat{y}_j-y_j)^2\\&=(\hat{y}_j-y_j)\cdot\frac{\partial\hat{y}_j}{\partial w_{ij}}\\&=(\hat{y}_j-y_j)\cdot f'(S_j)\cdot\frac{\partial S_j}{\partial w_{ij}}\\&=(\hat{y}_j-y_j)\cdot\frac{f(S_j)[A-f(S_j)]}{AB}\cdot\frac{\partial S_j}{\partial w_{ij}}\\&=(\hat{y}_j-y_j)\cdot\frac{f(S_j)[A-f(S_j)]}{AB}\cdot x_i\\&=\delta_{ij}\cdot x_i\end{aligned}\tag{7.12}$$

其中，$\delta_{ij}=(\hat{y}_j-y_j)\cdot\frac{f(S_j)[A-f(S_j)]}{AB}$，同样对 b_j 求导有

$$\frac{\partial E(w,b)}{\partial b_j}=\delta_{ij}\tag{7.13}$$

针对输入层和隐含层之间的权值和隐含层的阈值调整量的计算更为复杂。假设 w_{ij} 是输入层第 k 个节点和隐含层第 i 个节点之间的权值，有

$$\begin{aligned}\frac{\partial E(w,b)}{\partial w_{ki}}&=\frac{1}{\partial w_{ki}}\cdot\frac{1}{2}\sum_{j=0}^{n-1}(\hat{y}_j-y_j)^2\\&=\sum_{j=0}^{n-1}(\hat{y}_j-y_j)\cdot f'(S_j)\cdot\frac{\partial S_j}{\partial w_{ki}}\\&=\sum_{j=0}^{n-1}(\hat{y}_j-y_j)\cdot f'(S_j)\cdot\frac{\partial S_j}{\partial x_i}\cdot\frac{\partial x_i}{\partial S_i}\cdot\frac{\partial S_i}{\partial w_{ki}}\\&=\sum_{j=0}^{n-1}\delta_{ij}\cdot w_{ij}\cdot\frac{f(S_i)[A-f(S_i)]}{AB}\cdot x_k\\&=x_k\cdot\sum_{j=0}^{n-1}\delta_{ij}\cdot w_{ij}\cdot\frac{f(S_i)[A-f(S_i)]}{AB}\\&=\delta_{ki}\cdot x_k\end{aligned}\tag{7.14}$$

其中，$\delta_{ki}=\sum_{j=0}^{n-1}\delta_{ij}\cdot w_{ij}\cdot\frac{f(S_i)[A-f(S_i)]}{AB}$。

综上所述，根据梯度下降法，对隐含层和输出层之间的权值和阈值调整公式为

$$w_{ij}=w_{ij}-\eta_1\cdot\frac{\partial E(w,b)}{\partial w_{ij}}=w_{ij}-\eta_1\cdot\delta_{ij}\cdot x_i$$
$$b_j=b_j-\eta_2\cdot\frac{\partial E(w,b)}{\partial b_j}=b_j-\eta_2\cdot\delta_{ij} \tag{7.15}$$

对输入层和隐含层之间的权值和阈值调整公式为

$$w_{ki}=w_{ki}-\eta_1\cdot\frac{\partial E(w,b)}{\partial w_{ki}}=w_{ki}-\eta_1\cdot\delta_{ki}\cdot x_k$$
$$b_i=b_i-\eta_2\cdot\frac{\partial E(w,b)}{\partial b_i}=b_i-\eta_2\cdot\delta_{ki} \tag{7.16}$$

7.4.3 Hopfield 神经网络及其算法

从系统观点看,前馈神经网络模型的计算能力有限,具有自身的一些缺点。而反馈型神经网络是一种反馈动力学系统,比前馈神经网络拥有更强的计算能力,可以通过反馈而加强全局稳定性。反向传播神经网络模型虽然很适合处理学习问题,但是不适合处理组合优化问题。反馈神经网络中,所有神经元具有相同的地位,没有层次差别。它们之间可以互相连接,也可向自身反馈信号。典型的反馈性神经网络包括 Hopfield 神经网络和 BAM 双向联想记忆神经网络。

Hopfield 神经网络是一种单层互相全连接的反馈型神经网络,其结构如图 7.6 所示。每个神经元既是输入也是输出,网络中的每一个神经元都将自己的输出通过连接权传送给所有其他神经元,同时又都接收所有其他神经元传递过来的信息,即网络中的神经元在 t 时刻的输出状态实际上间接地与自己 t-1 时刻的输出状态有关。神经元之间互相连接,所以得到的权重矩阵就是对称矩阵。

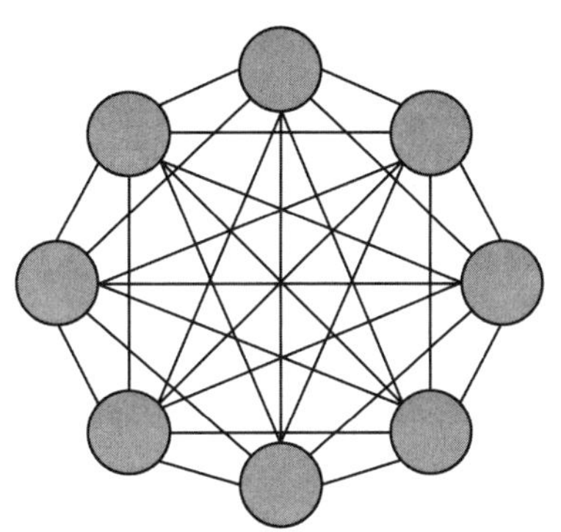

图 7.6 Hopfield 神经网络结构图

同时,Hopfield 神经网络成功地引入了能量函数的概念,使网络运行的稳定性判断有了可靠依据。基本的 Hopfield 神经网络是一个由非线性元件构成的全连接型单层递归系统。其状态变化可以用差分方程来表示。递归型网络的一个重要特点就是它具有稳定状态,当网络达到稳定状态时,也就是它的能量函数达到最小时。这里的能量函数不是物理意义上的能量函数,而是在表达形式上与物理意义上的能量概念一致,即它表征网络状态的变化趋势,并可以依据 Hopfield 网络模型的工作运行规则不断进行状态变化,最终到达具有某个极小值的目标函数。网络收敛是指能量函数达到极小值。在递归信号时,网络的状态是随着时间的变化而变化的,其运动轨迹必然存在着稳定性的问题。这就是递归网络与前向网络在网络性能分析上最大的区别之一,在使用递归网络时,必须对其稳定性进行专门的分析与讨论,合理选择网络的参数变化范围,才能确保递归网络的正常工作。

Hopfield 算法:

(1)设置互联权值

$$W_{ij}=\begin{cases}\sum_{s=0}^{m-1}x_i^S x_j^S, & i\neq j\\ 0,i=j, & 0\leqslant i,j\leqslant n-1\end{cases}\tag{7.17}$$

式中,x_i^S 为 S 类采样的第 i 个分量,可为+1 或−1;采用类别数为 m,节点数为 n。

(2)对未知类别的采样初始化

$$y_i(0)=x_i,0\leqslant i\leqslant n-1\tag{7.18}$$

式中,$y_i(t)$ 为节点 i 在 t 时刻的输出;当 $t=0$ 时,$y_i(0)$ 就是节点 i 的初始值,x_i 为输入采样的第 i 个分量,可为+1 或−1。

(3)迭代运算

$$y_i(t+1)=f\left(\sum_{i=0}^{n-1}W_{ij}y_i(t)\right),0\leqslant j\leqslant n-1\tag{7.19}$$

其中,函数 f 为阈值。本过程一直重复到新的迭代不能再改变节点的输出为止,即收敛停止,这时,各节点的输出与输入采样达到最佳匹配。否则,转向步骤二。

7.4.4 神经网络应用举例

假设有 14 个运动员的运动项目数据,然后预测第 15 个人的跳高成绩,见表 7.4。

表 7.4 预测第 15 个人的跳高成绩

序号	跳高成绩/m	30 m 行进跑/s	立定三级跳远/m	助跑摸高/m	助跑 4~6 步跳高/m	负重深蹲杠铃/kg	杠铃半蹲系数	100 m/s	抓举/kg
1	2.24	3.2	9.6	3.45	2.15	140	2.8	11.0	50
2	2.33	3.2	10.3	3.75	2.2	120	3.4	10.9	70
3	2.24	3.0	9.0	3.5	2.2	140	3.5	11.4	50
4	2.32	3.2	10.3	3.65	2.2	150	2.8	10.8	80
5	2.2	3.2	10.1	3.5	2	80	1.5	11.3	50
6	2.27	3.4	10.0	3.4	2.15	130	3.2	11.5	60
7	2.2	3.2	9.6	3.55	2.1	130	3.5	11.8	65
8	2.26	3.0	9.0	3.5	2.1	100	1.8	11.3	40
9	2.2	3.2	9.6	3.55	2.1	130	3.5	11.8	65
10	2.24	3.2	9.2	3.5	2.1	140	2.5	11.0	50
11	2.24	3.2	9.5	3.4	2.15	115	2.8	11.9	50
12	2.2	3.9	9.0	3.1	2.0	80	2.2	13.0	50
13	2.2	3.1	9.5	3.6	2.1	90	2.7	11.1	70
14	2.35	3.2	9.7	3.45	2.15	130	4.6	10.85	70
15		3.0	9.3	3.3	2.05	100	2.8	11.2	50

1)整理数据

我们将前 14 组国内男子跳高运动员各项素质指标作为输入,即(30 m 行进跑、立定三级跳远、助跑摸高、助跑 4 ~ 6 步跳高、负重深蹲杠铃、杠铃半蹲系数、100 m、抓举),将对应的跳高成绩作为输出。并用 MATLAB 自带的 premnmx( ) 函数将这些数据归一化处理。

数据集:(注意:每一列是一组输入训练集,行数代表输入层神经元个数,列数输入训练集组数)

P=[3.2 3.2 3 3.2 3.2 3.4 3.2 3 3.2 3.2 3.2 3.9 3.1 3.2;
9.6 10.3 9 10.3 10.1 10 9.6 9 9.6 9.2 9.5 9 9.5 9.7;
3.45 3.75 3.5 3.65 3.5 3.4 3.55 3.5 3.55 3.5 3.4 3.1 3.6 3.45;
2.15 2.2 2.2 2.2 2 2.15 2.14 2.1 2.1 2.1 2.15 2 2.1 2.15;
140 120 140 150 80 130 130 100 130 140 115 80 90 130;
2.8 3.4 3.5 2.8 1.5 3.2 3.5 1.8 3.5 2.5 2.8 2.2 2.7 4.6;
11 10.9 11.4 10.8 11.3 11.5 11.8 11.3 11.8 11 11.9 13 11.1 10.85;
50 70 50 80 50 60 65 40 65 50 50 50 70 70];

T=[2.24 2.33 2.24 2.32 2.2 2.27 2.2 2.26 2.2 2.24 2.24 2.2 2.2 2.35];

2)BP 模型建立

BP 网络由输入层、隐层和输出层组成。隐层可以有一层或多层,在这里选用 $m\times k\times n$ 的三层 BP 网络模型,网络选用 S 型传递函数 $f(x)=1/(1+e^{-x})$,通过反传误差函数 $E=0.5\sum_{i}(t_i-o_i)^2$(t_i 为期望输出、o_i 为网络计算输出),不断调节网络权值和阈值使误差函数 E 达到极小。

3)模型求解(网络结构的设计)

(1)输入输出层的设计

该模型由每组数据的各项素质指标作为输入,以跳高成绩作为输出,所以输入层的节点数为 8,输出层的节点数为 1。

(2)隐层设计

在网络设计过程中,隐层神经元个数的确定十分重要。隐层神经元个数过多,会加大网络计算量并容易产生过度拟合问题;神经元个数过少,则会影响网络性能,达不到预期效果。网络中隐层神经元的数目与实际问题的复杂程度、输入和输出层的神经元数以及对期望误差的设定有直接的联系。隐层神经元个数使用 $l=\sqrt{n+m}+a$(其中,n 为输入层神经元个数,m 为输出层神经元个数,a 为[1,10]之间的常数)计算得到。根据上式可以计算出神经元个数为 4 ~ 13 个,在本次实验中,选择隐层神经元个数为 6。

(3)激活函数的选取

BP 神经网络通常采用 Sigmoid 可微函数和线性函数作为网络的激励函数。本节选择 S 型正切函数 tansig 作为隐层神经元的激励函数。由于网络的输出归一到[-1,1]范围内,因此,预测模型选取 S 型对数函数 logsig 作为输出层神经元的激励函数。

4)模型实现

此次预测选用 MATLAB 中的神经网络工具箱进行网络训练,预测模型的具体实现步骤如下:

将训练样本数据归一化后输入网络，设定网络隐层和输出层激励函数分别为 tansig 和 logsig 函数，网络训练函数为 traingdx，网络性能函数为 mse，隐层神经元数初设为 6。设定网络参数，网络迭代次数 epochs 为 5 000 次，期望误差 goal 为 0.000 000 01，学习速率 lr 为 0.01。设定完参数后，开始训练网络。该网络通过 24 次重复学习达到期望误差后则完成学习。

```
P=[3.2 3.2 3 3.2 3.2 3.4 3.2 3 3.2 3.2 3.2 3.9 3.1 3.2;
9.6 10.3 9 10.3 10.1 10 9.6 9 9.6 9.2 9.5 9 9.5 9.7;
3.45 3.75 3.5 3.65 3.5 3.4 3.55 3.5 3.55 3.5 3.4 3.1 3.6 3.45;
2.15 2.2 2.2 2.2 2 2.15 2.14 2.1 2.1 2.1 2.15 2 2.1 2.15;
140 120 140 150 80 130 130 100 130 140 115 80 90 130;
2.8 3.4 3.5 2.8 1.5 3.2 3.5 1.8 3.5 2.5 2.8 2.2 2.7 4.6;
11 10.9 11.4 10.8 11.3 11.5 11.8 11.3 11.8 11 11.9 13 11.1 10.85;
50 70 50 80 50 60 65 40 65 50 50 50 70 70];
T=[2.24 2.33 2.24 2.32 2.2 2.27 2.2 2.26 2.2 2.24 2.24 2.2 2.2 2.35];
[p1,minp,maxp,t1,mint,maxt]=premnmx(P,T);
%创建网络
net=newff(minmax(P),[8,6,1],{'tansig','tansig','purelin'},'trainlm');
%设置训练次数
net.trainParam.epochs = 5000;
%设置收敛误差
net.trainParam.goal=0.0000001;
%训练网络
[net,tr]=train(net,p1,t1);
    TRAINLM,Epoch 0/5000,MSE 0.533351/1e-007,Gradient 18.9079/1e-010
TRAINLM,Epoch 24/5000,MSE 8.81926e-008/1e-007,Gradient 0.0022922/1e-010
TRAINLM,Performance goal met.
%输入数据
a=[3.0;9.3;3.3;2.05;100;2.8;11.2;50];
%将输入数据归一化
a=premnmx(a);
%放入网络输出数据
b=sim(net,a);
%将得到的数据反归一化得到预测数据
c=postmnmx(b,mint,maxt);
c
c =2.200 3
```

7.5　支持向量机

7.5.1　间隔与支持向量

在感知机模型中,找到多个可以分类的超平面将数据分开,且优化时希望所有的点都离超平面很远。但是实际上离超平面很远的点已经被正确分类,我们让它离超平面更远并没有意义。反而最关心的是那些离超平面很近的点,这些点很容易被误分类。如果可以让离超平面比较近的点尽可能地远离超平面,那么我们的分类效果会更好。SVM 的思想正起源于此。

理想简单化后支持向量机其实就是一个简单数学问题,如图 7.7(a)所示,这些实心点和空心点在坐标系上的分布(理想化情况),其实就是需要找到一条分隔线 y 让这些点的坐标代去到方程中能够划分出实心点和空心点。图 7.7(a)这种情况也是最简单的线性情况。但是就这种最简单的线性分类情况,其实可以在实心点和空心点中间画出无数条 $Y=\{y_1,y_2,...,y_n\}$,如图 7.7(b)所示。只要能找到一条 y_1 能够划分出实心点和空心点即可,而是要找到"容忍"性最好的那一条 y_i。因为这条 y 才能对未见示例泛化能力最强。就是分类两侧距离决策直线距离最近的点离该直线综合最远的那条直线,即分割的间隙越大越好,这样分出来的特征的精确性更高,容错空间也越大。这一过程在 SVM 中称为最大间隔。实心点和空心点之间的间隙就是要最大化的间隔,显然在这种情况下,分类直线位于中间位置时可以使最大间隔达到最大值。

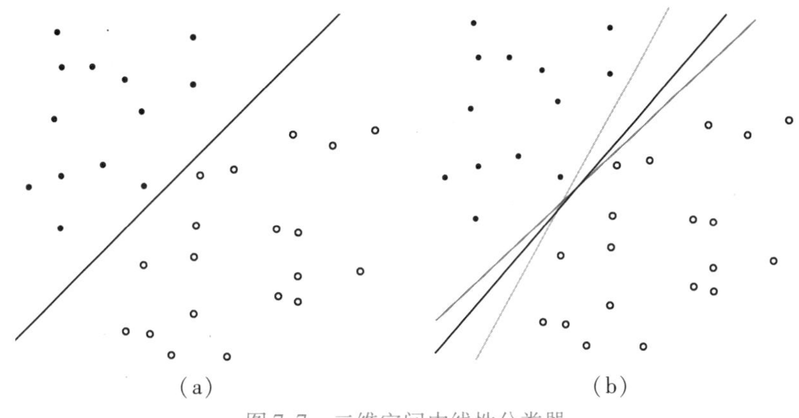

图 7.7　二维空间中线性分类器

如果是点在坐标系中,线性方程可以写成 $f(y)=ax+b$。同样地,如果这些点是样本数据,那么我们需要找到一个超平面来划分这些样本数据,这个线性的超平面就可以写成 $f(y)=w^{\mathrm{T}}x+b$,其中 w^{T} 是法向量,决定超平面的方向;b 是位移项,决定超平面和原点之间的距离。所以样本空间中任意样本到超平面的距离为

$$R=\frac{|w^{\mathrm{T}}x+b|}{\|W\|}$$

如图 7.8 所示。

对于实心点有 $w^{\mathrm{T}}x+b\geqslant+1,y=+1$;对于空心点有 $w^{\mathrm{T}}x+b\leqslant-1,y=-1$。

所以要找的超平面就是要满足上述两个不等式的约束,同时使 R 最大,即

$$\max_{w,b} \frac{2}{\|w\|} \quad \text{s.t. } y_i(w^{\mathrm{T}}x+b) \geqslant 1, i=1,2,3,\ldots,m \tag{7.20}$$

要最大化间隔，仅需最大化$\|W\|^{-1}$，即最小化$\|W\|^2$，所以式(7.20)可改写为

$$\min_{w,b} \frac{1}{2}\|w\|^2 \quad \text{s.t. } y_i(w^{\mathrm{T}}x+b) \geqslant 1, i=1,2,3,\ldots,m \tag{7.21}$$

式(7.21)是SVM的基本模型。

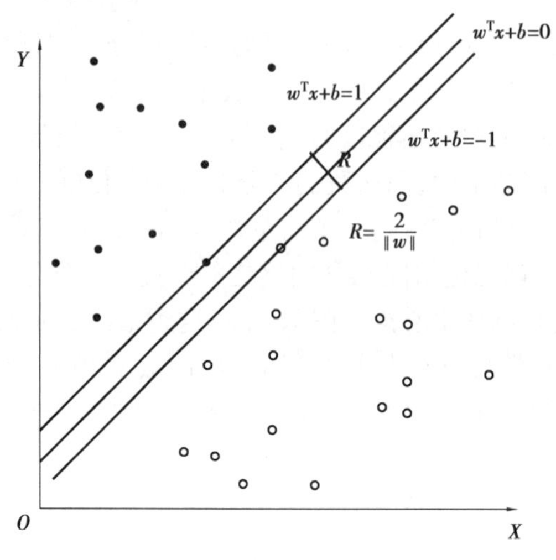

图7.8　支持向量与间隔

7.5.2　对偶问题

因为现在的目标函数是二次的，约束条件是线性的，所以它是一个凸二次规划问题。这个问题可以用现成的QP（Quadratic Programming）优化包进行求解。在一定的约束条件下，目标最优，损失最小。此外，由于这个问题的特殊结构，还可以通过拉格朗日对偶性变换到对偶变量的优化问题，即通过求解与原问题等价的对偶问题得到原始问题的最优解，这就是线性可分条件下支持向量机的对偶算法。这样做的优点在于：一是对偶问题往往更容易求解；二是可以自然地引入核函数，进而推广到非线性分类问题。

根据不等约束求解方法，首先构造目标函数使用拉格朗日乘子法将问题的约束条件转换为无约束的目标函数，式(7.21)可改写为

$$L(w,b,a) = \frac{1}{2}\|w\|^2 - \sum_{i=1}^{N} a_i(y_i(wx_i + b) - 1) \tag{7.22}$$

原问题就转化为求解$\max\limits_{a} \min\limits_{w,b} L(w,b,a)$，对$w$求偏导可得

$$\frac{\partial L}{\partial w} = 0 \rightarrow w = \sum_{i=1}^{n} a_i y_i x_i \tag{7.23}$$

$$\frac{\partial L}{\partial b} = 0 \rightarrow b = \sum_{i=1}^{n} a_i y_i \tag{7.24}$$

代入式(7.22)，可得

$$\min_{w,b} L(w,b,a) = \frac{1}{2}w^{\mathrm{T}}w - w^{\mathrm{T}}\sum_{i=1}^{n} a_i y_i x_i - \sum_{i=1}^{n} a_i y_i + \sum_{i=1}^{N} a_i$$

$$= \sum_{i=1}^{n} a_i - \frac{1}{2}\left(\sum_{i=1}^{n} a_i y_i x_i\right)^{\mathrm{T}} \sum_{i=1}^{N} a_i y_i x_i \tag{7.25}$$
$$= \sum_{i=1}^{n} a_i - \frac{1}{2}\left(\sum_{i=1}^{n}\sum_{j=1}^{n} a_i a_j y_i y_j (x_i^{\mathrm{T}} x_j)\right)$$

然后通过 SMO 思想可以分别求出 a_i, a_j。对位移项 b 可以采用鲁棒的做法:使用所有支持向量求解的平均值为

$$b = \frac{1}{|s|}\sum_{s \in S}\left(\frac{1}{y_s} - \sum_{s \in S} a_i y_i\, x_i^{\mathrm{T}} x_s\right) \tag{7.26}$$

7.5.3 核函数与核技巧

以上都是针对二维平面上的分类方式,当遇到低维不可分的情况时,就需要使用某种非线性的方法(从二维空间扩展到三维空间,如图 7.9、图 7.10 所示),让空间从原本的线性空间转换到另一个维度更高的空间,在这个高维的线性空间中,再用一个超平面对样本进行划分,这种情况下,相当于增加了不同样本间的区分度和区分条件。在这一过程中,核函数发挥了至关重要的作用,核函数的作用就是在保证不增加算法复杂度的情况下将完全不可分问题转化为可分或达到近似可分的状态。

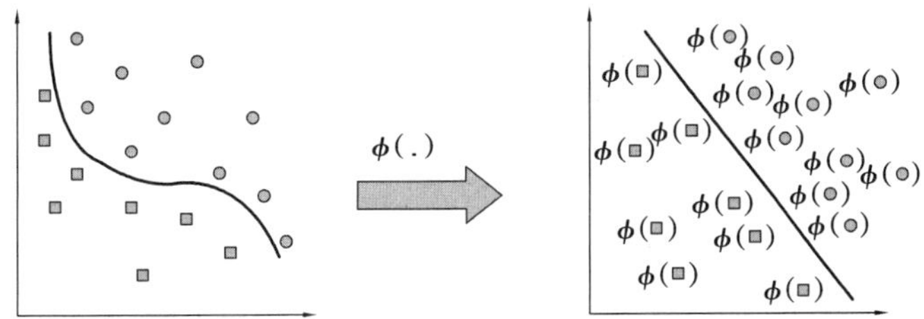

图 7.9　低维映射线性可分

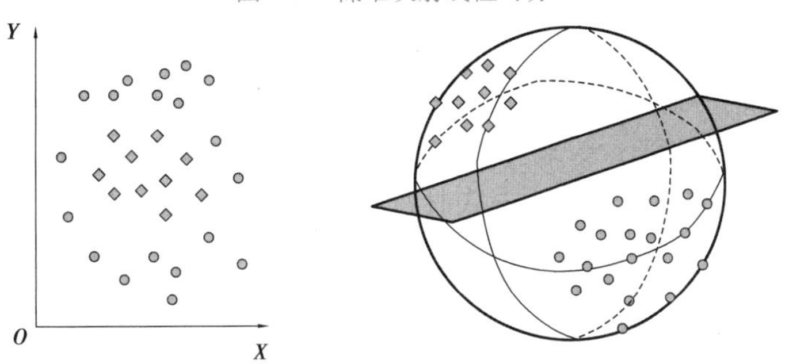

图 7.10　高维映射线性可分

非线性学习器分为两步:首先使用一个非线性映射将数据变换到一个特征空间 F,然后在特征空间使用线性学习器分类。

所以映射函数可以在特征空间中直接计算内积 $\langle\psi(x_i)\cdot\psi(x)\rangle$,就像在原始输入点的函数中一样,就有可能将两个步骤融合到一起建立一个非线性的学习器,这样直接计算的方法称为核函数法。所以式(7.25)可以写为式(7.27)。

$$\max_{a} \sum_{i=1}^{m} a_i - \frac{1}{2}\sum_{i=1}^{m}\sum_{j=1}^{m} a_i a_j y_i y_j < \psi(x_i), \psi(x_j) >$$
$$\text{s.t.} \sum_{i=1}^{m} a_i y_i = 0, a_i \geqslant 0, i = 1,2,\cdots,m \tag{7.27}$$

其中，$\psi(x)$表示将x映射到高维空间后的特征向量，$\langle\psi(x_i)\cdot\psi(x_j)\rangle$表示高维空间上点的内积，其中，$x_i$和$x_j$分别是原始空间中的点。由于将原始空间中的点映射后维度会扩大，所以实际计算这样的内积时其实是很困难的。那么，为了避开这样的障碍，可设想一个函数

$$K(x_i,x_j)=\psi(x_i)\psi(x_j) \tag{7.28}$$

几种常用的核函数，见表7.5。

表7.5　常用核函数

名称	表达式	参数
线性核	$k(x_i,x_j)=x_i^{\mathrm{T}}x_j$	
多项式核	$k(x_i,x_j)=(x_i^{\mathrm{T}}x_j)^d$	$d\geqslant1$ 为多项式的次数
高斯核	$k(x_i,x_j)=\exp\left(-\frac{\lVert x_i-x_j\rVert^2}{2\delta^2}\right)$	$\delta>0$ 为高斯带宽
拉普拉斯核	$k(x_i,x_j)=\exp\left(-\frac{\lVert x_i-x_j\rVert}{\delta}\right)$	$\delta>0$
Sigmoid 核	$k(x_i,x_j)=\tanh(\beta x_i^{\mathrm{T}}x_j+\theta)$	tanh 为双曲正切函数

习　题

1. 什么是机器学习？为什么要研究机器学习？

2. 简述决策树学习的结构。

3. 试证明对不含冲突数据（即特征向量完全相同但标记不同）的训练集，必存在与训练集一致（即训练误差为0）的决策树。

4. 试编程实现基于信息熵进行划分选择的决策树算法。

5. 试述将线性函数$f(x)=w^{\mathrm{T}}x$用作神经元激活函数的缺陷。

6. 试构造一个能解决异或问题的BP神经网络。

7. 试证明样本空间中任意点x到超平面(w,b)的距离为$R=\frac{|w^{\mathrm{T}}x+b|}{\lVert W\rVert}$。

习题答案

8 强化学习

8.1 概述

强化学习(Reinforcement Learning,RL)是一种自优化学习方法。在强化学习的范式中,学习者(在强化学习中又称为智能体)不会被告知具体应如何采取行动,而是必须通过自己和外界的交互感知,通过不断尝试来发掘哪些行动可以获得最大化奖励或者收益。在生物界中,人类从出生开始就通过与环境的交互本能地进行学习,婴儿在没有成人指导的情况下就会通过大声啼哭或者手舞足蹈来表示自己的情绪和需求;刚出生的羚羊幼崽在出生后无须母羊的引导就会挣扎着尝试四足站立,通过运动感知和外部环境直接连接的结果来指导自己站立和奔跑的行为,约半小时后,年幼的羚羊就能以 20 km/h 的速度在草原上驰骋。与外界的交互感知可以提供给学习者大量的信息,理解事件之间的因果关系、特定行为产生的后果与收益,使得学习者进一步明确实现目的的动作和策略。这种通过与外界交互进行决策优化的方式是强化学习的基本思想。因此,强化学习中的智能体必须包含感知、动作和目标 3 个方面的要素。

强化学习的最初灵感来源于心理学中的行为主义理论,该理论研究生物体如何在外部环境的简单奖励和惩罚刺激下,逐步建立对刺激的期望,从而建立获得最大收益的习惯性行为。该理论因其通用性和普适性,很快被推广到了其他研究领域,如博弈论、控制论、运筹学、信息论、仿真优化、多智能体系统、群体智能、统计学以及遗传算法。强化学习在不同领域和不同研究语境中又有着不同的表示形式。在运筹学和控制理论研究的语境下,强化学习被称为“近似动态规划”(Approximate Dynamic Programming,ADP);在最优控制理论中强化学习大部分的研究是关注最优解的存在和特性,并非学习或近似方面;在经济学和博弈论中,强化学习被用来解释在有限理性的条件下如何出现平衡。在机器学习问题中,环境通常被抽象为马尔科夫决策过程(Markov Decision Processes,MDP),因为很多强化学习算法在这种假设下才能使用动态规划的方法。传统的动态规划方法和强化学习算法的主要区别是,后者不需要关于 MDP 的知识,而且针对无法找到确切方法的大规模 MDP。

强化学习是机器学习领域中独立的一种学习范式,与当前广泛研究和使用的有监督学习及无监督学习都有所不同,在此必须从概念上清晰地对他们进行区分。有监督学习利用外部监督者提供的带有标注样本集中进行知识的获取,开展模型的学习,样本集中包含了特定情境的特征描述和标注的记录。模型进行有监督学习的目的在于针对当前的特定情境进行正确的动作(即标注)或反映。有监督学习注重从外部获取知识,不适用于交互性学习这类问题,在交互学习中,包含所有场景的正确又有代表性的样本集是难以构建的。无监督学习不要求样本集中包含的标注,其重点在于寻找未标注样本集中的隐含结构。强化学习与无监督学习在学习场景上存在一定的类似,但目的大不相同。强化学习的目的在于最大化奖励信号,而并非发掘数据中的隐含结构。因此,在本书中我们认为强化学习与无监督学习和有监督学习是并列的第三种机器学习范式,如图 8.1 所示。

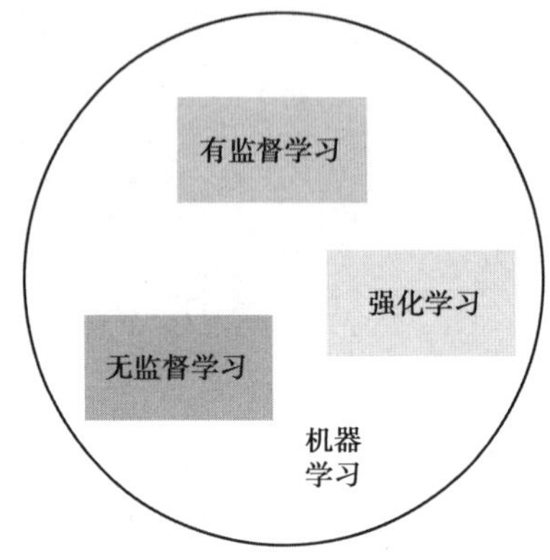

图 8.1　3 种机器学习范式

在许多真实场景中,由于自身与外界的复杂交互特性和因果关系,当前的动作不仅会影响即时的收益,也会影响下一个动作或者场景,从而对后续的收益产生影响。在强化学习中,试错和延迟收益是两个最重要也是最显著的特征。

8.1.1　强化学习实例

1) AWS DeepRacer 自动驾驶赛车

AWS DeepRacer 是一款设计用来测试强化学习算法在实际轨道中的变现的自动驾驶赛车,如图 8.2 所示。它能使用摄像头来可视化赛道,还能使用强化学习模型来控制油门和方向。

图 8.2　AWS DeepRacer 自动驾驶赛车

2) Wayve. ai 自动驾驶效果

Wayve. ai 已成功应用了强化学习来训练一辆车如何在白天驾驶,使用了深度强化学习算法来处理车道跟随任务的问题。其网络结构是一个有 4 个卷积层和 3 个全连接层的深层神经网络。如图 8.3 所示,中间的图像表示驾驶员视角。

图 8.3 Wayve.ai 自动驾驶效果

3) 机械臂

机械臂(图 8.4)抓取。因为利用强化学习对机械臂进行训练需要大量的经验,所以一般情况下会采用分布式系统,设置大量机械臂,让每个机械臂尝试抓取不同的物体。抓取的物体形状、形态其实都是不同的,这样就可以让这个机械臂学到统一的行为,面对不同的抓取物都可以采取最优的抓取特征。抓取的物件形态存在很多不同,一些传统的抓取算法就无法将所有物体都抓起来,对每一个物体都需要做一个建模,需要耗费大量的时间。但是借助强化学习就可以学到统一的抓取算法,在不同形状的物体上都可适用。

图 8.4 机械臂

4) 解魔方的机械手

它是 OpenAI 研发的一个玩魔方的机械手。2018 年,OpenAI 先设计了这个手指的一个机械臂,让它可以通过翻动手指,使手中的这个木块达到一个预定的设定位置。OpenAI 的研究员利用强化学习在一个虚拟环境里先训练,让智能体能翻到特定的方向,再把它应用到真实的环境中。在强化学习中一个比较常用的做法是,先在虚拟环境里得到一个很好的智能体,然后再把它使用到真实的机器人中。因为真实的机械手臂通常都是容易坏的,而且非常昂贵,无法大批量地购买和进行试验。2019 年,OpenAI 的研究员对机械手作了进一步的改进,使机械手可以成功地还原三阶魔方,如图 8.5 所示。

图 8.5 解魔方的机械手

5) 穿衣服的智能体

穿衣服的智能体如图 8.6 所示。很多时候你要在电影或者一些动画中实现人穿衣服的场景,通过手写执行命令让机器人穿衣服其实非常困难。穿衣服是一个非常精细的操作,对于一个穿衣服的智能体,可以通过强化学习实现这个穿衣功能。在训练过程中,还可以在这里面加入一些扰动,智能体即可以获取抗扰动的能力。

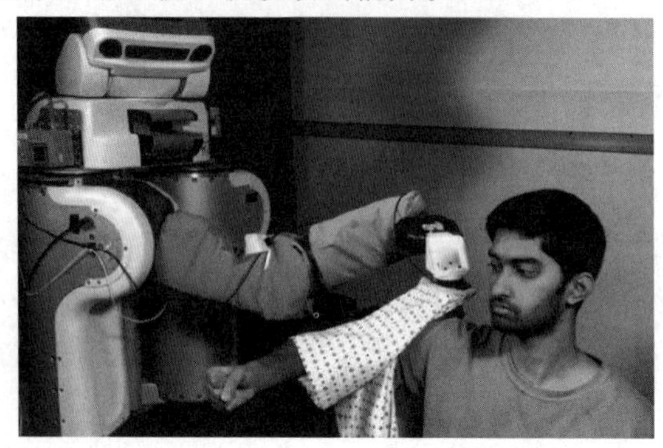

图 8.6　穿衣服的智能体

8.1.2　强化学习要素

强化学习任务主要研究的问题为智能体如何在一个复杂的不确定的环境中去最大化它能获得的奖励。在图 8.7 中,一个强化学习系统主要由两个部分组成:智能体和环境。在强化学习过程中,智能体与环境持续进行交互。智能体在环境中获取状态(State),然后根据状态进行一个决策(Decision),并输出一个动作(Action)。智能体的决策和动作会与环境进行交互,环境会根据智能体采取的决策和动作,输出下一个状态以及当前的这个决策得到的奖励,智能体的目的是尽可能多地从环境中获取奖励。

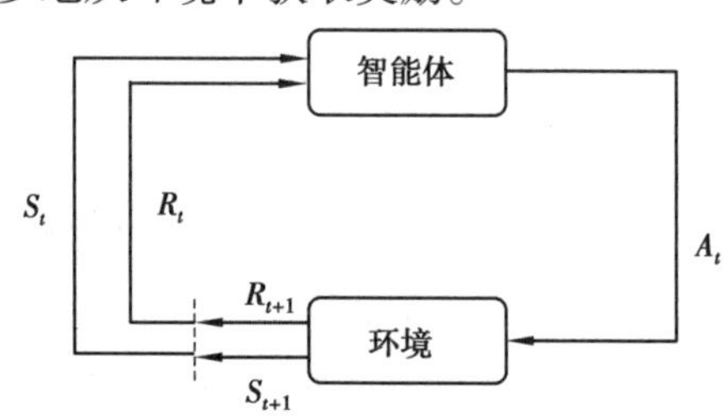

图 8.7　强化学习系统的组成

强化学习作为一种交互式的学习方式,智能体和环境是其最基本的两个要素。除此之外,一个完整的强化学习系统包含其他 4 个核心要素:策略、奖励信号、价值函数以及对环境建立的模型(不一定需要)。

1) 策略

策略是定义了强化学习任务中的智能体在指定时间或者特定环境下的行为。策略类似于心理学中的"刺激-反应"的规则或关联关系。在实际的强化学习任务中,策略可能是一个简单的函数或者查询表,也可能对应一个复杂的需要大量计算的搜索过程。策略是可以人为设置的,是强化学习智能体的核心部分。一般来说,策略可分为两大类:一类是随机策略(Stochastic policy)。随机策略一般就是 π 函数 $\pi(a|s)=P[A_t=a|S_t=s]$,当输入一个状态 s 时,输

出是一个概率。这个概率就是所有行为的一个概率，然后可以进一步对这个概率分布进行采样，得到真实的智能体采取的行为。比如，这个概率可能有70%的概率往左，30%的概率往右，那么你通过采样就可以得到一个行为。另一类为确定性策略（Deterministic policy）。在确定性策略中，智能体有可能只是采取它的极大化的概率的行为，即 $a^* = \underset{a}{\mathrm{argmax}}\,\pi(a|s)$，现在这个概率就是事先决定好的。通常情况下，强化学习一般使用随机性策略。随机性策略有两个主要优点：在学习时可以通过引入一定随机性来更好地探索环境；随机性策略的动作具有多样性，这一点在多个智能体博弈时也非常重要。采用确定性策略的智能体总是对同样的环境作出相同的动作，会导致它的策略很容易被对手预测。

2）奖励信号

奖励信号定义了强化学习任务中的学习目标。在强化学习的每一步中，环境都会给智能体发送一个称为奖励的标量数值（Scalar Feedback Signal），在整个强化学习任务中，智能体的唯一目的就是最大化学习任务的长期总奖励（Expected Cumulative Reward）。不同的环境，奖励也是不同的。例如，对一个股票管理任务，奖励信号就是股票的上涨或者下跌带来的经济收益；对一盘棋局，奖励信号就是棋局结束时的胜负结果；对出生羚羊站立任务，奖励信号就是小羚羊是否可以跟着羊群一起奔跑或者被肉食动物捕猎。

在一个强化学习环境中，智能体的目的就是选取一系列的动作来极大化它的奖励，所以这些采取的动作必须有长期的影响。但在这个过程中，它的奖励其实是被延迟了的，也就是说，你现在采取的某一步决策可能要等到很久时间过后才知道这一步到底产生了什么样的影响。例如，对AlphaGo和李世石的对弈，AlphaGo只有到最后游戏结束，才知道是否赢下了棋局。中间对弈过程的落子并不会直接产生奖励。强化学习中的一个重要课题就是近期奖励和远期奖励的一个权衡（Trade-off）。怎样让智能体取得更多的长期奖励是强化学习关注的问题。

3）价值函数

价值函数是一个智能体在某个状态开始，对将来累计的总收益的期望。价值函数与收益信号不同，更注重长期回报。例如，某个状态的即时收益很低，但是在进行该状态后，会带来一个极高收益的后续状态。从形式上讲，价值函数是未来奖励的一个预测，用来评估状态的好坏，价值函数的定义其实是一个期望，如式（8.1）所示：

$$\begin{aligned} v_\pi(s) &\doteq \mathbb{E}_\pi[G_t \mid S_t = s] \\ &= \mathbb{E}_\pi\left[\sum_{k=0}^{\infty}\gamma^k R_{t+k+1} \mid S_t = s\right], \text{ for all } s \in \mathcal{S} \end{aligned} \tag{8.1}$$

这个 π 函数的期望就是说在我们已知某一个策略函数时，到底可以得到多少奖励。

除去 π 函数外，在一般的强化学习任务中还有一种价值函数：Q 函数。Q 函数里包含两个变量：状态和动作，其定义如式（8.2）所示：

$$\begin{aligned} q_\pi(s,a) &\doteq \mathbb{E}_\pi[G_t \mid S_t = s, A_t = a] \\ &= \mathbb{E}_\pi\left[\sum_{k=0}^{\infty}\gamma^k R_{t+k+1} \mid S_t = s, A_t = a\right] \end{aligned} \tag{8.2}$$

从 Q 函数的定义中可知，未来可以获得多少奖励的期望，取决于你当前的状态和当前的行为。Q 函数是强化学习算法中的一个十分重要的价值函数。当得到某个特定任务的 Q 函数后，一旦智能体进入某一种状态，它的最优行为就可以通过其对应的 Q 函数得到。

由于价值是对收益的预测，收益是每一步之后获得的实际反馈，没有收益就没有价值，因此从某种意义上讲，收益相较于价值更加重要。但是在实际制定和评估策略时，我们最关心的反而是价值，因为动作的选择和状态的转移是基于价值的判断做出的。我们在实际任务中追求的是能带来最大价值的动作而不是最高收益状态的动作。收益基本在每一步的交互后都能从环境中直接获得，但是价值是难以确定的：价值需要大量的动作进行之后才能得到，其延迟往往较高，必须综合评估并根据智能体在整个过程中观察到的收益序列重新估计。价值评估法可以说是强化学习算法中最重要的组成部分。

4）模型

强化学习系统中的最后一个要素是对环境建立的模型。模型是一种对环境、对应模式的模拟，在给定一个动作或者状态后，模型就可以预测外部环境的下一个状态和下一个收益。一个模型由两个部分组成：概率和奖励函数。概率表示状态之间是怎么转移的，如式(8.3)所示：

$$\mathcal{P}_{ss'}^{a}=\mathbb{P}[S_{t+1}=s' \mid S_t=s, A_t=a] \tag{8.3}$$

奖励函数是在当前状态采取的某一个行为，可以得到多大的奖励，如式(8.4)所示：

$$\mathcal{R}_{s}^{a}=\mathbb{E}[R_{t+1} \mid S_t=s, A_t=a] \tag{8.4}$$

强化学习系统中模型要素的有无是可以选择的，使用环境模型和规划来解决强化学习问题的方法被称为有模型的方法，只通过直接试错来进行学习的方法被称为无模型的方法。

8.1.3 强化学习局限性

从积极的角度来看，强化学习称得上是万金油，适用范围广，不要求大量的有标注数据，并且在很多场景中强化学习的效果好得令人难以置信，从理论上讲，一个强大的、高性能强化学习系统应该能解决任何问题。但不幸的是，强化学习目前还有很多局限性。

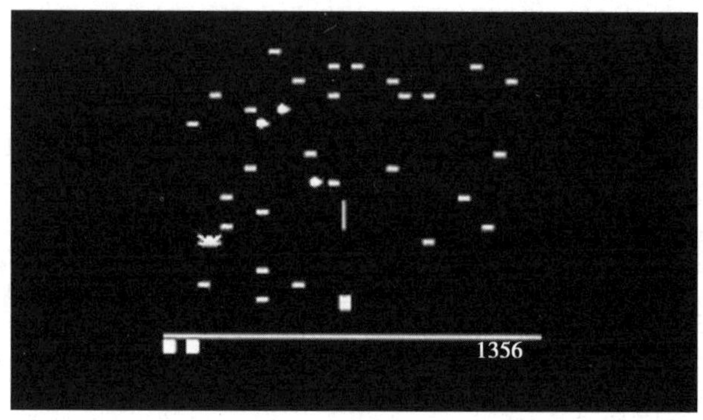

图 8.8 雅达利游戏

强化学习的采样效率堪忧，所需的经验量大得惊人。雅达利游戏是强化学习最著名的一个基准，如图 8.8 所示。DeepMind 在近期的研究中，利用强化学习构建的智能体进行了 57 场雅达利游戏，并在 40 场中超越了人类玩家。然而该智能体从训练到真实游戏花费了约 83 h 的游戏时间，但在大多数时候，人类玩家上手雅达利游戏可能只需要短短几分钟。

图 8.9 四足机器人和双足机器人

强化学习的效果并不能完全超越经典算法。强化学习在理论上可以用于任何事情,包括世界模型未知的环境。然而,这种通用性也是有代价的,就是我们很难将它用于任何有助于学习的特定问题上。这迫使我们不得不需要使用大量样本来学习,尽管这些问题可能用简单的编码就能解决。但是除少数情况外,特定领域的算法会比强化学习更有效。波士顿动力制造的双足机器人 Atlas 没有用到任何强化学习技术,它用的还是 time-varying LQR、QP solvers 和凸优化这些传统手段。所以如果使用正确的话,经典技术在特定问题上的表现会更好。

强化学习的奖励函数设计困难。奖励能引导智能体向"正确"的方向前进。这个奖励函数可以是研究人员设置的,也可以是离线手动调试的,它在学习过程中一般是一个固定值。然而如果设置的奖励过度拟合你的目标,智能体容易钻空子,产生预期外的结果。就设计奖励函数并不是什么太大的问题,但是它之后会造成一些连锁反应,导致智能体出现不可解释的行为。

难以避免局部最优。强化学习的大部分案例被称为"奖励黑客",智能体最终能获得比研究者预期值更多的奖励。当然,奖励黑客其实只是一些例外,强化学习中更常见的问题是因为"获取观察值——采取行动"这一流程出现错误,导致系统得到局部最优解。

8.2 马尔科夫决策过程

在本节中,我们将介绍强化学习中最经典、最重要的数学模型——马尔科夫决策过程(Markov Decision Process, MDP)。MDP 是序列决策的经典形式化表达,其动作不仅影响当前的及时收益,还影响后续状态和未来的收益。因此,MDP 设计了延迟收益,由此也就有了在当前收益和延迟收益之间权衡的需求。马尔科夫决策过程是强化学习问题在数学上的理想化形式,在该框架下,可以进行精确的理论说明。本章将介绍这个问题的数学化结构中的若干关键要素。

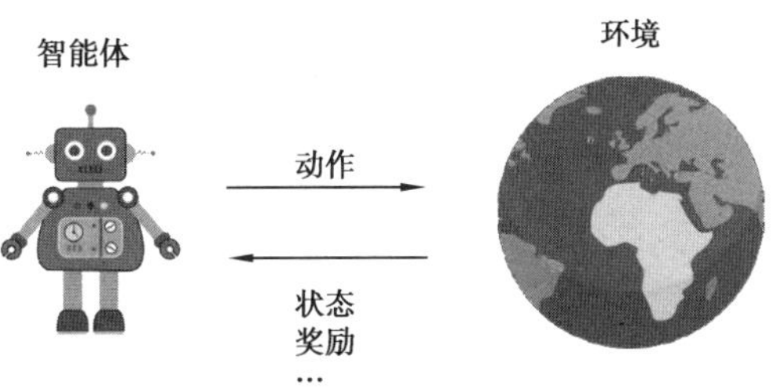

图 8.10 交互式学习

MDP 是一种通过交互式学习来实现目标的理论框架。图 8.10 介绍了在强化学习中智能体与环境之间的交互,智能体在得到环境的状态后,它会采取动作,并把这个采取的动作返还给环境。环境在得到智能体的动作后,会进入下一个状态,并把下一个状态传回给智能体。在强化学习中,智能体与环境就是这样进行交互的,这个交互过程可通过马尔科夫决策过程来表示,所以马尔科夫决策过程是强化学习中的一个基本框架。

8.2.1 马尔科夫过程

如果一个状态转移是符合马尔科夫性质的,那么就意味着从一个状态转移到下一个状态只取决于它当前状态,转移的概率跟之前的状态没有关系。设历史状态的集合为 $h_t=\{s_1,s_2,s_3,\cdots,s_t\}$。那么一个状态转移是马尔科夫的,也就意味着该状态满足以下条件:

$$
\begin{aligned}
p(s_{t+1}|s_t)&=p(s_{t+1}|h_t)\\
p(s_{t+1}|s_t,a_t)&=p(s_{t+1}|h_t,a_t)
\end{aligned}
\tag{8.5}
$$

从当前 s_t 转移到 s_{t+1} 这个状态,就等于它之前所有的状态转移到 s_{t+1}。如果某一个过程满足马尔科夫性质,就说未来的转移跟过去是独立的,只取决于现在。马尔科夫性质是所有马尔科夫过程的基础。

马尔科夫链描述了状态转移的概率,如图 8.11 所示,对一个有 4 个状态的过程,他们之间可能会相互转移。如果初始状态为状态 s_1,有 0.1 的概率继续保持原状态,有 0.2 的概率转移到 s_2,有 0.7 的概率转移到 s_4。

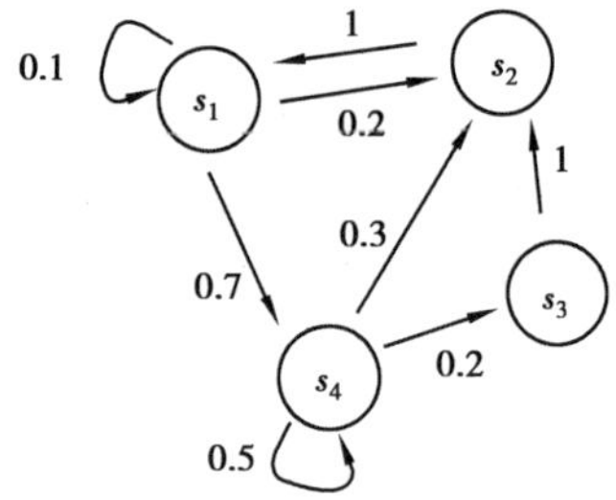

图 8.11 马尔科夫链

一般情况下,可以用状态转移矩阵 P 来描述一个马尔科夫链中的状态转移 $p(s_{t+1}=s'|s_t=s)$,如下式所示:

$$
P=\begin{bmatrix}
P(s_1|s_1) & P(s_2|s_1) & \cdots & P(s_N|s_1)\\
P(s_1|s_2) & P(s_2|s_2) & \cdots & P(s_N|s_2)\\
\vdots & \vdots & & \vdots\\
P(s_1|s_N) & P(s_2|s_N) & \cdots & P(s_N|s_N)
\end{bmatrix}
\tag{8.6}
$$

状态转移矩阵与条件概率类似:已知当前在 s_t 这个状态之后,到达下面所有状态的一个概率。所以状态转移矩阵的每一列其实描述的是从一个节点到达所有其他节点的概率。

8.2.2 马尔科夫奖励过程

马尔科夫奖励过程(Markov Reward Process,MRP)在马尔科夫链上再加了一个奖励函数。在 MRP 中,转移矩阵跟它的这个状态都是跟马尔科夫链一样的,多了一个奖励函数。奖励函数是一个期望,也就是说,当你到达某一状态时,可以获得多大的奖励。

图 8.11 为马尔科夫链，如果把奖励加上就成了马尔科夫奖励过程，即到达每一个状态都会获得一个奖励。我们可以设置对应的奖励值大小，比如说，到达状态 s_1 时，可以获得 5 的奖励，到达 s_2 时，可获得 10 的奖励，其他状态没有任何奖励。因为这里的状态是有限的，所以可用向量 $R=[5,10,0,0]$ 来表示这个奖励函数，这个向量表示了每个点的奖励大小。

8.2.3 马尔科夫决策过程

相对于马尔科夫奖励过程，马尔科夫决策过程增加了决策和动作，其余部分基本相同。在进行状态转移时，需要多考虑动作对接下来的状态影响：$P(s_{t+1}=s' \mid s_t=s, a_t=a)$，不同的动作可能导致未来的状态不同；未来的状态不仅依赖于当前的状态，也依赖于在当前状态智能体所采取的动作。

对价值函数，也需要考虑当前动作的影响：$R(s_t=s, a_t=a)=\mathbb{E}[r_t \mid s_t=s, a_t=a]$，获得的奖励不仅取决于当前的状态，也取决于当前采取的动作。

策略定义了在马尔科夫决策过程中某一个状态应采取什么样的动作。当已知当前状态后，把当前状态带入策略函数，就会得到下一步行动概率：

$$\pi(a \mid s)=P(a_t=a \mid s_t=s) \tag{8.7}$$

MDP 和 MRP、MP 中的状态转移差异：马尔科夫过程和马尔科夫奖励过程的转移概率是直接确定的，已知当前状态，直接通过这个转移概率就可以决定下一个状态。但是对 MDP，在状态转移中存在动作的影响，即在当前这个状态时，首先要决定的是采取某一种动作，如图 8.12 所示，当前动作采取后会达到某一个黑色的节点。到了这个黑色的节点，由于不确定性的影响，当前状态决定后和当前采取的动作后，到未来的状态其实也是一个概率分布。所以在这个当前状态跟未来状态转移过程中这里多了一层决策性，这是 MDP 跟马尔科夫过程不同的地方。

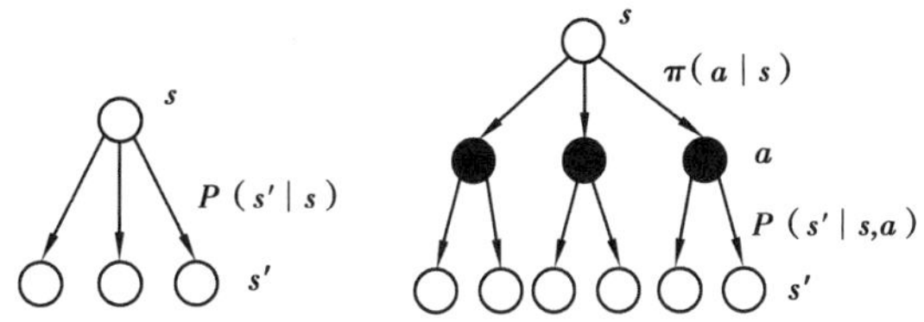

图 8.12 马尔科夫状态转移

MDP 框架非常抽象与灵活，并且能够以许多不同的方式应用到众多问题中。例如，时间步长不需要是真实时间的固定间隔，也可以是决策和行动的任意的连贯阶段。动作可以是低级的控制，如机器臂的发动机电压，也可以是高级的决策。例如，是否吃午餐或是否去研究院。同样地，状态可以采取多种表述形式。它们可以完全由低级感知决定，例如，传感器的直接读数，也可以是更高级、更抽象的，比如对房间中的某个对象进行的符号性描述。状态的一些组成成分可以是基于过去感知的记忆，甚至也可以是完全主观的。例如，智能体可能不确定对象位置，也可能刚刚响应过某种特定的感知。类似地，一些动作可能是完全主观的或完全可计算的。例如，一些动作可以控制智能体选择考虑的内容，或者控制它把注意力集中在哪里。一般来说，动作可以是任何我们想要做的决策，而状态则可以是任何对决策有所帮助的事情。

MDP 框架是目标导向的交互式学习问题的一个高度抽象。它提出，无论感官、记忆和控制设备细节如何,无论要实现何种目标,任何目标导向的行为的学习问题都可以概括为智能体及其环境之间来回传递的3个信号:一个信号用来表示智能体作出的选择(行动),一个信号用来表示作出该选择的基础(状态),还有一个信号用来定义智能体的目标(收益)。这个框架也许不能有效地表示所有决策学习问题,但它已被证明其普遍适用性和有效性。当然,对不同的任务,特定的状态和动作的定义差异很大,并且其性能极易受其表征方式的影响。与其他类型的学习一样,在强化学习中,目前对它们的选择更像是实用技巧,而非科学。在本书中,我们提供了一些关于状态和动作表征的建议和示例,但是我们的重点是其背后的一般原则,即确定表征方式之后如何进行决策的学习。

8.2.4 奖励、回报与价值函数

强化学习中的核心概念是奖励,强化学习的目标是最大化长期的奖励。回报说的是把奖励进行折扣后所获得的收益,如下式所示:

$$G_t = R_{t+1} + \gamma R_{t+2} + \gamma^2 R_{t+3} + \gamma^3 R_{t+4} + \cdots + \gamma^{T-t-1} R_T \tag{8.8}$$

其中,G_t 表示折扣后的奖励;γ 为一个小于等于1,大于等于0的数字,称为折扣因子。折扣因子避免带环马尔科夫过程中的无穷奖励,同时决定了如何在最近的奖励和未来的奖励之间进行折中。对一个模拟环境的模型,我们对未来的评估不一定是准确的,因此,对未来的预估增加一个折扣。折扣因子是对这个不确定性的表示,在一般情况下,都希望尽可能快地得到奖励,而不是在未来某一个点得到奖励。当 γ 设置为1时,表示对未来并没有折扣,未来获得的奖励跟当前获得的奖励是一样的;当 γ 设置为0时,表示只考虑当前的利益,完全无视远期的利益。折扣因子是强化学习任务中智能体的一个超参数,对不同的折扣因子可以得到不同行为的智能体。

基于回报的定义,可以进一步定义价值函数,对给定的策略 π,会获得如下的预期回报:

$$v^{\pi}(s) = \mathbb{E}_{\pi}[G_t \mid s_t = s] \tag{8.9}$$

在给定策略 π 的前提下,在某一个状态采取某一个动作,有可能得到预期回报的期望:

$$q^{\pi}(s,a) = \mathbb{E}_{\pi}[G_t \mid s_t = s, A_t = a] \tag{8.10}$$

对 Q 函数中的动作函数进行加和,就可得到价值函数,如下式所示:

$$v^{\pi}(s) = \sum_{a \in A} \pi(a \mid s) q^{\pi}(s,a) \tag{8.11}$$

8.2.5 Bellman 方程与 Bellman 期望方程

对一个已知的马尔科夫决策过程和要采取的策略,对价值函数进行求解的过程就是策略评估,在策略评估过程中,我们会得到在该策略下的奖励。对一个不考虑决策的马尔科夫过程(马尔科夫奖励过程),Bellman 方程常用来对策略进行评估。对一个回报函数:

$$G_t = R_{t+1} + \gamma R_{t+2} + \gamma^2 R_{t+3} + \gamma^3 R_{t+4} + \cdots + \gamma^{T-t-1} R_T \tag{8.12}$$

利用 Bellman 方程将其分为即时奖励和未来状态的折扣值两个部分。

$$V(s) = R(s)_N + \gamma \sum_{s' \in S} P(s' \mid s) V(s') \tag{8.13}$$

其中,$R(s)_N$ 代表即时奖励,$\gamma \sum_{s' \in S} P(s' \mid s) V(s')$ 代表后续状态的折扣价值。其推导过程如下:

$$
\begin{aligned}
V(s) &= \mathrm{E}[G_t \mid s_t = s] \\
&= \mathrm{E}[R_{t+1} + \gamma R_{t+2} + \gamma^2 R_{t+3} + \cdots \mid s_t = s] \\
&= \mathrm{E}[R_{t+1} \mid s_t = s] + \gamma \mathrm{E}[R_{t+2} + \gamma R_{t+3} + \gamma^2 R_{t+4} + \cdots \mid s_t = s] \\
&= R(s) + \gamma \mathrm{E}[G_{t+1} \mid s_t = s] \\
&= R(s) + \gamma \mathrm{E}[V(s_{t+1}) \mid s_t = s] \\
&= R(s) + \gamma \sum_{s' \in S} P(s' \mid s) V(s')
\end{aligned}
\tag{8.14}
$$

Bellman 方程定义了状态之间的迭代关系,描述的是当前状态到未来状态的一个转移。Bellman 方程也可以写成矩阵形式:

$$
\begin{bmatrix} V(s_1) \\ V(s_2) \\ \vdots \\ V(s_N) \end{bmatrix} = \begin{bmatrix} R(s_1) \\ R(s_2) \\ \vdots \\ R(s_N) \end{bmatrix} + \gamma \begin{bmatrix} P(s_1 \mid s_1) & P(s_2 \mid s_1) & \cdots & P(s_N \mid s_1) \\ P(s_1 \mid s_2) & P(s_2 \mid s_2) & \cdots & P(s_N \mid s_2) \\ \vdots & \vdots & & \vdots \\ P(s_1 \mid s_N) & P(s_2 \mid s_N) & \cdots & P(s_N \mid s_N) \end{bmatrix} \begin{bmatrix} V(s_1) \\ V(s_2) \\ \vdots \\ V(s_N) \end{bmatrix} \tag{8.15}
$$

当前状态为一个向量$[V(s_1), V(s_2), \cdots, V(s_N)]^{\mathrm{T}}$,这个向量乘以转移矩阵再加上奖励即可得当前的价值。把 Bellman 方程写成矩阵形式后可以直接进行求解,并得到唯一的解析解:

$$
\begin{gathered}
V = R + \gamma P V \\
IV = R + \gamma P V \\
(I - \gamma P) V = R \\
V = (I - \gamma P)^{-1} R
\end{gathered}
\tag{8.16}
$$

在马尔科夫决策过程中,同样可以把状态-价值函数和动作-价值函数拆解成即时奖励和后续状态的折扣价值两个部分,通过这种拆解得到的方程与马尔科夫奖励过程中得到的 Bellman 方程类似,被称作 Bellman 期望方程。对价值-状态函数进行分解,可得:

$$
v^{\pi}(s) = E_{\pi}[R_{t+1} + \gamma v^{\pi}(s_{t+1}) \mid s_t = s] \tag{8.17}
$$

对动作-价值函数进行分解,可得:

$$
q^{\pi}(s, a) = E_{\pi}[R_{t+1} + \gamma q^{\pi}(s_{t+1}, A_{t+1}) \mid s_t = s, A_t = a] \tag{8.18}
$$

用空心圆圈代表状态,实心圆圈代表状态-动作对,则动作-价值函数表示状态-价值函数的过程可以用备份图来进行,如图 8.13 所示。状态-价值函数和动作-价值函数可以相互进行表示,用代入法消除其中一种价值,就可得到另一种形式的 Bellman 期望方程。

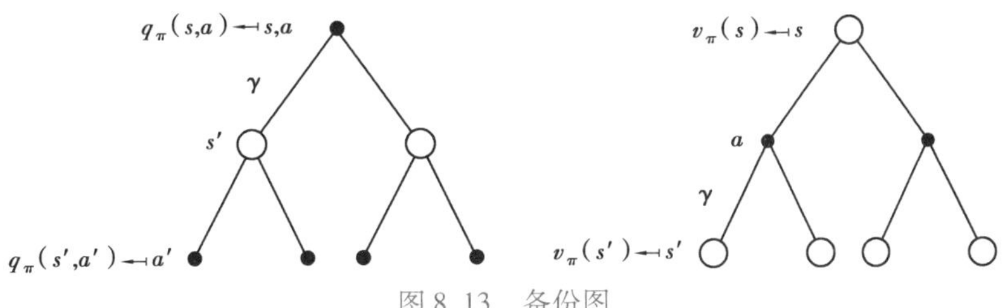

图 8.13 备份图

利用全期望公式对以上两个式子作进一步化简,可得:

$$
v^{\pi}(s) = \sum_{a \in A} \pi(a \mid s) q^{\pi}(s, a) \tag{8.19}
$$

$$
q^{\pi}(s, a) = R_s^a + \gamma \sum_{s' \in S} P(s' \mid s, a) v^{\pi}(s') \tag{8.20}
$$

两式相互代入即可得当前状态的价值跟未来状态价值之间的关联：

$$v^{\pi}(s)=\sum_{a\in A}\pi(a|s)\Big(R(s,a)+\gamma\sum_{s'\in S}P(s'|s,a)v^{\pi}(s')\Big) \tag{8.21}$$

当前时刻的 Q 函数跟未来时刻的 Q 函数之间的关联：

$$q^{\pi}(s,a)=R(s,a)+\gamma\sum_{s'\in S}P(s'|s,a)\sum_{a'\in A}\pi(a'|s')q^{\pi}(s',a') \tag{8.22}$$

Bellman 期望方程定义了当前状态与未来状态之间的关联关系。

8.2.6 最优价值函数和最佳策略

前一节中为策略定义了价值函数，解决一个强化学习任务就意味着要找到一个最优的策略，使其能够在长期的过程中获得最大的收益。如果说一个策略 π 优于另一个策略 π'，那么其所有状态上的期望回报都应等于或者大于 π' 上的期望回报。本节中用 π^* 来表示最优策略，其对应的最优价值函数用 v^* 来表示。

最佳策略定义为

$$\pi^*(s)=\underset{\pi}{\mathrm{argmax}}\ v^{\pi}(s) \tag{8.23}$$

最优价值函数定义为

$$v^*(s)=\underset{\pi}{\mathrm{argmax}}\ v^{\pi}(s) \tag{8.24}$$

最佳策略使得每个状态的价值函数都取得最大值。在这种情况下，它的最佳价值函数是一致的，达到上限的值是一致的，但对一个强化学习任务可能有多个最佳策略。

当取得最佳的价值函数后，由于 Q 函数是关于状态和动作的一个函数，因此在某一个状态采取一个动作，就可以使得 Q 函数进行极大化，那么这个动作就应该是最佳动作，对应的策略即为最佳策略。寻找最佳策略的方法中最佳的为穷举法。假设状态和动作都是有限的，那么每个状态可以采取这个 A 种动作的策略，总共就是 $|A|^{|S|}$ 个可能的策略，计算出每种策略的价值函数，即可获取最佳策略。穷举法的效率十分低下，因此，学者又提出策略迭代和价值迭代两种方法，在后续章节中会作进一步介绍。

8.3 有模型学习方法

一个强化学习任务通常包含状态、动作和奖励这 3 个重要的要素。强化学习任务中智能体跟环境是一步一步交互的，学习算法会首先对状态进行观测，然后进行动作，再观察状态，再输出动作，获得奖励。在 MDP 中，不断和环境进行交互，产生经验，而环境中的状态转移概率和奖励就是对环境模型的具体描述，使用 P 函数（Probability Function）和 R 函数（Reward Function）来描述环境模型。对一个 MDP，如果 P 函数和 R 函数都是已知的，那么就认为环境模型是已知的，基于此的强化学习任务就被称为有模型学习方法。本章在假设模型已知的情况下，用迭代的数值方法来求解 Bellman 方程，以此求取最优价值函数与最佳策略。

有模型策略迭代是指在模型已知的情况下进行的策略评估、策略改进和策略迭代操作。策略评估步骤中，对给定的策略，估计策略的价值，包括动作价值和状态价值。策略改进中，对给定的策略，在已知其价值函数的情况下，找到一个更优的策略。策略迭代中，综合利用策略评估和策略改进，找到最优策略。

8.3.1 策略评估

用迭代法评估给定策略的价值函数的算法,见表 8.1。算法一开始初始化状态价值函数 v_0,并在后续迭代中用 Bellman 期望方程的表达式更新一轮所有状态的状态价值函数。这样对所有状态价值函数的一次更新又称为一次扫描。在第 k 次扫描时,用 v_{k-1} 的值来更新 v_k 的值,最终得到一系列的 $v_0,v_1,v_2,\cdots$。

表 8.1 有模型策略评估迭代算法

有模型策略评估迭代算法
输入:环境模型 m,策略 π
输出:状态-价值函数 v^{π} 的估计值
参数:控制迭代次数的参数(最大迭代次数 K 或误差 θ)
1. 初始化:对 $s\in S$,将 $v_0(s)$ 进行随机初始化。如果有中止状态,则将中止状态初始化为 0
2. 迭代:对 $k\leftarrow 0,1,2,3,4,\cdots$,迭代执行以下步骤: 对 $s\in S$, 更新 $v_{k+1}(s)\leftarrow\sum_a \pi(a\mid s)q_k(s,a)$ 更新 $q_k(s,a)\leftarrow r(s,a)+\gamma\sum_{s'\in S}P(s'\mid s,a)v_k(s')$
3. 终止:如果满足迭代终止条件,则跳出循环

在进行迭代时,需要设置迭代的终止条件。迭代的终止条件一般有两种常见的形式。第一种是设置一个最大迭代次数 K,如果迭代的次数达到设置值 K,则跳出迭代;第二种是设置一个误差 θ,如果迭代的状态价值变化值小于设置的误差 θ,则可认为迭代达到了设置的精度,迭代即可停止。这两种形式可以单独使用,也可以利用与或关系结合同时使用。

8.3.2 策略改进

对给定的策略 π,如果得到该策略的价值函数,则可以用策略改进定理得到一个改进的策略。

策略改进定理的内容如下:对策略 π 和 π',如果:

$$v_n(s)\leqslant\sum_a \pi'(a\mid s)q_s(s,a),s\in S \tag{8.25}$$

则 $\pi\leqslant\pi'$,即

$$v_n(s)\leqslant v_{s'}(s),s\in S \tag{8.26}$$

对一个确定性策略 π,如果存在 $s\in S,a\in A$,使得 $q_n(s,a)>v_n(s)$,那么可以构造一个新的确定策略 π',它在状态 s 做动作 a,而在除状态 s 以外的状态的动作都和策略 π 一样。可以验证,策略 π 和 π'满足策略改进定理的条件。这样,就得到了一个比策略 π 更好的策略 π'。这样的策略更新算法见表 8.2。

表 8.2　有模型策略改进算法

有模型策略改进算法
输入:环境模型 m,策略 π 及状态-价值函数 v^{π}
输出:改进策略 π',或策略 π 已达到最优标志
对每个状态 $s \in S$,执行以下步骤: 　　为每个动作 $a \in A$,求得动作-价值函数 $q_k(s,a) \leftarrow r(s,a) + \gamma \sum_{s' \in S} P(s' \mid s,a) v_k(s')$ 　　找到使 $q_k(s,a)$ 最大的动作 a,即 $\pi'(s) = \operatorname{argmax}_a q(s,a)$
如果新策略 π' 与旧策略 π 相同,那么说明旧策略已经为最佳策略;否则输出改进策略 π'

通常,新策略 π' 与旧策略 π 只在某些状态上有不同的动作值,因此,新策略可以很方便地在旧策略的基础上修改得到。如果在后续不需要使用旧策略的情况下,可以不为新策略分配空间。

8.3.3　策略迭代

策略迭代是一种利用策略评估和策略改进求解最优策略的迭代方法。策略迭代从一个任意的确定性策略开始,交替进行策略评估和策略改进。策略改进是严格的策略改进,即改进后的策略和改进前的策略是不同的。对状态空间和动作空间均有限的马尔科夫决策过程,其可能的确定性策略数是有限的。由于确定性策略总数是有限的,所以在迭代过程中得到的策略序列 $\pi_0, \pi_1, \pi_2, ...$ 一定能收敛,使得到某个 k,有 $\pi_k = \pi_{k+1}$。由于在 $\pi_k = \pi_{k+1}$ 的情况下,$\pi_k(s) = \pi_{k+1}(s) = \operatorname{argmax}_a q_{\pi_k}(s,a)$,进而 $v_k(s) = \max_a q_{\pi_k}(s,a)$,满足 Bellman 最优方程。因此 π_k 就是最优策略,从而证明了策略迭代能够收敛到最优策略。

表 8.3　有模型策略迭代算法

有模型策略迭代算法
输入:环境模型 m
输出:最优策略
1. 初始化:将策略 π_0 初始化为任一个确定性策略
2. 迭代:对 $k \leftarrow 0,1,2,3,4,\cdots$,执行以下步骤: 　　策略评估:使用策略评估算法,计算策略 π_k 的状态-价值函数 v_{π_k} 　　策略更新:利用状态-价值函数 v_{π_k} 改进确定性策略 π_k,得到改进的确定性策略 π_{k+1}。如果 $\pi_k = \pi_{k+1}$,则迭代完成,返回策略 π_k 为最终的最优策略

8.3.4　价值迭代

价值迭代是一种利用迭代求解最优价值函数,进而求解最佳策略的方法。与策略评估类似,价值迭代算法也需要设置参数来控制迭代的终止条件:最大迭代次数 K 或是误差 θ。表 8.4 为价值迭代算法,该算法中首先初始化状态-价值函数,然后利用 Bellman 最优方程来更新状态-价值函数。根据之前的证明,只要迭代的次数足够多,最终都会收敛到最优价值函数。得到最优价值函数后,就能根据最优价值函数求出最佳策略。

表 8.4 有模型价值迭代算法

有模型价值迭代算法
输入:环境模型 m
输出:最优策略估计 π
参数:控制迭代次数的参数(最大迭代次数 K 或误差 θ)
1. 初始化:对 $s \in S$,将 $v_0(s)$ 进行随机初始化。如果有中止状态,则将中止状态初始化为 0
2. 迭代:对 $k \leftarrow 0,1,2,3,4,\cdots$,执行以下步骤: 对 $s \in S$,更新 $v_{k+1}(s) \leftarrow \max\limits_{a}\{r(s,a)+\gamma\sum\limits_{s' \in S}P(s' \mid s,a)v_k(s')\}$ 如果满足迭代终止条件,则跳出循环
3. 策略:根据价值函数输出确定性策略 π,使得: $\pi_*(s) \leftarrow \operatorname*{argmax}\limits_{a}\{r(s,a)+\gamma\sum\limits_{s' \in S}P(s' \mid s,a)v_{k+1}(s')\}$

8.4 无模型强化学习

在现实生活中,为环境建立精确的数学模型往往非常困难:可能模型太大了,不能进行迭代计算。例如,Atari 游戏、围棋、控制直升飞机、股票交易等问题,这些问题的状态转移十分复杂,因此,无模型的强化学习是强化学习的主要形式。无模型的机器学习算法在没有环境的数学描述的情况下,只依靠经验(如轨迹的样本)学习给定策略的价值函数和最优策略。在无模型强化学习算法中,环境的状态转移和奖励函数是未知的,可以让智能体与环境进行充分交互,采集到很多的轨迹数据,智能体从轨迹中获取信息来改进策略,从而获得更多的奖励。在无法获取环境的模型情况下,可以通过以下两种方法来估计某个给定策略的价值:蒙特卡洛方法和时序差分学习。

8.4.1 蒙特卡罗方法

因为在无模型的情况下,状态价值和动作价值不能互相表示,所以无模型的策略评估算法有评估状态价值函数和评估动作价值函数两种版本。因为针对无模型的情况,环境模型未知,我们不能用状态价值表示动作价值,只能借助于策略 π,用动作价值函数表示状态价值函数。除此之外,由于策略改进可以仅由动作价值函数确定,因此在学习问题中,动作价值函数往往更加重要。在同一个回合中,多个步骤可能到达同一个状态或状态动作对,对不同次的访问,计算得到的回报样本值很可能不相同。

如果采样回合内全部的回报样本值更新价值函数,则称为每次访问回合更新(every visit Monte Carlo update)。如果只采样回合内第一次访问的回报样本值更新价值函数,则称为首次访问回合更新(first visit Monte Carlo update)。每次访问和首次访问在学习过程中的中间值并不相同，但是它们都能收敛到真实的价值函数。

表 8.5　每次访问回合更新评估策略的动作价值

每次访问回合更新评估策略的动作价值
输入：环境模型（无数学描述），策略 π 输出：动作价值函数 $q(s,a)$，$s\in S,a\in A$ 1. 初始化：随机初始化动作-价值估计 $q(s,a)$，$s\in S,a\in A$，若更新价值需要计数器，则初始化计数器 $c(s,a)\leftarrow 0,s\in S,a\in A$ 2. 回合更新：对每个回合执行以下操作： 采样：用策略 π 生成轨迹 $s_0,a_0,r_1,s_1,\cdots,s_{T-1},a_{T-1},r_T,s_T$ 初始化回报：$G\leftarrow 0$ 逐步更新：对 $t\leftarrow T-1,T-2,\cdots,0$，执行以下步骤： 更新回报：$G\leftarrow\gamma G+r_{t+1}$ 更新动作价值：更新 $q(s_t,a_t)$ 以减小 $[G-q(s_t,a_t)]^2$

求得动作价值后，可以用 Bellman 期望方程求得状态价值。状态价值也可以直接用回合更新的方法得到。表 8.6 给出了每次访问回合更新评估策略的状态价值的算法。它与算法 8.5 的区别在于将 $q(s,a)$ 替换为 $v(s)$，计数也相应作了修改。

表 8.6　每次访问回合更新评估策略的状态价值

每次访问回合更新评估策略的状态价值
输入：环境模型（无数学描述），策略 π 输出：状态-价值函数 $v(s)$，$s\in S$ 1. 初始化：随机初始化状态-价值估计 $v(s)$，$s\in S$ 若更新价值需要计数器，则初始化计数器 $c(s)\leftarrow 0,s\in S$ 2. 回合更新：对每个回合执行以下操作 采样：用策略 π 生成轨迹 $s_0,a_0,r_1,s_1,\cdots,s_{T-1},a_{T-1},r_T,s_T$ 初始化回报：$G\leftarrow 0$ 逐步更新：对 $t\leftarrow T-1,T-2,\cdots,0$，执行以下步骤： 更新回报：$G\leftarrow\gamma G+r_{t+1}$ 更新动作价值：更新 $v(s_t)$ 以减小 $[G-v(s_t)]^2$

首次访问回合更新策略评估是比每次访问回合更新策略评估更为历史悠久、更为全面研究的算法。表 8.7 给出了首次访问回合更新求动作价值的算法。该算法与算法 8.6 的区别在于，在每次得到轨迹样本后，先找出各状态分别在哪些步骤被首次访问。在后续的更新过程中，只在那些首次访问的步骤更新价值函数的估计值。

表 8.7 首次访问回合更新评估策略的动作价值

首次访问回合更新评估策略的动作价值
输入:环境模型(无数学描述),策略 π 输出:动作价值函数 $q(s,a)$,$s\in S,a\in A$ 1. 初始化:随机初始化动作-价值估计 $q(s,a)$,$s\in S,a\in A$,若更新价值需要计数器,则初始化计数器 $c(s,a)\leftarrow 0,s\in S,a\in A$ 2. 回合更新:对每个回合执行以下操作: 采样:用策略 π 生成轨迹 $s_0,a_0,r_1,s_1,\cdots,s_{T-1},a_{T-1},r_T,s_T$ 初始化回报:$G\leftarrow 0$ 初始化首次出现的步骤数:$f(s,a)\leftarrow -1,s\in S,a\in A$ 统计首次出现的步骤数:对 $t\leftarrow 0,1,\cdots,T-1$,执行以下步骤: $f(s_t,a_t)<0$,则 $f(s_t,a_t)\leftarrow t$ 逐步更新:对 $t\leftarrow T-1,T-2,\cdots,0$,执行以下步骤: 更新回报:$G\leftarrow \gamma G+r_{t+1}$ 更新动作价值:更新 $q(s_t,a_t)$ 以减小 $[G-q(s_t,a_t)]^2$

与每次访问的情形类似,首次访问也可以直接估计状态价值,其算法伪代码见表 8.8。

表 8.8 首次访问回合更新评估策略的状态价值

首次访问回合更新评估策略的状态价值
输入:环境模型(无数学描述),策略 π 输出:动作价值函数 $q(s,a)$,$s\in S,a\in A$ 1. 初始化:随机初始化动作-价值估计 $q(s,a)$,$s\in S$,$a\in A$,若更新价值需要计数器,则初始化计数器 $c(s,a)\leftarrow 0,s\in S,a\in A$ 2. 回合更新:对每个回合执行以下操作: 采样:用策略 π 生成轨迹 $s_0,a_0,r_1,s_1,\cdots,s_{T-1},a_{T-1},r_T,s_T$ 初始化回报:$G\leftarrow 0$ 初始化首次出现的步骤数:$f(s,a)\leftarrow -1,s\in S$ 统计首次出现的步骤数:对 $t\leftarrow 0,1,\cdots,T-1$,执行以下步骤: $f(s_t)<0$,则 $f(s_t)\leftarrow t$ 逐步更新:对 $t\leftarrow T-1,T-2,\cdots,0$,执行以下步骤: 更新回报:$G\leftarrow \gamma G+r_{t+1}$ 首次出现规则更新:如果 $f(s_t)=t$,则更新 $v(s_t)$ 以减小 $[G-v(s_t)]^2$

8.4.2 时序差分学习

时序差分学习和蒙特卡洛方法都是直接利用经验数据进行的学习,而不需要环境模型。时序差分学习与蒙特卡罗方法的区别在于,时序差分更新汲取了动态规划方法中“自益”的思想，用现有的价值估计值来更新价值估计，不需要等到回合结束也可以更新价值估计。所以，时序差分学习既可以用于回合制任务，也可以用于连续性任务。

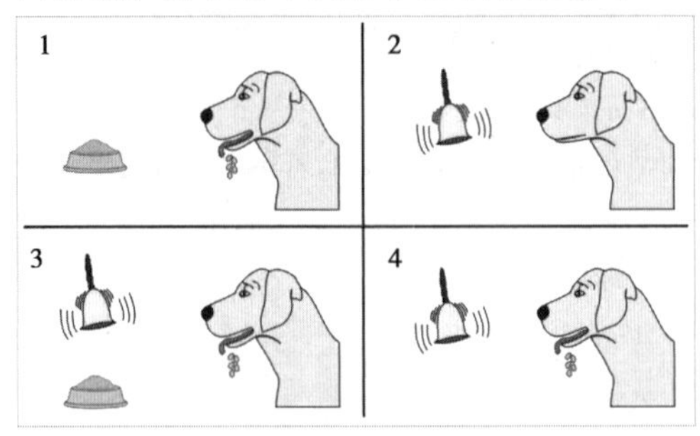

图 8.14　巴普洛夫条件反射实验

时序差分学习的灵感来自巴普洛夫的条件反射实验，如图 8.14 所示。在实验中，小狗会对盆里的食物无条件产生刺激，分泌唾液。一开始小狗对铃声这种中性刺激是没有反应的，可是把铃声和食物结合起来，每次先响铃，再喂食物，多次重复后，当铃声响起时，小狗也会流口水。盆里的肉可以认为是强化学习中那个延迟的奖励，声音的刺激可以认为是有奖励的状态之前的一个状态。多次重复实验后，最后这个奖励会强化小狗对这个声音的条件反射，它会让小狗知道这个声音代表有食物，这个声音对于小狗来说也就有了价值，它听到这个声音也会流口水。

巴普洛夫效应揭示的是中性刺激（铃声）跟无条件刺激（食物）紧紧挨着反复出现时，条件刺激也可以引起无条件刺激分泌唾液，然后形成这个条件刺激。这种中性刺激跟无条件刺激在时间上结合，称为强化。强化次数越多，条件反射就越巩固。小狗本身不觉得铃声有价值，经过强化后，小狗就会慢慢地意识到铃声也是有价值的，它可能带来食物。更重要的是一种条件反射巩固后，再用另一种新的刺激和条件反射去结合，还可以形成第二级条件反射，同样地还可以形成第三级条件反射。

对一个强化学习任务，在训练过程中，智能体会不断地进行试错，在探索中会先迅速地发现有奖励的地方。最开始的时候，智能体会认为有奖励的状态才有价值。但是在不断地重复进行有奖励的状态时，这些有价值的状态可能会慢慢地影响它相邻近的状态包含的价值。反复训练后，这些有奖励的状态相邻近的状态就会慢慢地被强化。强化就是当这些价值最终收敛到一个最优的情况之后，智能体就会自动知道一直往价值高的状态进行转移，就能到达有奖励的状态。

时序差分学习的目的是对某个给定的策略，在线算出它的价值函数。在时序差分学习中，最简单的算法是 TD(0)，每转移一次，就进行一次 bootstrapping，用得到的估计回报 $R_{t+1}+\gamma v(S_{t+1})$ 来更新上一时刻的值。估计回报中 R_{t+1} 是走了某一步后得到的实际奖励；$\gamma v(S_{t+1})$ 是在之前状态价值中添加了一个折扣系数估计。时序差分学习的误差为：

$$\delta=R_{t+1}+\gamma v(S_{t+1})-v(S_t) \tag{8.27}$$

参考蒙特卡洛方法中的更新策略，时序差分学习每次更新采用下式：

$$v(S_t)\leftarrow v(S_t)+\alpha(R_{t+1}+\gamma v(S_{t+1})-v(S_t)) \tag{8.28}$$

这种方式体现了时序差分学习中强化的概念。时序差分学习利用了马尔科夫性质，在马尔科夫环境下有更高的学习效率。表 8.9 给出了单步时序差分更新评估策略的动作价值算法。

表 8.9 单步时序差分更新评估策略的动作价值

单步时序差分更新评估策略的动作价值算法
输入:环境模型(无数学描述),策略 π
输出:动作价值函数 $q(s,a)$,$s \in S, a \in A$
参数:优化器(隐含学习率 α),折扣因子 γ,控制回合数和回合内步数的参数
1. 初始化:随机初始化 $q(s,a)$,$s \in S, a \in A$。如果有终止状态,令终止状态为 0
2. 时序差分更新:对每个回合执行以下步骤:
初始化状态-动作对:选择状态 S,再根据输入策略 π 确定动作 A
如果回合未结束:执行以下操作:
采样:执行动作 A,观测得到奖励 R 和新状态 S'
用输入策略 π 确定动作 A'
计算回报的估计值:$U \leftarrow R+\gamma q(S',A')$
更新价值:更新 $q(S,A) \leftarrow q(S,A)+\alpha[U-q(S,A)]$
$S \leftarrow S', A \leftarrow A'$

算法中的 α 为算法的学习率,为一个 0 ~ 1 的正实数。在时序差分学习中,由于算法执行过程中价值函数会越来越准确,基于价值函数估计得到的价值函数也会越来越准确,因此估计值的权重可以越来越大。所以算法中可以直接使用固定的学习率 α。时序差分更新不仅可以用于回合制的任务,也可以用于非回合制的任务。对非回合制的任务,我们可以将某些时段抽出来当作多个回合,也可以不划分回合当作只有一个回合进行更新。

表 8.10 给出了单步时序差分方法评估策略状态价值的算法。

表 8.10 单步时序差分方法评估策略状态价值

单步时序差分更新评估策略的状态价值算法
输入:环境模型(无数学描述),策略 π
输出:动作价值函数 $q(s,a) s \in S$
参数:优化器(隐含学习率 α),折扣因子 γ,控制回合数和回合内步数的参数
1. 初始化:随机初始化 $v(s)$,$s \in S$。如果有终止状态,令终止状态为 0
2. 时序差分更新:对每个回合执行以下步骤:
初始化状态-动作对:选择状态 S
如果回合未结束:执行以下操作:
根据输入策略 π 确定动作 A
采样:执行动作 A,观测得到奖励 R 和新状态 S'
计算回报的估计值:$U \leftarrow R+\gamma v(S)$
更新价值:更新 $v(S) \leftarrow v(S)+\alpha[U-v(s)]$ 以减小 $[U-v(s)]^2$
$S \leftarrow S'$

在无模型的情况下，采用蒙特卡洛方法和时序差分学习来更新评估策略都能得到渐进真实的价值函数，他们各有优劣。根据经验表明：在学习率为常数时，时序差分学习比蒙特卡洛方法更快达到收敛状态。

习　题

1. 用一句话谈谈你对强化学习的认识。
2. 强化学习与监督学习和无监督学习有什么区别？
3. 强化学习的使用场景有哪些？
4. 强化学习中所谓的损失函数与深度学习中的损失函数有什么区别？
5. 请问马尔科夫过程是什么？马尔科夫决策过程又是什么？其中，马尔科夫最重要的性质是什么？
6. 怎样求解马尔科夫决策过程？
7. 最佳价值函数和最佳策略为什么等价？
8. 简述 on-policy 和 off-policy 的区别。
9. 简述 value-based 和 policy-based 的区别。
10. 简述动态规划、蒙特卡洛和时序差分的异同点。

习题答案

9
深度学习

9.1 概述

深度学习(Deep Learning,DL)是近年来炙手可热的名词,但是深度学习这个概念,早在1986年Geoffrey Hinton提出可用于多层神经网络训练的误差反向传播算法(Back Propagation,BP)时就已经诞生了。现在一般公认的深度学习元年是2006年,Hinton及其学生Salakhutdinov在*Science*上发表文章,给出深度神经网络训练中梯度消失问题的解决方案,宣告正式提出了深度学习的概念。2012年,Hinton课题组为了证明深度学习的潜力,首次参加ImageNet图像识别比赛,其使用的CNN网络AlexNet一举夺得冠军,且碾压了第二名采用的支持向量机(Support Vector Machine,SVM)的分类性能。从此,深度学习吸引了众多研究者的注意。而真正让深度学习成为风靡一时的概念事件,是2016年3月谷歌旗下的DeepMind公司开发的基于深度强化学习的AlphaGo战胜了围棋世界冠军、职业九段棋手李世石,引发了公众极大的关注,深度学习成为人尽皆知的时髦话题。

9.1.1 深度学习的概念

机器学习算法的性能在很大程度上受数据表示的影响。例如,一个疾病诊断系统,需要医生将指定的若干项检验参数输入系统才能输出诊断结果,如果输入了一项指定之外的参数,系统并不能给出诊断结果。

数据表示实际上是数据的特征,机器学习的任务是选择合适的特征提供给机器学习系统来进行求解。但困难在于,对实际的问题,难以确定到底应选取哪些特征。例如,人类从图像中识别一头大象的过程是非常直观的,但是人类自身却无法准确描述具体通过了哪些特征识别出了大象。虽然可以手工选取一些特征,如皮肤纹理、鼻子长度等,但是手工选取的特征非常片面,当图像的视角改变时也许就会识别失败。

为了解决这个问题,需要让计算机不但能够将特征映射到预测结果,还要能自己来提取特征。计算机自己提取特征的过程,叫作表示学习(Representation Learning)或者特征学习(Feature Learning)。通过学习提取的特征通常比手工选取的特征取得更佳的预测结果。理论和实践表明,要学习到好的高层语义表示,通常需要从底层特征开始,通过多层次非线性映射得到高层特征,不断提升特征的重用性和表示能力,从而构建出一个具有一定深度的多层次特征表示结构。构建这个深度模型的过程就是深度学习。

目前,深度学习使用的主要工具是具有一定"深度"的神经网络模型,因此,深度学习的一个简单定义是以深度神经网络(Deep Neural Network,DNN)为主要工具的机器学习算法,其目的是通过深度神经网络自动提取特征,并通过多层非线性映射实现底层特征到高层特征的变换,从而实现更好的特征表示和预测性能。

深度学习是机器学习的子集,是一类以从数据中自动学习有效的特征表示为目的的端到端机器学习方法,涵盖了卷积神经网络(Convolutional Neural Network,CNN)、循环神经网络(Recurrent Neural Network,RNN)、自编码器(Auto Encoder)、稀疏编码(Sparse Coding)、深度信念网络(Deep Belief Network,DBN)和受限玻尔兹曼机(Restricted Boltzmann Machine,RBM)等重要算法。

9.1.2 深度学习的特点

深度学习作为机器学习的子集,相对于其他机器学习方法,有着自己的特点。这些特点可以总结为:

1)大数据驱动

相比传统机器学习算法,数据量的提升对深度学习模型准确度的提升效应更为明显,但从另一个角度来说,深度学习对数据量的需求也更为庞大。当前深度学习的快速发展,与大数据技术的突破息息相关,尤其是互联网时代,数据采集、传输和存储技术的进步带来了海量的数据,为深度学习提供了深厚的发展土壤。

2)高硬件需求

深度神经网络并非最近才有的概念,但是深度学习直到最近才开始进入高速发展时期,关键原因就是早期的计算机算力不足限制了深度学习的发展。现在的深度神经网络可深达数百层,需要进行大量的高维矩阵和张量运算,如果没有高性能 GPU 硬件进行加速计算,网络的训练是无法完成的。

3)端到端学习

传统的机器学习方法常常需要将原问题分解为数据预处理、特征提取、特征转换和预测等多个环节,各环节相对独立,而深度学习则通常端到端地解决问题。传统机器学习方法甚至还产生了一个专门的特征工程(Feature Engineering)研究分支,专门研究复杂的人工特征提取过程。而深度学习通过表示学习,由网络模型本身自动提取数据特征,通常只需要对数据进行简单的预处理即可输入网络训练。

4)可迁移性好

深度学习技术非常容易适应不同领域的应用。例如,在计算机视觉中,将图像分类任务中预训练的网络迁移用于图像目标检测或者语义分割任务,常常取得比直接从零开始训练网络更佳的效果。机器学习中,研究使用预训练网络对不用应用生效的研究方向,叫作迁移学习(Transfer Learning)。

5)可解释性不佳

深度学习的端到端学习方法在降低机器学习入门门槛的同时,也把网络模型变成了一个黑箱模型,研究者无法了解模型的内部机理,难以解释是哪些原因导致了模型变好或者变差。由此导致深度神经网络缺乏理论基础,网络结构优化和超参数设计缺乏清晰的指导方向,深度学习也因其反复试错的研究过程而被研究者戏称为“炼丹”。因此,关于深度学习可解释性的研究是一个非常有前景的方向。

9.1.3 深度学习常用框架简介

在深度学习研究中,研究人员需要搭建深度神经网络,并在神经网络上完成数据读取、计算损失、误差反向传播、梯度下降和模型验证等训练和测试过程。如果这个过程完全从零开始,工作量会非常庞大,而且非常不便于研究者之间交流。因此,更有效率的做法是调用深度学习框架封装好的应用开发接口(Application Program Interface,API),避免无意义的重复劳动,将主要精力放在模型和算法研究上。深度学习框架的作用主要包括计算图搭建、自动梯度计算以及自动切换 CPU 和 GPU 等,比较有影响力的框架有 Theano、Caffe、TensorFlow、PyTorch 和国内的飞桨等。

1) Theano

Theano 是由加拿大蒙特利尔大学开发的 Python 深度学习库,最早版本于 2007 年发布,当前的稳定版本为 1.0.5。Theano 可以使用 GPU 加速计算,高效地定义、优化和计算多维张量。Theano 已于 2017 年宣布停止更新。

2) Caffe

Caffe 是由现阿里巴巴技术副总裁贾扬清在加州大学伯克利分校读博期间创建的开源项目,使用 C++编写,提供 Python API。Caffe 面向图像分类和图像分割,支持多种类型的深度学习架构,支持基于 GPU 和 CPU 的加速计算内核库。2017 年,Facebook 发布 Caffe2,2018 年 Caffe2 并入 PyTorch。

3) TensorFlow

TensorFlow 是由谷歌大脑团队发布的开源机器学习平台,用于多种感知和语言理解任务的机器学习,特别适合工业界大规模部署,是目前最为流行的深度学习框架之一。TensorFlow 提供稳定的 Python 和 C++ API,也为其他编程语言提供不保证向后兼容的 API。TensorFlow 1.×版本采用静态计算图,2.×版本也开始支持动态计算图。

4) PyTorch

PyTorch 是由 Facebook 人工智能研究院发布的开源机器学习框架,前身是基于 Lua 语言的 Torch 框架,提供类似 Numpy 的 GPU 加速张量计算和包含自动微分系统的深度神经网络。PyTorch 使用动态计算图,由于其 API 简洁统一、代码容易理解、调试方便等优点,非常适合快速构建模型,因而受到研究人员的追捧,已成为学术界的主流深度学习框架。

5) 飞桨 PaddlePaddle

它是由百度发布的开源深度学习框架,同时支持命令式的动态计算图和声明式的静态计算图,兼具开发灵活性和高性能。支持超大规模深度学习模型的训练,兼容其他开源框架模型,易于在不同架构平台部署。PaddlePaddle 有非常友好的中文文档,便于本土开发者交流。

6) Keras

Keras 是由谷歌工程师 Francois Chollet 开源的 Python 人工神经网络库,严格来说,并不是框架,而是 TensorFlow API 的再封装。Keras 致力于深度神经网络的快速实验,以用户友好、模块化和可扩展性为目标，有效降低了开发者的使用难度。

7）MXNet

MXNet 是由亚马逊的李沐团队领导开发的轻量级、便携式、灵活、可移植的分布式开源深度学习框架，允许混合使用声明式和命令式编程，支持包括 Python、C++、Java、MATLAB 和 R 在内的多种编程语言。2017 年 MXNet 项目进入 Apache 基金会。

8）CNTK

CNTK 是由微软研究院开发的开源深度学习框架，使用 C++作为开发语言，也提供了 C# 和 Python 的 API。CNTK 具有超强的性能，在语音领域效果突出。

9.2 深度神经网络

深度学习涵盖了许多类型的模型，但是最常用的深度学习模型是深度神经网络，其中最典型的例子就是深度前馈神经网络或称多层感知机（Multilayer Perceptron，MLP）。深度神经网络可以视作一个将输入映射到输出的非线性函数，这个函数由许多简单的函数复合而成。这些简单函数都将它的输入变换成了新的表示，模型的输入经过这样层层的表示变换最终实现底层特征到高层特征的映射。

9.2.1 网络深度对模型的积极影响

目前对深度学习模型、深度度量方式并没有统一的理解。一种是基于评估架构所需执行的顺序指令的数目，即将模型从输入到输出的计算流程图中的最长路径视为模型的深度。对于深度神经网络来说，可以将非线性函数的复合层数作为网络深度。另一种是在深度概率模型中使用的方法，将描述概念相关联的图的深度视为模型深度。

对深度学习模型，其模型容量直接决定了模型的学习能力。增加模型的容量可以通过增加模型的宽度或深度来实现，其中，增加模型的宽度只是增加了计算单元的数量，但增加模型的深度则同时增加了计算单元数量和非线性函数的嵌套层数，能大大增强模型的表达能力。因此，更倾向于增加网络的深度来提升网络模型容量。

9.2.2 网络深度对模型的负面影响

增加网络深度在增强网络学习能力的同时，也带来了一些负面影响，最突出的是梯度消失问题和网络过拟合。

1）梯度消失问题

在神经网络中，误差反向传播的迭代公式为

$$\delta^{(l)}=f_l'(z^{(l)})\odot(\boldsymbol{W}^{(l+1)})^{\mathrm{T}}\delta^{(l+1)} \tag{9.1}$$

从式(9.1)可知，误差从输出层反向传播时，在每一层都要乘以该层的激活函数 f 的导数。如果激活函数是 Sigmoid 型的 Logistic 函数 $\sigma(x)$ 或者 $\tanh(x)$ 时，其导数分别为

$$\sigma'(x)=\sigma(x)(1-\sigma(x))\in[0,0.25] \tag{9.2}$$

$$\tanh'(x)=1-(\tanh(x))^2\in[0,1] \tag{9.3}$$

Logistic 函数 $\sigma(x)$ 和 $\tanh(x)$ 函数的导数的值域都小于等于 1，如果再考虑其饱和性，其

导数会更接近于0。这样,误差在反向传播中会层层衰减,网络越深,衰减就越明显,甚至导致网络的低层几乎无法接收到误差,导致梯度消失。此时,网络训练使用的梯度下降法已经无法更新网络低层的权重,网络难以收敛。曾经由于梯度消失问题难以克服,深度神经网络的发展前景一度遭到大量研究者的质疑。目前,一般认为,解决梯度消失问题,可以从改良激活函数和网络结构等方面入手。

2)过拟合问题

通过增加神经网络的深度有效地提高了网络模型的容量和复杂度,从而使深度神经网络具备了超强的学习能力,与此同时也更容易将数据样本中的非本质的特征学习进去。

所谓过拟合,就是由于模型学习能力过强,而用于训练的数据量不足,导致模型开始学习数据中由噪声等原因造成的分布特征,反而导致模型偏离数据的一般特征,泛化性降低。在实际中的表现就体现为随着训练的进行,模型在训练集上表现越来越好,但是在验证集上出现准确度停滞甚至下降。对深度神经网络这种具有高度复杂性和学习能力的模型,如果训练不当,就容易出现过拟合而丧失一般性。缓解过拟合,增加数据量是最直接的方法,此外,还可以采取一些正则化方法。欠拟合与过拟合示意图,如图9.1所示。

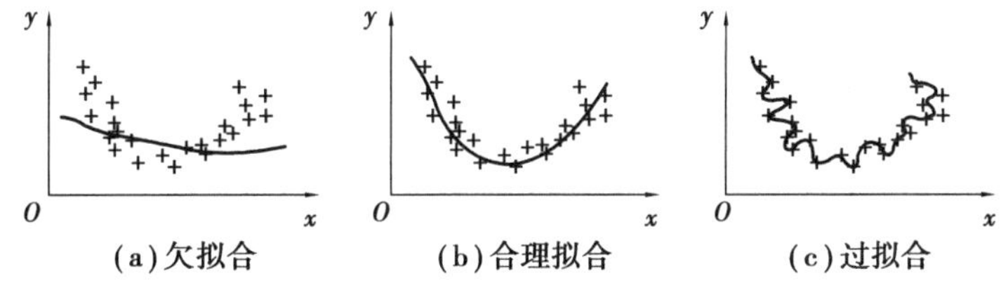

图9.1 欠拟合与过拟合示意图

3)其他问题

深度神经网络的优化是一个复杂的非凸优化,因此网络的训练非常依赖基于梯度的优化方法,由此也带来了初始参数敏感、超参数设定困难、网络难收敛等问题。

为了缓解深度神经网络的训练难、优化难、过拟合等问题,研究人员从大量实践中摸索出许多网络优化和正则化方法,能够在一定程度上平衡深度神经网络的学习能力、训练难度和泛化能力。

9.2.3 网络优化方法

网络优化的目的是通过寻找合适的网络结构和调优手段来取得经验风险最小化,主要方法有小批量训练法、改良梯度下降法、学习率调整方法和归一化方法等。

1)小批量训练法(Mini-Batch Training)

网络训练中,所有的训练样本都进入模型训练一遍叫作一个世代(Epoch)。整个训练过程通常包含若干个世代,每个世代结束都会对全体训练样本进行洗牌以打乱样本顺序(另外,通常也会在一个世代后进行一次针对验证集的验证)。训练时,会在一个世代中将所有训练样本划分为若干个含有一定样本量的批次(Batch),每个批次会被整合成一个多维张量输入网络,完成一次前向计算和反向传播并更新一次网络参数,这叫作完成了一次迭代(Iteration)。其中,批次的样本量叫作批次大小(Batch Size)。

如果批次大小是全体训练样本的数量,即一次性将所有训练样本输入网络训练,则一个世代就只有一次迭代,这种方式叫作全批量训练法(Full-Batch Training),也可称为批梯度下降法(Batch Gradient Descent)。如果批次大小是1,即每次只向网络中输入一个样本训练,则一个世代里迭代的次数就等于全体训练样本数目,这种方式叫作随机梯度下降法(Stochastic Gradient Descent,SGD),或称在线学习(Online Learning)。

以前的看法是,随机梯度下降法由于每次只输入一个样本,样本噪声会使网络收敛方向带有较大的随机性,网络参数的收敛过程存在剧烈的振荡,从而导致网络难以收敛。因此,在计算机硬件条件允许的情况下,应取尽量大的批次大小,这样一个批次共同决定的梯度下降方向更加平稳,也能够充分利用 GPU 硬件的并行计算能力。

但是最新的研究表明,批次大小并非越大越好。原因在于,深度神经网络本身是个非常复杂的模型,损失函数通常是个高度不平整的曲面。大批量的训练方式带来的平稳梯度下降方向,非常容易导致网络陷入尖锐的局部最优而降低模型鲁棒性,相反,小批量的样本中包含的噪声能起到正则化的作用,有利于网络冲出局部最优点而收敛于平坦的局部最优点(网络一般难以收敛于全局最优点),提升模型泛化性能。

因此,综合各方面考虑,现在通行的训练方法是小批量训练法,即视计算机硬件条件和样本总量等情况,选取折中的批次大小(根据硬件的特点,常常取2的幂次)进行训练。

对一个参数为 θ 的深度神经网络 $f(x;\theta)$,如果第 t 次迭代的小批次为 $S_t=\{(x^{(k)},y^{(k)})\}_{k=1}^{K}$,批次大小为 K,则第 t 次迭代的损失函数对参数 θ 的梯度为

$$g_t(\theta)=\frac{1}{K}\sum_{(x,y)\in S_t}\frac{\partial\mathscr{L}(y,f(x;\theta))}{\partial\theta} \tag{9.4}$$

于是,第 t 次迭代的参数更新方法为

$$\theta_t\leftarrow\theta_{t-1}-\alpha g_t(\theta_{t-1}) \tag{9.5}$$

2)改良梯度下降法

随机梯度下降法对网络参数的梯度下降过程带来的振荡和容易陷入尖锐局部最优的问题,可以使用改良的梯度下降法来予以缓解。常用的方法是带动量的随机梯度下降法(SGD-M)(图9.2)和带 Nesterov 加速梯度的随机梯度下降法(SGD-NAG)。

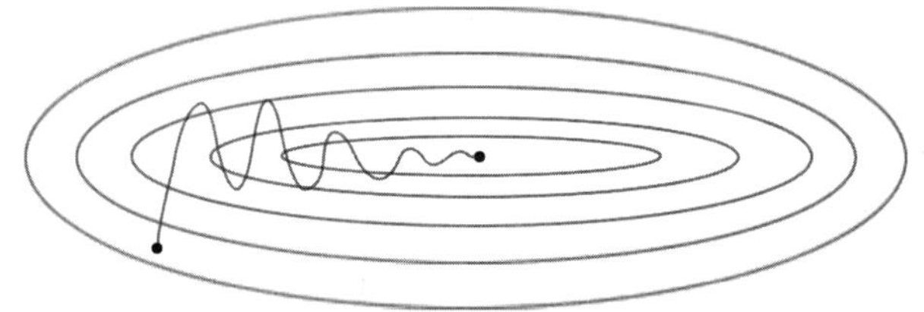

图9.2　随机梯度下降的振荡过程

(1)SGD-M

SGD-M 的思路是,为梯度下降过程引入惯性,让本次迭代的梯度下降方向也受到之前迭代累积的梯度下降方向的影响,从而缓解梯度方向反复改变带来的振荡。在第 t 次迭代中,参数梯度的更新方法是

$$\begin{aligned}m_t&\leftarrow\beta m_{t-1}+\gamma g_t(\theta_{t-1})\\ \theta_t&\leftarrow\theta_{t-1}-\alpha m_t\end{aligned} \tag{9.6}$$

其中,β 是动量因子,通常取 $\beta=0.9$,$\gamma=1-\beta=0.1$,即梯度的更新方向主要受累积梯度的影响,略微偏向本次迭代的梯度下降方向。

(2)SGD-NAG

SGD-NAG 是 SGD-M 的进一步改进,其思想是让参数 θ 试探性地沿着累积梯度方向先前进一次再计算在该点的梯度值,从而产生一种“探索”效果,有利于冲出尖锐局部最优点。SGD-NAG 的参数梯度更新方法是

$$
\begin{aligned}
n_t &\leftarrow \beta n_{t-1}+\gamma g_t(\theta_{t-1}-\beta n_{t-1}) \\
\theta_t &\leftarrow \theta_{t-1}-\alpha n_t
\end{aligned}
\tag{9.7}
$$

3)学习率调整方法

学习率是公认的对神经网络性能有重大影响且难以设定的超参数之一,但总体而言,学习率的设定与批次大小有着密切联系。当批次大小比较大时,由于批次内样本的误差相互抵消,随机梯度的方差较小,训练稳定性好,可以使用较大的学习率;反之,当批次大小较小时,批次内样本随机梯度波动性较大,如果还使用较大的学习率,容易导致训练不收敛。

使用固定大小的学习率非常不灵活,过大的学习率会导致模型难以收敛,过小的学习率又使得模型收敛太慢,因此,最好能够根据需要调整学习率。常用的学习率调整方法有学习率预热、学习率衰减、周期性学习率调整以及一些自适应学习率调整算法。

(1)学习率预热(Learning Rate Warmup)

采用学习率预热的原因是,在训练初期梯度往往比较大,较大的学习率会使得训练不稳定,因此在前几轮迭代时采用较小的学习率,再逐渐恢复到初始学习率。

(2)学习率衰减(Learning Rate Decay)

采用学习率衰减的原因是,训练的早期需要使用大的学习率来保证学习效率,当模型收敛到最优点附近时使用小的学习率避免在最优点附近振荡。学习率衰减又称为学习率退火(Learning Rate Annealing)。常用的学习率衰减方法包括分段常数衰减、逆时衰减、指数衰减、自然指数衰减和余弦衰减等。

(3)周期性学习率调整

周期性学习率调整的目的是通过周期性地增大学习率使模型有可能逃离尖锐的局部最小值而收敛于更为平坦的局部最小值。常用方法有循环学习率和带热重启的学习率衰减。

上述学习率调整方法是对所有网络参数进行整体调整,还有一些自适应的学习率调整算法,能够在迭代中自适应地调整每个参数各自的学习率,如 AdaGrad,RMSProp,AdaDelta,Adam 等。

(1)AdaGrad

AdaGrad 通过计算各参数的梯度平方的累计值来约束学习率的大小,此时该参数更新方法为

$$
\begin{aligned}
d_t &\leftarrow d_{t-1}+g_t^2(\theta_{t-1}) \\
\theta_t &\leftarrow \theta_{t-1}-\frac{\alpha}{\sqrt{d_t+\varepsilon}}g_t(\theta_{t-1})
\end{aligned}
\tag{9.8}
$$

其中,ε 是一个非常小的常数,常取 1×10^{-6}。AdaGrad 能够根据各参数的累积梯度调整各自学习率的大小,如果某参数历史梯度较大,说明该参数下降剧烈,则 AdaGrad 会施加更大的约束调小学习率增加稳定性;反之,则施加小的约束使用大的学习率。

AdaGrad 的缺点:梯度平方的累加是单调递增的,导致参数更新量单调递减,初始学习率

α 设置不当可能使参数更新量过早趋近于0,削弱学习能力,使训练提前结束。

(2)RMSprop

2012 年,Geoffrey Hinton 提出 RMSProp,使用加权平均的方法来抑制 AdaGrad 参数更新量过早趋于0,其参数更新方法为

$$
\begin{aligned}
&d_t \leftarrow \beta d_{t-1} + (1-\beta) g_t^2(\theta_{t-1}) \\
&\theta_t \leftarrow \theta_{t-1} - \frac{\alpha}{\sqrt{d_t+\varepsilon}} g_t(\theta_{t-1})
\end{aligned}
\tag{9.9}
$$

其中,β 是衰减率,通常取0.9,这样梯度平方的累积被有效削弱。然而,RMSprop 仍然需要手工设置初始学习率 α。

(3)AdaDelta

AdaDelta 比 RMSprop 更加彻底,通过引入梯度更新量的加权平均将初始学习率 α 改为动态计算的变量,其参数更新方式为

$$
\begin{aligned}
&d_t \leftarrow \beta_1 d_{t-1} + (1-\beta_1) g_t^2(\theta_{t-1}) \\
&p_t \leftarrow \beta_2 p_{t-1} + (1-\beta_2) (\theta_{t-1}-\theta_{t-2})^2 \\
&\theta_t \leftarrow \theta_{t-1} - \frac{\sqrt{p_t+\varepsilon}}{\sqrt{d_t+\varepsilon}} g_t(\theta_{t-1})
\end{aligned}
\tag{9.10}
$$

(4)Adam

Adam 是 SGD-M 和 RMSprop 的综合,吸收了二者的优点,可以视作改良梯度下降法和学习率调整方法的集大成者,其参数更新方法为

$$
\begin{aligned}
&m_t \leftarrow \beta_1 m_{t-1} + (1-\beta_1) g_t(\theta_{t-1}) \\
&d_t \leftarrow \beta_2 d_{t-1} + (1-\beta_2) g_t^2(\theta_{t-1}) \\
&\theta_t \leftarrow \theta_{t-1} - \frac{\alpha}{\sqrt{d_t+\varepsilon}} m_t
\end{aligned}
\tag{9.11}
$$

4)归一化方法

神经网络每层的神经元对输入进行加权非线性变换的过程,会使得各层输出的分布发生变化,这种分布改变叫作内部协变量漂移(Internal Covariate Shift,ICS)。内部协变量偏移不但导致网络参数梯度方向反复变化而难以收敛,而且还会使层的输出偏离激活函数最佳工作区,加剧梯度消失和梯度爆炸问题。对深度神经网络,内部协变量漂移的影响尤为显著。

归一化方法(图9.3)通过对每层激活函数的输入进行偏移和尺度放缩调整,可以有效避免内部协变量漂移的负面影响。常用的归一化方法有批次归一化(Batch Normalization,BN)、层归一化(Layer Normalization,LN)、实例归一化(Instance Normalization,IN)和组归一化(Group Normalization,GN),如图9.4所示。

批次归一化的做法是,对小批量训练法中的每个批次,在将神经元的加权和输入激活函数之前,求取本批次内该值的均值和方差完成归一化变换。这一过程如下式所示:

$$
\mu_{\mathrm{B}} \leftarrow \frac{1}{m} \sum_{i=1}^{m} x_i
$$

$$
\sigma_{\mathrm{B}}^2 \leftarrow \frac{1}{m} \sum_{i=1}^{m} (x_i - \mu_{\mathrm{B}})^2
$$

$$\hat{x}_i \leftarrow \frac{x_i - \mu_B}{\sqrt{\sigma_B^2 + \partial}}$$

$$y_i \leftarrow \gamma \hat{x}_i + \beta \tag{9.12}$$

其中，μ_B 和 σ_B^2 是批次内该神经元的加权和的均值和方差；$\hat{x}_i$ 是经过归一化后的加权和；γ 和 β 是可以学习的参数，用于弥补归一化后网络学习能力的损失。

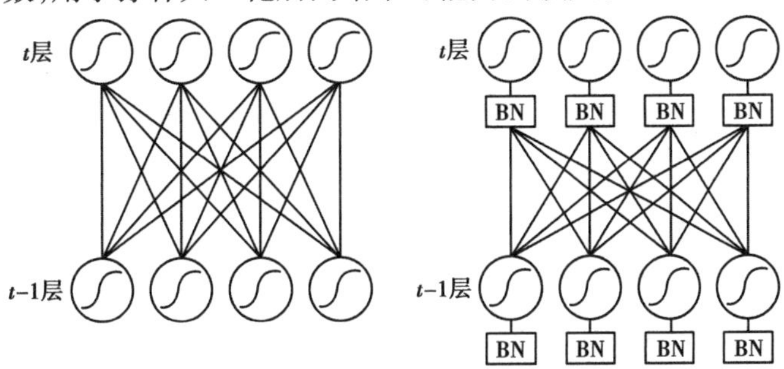

图 9.3　批次归一化的结构示意图

除了批次归一化，层归一化、实例归一化和组归一化是从不同的张量维度进行归一化的变种形式。以图像数据为例，如果将一个批次的图像整合成一个 BatchSize×Channel×(Height×Width)的三维张量，则批次归一化是 BatchSize×(Height×Width)维度上的归一化。层归一化是 Channel×(Height×Width)维度上的归一化，实例归一化是(Height×Width)维度上的归一化，组归一化是部分通道上(Height×Width)维度上的归一化。

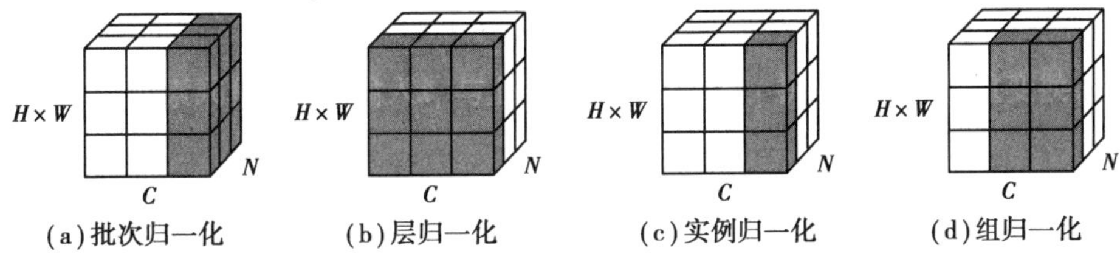

图 9.4　4 种不同维度的归一化示意图

需要注意的是，图像数据多采用批次归一化，层归一化多用于自然语言处理。

9.2.4　网络正则化方法

网络正则化方法通过一系列限制网络复杂度的手段来实现防止过拟合，提高模型泛化能力。常用的正则化方法包括参数范数惩罚正则化、提前终止训练、Dropout 和标签平滑等。

1) 参数范数惩罚正则化

参数范数惩罚是使用最为普遍的正则化方法，加入参数范数惩罚的网络优化问题可以表示为

$$\theta^* = \underset{\theta}{\operatorname{argmin}} \frac{1}{N} \sum_{n=1}^{N} \mathcal{L}(y^{(n)}, f(x^{(n)}; \theta)) + \lambda \cdot \ell_p(\theta) \tag{9.13}$$

其中，$\mathcal{L}(\cdot)$是损失函数；N 是训练样本数量；$f(\cdot)$是神经网络；θ 是神经网络的参数；λ 是正则化系数；$\ell_p(\cdot)$是 p-范数函数。实际中，最常使用的参数范数惩罚是 ℓ_1 和 ℓ_2 正则化。

2) 提前终止训练

一般地，所有的样本除划分为训练集和测试集外，还会单独划分出一个验证集，每当网络

模型训练完成一个世代,就会在验证集上验证网络的表现。随着训练世代的增加,网络在训练集上的损失也会越来越低,但在验证集的损失上却表现为先降低,再停滞,最后出现攀升,此时网络已经开始过拟合。提前终止训练的时机一般就选择验证集上的损失达到最低时的参数作为最优网络参数。

3)Dropout

Dropout(图 9.5)也是一种广为使用的正则化方法,具体做法是,训练阶段每次迭代时以一定的概率随机失效一部分神经元完成一次前后向训练,在下一次迭代时再按此概率重新随机失效一部分神经元,反复该操作直到训练结束。测试阶段不进行失效神经元的操作。

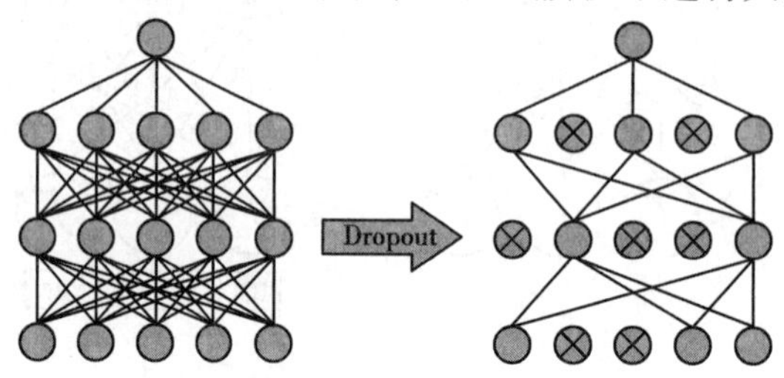

图 9.5　Dropout 示意图

其中需要注意的是,如果训练阶段设定的神经元不失效概率为 $p\in(0,1)$(通常取 0.5),那么出于保持训练和测试阶段的网络输出期望一致的考虑,测试阶段需要将网络的权重参数都乘以 p(或者对训练后的网络权重参数除以 p)。

Dropout 正则化通过对原网络进行神经元失效操作,等价于训练了大量简化的子网络组合在一起,降低了网络复杂度和神经元之间的关联作用,有利于模型学习更一般化的特征,提高泛化性。

除了 Dropout,现在也出现了 DropConnect,DropBlock 等采用类似思想的正则化方法。

4)标签平滑

导致过拟合的重要原因是样本的数量不足以覆盖所有情况,且样本的标签并非都是正确的。如果网络尝试去拟合这些偏颇或者错误的标注就会出现过拟合。标签平滑尝试改善对标注的过度信任以缓解这一问题。

以一个完成 C 分类任务的网络模型为例,样本 $\boldsymbol{x}$ 的标签用一个 C 维 one-hot 向量 $\boldsymbol{y}\in\{0,1\}^C$ 表示,如 $\boldsymbol{y}=[0,\cdots,0,1,0,\cdots,0]^{\mathrm{T}}$。标签平滑引入一个很小的平滑参数 ε 将原标签平滑为

$$\tilde{\boldsymbol{y}}=\left[\frac{\varepsilon}{C-1},\cdots,\frac{\varepsilon}{C-1},1-\varepsilon,\frac{\varepsilon}{C-1},\cdots,\frac{\varepsilon}{C-1}\right]^{\mathrm{T}} \tag{9.14}$$

经过平滑后的标签能够有效避免网络为了拟合 one-hot 标签而出现部分网络参数无限度增加而降低泛化性。

9.3　卷积神经网络

生物学研究发现,动物视觉皮层细胞在处理来自外界图像的信息时,每个细胞只负责视野内的一个局部子区域,这些区域被称为视觉细胞的感受野(Receptive Field)。受此启发,计算机科学家尝试将感受野的概念应用于神经网络,提出了卷积神经网络模型(Convolutional

Neural Network,CNN)。1980 年,日本科学家提出了神经认知机(Neocognitron)。1998 年,Yann LeCun 提出的 LeNet 是第一种在 MNIST 数据集完成手写数字识别的卷积神经网络模型。2012 年,Geoffrey Hinton 提出的 AlexNet 是第一个现代深度卷积神经网络,使用了包括 Dropout 在内的许多现代深度学习技术。2015 年,何恺明提出的深度残差网络 ResNet 突破了当时深度卷积神经网络的深度限制,成功将网络深度提升至数百层,取得了计算机视觉和深度学习领域具有里程碑意义的成就。

9.3.1 卷积的定义

信号与系统中学习到的卷积是一种信号在系统上进行加权滑动叠加的运算,反映了系统对输入信号的作用效果。

在连续的情况下,将一个输入信号 $f(t)$ 输入一个响应函数为 $g(t)$ 的系统,系统的输出就是对 $f(t)$ 和 $g(t)$ 卷积的结果,即

$$(f*g)(t)=\int_{-\infty}^{\infty}f(\tau)g(t-\tau)\mathrm{d}\tau \tag{9.15}$$

对应地,在离散情况下,对输入信号 $f(n)$ 和系统 $g(n)$,系统输出为

$$(f*g)(n)=\sum_{\tau=-\infty}^{\infty}f(\tau)g(n-\tau) \tag{9.16}$$

机器学习中的卷积类似于上述离散情况的卷积,反映了卷积核(Convolutional Kernel)或称滤波器(Filter)对输入数据的局部作用效果。特定的卷积核作用在输入数据上,能够产生特定的局部作用效果,这个过程就是特征提取(Feature Extraction)。

如果输入数据是一维的序列$\{x_n\}$,卷积核是长度为 K 的数组$\{\omega_k\}_{k=1}^{K}$。则该卷积核与输入序列的卷积为序列$\{z_n\}$,其中

$$z_n=\sum_{k=1}^{K}\omega_k x_{K-k+n},n=1,2,\cdots \tag{9.17}$$

类似地,如果输入数据是二维的图像矩阵 $\boldsymbol{X}\in\mathbb{R}^{H\times W}$,卷积核是二维矩阵 $\boldsymbol{\Omega}\in\mathbb{R}^{M\times N}$,且满足 $M\ll H,N\ll W$,则该卷积核与输入图像矩阵的卷积为

$$z_{i,j}=\sum_{m=1}^{M}\sum_{n=1}^{N}\omega_{m,n}x_{M-m+i,N-n+j},1\leqslant i\leqslant H-M+1,1\leqslant j\leqslant W-N+1 \tag{9.18}$$

通常把输入经过卷积后生成的输出称为特征图或特征映射(Feature Map),如图 9.6 所示。

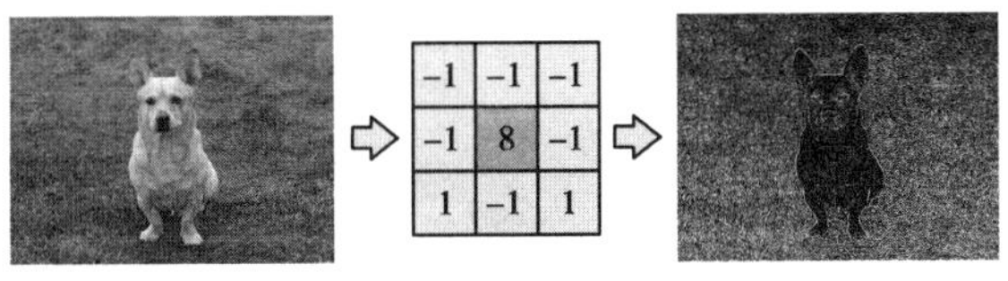

图 9.6 卷积的特征提取过程

需要注意的是,由于上述两式输入数据和卷积核的下标变化方向相反,实际中不方便使用。因此,机器学习中实际使用的是互相关(Cross Correlation),对一维序列(图 9.7)和二维图像矩阵(图 9.8),互相关的计算式分别为

$$z_n = \sum_{k=1}^{K} \omega_k x_{k+n}, \quad n = 1,2,\cdots$$
$$z_{i,j} = \sum_{m=1}^{M} \sum_{n=1}^{N} \omega_{m,n} x_{m+i,n+j}, 1 \leqslant i \leqslant H - M + 1, 1 \leqslant j \leqslant W - N + 1 \tag{9.19}$$

上述两式一般简记为

$$\boldsymbol{z} = \boldsymbol{\omega} \otimes \boldsymbol{x}$$
$$\boldsymbol{Z} = \boldsymbol{\Omega} \otimes \boldsymbol{X} \tag{9.20}$$

在神经网络中,从特征提取的角度看,互相关与卷积的实际效果是相同的。因此,机器学习中所说的卷积,大多数情况都是互相关,一般也不特意区分这两个概念。

实际应用中常常需要面对高维数据。例如,对三通道的彩色图像或者灰度视频,则输入数据是三维的张量(图 9.9);如果是彩色视频,或者将一个批次的彩色图像堆叠在一起,那么输入数据将是四维的张量。针对高维度的张量,卷积运算也可推广到更高维度。

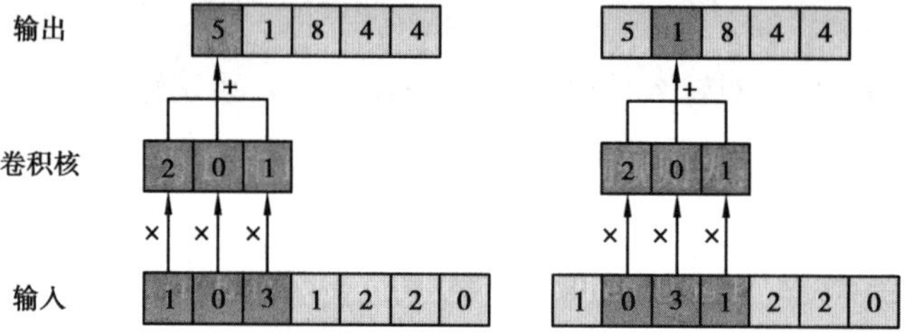

图 9.7　一维序列的卷积

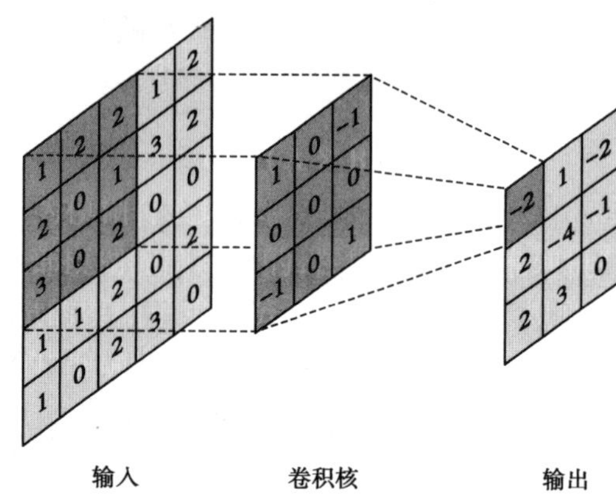

图 9.8　二维矩阵的卷积

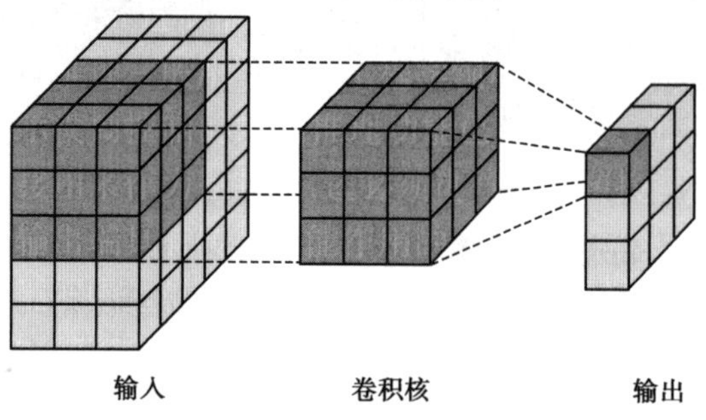

图 9.9　三维张量的卷积

此外,在卷积定义的基础上,这里还引入了步长和填充两个概念。

(1)步长(Stride)

步长是指卷积核在输入序列或者矩阵上滑动求取卷积时的滑动步距,在前面的例子中,步长为1。如果取大于1的步长,将起到下采样的效果,即输出特征图小于输入序列或矩阵。

(2)填充(Padding)

填充是输入序列两端或矩阵周边填充0值以保证输出特征图与输入序列或矩阵形状相同。

一般地,对 $H\times W$ 的输入,如果卷积核尺寸为 $M\times N$,卷积步长为 S,填充宽度为 P,则输出尺寸为$[(H-M+2P)/S+1]\times[(W-N+2P)/S+1]$。

9.3.2 卷积的变种形式

在现在的深度学习中,除了最常用的常规卷积运算,还发展出了几种变种形式,例如,反卷积、微步卷积和空洞卷积,这些变种形式的卷积在不同的任务场景中得到了不同程度的应用。

1)反卷积

常规的卷积运算可以将一个高维的向量、矩阵或者张量降维到更低的维度。例如,对一个5维的向量,经过大小为3的卷积核的卷积,生成了一个3维向量。反卷积的提出,主要是出于同样使用卷积运算,实现向量、矩阵或张量的升维的目的。

对一个 n 维向量 z 和大小为 m 的卷积核,如果希望通过卷积操作实现向高维向量的映射,可以对向量 z 进行两端补零 $p=m-1$,然后进行卷积运算,就可以升维得到 $n+m-1$ 维的向量。对二维的卷积,也可以采用类似的操作实现升维,如图9.10所示为步长 $s=1$,填充 $p=2$ 的反卷积。

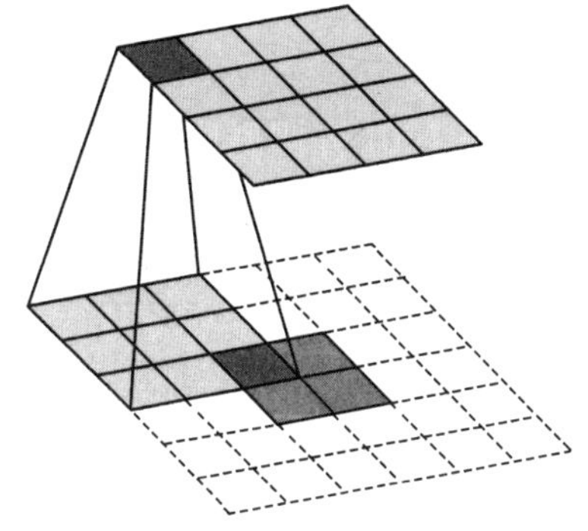

图9.10 反卷积示意图

2)微步卷积

常规的卷积运算中,如果取步长 $s>1$,则可以实现对序列或矩阵的下采样。同理,如果对序列或矩阵的元素之间插入0元素,然后再执行常规的卷积运算,就变相地相当于进行了步长 $s<1$ 的卷积运算。这种卷积运算称为微步卷积。如果希望微步卷积的步长为 $1/s$,这里 $s>1$,则需要在特征的元素之间插入 $s-1$ 个0元素。如图9.11所示为步长 $s=1$,填充 $p=2$ 和插入一个0元素的微步卷积。

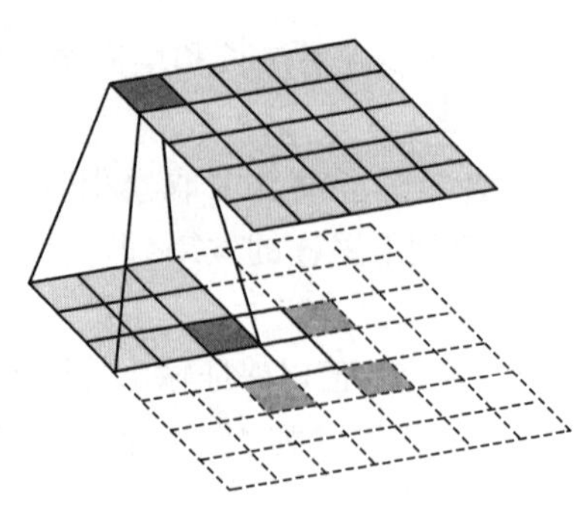

图 9.11　微步卷积示意图

3)空洞卷积

在某些任务中,希望增大卷积运算的感受野,常规方法有 3 种,分别是增加卷积核大小、叠加多层卷积运算以及在卷积之前进行池化操作。前两种方式会增加卷积核参数量,后一种方式会有信息丢失。

为了既不增加参数量又不丢失信息,有研究者提出了空洞卷积(Dilated Convolution),又称为膨胀卷积。空洞卷积中参与卷积运算的像素点相隔一定距离,使得卷积的像素范围扩大。卷积元素相隔的距离称为膨胀率。如图 9.12 所示是膨胀率为 3 的膨胀卷积。

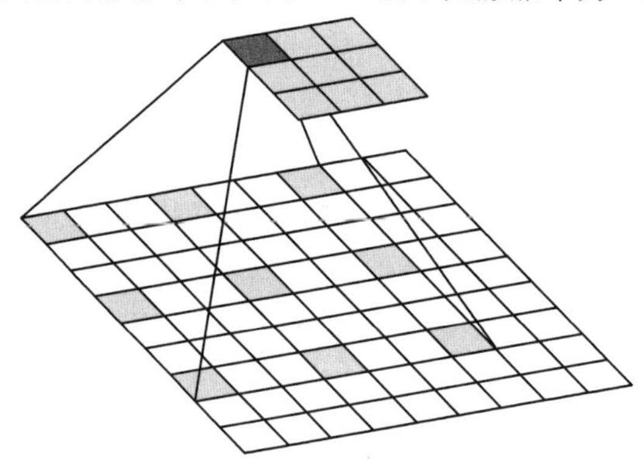

图 9.12　空洞卷积示意图

9.3.3　卷积神经网络的结构

卷积神经网络的典型结构通常交叉堆叠了若干个卷积层、池化层和全连接层。如图 9.13 所示为用于分类任务的卷积神经网络的典型结构。

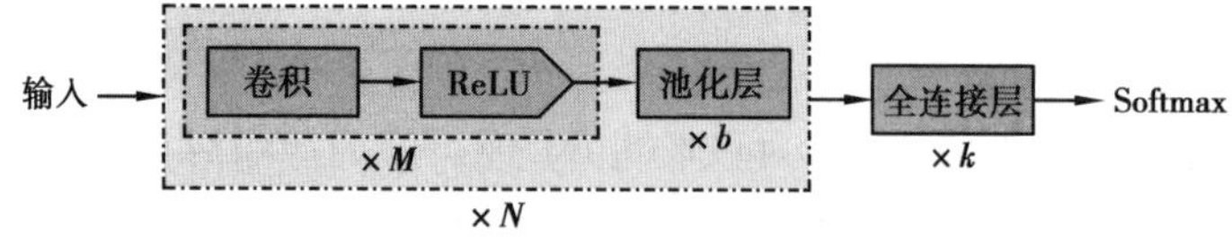

图 9.13　卷积神经网络的典型结构

1)卷积层

卷积层(Convolutional Layer)的作用是实现局部区域特征的提取,使用不同的卷积核以提取不同的特征。卷积核的参数是可学习的,这意味着网络将以最小化损失为目的自动学习出应当提取什么样的特征,而这正是深度卷积神经网络实现自动特征提取的关键。

卷积的使用也大大减小了网络训练参数量。传统的全连接前馈型神经网络中,每层的每个神经元都要与上一层的每个神经元进行权重连接,这样会带来巨量的权重参数,使得网络训练难度过大。而如果使用卷积连接代替两层的神经元之间的全连接关系,则会显著地降低参数量,这主要是卷积连接的局部连接和参数共享的特点带来的。对卷积神经网络,第 l 层输出 $x^{(l)}$ 和第 $l-1$ 层的输出 $\boldsymbol{x}^{(l-1)}$ 的关系为

$$\boldsymbol{x}^{(l)}=f(\boldsymbol{\omega}\otimes\boldsymbol{x}^{(l-1)}+b) \tag{9.21}$$

其中,f 为激活函数,$\boldsymbol{\omega}$ 和 b 分别为可学习的卷积核权重参数和偏置参数。$\boldsymbol{\omega}$ 和 b 的参数总量远远低于 l 层和 $l-1$ 层全连接时的参数量,这是因为第 l 层的神经元只与第 $l-1$ 层的局部区域的神经元存在连接关系,且该连接关系的参数对本层所有神经元是共享的。

举例说明。假如有一个以二维图像矩阵作为输入的卷积神经网络,其第 $l-1$ 层和第 l 层特征图尺寸都为 512×512,两层之间的卷积核尺寸为 3×3,卷积步长为 1,填充宽度为 1,那么这两层之间需要学习的参数数量仅包括 3×3 =9 个卷积核参数和一个偏置参数,共计 10 个参数。而如果这两层使用全连接,则会产生 512×512×512×512 = 68 719 476 736 个权重参数和 512×512 = 262 144 个偏置参数,共计 68 719 738 880 个参数,是卷积的几十亿倍。

实践中为了增强卷积神经网络的特征提取能力,在网络的两层之间通常不会只使用一个卷积核,而是堆叠许多个卷积核来提取更多种特征,这样卷积结果将含有多个通道。仍以前述例子说明,如果使用 128 个相同尺寸的卷积核,每个卷积核负责提取一种特征,则总共可提取 128 种特征,从而第 l 层的特征图为含有 128 个通道的三维张量,尺寸为 128×512×512,产生的参数量是 128×(3×3+1)= 1 280。图 9.14 为多通道卷积核的卷积过程示意图。

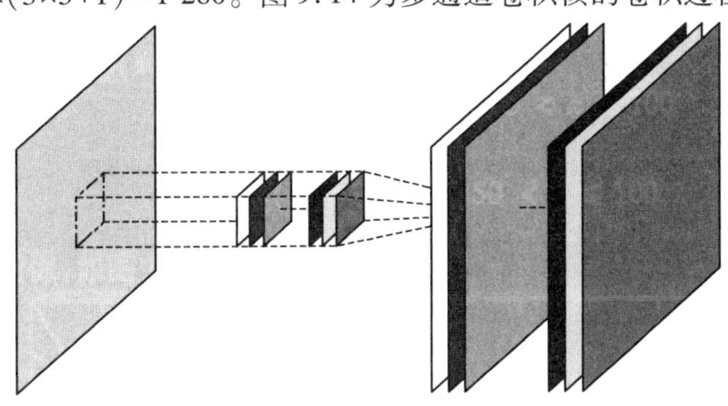

图 9.14 多通道卷积核的卷积过程示意图

另外,权值共享还有一个优势就是能够适应图像形变和平移导致的图像特征位置变化,使得网络具备针对输入的平移不变性,即图像目标在图像中的位置不影响卷积神经网络对目标的特征学习。

2) 池化层

池化层(Pooling Layer)的作用主要是进行下采样(Down Sampling),减小特征图的尺寸以降低参数量。池化操作方法是将特征图按一定尺寸划分成相交或不相交的池化窗,然后在窗内采样一个值代表该子区域,最后生成一个小尺寸的特征图。这个过程实际上可以视作一种特殊的卷积。

常用的池化有两种,即平均池化(Mean Pooling)和最大池化(Max Pooling),如图 9.15 所示。平均池化是取子区域内特征图的平均值作为子区域的代表,而最大池化是取子区域内特征图的最大值作为子区域的代表。

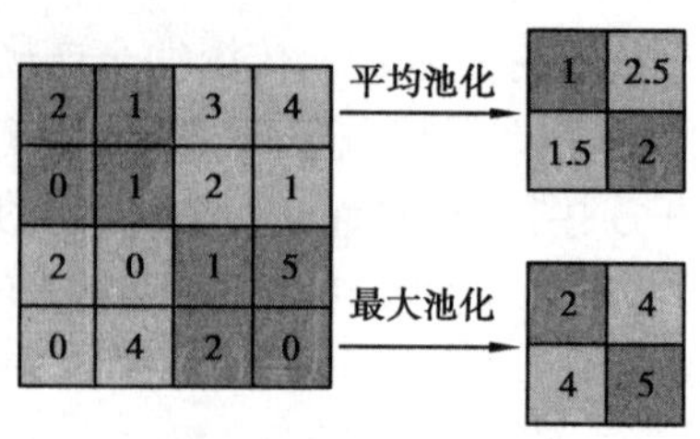

图 9.15　平均池化和最大池化的对比

最典型的池化操作是将特征图划分为 2×2 的不重合区域,使用最大池化实现下采样。近年来,也开始流行使用步长大于 1 的卷积代替池化来实现下采样。

3)全连接层

早期的卷积神经网络最后几层通常是全连接层,用来对高层特征进行融合。因为低层的网络已经经过多次下采样,所以高层的全连接层参数量并不大。近年来,在某些特定领域,人们开始倾向于使用全卷积网络,减少全连接层的使用。

9.3.4　卷积神经网络的反向传播算法

在介绍卷积神经网络的反向传播算法前,先推导卷积的求导公式。

以二维卷积为例,如果对卷积运算 $\boldsymbol{Z}=\boldsymbol{\Omega}\otimes\boldsymbol{X}$,其中输入特征图 $\boldsymbol{X}\in\mathbb{R}^{H\times W}$,卷积核$\boldsymbol{\Omega}\in$ ¡ $^{M\times N}$,激活函数输入 $\boldsymbol{Z}\in\mathbb{R}^{(H-M+1)\times(W-N+1)}$,激活函数输出 $f(\boldsymbol{Z})\in\mathbb{R}$。那么激活函数输出对卷积核其中一个权重参数的导数为

$$\frac{\partial f(\boldsymbol{Z})}{\partial\omega_{m,n}}=\frac{\partial\boldsymbol{Z}}{\partial\omega_{m,n}}\frac{f(\boldsymbol{Z})}{\partial\boldsymbol{Z}}=\sum_{i=1}^{H-M+1}\sum_{j=1}^{W-N+1}\frac{\partial f(\boldsymbol{Z})}{\partial y_{i,j}}x_{m+i,n+j}\tag{9.22}$$

可以得到激活函数输出对卷积核的导数为

$$\frac{\partial f(\boldsymbol{Z})}{\partial\boldsymbol{\Omega}}=\frac{\partial f(\boldsymbol{Z})}{\boldsymbol{Z}}\otimes\boldsymbol{X}\tag{9.23}$$

类似地,激活函数输出对输入特征图的一个分量的导数为

$$\frac{\partial f(\boldsymbol{Z})}{\partial x_{h,w}}=\frac{\partial\boldsymbol{Z}}{\partial x_{h,w}}\frac{\partial f(\boldsymbol{Z})}{\partial\boldsymbol{Z}}=\sum_{i=1}^{H-M+1}\sum_{j=1}^{W-N+1}\frac{\partial f(\boldsymbol{Z})}{\partial y_{i,j}}\omega_{h-i,w-j}\tag{9.24}$$

其中,当 $h-i<1$,或 $h-i>M$,或 $w-j<1$,或 $w-j>N$ 时,$\omega_{h-i,w-j}=0$,相当于对 $\boldsymbol{\Omega}$ 进行了$(H-M,W-N)$的零填充。

因此,得到激活函数输出对输入特征图的导数

$$\frac{\partial f(\boldsymbol{Z})}{\partial\boldsymbol{X}}=\mathrm{rot}180(\boldsymbol{\Omega})\tilde{\otimes}\frac{\partial f(\boldsymbol{Z})}{\partial\boldsymbol{Z}}\tag{9.25}$$

其中,rot180(·)表示旋转 180°;$\tilde{\otimes}$表示卷积时对 $\boldsymbol{\Omega}$ 进行了零填充。

接下来推导卷积神经网络的反向传播算法。

假设一典型卷积神经网络深度为 L,网络输出为$\hat{\boldsymbol{y}}$,拟合目标为 $\boldsymbol{y}$。设网络第 l 层为卷积层,该层的输入特征图为$\boldsymbol{X}^l\in\mathbb{R}^{C_{l-1}\times H_{l-1}\times W_{l-1}}$,经过卷积和偏置得到的激活函数输入$\boldsymbol{Z}^l\in\mathbb{R}^{C_l\times H_l\times W_l}$,其中 C_{l-1} 和 C_l 分别为第 $l-1$ 和第 l 层特征图的通道数。则$\boldsymbol{Z}^l$ 的第 c_l 个通道

$$
\begin{aligned}
Z^{(l,c_l)} &= \sum_{c_{l-1}=1}^{C_{l-1}} \boldsymbol{\Omega}^{(l,c_l,c_{l-1})} \otimes \boldsymbol{X}^{(l,c_{l-1})} + b^{(l,c_l)} \\
&= \boldsymbol{\Omega}^{(l,c_l)} \otimes \boldsymbol{X}^{(l)} + b^{(l,c_l)}
\end{aligned} \tag{9.26}
$$

根据前述推导公式,得损失函数对第 l 层的第 c_l 个通道卷积核权重$\boldsymbol{\Omega}^{(l,c_l)}$的偏导数

$$
\frac{\partial L(\boldsymbol{y},\hat{\boldsymbol{y}})}{\partial \boldsymbol{\Omega}^{(l,c_l)}} = \frac{\partial L(\boldsymbol{y},\hat{\boldsymbol{y}})}{\partial \boldsymbol{Z}^{(l,c_l)}} \otimes \boldsymbol{X}^{(l)} \triangleq \delta^{(l,c_l)} \otimes \boldsymbol{X}^{(l)} \tag{9.27}
$$

同理可得,损失函数对第 l 层的第 c_l 个通道卷积核偏置 $b^{(l,c_l)}$ 的偏导数

$$
\frac{\partial L(\boldsymbol{y},\hat{\boldsymbol{y}})}{\partial b^{(l,c_l)}} = \sum_{i,j} [\delta^{(l,c_l)}]_{i,j} \tag{9.28}
$$

可见,求解第 l 层卷积核权重和偏置的梯度的关键在于误差项 $\delta^{(l,c_l)}$ 的求解。因此,接下来推导 $\delta^{(l,c_l)}$ 与 $\delta^{(l+1,c_l)}$ 的递推关系,以便使用反向传播算法将误差从输出层传递到第 l 层。

如果第 l+1 层为池化层,则第 l+1 层的通道数等于第 l 层,有

$$
\begin{aligned}
\delta^{(l,c_l)} &\triangleq \frac{\partial L(\boldsymbol{y},\hat{\boldsymbol{y}})}{\partial \boldsymbol{Z}^{(l,c_l)}} \\
&= \frac{\partial \boldsymbol{X}^{(l+1,c_l)}}{\partial \boldsymbol{Z}^{(l,c_l)}} \cdot \frac{\partial \boldsymbol{Z}^{(l+1,c_l)}}{\partial \boldsymbol{X}^{(l+1,c_l)}} \cdot \frac{\partial L(\boldsymbol{y},\hat{\boldsymbol{y}})}{\partial \boldsymbol{Z}^{(l+1,c_l)}} \\
&= f_l'(\boldsymbol{Z}^{(l,c_l)}) \odot \text{upsample}(\delta^{(l+1,c_l)})
\end{aligned} \tag{9.29}
$$

其中,upsample(·)为上采样。如果池化层采用的是平均池化,误差项 $\delta^{(l+1,c_l)}$ 中每个值会被均分至 l 层对应池化区域的神经元上;如果池化层是最大池化,则 $\delta^{(l+1,c_l)}$ 的每个值直接传递至第 l 层对应池化区域中具有最大值的神经元上,如图 9.16 所示。

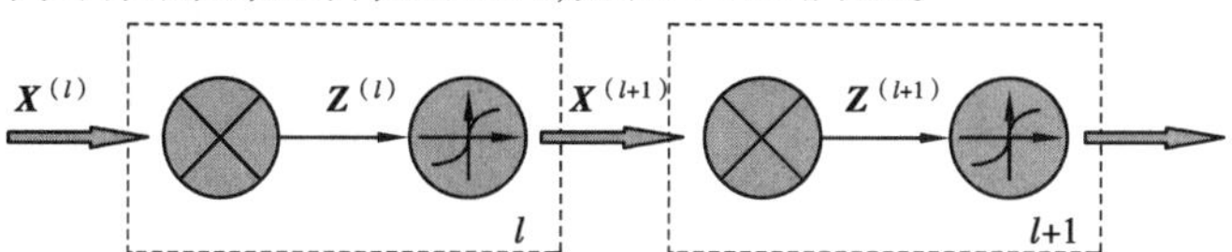

图 9.16　卷积神经网络相邻两层结构示意图

如果第 l+1 层为卷积层,设$\boldsymbol{Z}^{l+1} \in \mathbb{R}^{C_{l+1}\times H_{l+1}\times W_{l+1}}$,则

$$
\begin{aligned}
\boldsymbol{Z}^{(l+1,c_{l+1})} &= \boldsymbol{\Omega}^{(l+1,c_{l+1})} \otimes \boldsymbol{X}^{(l+1,c_{l+1})} + b^{(l+1,c_{l+1})} \\
\boldsymbol{X}^{(l+1,c_{l+1})} &= f_l(\boldsymbol{Z}^{(l,c_l)})
\end{aligned} \tag{9.30}
$$

结合式(9.29),可得

$$
\begin{aligned}
\delta^{(l,c_l)} &\triangleq \frac{\partial L(\boldsymbol{y},\hat{\boldsymbol{y}})}{\partial \boldsymbol{Z}^{(l,c_l)}} \\
&= \frac{\partial \boldsymbol{X}^{(l+1,c_l)}}{\partial \boldsymbol{Z}^{(l,c_l)}} \cdot \frac{\partial L(\boldsymbol{y},\hat{\boldsymbol{y}})}{\partial \boldsymbol{X}^{(l+1,c_l)}} \\
&= f_l'(\boldsymbol{Z}^{(l)}) \odot \sum_{c_{l+1}=1}^{C_{l+1}} \left(\text{rot180}(\boldsymbol{\Omega}^{(l+1,c_{l+1},c_l)}) \otimes \frac{\partial L(\boldsymbol{y},\hat{\boldsymbol{y}})}{\partial \boldsymbol{Z}^{(l+1,c_{l+1})}}\right) \\
&= f_l'(\boldsymbol{Z}^{(l)}) \odot \sum_{c_{l+1}=1}^{C_{l+1}} \left(\text{rot180}(\boldsymbol{\Omega}^{(l+1,c_{l+1},c_l)}) \otimes \delta^{(l+1,c_{l+1})}\right)
\end{aligned} \tag{9.31}
$$

对于输出层而言

$$\delta^{L} \triangleq \frac{\partial L(\boldsymbol{y},\hat{\boldsymbol{y}})}{\partial \boldsymbol{Z}^{(L)}}=f'(\boldsymbol{Z}^{(L)}) \odot \frac{\partial L(\boldsymbol{y},\hat{\boldsymbol{y}})}{\partial \boldsymbol{y}} \tag{9.32}$$

结合式(9.29)、式(9.31)、式(9.32),就完成了卷积神经网络的误差反向传播。

9.3.5 典型的卷积神经网络简介

卷积神经网络作为深度神经网络中发展最为迅猛的类别,自最早的 LeNet 提出以来,各种不同结构、功能和性能的卷积神经网络层出不穷。尤其是近年来随着深度学习和计算机视觉的发展,卷积神经网络的大家族几乎每年都会更新一轮。但是,无论卷积神经网络如何发展,其始终建立在早期的 LeNet,AlexNet 等网络模型构建的基础之上。因此,这里只对具有里程碑意义的 LeNet 及 AlexNet 进行简要介绍。

1) LeNet

LeNet 是最经典的卷积神经网络,如图 9.17 所示,由图灵奖获得者、深度学习三巨头之一的 Yan LeCun 于 1998 年提出,随后在手写数字识别中得到广泛应用。LeNet 的突出贡献在于确立了卷积神经网络的基本结构,因此是学习卷积神经网络最好的入门模型。

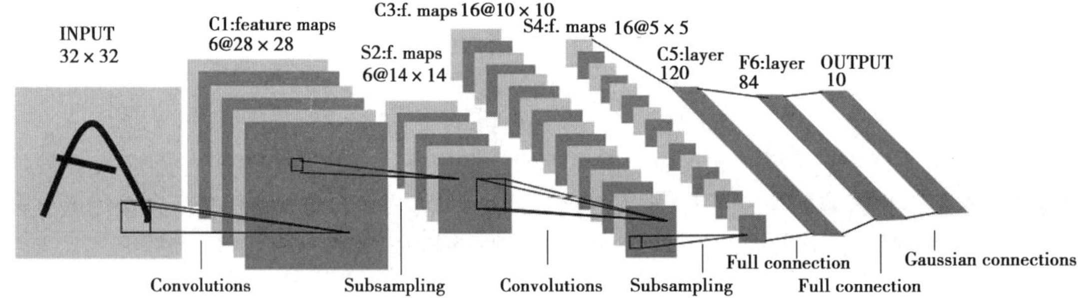

图 9.17 LeNet 网络结构示意图

LeNet 是一个简单的 7 层卷积神经网络,网络结构为输入 Input-卷积层 C1-池化层 S2-卷积层 C3-池化层 S4-卷积层 C5-全连接层 F6-全连接层 F7-输出 Output,其中,卷积层和池化层负责特征提取,全连接层负责分类。

LeNet 输入尺寸为 32×32 的灰度图像;卷积层 C1 使用 6 个 5×5 的卷积核,生成 6×28×28 的特征图,产生的参数量为 6×(5×5+1)= 156;池化层 S2 采用使用步长为 2 的 2×2 卷积运算进行池化,生成 6×14×14 的特征图,参数量 6×(2×2+1)= 30;卷积层 C3 没有使用全通道卷积核,而是对 S2 层特征图部分通道的不同组合进行卷积以减少连接数,最终生成 16×10×10 的特征图,参数量比全通道卷积少,为 1 516;池化层 S4 采用步长为 2 的 2×2 卷积运算进行池化,生成 16×5×5 的特征图,参数量 16×(2×2+1)= 90;卷积层 C5 使用 120 个 16×5×5 的全通道卷积核,生成 120×1×1 的特征图,参数量 120×(16×5×5+1)= 48 120;全连接层 F6 含有 86 个神经元,参数量 84×(120+1)= 10 164;全连接层 F7 含 10 个径向基函数(Radial Basis Function,RBF)节点,输出 10 维向量,其中,最接近 0 的向量元素下标就是预测结果,该层参数量为 10×84 = 840。

LeNet 通过局部连接和权值共享大幅减少了网络训练参数量并具有输入平移不变性,充分发挥卷积神经网络的优势,是具有开创性意义的网络模型。

2) AlexNet

AlexNet 由图灵奖获得者、深度学习三巨头之一的 Geoffrey Hinton 及其学生 Alex Krizhevsky 提出,是第一个现代卷积神经网络。AlexNet 的开创性成就包括使用 ReLU 代替 Sigmoid 作为激活函数缓解梯度消失问题、使用 Dropout 和数据增强抑制过拟合、使用 CUDA 和多 GPU 加速训练等。AlexNet 是 2012 年的 ImageNet 图像分类冠军。

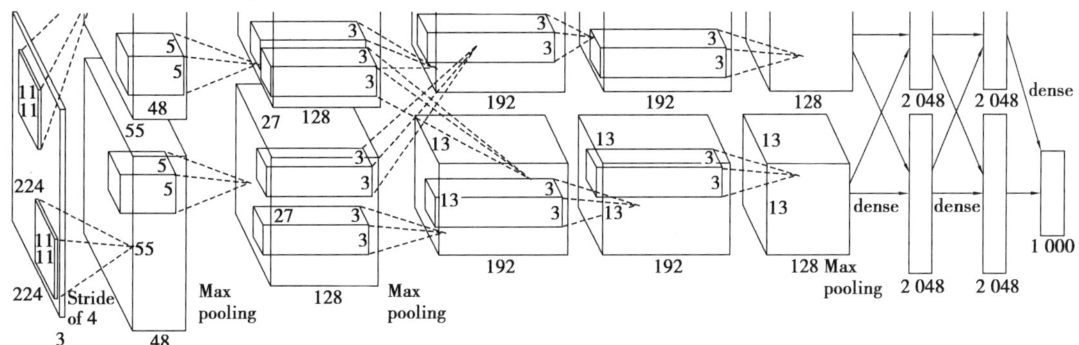

图 9.18 AlexNet 网络结构示意图

如图 9.18 所示,AlexNet 具有相比 LeNet 更深的网络结构,包括 5 个卷积层、3 个池化层和 3 个全连接层。由于使用 3×224×224 的 RGB 彩色图像作为输入,超出了当时的 GPU 硬件条件,AlextNet 将网络分拆到了两块 GPU 上运行。

AlexNet 第一个卷积层使用了 11×11 的卷积核,卷积步长为 4,输出两个 48 通道的 55×55 特征图。然后经卷积核大小为 3×3,步长为 2 的最大池化,输出两个 48×27×27 的特征图;第二个卷积层使用 5×5 的单步长卷积以及 3×3 的池化,输出两个 128×13×13 的特征图;第三、四、五个卷积层均采用 3×3 的单步长卷积,且中间没有经过池化,因此特征图保持为 13×13;AlexNet 末尾是 3 个神经元数量分别为 4 096,4 096 和 1 000 的全连接层,然后经后续的卷积层最终输出 1 000 维的特征向量,实现了对 1 000 个图像类的分类。

AlexNet 作为第一个现代卷积神经网络,深刻地改变了深度学习以及计算机视觉研究的格局,为这两个领域后续若干年的飞速发展奠定了基础。

9.4 循环神经网络

在生产生活中,除了类似于图像这样的网格化数据,还存在大量序列化的数据,例如,语音信号、文本信息、传感器采集的振动信号等,都表现为数据流的形式。序列数据既可以是具有时间先后顺序的时序数据,也可以是广义的具有位置、逻辑先后顺序的数据,但为了便于描述,后续通常使用“时刻”这种表述来讨论序列化数据。已经学习过的前馈神经网络,每一时刻的网络输出只与当前时刻的网络输入有关;然而,对处理序列数据的网络模型,其在当前时刻的网络输出,不仅与当前时刻的网络输入有关,还与网络之前时刻的输出(或称为网络的状态)有关。这意味着处理时序数据的网络应具备记忆能力。

正如卷积神经网络专门用于网格化数据的处理一样,循环神经网络(Recurrent Neural Network,RNN)是一类专门用于处理序列数据的神经网络。循环神经网络的特点是,神经元不但可以接受其他神经元的信息，也可以接受自身反馈的信息，形成具有环路的结构。循环神经网络已被广泛应用于语音识别、自然语言理解和时间序列分析等任务中。

9.4.1 循环神经网络的记忆能力

为了利用序列数据的历史信息，必须让神经网络具备记忆能力，即对给定的输入序列$\boldsymbol{x}_{1:T}=(\boldsymbol{x}_1,\boldsymbol{x}_2,\cdots,\boldsymbol{x}_t,\cdots,\boldsymbol{x}_T)$，网络在 t 时刻的输出 $\boldsymbol{h}_t$ 有

$$\begin{aligned}\boldsymbol{h}_t&=g(\boldsymbol{x}_t,\boldsymbol{x}_{t-1},\cdots,\boldsymbol{x}_2,\boldsymbol{x}_1)\\&=f(\boldsymbol{h}_{t-1},\boldsymbol{x}_t)\end{aligned}\tag{9.33}$$

其中，f 为非线性激活函数。

从数学的角度来看，上述表达式描述了一个动力系统，即系统按照一定规律随时间发生状态变化的系统。理论已经证明，循环神经网络可以以任意精度近似任何非线性动力系统。

最简单的循环神经网络只有一个隐藏层，且存在着隐藏层到隐藏层的反馈连接。通过反馈连接的延迟机制，循环神经网络具备了记忆序列数据历史信息的能力。图 9.19 所示为循环神经网络示意图。

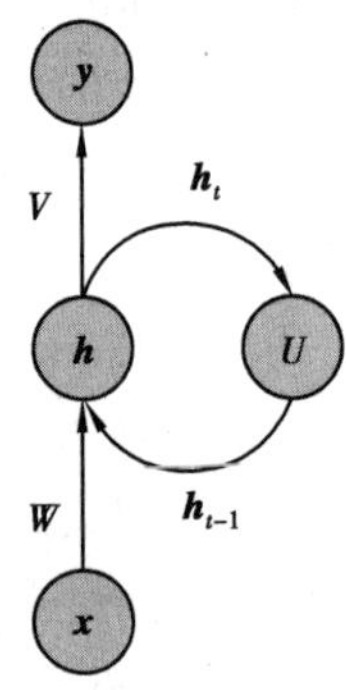

图 9.19　循环神经网络示意图

设z_t 为隐藏层的净输入，$f(\cdot)$为非线性激活函数（Logistic 或者 tanh 函数），U 为状态-状态权重矩阵，W 为状态-输入权重矩阵，$\boldsymbol{b}$ 为偏置，$\boldsymbol{y}_t$ 为网络输出，基于式(9.33)可得

$$\begin{aligned}z_t&=U\boldsymbol{h}_{t-1}+W\boldsymbol{x}_t+\boldsymbol{b}\\\boldsymbol{h}_t&=f(z_t)\\\boldsymbol{y}_t&=V\boldsymbol{h}_t\end{aligned}\tag{9.34}$$

如果在时间维度上将循环神经网络展开，则可以将循环神经网络视作在时间维度上权值共享的神经网络，如图 9.20 所示。

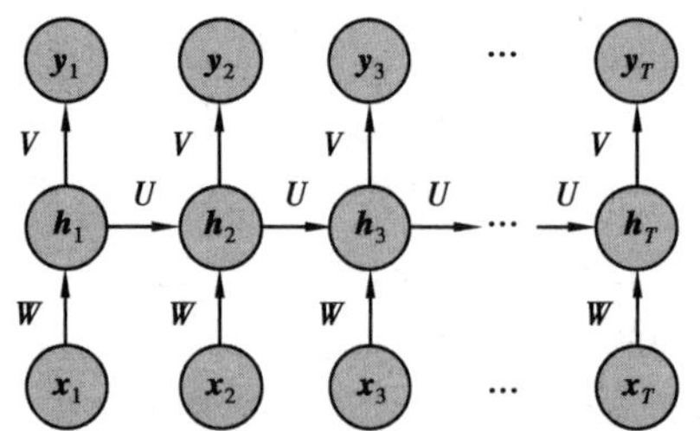

图 9.20　循环神经网络在时间维度上展开的示意图

9.4.2 循环神经网络的结构

根据任务的不同,循环神经网络可能采用不同的网络结构,常见的网络结构有序列到类结构、同步序列到序列结构、异步序列到序列结构、双向循环网络结构和多层循环神经网络结构。

1)序列到类

常见的任务场景,例如,自然语言理解中,根据一段文本的内容判断文本的感情色彩,属于从序列到类的任务,序列到类结构如图 9.21 所示。此时,循环神经网络以序列作为输入并输出一个类别。

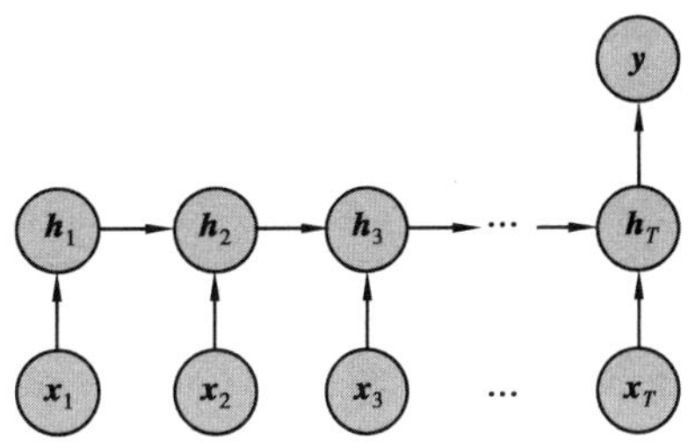

图 9.21 序列到类结构

对一个长度为 T 的序列样本$\boldsymbol{x}_{1:T}=(\boldsymbol{x}_1,\boldsymbol{x}_2,\cdots,\boldsymbol{x}_t,\cdots,\boldsymbol{x}_T)$,网络输出类别 $y\in\{1,\cdots,C\}$。将样本 $\boldsymbol{x}$ 序列按时间顺序输入网络,得到不同时刻的隐藏状态$\boldsymbol{h}_1,\cdots,\boldsymbol{h}_T$,如果将$\boldsymbol{h}_T$ 作为序列的最终特征输入分类器 $g(\cdot)$,得到分类结果,则

$$\hat{y}=g(\boldsymbol{h}_T) \tag{9.35}$$

或者将整个序列所有隐藏状态的平均状态输入分类器,则有

$$\hat{y}=g\left(\frac{1}{T}\sum_{t=1}^{T}\boldsymbol{h}_t\right) \tag{9.36}$$

2)同步序列到序列

在自然语言处理中,对一段文本中的所有单词进行词性标注,属于同步序列到序列的任务。这种场景下,循环神经网络以序列作为输入并同步输出序列,网络结构如图 9.22 所示。

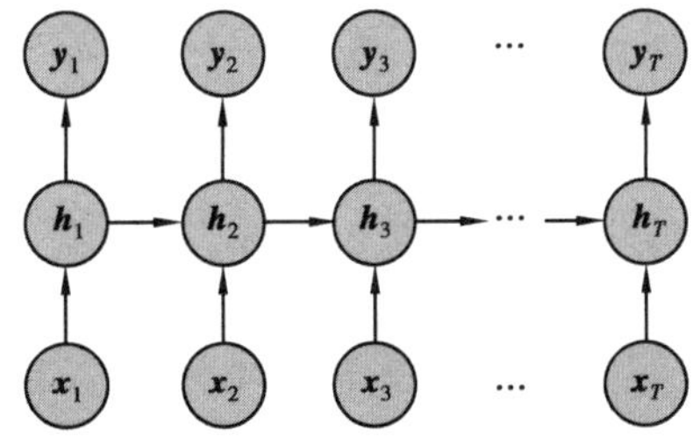

图 9.22 同步序列到序列结构

对一个长度为 T 的序列样本$\boldsymbol{x}_{1:T}=(\boldsymbol{x}_1,\boldsymbol{x}_2,\cdots,\boldsymbol{x}_t,\cdots,\boldsymbol{x}_T)$,网络输出序列为$\boldsymbol{y}_{1:T}=(\boldsymbol{y}_1,\boldsymbol{y}_2,\cdots,\boldsymbol{y}_T)$,则有

$$\hat{y}_t=g(\boldsymbol{h}_t),\forall t\in[1,T] \tag{9.37}$$

3)异步序列到序列结构

在机器翻译任务中,要求网络在一段语音输入完毕后返回该语音的翻译,这属于异步序

列到序列的任务场景。在此场景下，循环神经网络的结构就是异步序列到序列结构，又称为编码器-解码器结构，如图 9.23 所示。

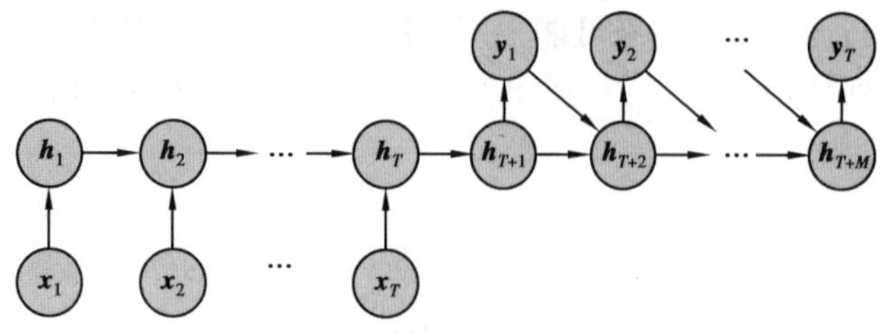

图 9.23　异步序列到序列结构

对一个长度为 T 的序列样本 $\boldsymbol{x}_{1:T}=(\boldsymbol{x}_1,\boldsymbol{x}_2,\cdots,\boldsymbol{x}_t,\cdots,\boldsymbol{x}_T)$，网络输出序列为 $\boldsymbol{y}_{1:M}=(y_1,y_2,\cdots,y_M)$，$f_1(\cdot)$ 和 $f_2(\cdot)$ 分别为编码器和解码器部分的非线性激活函数，$g(\cdot)$ 为分类器，则有

$$
\begin{aligned}
\boldsymbol{y}_t &= f_1(\boldsymbol{h}_{t-1},\boldsymbol{x}_t),\quad \forall t\in[1,T]\\
\boldsymbol{h}_{T+t} &= f_2(\boldsymbol{h}_{T+t-1},\hat{\boldsymbol{y}}_{t-1}),\quad \forall t\in[1,M]\\
\hat{y}_t &= g(\boldsymbol{h}_{T+t}),\quad \forall t\in[1,M]
\end{aligned}
\tag{9.38}
$$

4）双向循环神经网络

在许多场景下，网络的输出不但与过去时刻的状态有关，还受到将来时刻的状态影响。例如，在文本翻译任务中，对某个单词的翻译结果，不仅受前文信息的影响，还与后文有关。在这种情况下，网络中需要建立一条将信息从后续时刻向前时刻传递的通路，这就是双向循环神经网络（Bidirectional Recurrent Neural Network，BRNN），如图 9.24 所示。

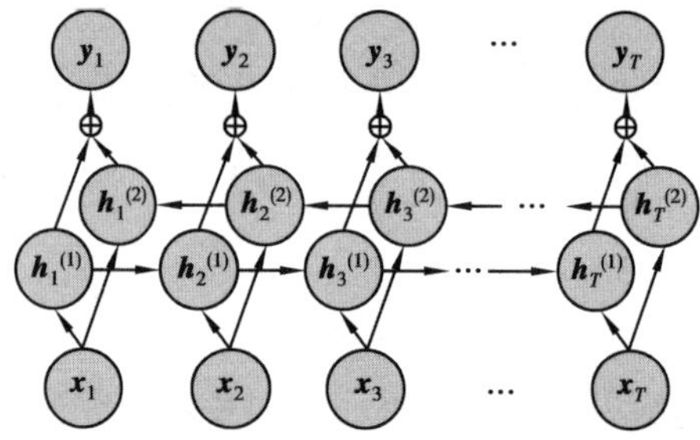

图 9.24　双向循环神经网络结构

对一个长度为 T 的序列样本 $\boldsymbol{x}_{1:T}=(\boldsymbol{x}_1,\boldsymbol{x}_2,\cdots,\boldsymbol{x}_t,\cdots,\boldsymbol{x}_T)$，网络输出序列为 $\boldsymbol{y}_{1:T}=(\boldsymbol{y}_1,\boldsymbol{y}_2,\cdots,\boldsymbol{y}_T)$，则有

$$
\begin{aligned}
\boldsymbol{h}_t^{(1)} &= f(\boldsymbol{h}_{t-1}^{(1)},\boldsymbol{x}_t)\\
\boldsymbol{h}_t^{(2)} &= f(\boldsymbol{h}_{t+1}^{(2)},\boldsymbol{x}_t)\\
\hat{y}_t &= g(\boldsymbol{h}_t^{(1)}\oplus\boldsymbol{h}_t^{(2)}),\quad \forall t\in[1,T]
\end{aligned}
\tag{9.39}
$$

其中，$\oplus$ 是向量拼接操作。

5）多层循环神经网络结构

以上循环神经网络结构都是单层结构，虽然在时间维度的深度很深，但是从输入 $\boldsymbol{x}_t$ 到输出 $\boldsymbol{y}_t$ 的网络路径深度则很浅。为了增加网络的表达能力，可以堆叠多个单层结构，构成多层循环神经网络（Multi-Layer Recurrent Neural Network，MRNN），如图 9.25 所示。

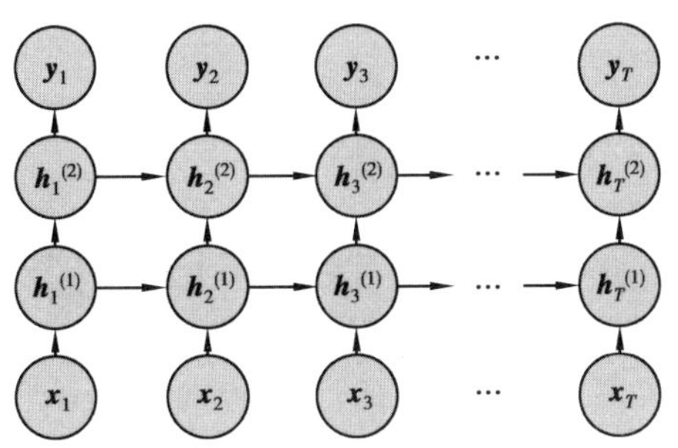

图 9.25　多层循环网络结构

6)递归神经网络结构

多层循环神经网络可以进一步扩展至有向无环图结构,形成很深的树状结构,这就是递归神经网络(Recursive Neural Network,RecNN),如图 9.26 所示。递归神经网络主要用于学习推论,可以将数据结构输入网络进行处理,能够为自然语言处理和计算机视觉提供新的研究思路。

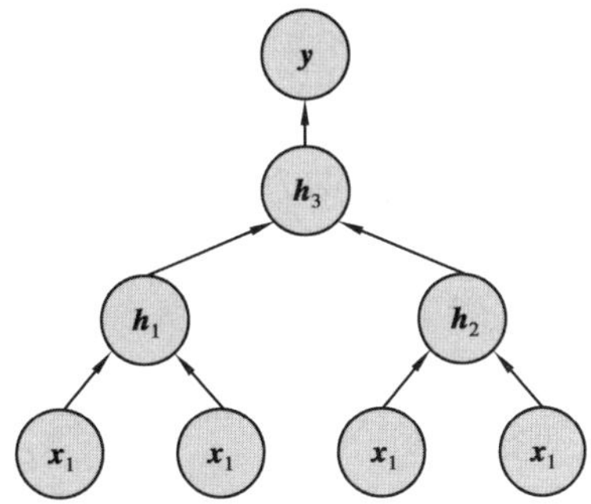

图 9.26　递归神经网络结构

9.4.3　循环神经网络的反向传播算法

循环神经网络的参数学习同样是采用误差反向传播算法,但是相比前馈神经网络有自己的特殊性。以单隐层的同步序列到序列网络为例,对训练样本$(\boldsymbol{x},\boldsymbol{y})$,其中,$\boldsymbol{x}_{1:T}=(x_1,\cdots,x_T)$,$\boldsymbol{y}_{1:T}=(y_1,\cdots,y_T)$,时刻 t 的损失函数被定义为

$$L_t=l(y_t,g(\boldsymbol{h}_t)) \tag{9.40}$$

其中,$g(h_t)$是时刻 t 的网络输出,l 是损失函数。对整个序列,则有

$$L=\sum_{t=1}^{T}L_t \tag{9.41}$$

那么全序列的损失函数 L 对权重 U 的梯度就等于每个时刻的损失函数 L_t 对权重 U 的偏导数之和,即

$$\frac{\partial L}{\partial U}=\sum_{t=1}^{T}\frac{\partial L_t}{\partial U} \tag{9.42}$$

由于此处考虑的是单隐层的循环神经网络,故此处的反向传播算法不是多层前馈神经网络的逐层误差反向传播,而是逐时刻误差反向传播,即误差从后时刻向前时刻传播。如果将循环神经网络按时间维度展开,则可以类似前馈神经网络进行如下误差反向传播的推导,如图 9.27 所示。

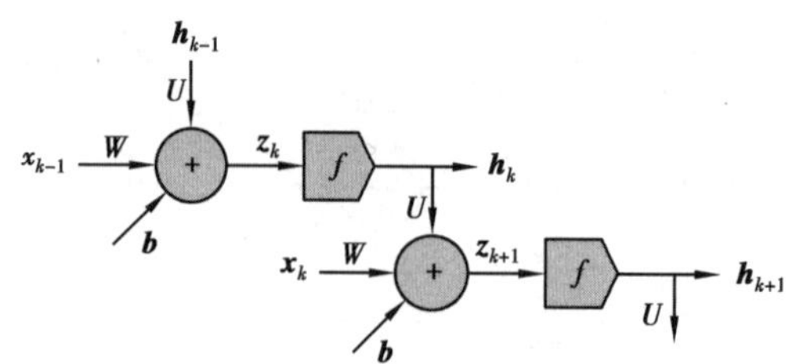

图 9.27　两相邻时刻的循环神经网络结构示意图

为了推导$\frac{\partial L}{\partial U}$,首先推导$\frac{\partial L_t}{\partial U}$的表达式。因为前面已经有关系式$\boldsymbol{z}_k=U\boldsymbol{h}_{k-1}+W\boldsymbol{x}_k+\boldsymbol{b}, 1\leqslant k\leqslant t$,所以时刻 t 的损失函数 L_t 关于参数 u_{ij} 的梯度为

$$\frac{\partial L_t}{\partial u_{ij}}=\sum_{k=1}^{t}\frac{\partial \boldsymbol{z}_k}{\partial u_{ij}}\frac{\partial L_t}{\partial \boldsymbol{z}_k} \tag{9.43}$$

其中,

$$\frac{\partial z_k}{\partial u_{ij}}=[0,\cdots,[h_{k-1}]_j,\cdots,0]\triangleq I_i([h_{k-1}]_j) \tag{9.44}$$

式中,$[h_{k-1}]_j$ 表示第 $k-1$ 时刻隐状态的第 j 维;$I_i(x)$表示除了第 i 行值为 x 外,其余都为 0 的行向量。

误差项 $\delta_{t,k}$ 是 t 时刻的损失对 k 时刻隐状态净输入$\boldsymbol{z}_k$ 的导数,有

$$\delta_{t,k}\triangleq\frac{\partial L_t}{\partial \boldsymbol{z}_k}=\frac{\partial \boldsymbol{h}_k}{\partial \boldsymbol{z}_k}\frac{\partial \boldsymbol{z}_{k+1}}{\partial \boldsymbol{h}_k}\frac{\partial L_t}{\partial \boldsymbol{z}_{k+1}}=\mathrm{diag}(f'(\boldsymbol{z}_k))U^{\mathrm{T}}\delta_{t,k+1} \tag{9.45}$$

结合式(9.43)和式(9.45),可得

$$\frac{\partial L_t}{\partial u_{ij}}=\sum_{k=1}^{t}[\delta_{t,k}]_i[\boldsymbol{h}_{k-1}]_j \tag{9.46}$$

从而有

$$\frac{\partial L_t}{\partial U}=\sum_{k=1}^{t}\delta_{t,k}\,\boldsymbol{h}_{k-1}^{\mathrm{T}} \tag{9.47}$$

结合式(9.42)和式(9.47),可得到全序列损失函数 L 对权重 U 的梯度为

$$\frac{\partial L}{\partial U}=\sum_{t=1}^{T}\sum_{k=1}^{t}\delta_{t,k}\,\boldsymbol{h}_{k-1}^{\mathrm{T}} \tag{9.48}$$

类似地,可以推导得到 L 对权重 W 和偏置 $\boldsymbol{b}$ 的梯度:

$$\frac{\partial L}{\partial W}=\sum_{t=1}^{T}\sum_{k=1}^{t}\delta_{t,k}\boldsymbol{x}_k^{\mathrm{T}} \tag{9.49}$$

$$\frac{\partial L}{\partial \boldsymbol{b}}=\sum_{t=1}^{T}\sum_{k=1}^{t}\delta_{t,k} \tag{9.50}$$

9.4.4　典型的循环神经网络简介

在典型的序列数据处理如自然语言理解中,序列的历史信息对文本含义的正确理解有着重要意义。循环神经网络通过隐层的反馈连接实现了记忆能力,但是由于网络存在的梯度消失或者梯度爆炸问题,导致网络只能进行短期内的记忆,更长时间间隔的记忆仍然难以实现。

长短期记忆网络(Long Short-Term Memory,LSTM)作为简单循环神经网络的一种改进,通

过引入门控机制进行有选择性的记忆和遗忘,有效避免了梯度消失和梯度爆炸问题,实现了较长期的网络记忆能力。由此,长短期记忆网络已经在自然语言处理、时间序列预测等任务中得到广泛应用。

类似于同步序列到序列结构的简单循环神经网络,LSTM 也是由重复的细胞模块构成的链状结构,但是其细胞的内部结构要复杂得多,如图 9.28 所示。

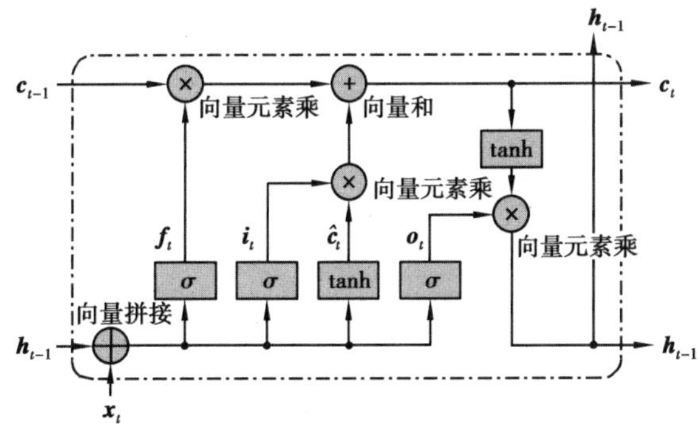

图 9.28 LSTM 循环单元结构

LSTM 增加了 1 个细胞内部状态$\boldsymbol{c}_t$ 和 3 个控制门:遗忘门 $\boldsymbol{f}_t$、输入门$\boldsymbol{i}_t$ 和输出门$\boldsymbol{o}_t$。$\boldsymbol{c}_t$ 是细胞的内存结构,用于有选择性地记忆或遗忘历史信息,并负责将信息非线性地输出给外部状态$\boldsymbol{h}_t$,即

$$\begin{aligned}\boldsymbol{c}_t&=\boldsymbol{f}_t\odot\boldsymbol{c}_{t-1}+\boldsymbol{i}_t\odot\tilde{\boldsymbol{c}}_t\\ \boldsymbol{h}_t&=\boldsymbol{o}_t\odot\tanh(\boldsymbol{c}_t)\end{aligned}\tag{9.51}$$

其中,⊙是向量元素乘积;$\tilde{\boldsymbol{c}}_t$ 是输入$\boldsymbol{x}_t$ 与上一时刻隐状态$\boldsymbol{h}_{t-1}$ 拼接后经过权重变换,由 tanh 函数激活的结果

$$\tilde{\boldsymbol{c}}_t=\tanh(W_c[\boldsymbol{x}_t,\boldsymbol{h}_{t-1}])\tag{9.52}$$

门(Gate)是来自电子技术的概念,表示一种可控地允许信息通过的机制。LSTM 的门控机制通过遗忘门 $\boldsymbol{f}_t$、输入门$\boldsymbol{i}_t$ 和输出门$\boldsymbol{o}_t$ 的作用共同实现。其中,$\boldsymbol{f}_t$ 调控应当遗忘多少上一时刻的内部状态$\boldsymbol{c}_{t-1}$,$\boldsymbol{i}_t$ 调控应当记忆多少外部状态 $\tilde{\boldsymbol{c}}_t$,$\boldsymbol{o}_t$ 调控应当输出多少信息给外部状态$\boldsymbol{h}_t$。3 个控制门的计算方式分别是

$$\begin{aligned}\boldsymbol{i}_t&=\sigma(W_i[\boldsymbol{x}_t,\boldsymbol{h}_{t-1}])\\ \boldsymbol{f}_t&=\sigma(W_f[\boldsymbol{x}_t,\boldsymbol{h}_{t-1}])\\ \boldsymbol{o}_t&=\sigma(W_o[\boldsymbol{x}_t,\boldsymbol{h}_{t-1}])\end{aligned}\tag{9.53}$$

其中,$\sigma(\cdot)$为 Logistic 激活函数。

在 LSTM 中,隐状态$\boldsymbol{h}_t$ 在每个时刻都会被更新,起着短期记忆的作用,而$\boldsymbol{c}_t$ 在门控机制的作用下,更新速度远远慢于$\boldsymbol{h}_t$,起着长期记忆的作用。通过这样的机制,LSTM 大大缓解了循环神经网络长期记忆能力不足的问题,从而提升了循环神经网络的实用性。

习 题

1. 简要总结深度学习的概念及特点。

2. 简述深度学习中梯度消失和网络过拟合的产生机理。

3. 简述小批量训练法的训练过程。

4. 简述学习率与批次大小之间的关联关系,并说明理由。

5. 试分析说明 Adam 算法的合理性。

6. 试给出在使用标签平滑正则化的情况下的交叉熵损失函数。

7. 完成以下卷积运算 $\boldsymbol{Y}=\boldsymbol{X}\otimes\boldsymbol{\Omega}$。

(1)$\boldsymbol{X}=\begin{bmatrix}2 & 0 & 1\\1 & 3 & 2\\0 & 1 & 1\end{bmatrix}$,$\boldsymbol{\Omega}=\begin{bmatrix}1 & 2\\0 & 1\end{bmatrix}$,$\boldsymbol{X}$ 不进行零值填充,卷积步长为 1;

(2)$\boldsymbol{X}=\begin{bmatrix}1 & 0 & -1\\2 & 1 & 1\\0 & 1 & -1\end{bmatrix}$,$\boldsymbol{\Omega}=\begin{bmatrix}1 & 0 & 1\\-1 & 0 & -1\\0 & 1 & 0\end{bmatrix}$,$\boldsymbol{X}$ 填充宽度为 1 的零值,卷积步长为 1;

(3)$\boldsymbol{X}=\left[\begin{bmatrix}0 & 1 & 0\\1 & 0 & -1\\2 & 0 & 1\end{bmatrix},\begin{bmatrix}1 & 1 & 1\\0 & 1 & 0\\-1 & -1 & -1\end{bmatrix}\right]$,$\boldsymbol{\Omega}=\left[\begin{bmatrix}1 & 0\\0 & 1\end{bmatrix},\begin{bmatrix}0 & -1\\1 & 0\end{bmatrix}\right]$,$\boldsymbol{X}$ 不进行零值填充,卷积步长为 1。

8. 试分析对多通道特征图进行 1×1 卷积的作用。

9. 对一个 512×512 的 128 通道特征图进行 3×3 卷积运算,生成 512×512 的 64 通道特征图,试计算其时间和空间复杂度。

10. 分析 6 种典型循环神经网络结构的特点。

11. 分析 RNN 难以实现长期记忆的原因,并分析为何 LSTM 可以改善 RNN 的长期记忆问题。

习题答案

10 智能控制

传统控制方法包括经典控制和现代控制,是基于被控对象精确模型的控制方式。随着人工智能技术的发展,人工智能技术与控制理论的结合,产生了智能控制技术。智能控制技术旨在利用人工智能技术在建模、优化方面的优势解决强不确定、强非线性对象的控制问题。目前,模糊推理、神经网络、强化学习等在控制中得到广泛应用,极大地拓展了控制技术的范畴。

10.1 模糊控制

10.1.1 模糊控制系统的组成

模糊控制系统的原理如图 10.1 所示,其中,模糊控制器由模糊化接口、知识库、推理机和模糊判决接口 4 个基本单元组成。

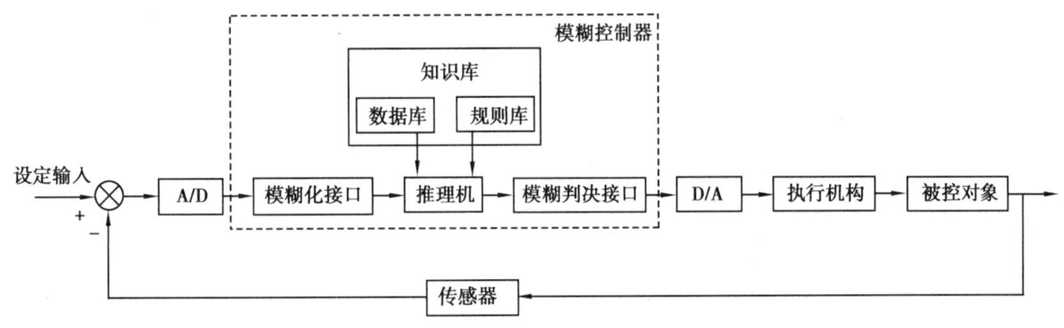

图 10.1 模糊控制系统的工作原理

1) 模糊化接口

模糊控制器的输入必须通过模糊化才能用于控制输出,因此,它实际上是模糊控制器的输入口,其主要作用是将真实的确定量输入转换为一个模糊向量。对一个模糊输入变量 A,其模糊子集通常可以按以下方式划分:

①A = {负大,负小,零,正小,正大} = {NB,NS,ZO,PS,PB};

②A = {负大,负中,负小,零,正小,正中,正大} = {NB,NM,NS,ZO,PS,PM,PB};

③A = {负大,负中,负小,零负,零正,正小,正中,正大} = {NB,NM,NS,NZ,PZ,PS,PM,PB}。

2)知识库

知识库由数据库和规则库两个部分组成。

(1)数据库

数据库所存放的是所有输入、输出变量的全部模糊子集的隶属度向量值(即经过论域等级离散化以后对应值的集合)。若论域为连续域,则为隶属度函数。在规则推理的模糊关系方程求解过程中,向推理机提供数据。

(2)规则库

模糊控制器的规则库基于专家知识或手动操作人员长期积累的经验,它是按人的直觉推理的一种语言表示形式。模糊规则通常由一系列的关系词连接而成,如 if-then, else, also, end, or 等。关系词必须经过"翻译"才能将模糊规则数值化。最常用的关系词为 if-then, also。对多变量模糊控制系统,还有 and 等。例如,某模糊控制系统输入变量为 e(误差)和 ec(误差变化),它们对应的语言变量为 E 和 EC,可给出一组模糊规则为:

R_1: if E is NB and EC is NB then U is PB

R_2: if E is NB and EC is NS then U is PM

通常把 if…部分称为"前提部",而 then…部分称为"结论部",其基本结构可归纳为 if A and B then C。其中,A 为论域 U 上的一个模糊子集,B 为论域 V 上的一个模糊子集。根据人工控制经验,可离线组织其控制决策表 R。R 是笛卡儿乘积集 U×V 上的一个模糊子集,则某一时刻其控制量由下式给出

$$C = (A \times B) \circ R \tag{10.1}$$

其中,×为模糊直积运算;∘为模糊合成运算。

规则库是用来存放全部模糊控制规则的,在推理时为"推理机"提供控制规则。由上述可知,规则的条数与模糊变量的模糊子集划分有关,划分越细,规则条数越多,但并不代表规则库的准确度越高,规则库的"准确性"还与专家知识的准确度有关。

3)推理与解模糊接口

推理是模糊控制器中,根据输入模糊量,由模糊控制规则完成模糊推理来求解模糊关系的方程,并获得模糊控制量的功能部分。在模糊控制中,考虑推理时间,通常采用运算较简单的推理方法。最基本的有 Zadeh 近似推理,它包含正向推理和逆向推理两大类。正向推理常被用于模糊控制中,而逆向推理一般用于知识工程学领域的专家系统中。

推理结果的获得,表示模糊控制的规则推理功能已经完成。但是,至此所获得的结果仍是一个模糊向量,不能直接用来作为控制量,还必须进行一次转换,才能求得清晰的控制量输出,即为解模糊。通常把输出端具有转换功能作用的部分称为解模糊接口。

综上所述,模糊控制器实际上就是依靠微机(或单片机)来构成的。它的绝大部分功能都是由计算机程序来完成的,随着专用模糊芯片的研究和开发,也可以由硬件逐步取代各组成单元的软件功能。

10.1.2　模糊控制系统的设计

模糊控制器最简单的实现方法是将一系列模糊控制规则离线转化为一个查询表(也称为控制表),存储在计算机中供在线控制时使用。这种模糊控制器结构简单、使用方便,是最基本的一种形式。本节以单变量二维模糊控制器为例,介绍这种形式模糊控制器的设计步骤,其设计思想是设计其他模糊控制器的基础。模糊控制器的设计步骤如下:

1)模糊控制器的结构

单变量二维模糊控制器是最常见的结构形式。

2)定义输入、输出模糊集

对误差 e、误差变化 ec 及控制量 u 的模糊集及其论域定义如下:e,ec 和 u 的模糊集均为{NB,NM,NS,ZO,PS,PM,PB}。例如:

e,ec 的论域均为:{-3,-2,-1,0,1,2,3}

u 的论域为:{-4.5,-3,-1.5,0,1,3,4,5}

3)定义输入、输出隶属函数

当误差 e、误差变化 ec 及控制量 u 的模糊集和论域确定后,需对模糊变量确定隶属函数,即对模糊变量赋值,确定论域内元素对模糊变量的隶属度。

4)建立模糊控制规则

根据人的直觉思维推理,由系统输出的误差及误差的变化趋势来设计消除系统误差的模糊控制规则。模糊控制规则语句构成了描述众多被控过程的模糊模型。例如,卫星的姿态与作用的关系、飞机或舰船航向与舵偏角的关系、工业锅炉中的压力与加热的关系等,都可用模糊规则来描述。在条件语句中,误差 e、误差变化 ec 及控制量 u 对不同的被控对象有着不同的意义。

5)建立模糊控制表

上述描写的模糊控制规则可采用模糊规则表 10.1 来描述,表中共有 49 条模糊规则,各个模糊语句之间是"或"的关系,由第一条语句所确定的控制规则可以计算出 u_1。同理,可由其余各条语句分别求出控制量 $u_2,\cdots,u_{49}$,则控制量为模糊集合 U,可表示为

$$U = u_1 + u_2 + \cdots + u_{49} \tag{10.2}$$

表 10.1　模糊规则表

U		e						
		NB	NM	NS	ZO	PS	PM	PB
ec	NB	NB	NB	NM	NM	NS	NS	ZO
	NM	NB	NM	NM	NS	NS	ZO	PS
	NS	NM	NB	NS	NS	ZO	PS	PS
	ZO	NM	NS	NS	ZO	PS	PS	PM
	PS	NS	NS	ZO	PS	PS	PM	PM
	PM	NS	ZO	PS	PM	PM	PM	PB
	PB	ZO	PS	PS	PM	PM	PB	PB

6）模糊推理

模糊推理是模糊控制的核心，它利用某种模糊推理算法和模糊规则进行推理，得出最终的控制量。

7）反模糊化

通过模糊推理得到的结果是一个模糊集合。但在实际模糊控制中，必须要有一个确定值才能控制或驱动执行机构。将模糊推理结果转化为精确值的过程称为反模糊化。常用的反模糊化有以下3种方法。

（1）最大隶属度法

选取推理结果的模糊集合中隶属度最大的元素作为输出值，即 $v_0 = \max \mu_v(v), v \in V$。如果在输出论域 V 中，其最大隶属度对应的输出值多于一个，则取所有具有最大隶属度输出的平均值，即

$$v_0 = \frac{1}{N}\sum_{i=1}^{N} v_i, v_i = \max_{v \in V}(\mu_v(v)) \tag{10.3}$$

式中，N 为具有相同最大隶属度输出的总数。

最大隶属度法不考虑输出隶属度函数的形状，只考虑最大隶属度处的输出值。因此，难免会丢失许多信息。其突出优点是计算简单。在一些控制要求不高的场合，可采用最大隶属度法。

（2）重心法

为了获得准确的控制量，就要求模糊方法能够很好地表达输出隶属度函数的计算结果。重心法是取隶属度函数曲线与横坐标围成面积的重心作为模糊推理的最终输出值，即

$$v_0 = \frac{\int_V v\mu_v(v)\,\mathrm{d}v}{\int_V \mu_v(v)\,\mathrm{d}v} \tag{10.4}$$

对具有 m 个输出量化级数的离散域情况，有

$$v_0 = \frac{\sum_{k=1}^{m} v_k\ \mu_v(v_k)}{\sum_{k=1}^{m} \mu_v(v_k)} \tag{10.5}$$

与最大隶属度法相比，重心法具有更平滑的输出推理控制。即使对应输入信号的微小变化，输出也会发生变化。

（3）加权平均法

工业控制中广泛使用的反模糊方法称为加权平均法。输出值由下式决定

$$v_0 = \frac{\sum_{i=1}^{m} v_i k_i}{\sum_{i=1}^{m} k_i} \tag{10.6}$$

其中，系数 k_i 的选择根据实际情况而定。不同的系数决定系统具有不同的响应特性。当系数 k_i 取隶属度 $\mu_v(v_i)$ 时，就转化为重心法。

反模糊化方法的选择与隶属度函数形状的选择、推理方法的选择相关。

10.1.3 模糊控制器的应用举例

近十多年来,模糊控制的应用日益广泛,涉及工业、农业、金融、地质等各个领域,已成为智能控制技术应用得最活跃和最有成效的技术之一,并在许多应用领域呈现出比常规控制系统更优越的性能。例如,模糊控制系统在水泥窑控制、交通调度和管理、小车停靠、过程控制、水处理控制、机器人、家用电器等均得到广泛应用。

下面以洗衣机洗涤时间的模糊控制系统设计为例进行介绍,其控制是一个开环的模糊决策过程,模糊控制系统设计按以下步骤进行。

1)确定模糊控制器的结构

选用两输入、单输出模糊控制器。控制器的输入为衣物的污泥和油脂,输出为洗涤时间。

定义输入、输出模糊集:

将污泥分为3个模糊集:SD(污泥少)、MD(污泥中)、LD(污泥多)。

将油脂分为3个模糊集:NG(油脂少)、MG(油脂中)、LG(油脂多)。

将洗涤时间分为5个模糊集:VS(很短)、S(短)、M(中等)、L(长)、VL(很长)。

2)定义隶属函数

选用以下三角形隶属函数可实现污泥的模糊化:

$$\mu_{污泥}(x)=\begin{cases}\mu_{SD}(x)=\dfrac{50-x}{50} & 0\leqslant x\leqslant 50\\ \mu_{MD}(x)=\begin{cases}\dfrac{x}{50} & 0\leqslant x\leqslant 50\\ \dfrac{100-x}{50} & 50<x\leqslant 100\end{cases}\\ \mu_{LD}(x)=\dfrac{x-50}{50} & 50<x\leqslant 100\end{cases}\tag{10.7}$$

污泥隶属函数图像,如图10.2所示。

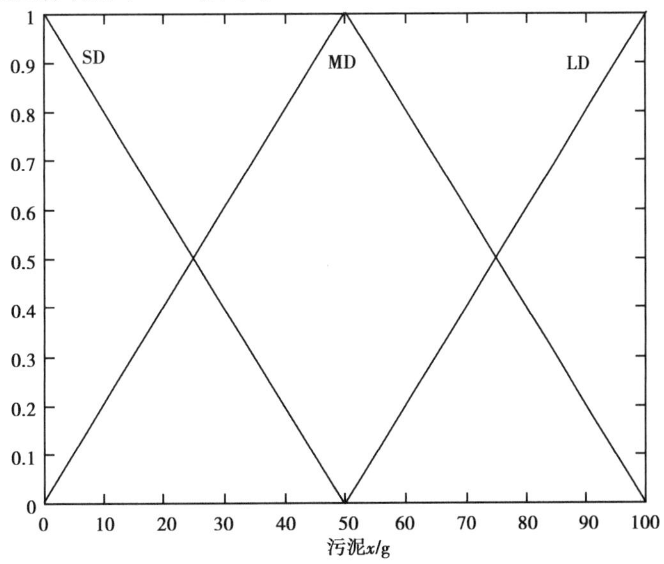

图10.2 污泥隶属函数

选用以下三角形隶属函数实现油脂的模糊化：

$$\mu_{\text{油脂}}(y)=\begin{cases}\mu_{NG}(y)=\dfrac{50-y}{50} & 0\leqslant y\leqslant 50\\ \mu_{MG}(y)=\begin{cases}\dfrac{y}{50} & 0\leqslant y\leqslant 50\\ \dfrac{100-y}{50} & 50<y\leqslant 100\end{cases}\\ \mu_{LG}(y)=\dfrac{y-50}{50} & 50<y\leqslant 100\end{cases}\tag{10.8}$$

油脂隶属函数图像，如图 10.3 所示。

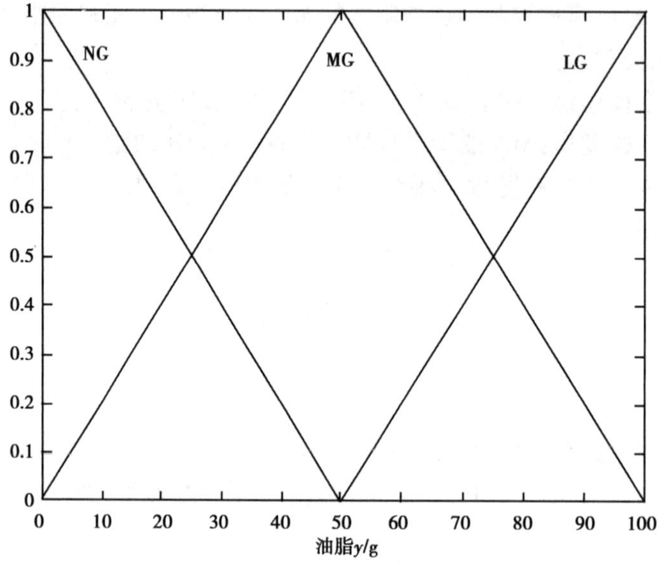

图 10.3　油脂隶属函数

选用以下三角形隶属函数实现洗涤时间的模糊化：

$$\mu_{\text{洗涤时间}}(z)=\begin{cases}\mu_{VS}(z)=\dfrac{10-z}{10} & 0\leqslant z\leqslant 10\\ \mu_{S}(z)=\begin{cases}\dfrac{z}{10} & 0\leqslant z\leqslant 10\\ \dfrac{25-z}{15} & 10\leqslant z\leqslant 25\end{cases}\\ \mu_{M}(z)=\begin{cases}\dfrac{z-10}{15} & 10\leqslant z\leqslant 25\\ \dfrac{40-z}{15} & 25\leqslant z\leqslant 40\end{cases}\\ \mu_{L}(z)=\begin{cases}\dfrac{z-25}{15} & 25\leqslant z\leqslant 40\\ \dfrac{60-z}{20} & 40\leqslant z\leqslant 60\end{cases}\\ \mu_{VL}(z)=\dfrac{z-40}{20} & 40\leqslant z\leqslant 60\end{cases}\tag{10.9}$$

洗涤时间隶属函数图像,如图 10.4 所示。

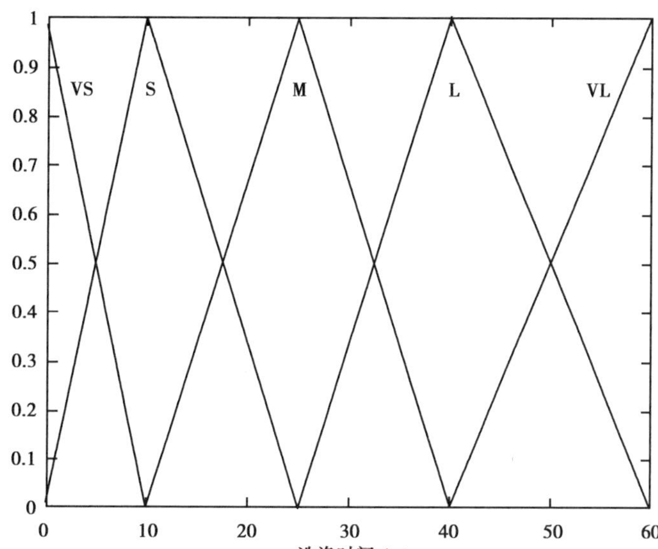

图 10.4 洗涤时间隶属函数

3)建立模糊规则

根据人的操作经验设计模糊规则,模糊规则设计的标注为:"污泥越多,油脂越多,洗涤时间越长";"污泥适中,油脂适中,洗涤时间适中";"污泥越少,油脂越少,洗涤时间越短"。

4)建立模糊规则表

根据模糊规则的设计标准建立模糊规则表,见表 10.2。

表 10.2 洗衣机的模糊规则表

油脂 y	污泥 x		
	SD	MD	LD
NG	VS*	M	L
MG	S	M	L
LG	M	L	VL

注:第 * 条规则为:"if 衣物污泥少 且 油脂少 then 洗涤时间很短。"

5)模糊推理步骤

(1)规则匹配

假设当前传感器测得的信息为:x_0(污泥)= 60,y_0(油脂)= 70,分别代入所属的隶属函数中求隶属度为

$$\mu_{SD}(60)=0,\mu_{MD}(60)=\frac{4}{5},\mu_{LD}(60)=\frac{1}{5}$$

$$\mu_{NG}(70)=0,\mu_{MG}(70)=\frac{3}{5},\mu_{LG}(70)=\frac{2}{5}$$

将上述隶属度代入表 10.5 中可得 4 条有效的模糊规则,见表 10.3。

表 10.3 模糊推理结果

油脂 y	污泥 x		
	SD	$MD\left(\frac{4}{5}\right)$	$LD\left(\frac{1}{5}\right)$
NG	0	0	0
$MG\left(\frac{3}{5}\right)$	0	$\mu_M(z)$	$\mu_L(z)$
$LG\left(\frac{2}{5}\right)$	0	$\mu_L(z)$	$\mu_{VL}(z)$

(2)规则触发

由表 10.5 可知,被触发的规则有 4 条,即

Rule1:if x is MD and y is MG then z is M

Rule2:if x is MD and y is LG then z is M

Rule3:if x is MD and y is MG then z is M

Rule4:if x is MD and y is MG then z is M

(3)规则前提推理

在同一条规则中,前提之间通过"与"的关系得到规则结论。前提的可信度之间通过取小运算,由表 10.5 可得到每条触发规则前提的可信度为

Rule1:前提的可信度为:$\min\left(\frac{4}{5},\frac{3}{5}\right)=\frac{3}{5}$

Rule2:前提的可信度为:$\min\left(\frac{4}{5},\frac{2}{5}\right)=\frac{2}{5}$

Rule3:前提的可信度为:$\min\left(\frac{1}{5},\frac{3}{5}\right)=\frac{1}{5}$

Rule4:前提的可信度为:$\min\left(\frac{1}{5},\frac{2}{5}\right)=\frac{1}{5}$

由此得到洗衣机规则前提可信度表,即规则强度表,见表 10.4。

表 10.4 规则前提可信度表

油脂 y	污泥 x		
	SD	$MD\left(\frac{4}{5}\right)$	$LD\left(\frac{1}{5}\right)$
NG	0	0	0
$MG\left(\frac{3}{5}\right)$	0	$\frac{3}{5}$	$\frac{1}{5}$
$LG\left(\frac{2}{5}\right)$	0	$\frac{2}{5}$	$\frac{1}{5}$

(4)规则总的可信度输出

将表10.3和表10.4进行“与”运算,得到每条规则总的可信度输出,见表10.5。

表10.5　规则总的可信度输出

油脂 y	污泥 x		
	SD	$\mathrm{MD}\left(\frac{4}{5}\right)$	$\mathrm{LD}\left(\frac{1}{5}\right)$
NG	0	0	0
$\mathrm{MG}\left(\frac{3}{5}\right)$	0	$\min\left(\frac{3}{5},\mu_{\mathrm{M}}(z)\right)$	$\min\left(\frac{1}{5},\mu_{\mathrm{L}}(z)\right)$
$\mathrm{LG}\left(\frac{2}{5}\right)$	0	$\min\left(\frac{2}{5},\mu_{\mathrm{L}}(z)\right)$	$\min\left(\frac{1}{5},\mu_{\mathrm{VL}}(z)\right)$

(5)模糊控制系统总的输出

模糊控制系统总的输出为表10.5中各条规则可信度相理结果的并集,即

$$\mu_{\mathrm{agg}}(z)=\max\left\{\min\left(\frac{3}{5},\mu_{\mathrm{M}}(z)\right),\min\left(\frac{2}{5},\mu_{\mathrm{L}}(z)\right),\min\left(\frac{1}{5},\mu_{\mathrm{L}}(z)\right),\min\left(\frac{1}{5},\mu_{\mathrm{VL}}(z)\right)\right\}$$

$$=\max\left\{\min\left(\frac{3}{5},\mu_{\mathrm{M}}(z)\right),\min\left(\frac{2}{5},\mu_{\mathrm{L}}(z)\right),\min\left(\frac{1}{5},\mu_{\mathrm{VL}}(z)\right)\right\}$$

可见,有3条规则被触发。

(6)反模糊化

模糊控制系统总的输出$\mu_{\mathrm{agg}}(z)$实际上是上述3条规则推理结果的并集,需要进行反模糊化,才能得到精确的推理结果。下面以最大隶属度平均法为例进行反模糊化。

洗衣机的模糊推理过程如图10.5和图10.6所示。

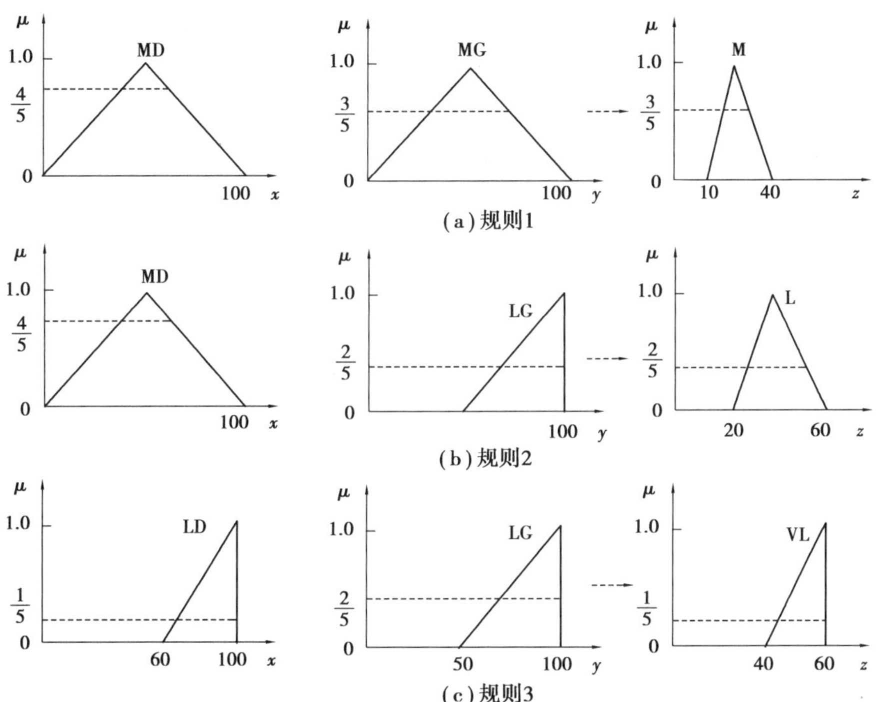

图10.5　洗衣机的3条规则被触发

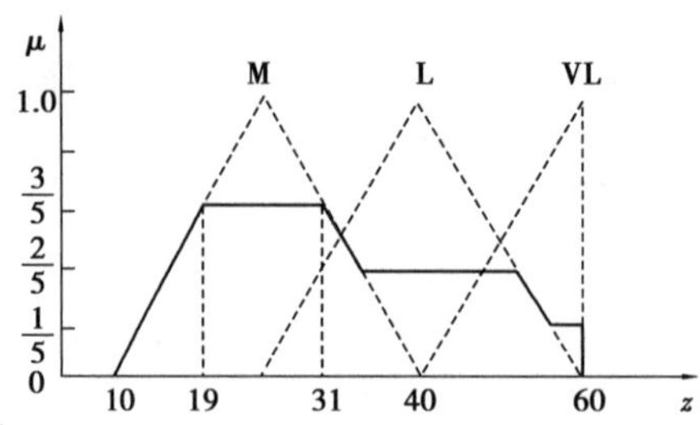

图 10.6　洗衣机的组合输出及反模糊化

由图 10.6 可知,洗涤时间隶属度最大值为 $\mu=\frac{3}{5}$。将 $\mu=\frac{3}{5}$代入洗涤时间隶属函数中的 $\mu_M(z)$,得

$$\mu_M(z)=\frac{z-10}{15}=\frac{3}{5},\mu_M(z)=\frac{40-z}{15}=\frac{3}{5}$$

得 $z_1=19,z_2=31$。

采用最大隶属度平均法,可得精确输出为

$$z^*=\frac{z_1+z_2}{2}=\frac{19+31}{2}=25$$

即所需要的洗涤时间为 25 min。

10.2　神经网络控制

10.2.1　神经网络控制的基础

控制系统的目的在于通过确定适当的控制量输入,使得系统获得期望的输出特性。图 10.7 给出了一般反馈控制系统的原理图和采用神经网络控制系统,神经网络系统采用神经网络替代控制器完成复杂的控制任务。

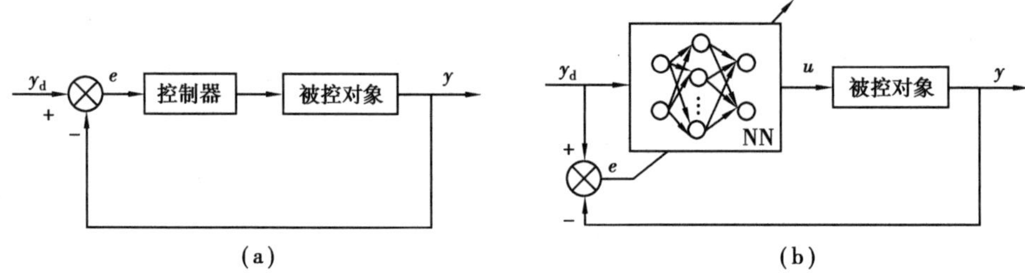

图 10.7　反馈控制与神经控制对比图

下面分析神经网络是如何工作的。设被控对象的输入 u 和系统输出 y 之间满足如下非线性函数关系

$$y=g(u) \tag{10.10}$$

控制的目的是确定最佳的控制量输入 u,使系统的实际输出 y 等于期望的输出 y_d。在该系统中,把神经网络的功能看作从输入到输出的某种映射,或称为函数变换,并设其函数关

系为

$$u = f(y_d) \tag{10.11}$$

为了满足系统输出 y 等于期望的输出 y_d，将式(10.11)代入式(10.10)可得

$$y = g[f(y_d)] \tag{10.12}$$

显然，当 $f(\cdot)=g^{-1}(\cdot)$ 时，满足 $y=y_d$ 的要求。

由于要采用神经网络控制的被控对象一般是复杂的且多具有不确定性，因此，非线性函数 $g(\cdot)$ 是难以建立的，可以利用神经网络具有逼近非线性函数的能力来模拟 $g(\cdot)$。尽管 $g(\cdot)$ 的形式未知，但根据系统的实际输出 y 与期望输出 y_d 之间的误差，通过神经网络学习算法调整神经网络连接权值直至误差为

$$e = y_d - y \to 0 \tag{10.13}$$

这样的过程就是神经网络在逼近 $g^{-1}(\cdot)$，实际上是对被控对象的一种求逆过程。由神经网络的学习算法实现逼近被控对象逆模型的过程，就是神经网络实现直接控制的基本思想。

10.2.2 非线性动态系统的神经网络辨识

非线性离散时间动态系统模型是计算机数字控制系统中用得最多的模型形式。因此，研究和讨论非线性离散时间动态系统的神经网络辨识问题对非线性系统的建模、控制都是十分重要的。由于多层前向传播网络具有良好的学习算法，因此通常采用此类网络来逼近非线性离散时间动态系统。考虑神经网络辨识模型的结构优化设计，针对不同类型的非线性离散系统有以下 4 种辨识模型：

$$\text{Ⅰ}: y(k+1)=\sum_{i=0}^{n-1}\alpha_i y(k-i)+g[u(k),u(k-1),\cdots,u(k-m+1)] \tag{10.14}$$

$$\text{Ⅱ}: y(k+1)=f[y(k),y(k-1),\cdots,y(k-n+1)]+\sum_{i=0}^{m-1}\beta_i u(k-i) \tag{10.15}$$

$$\text{Ⅲ}: y(k+1)=f[y(k),y(k-1),\cdots,y(k-n+1)]+g[u(k),u(k-1),\cdots,u(k-m+1)] \tag{10.16}$$

$$\text{Ⅳ}: y(k+1)=f[y(k),y(k-1),\cdots,y(k-n+1);u(k),u(k-1),\cdots,u(k-m+1)] \tag{10.17}$$

其中，f,g 分别为非线性函数；$[u(k),y(k)]$ 为在 k 时刻的输入-输出对。

可以采用多种神经网络模型对以上 4 种类型的系统进行辨识。假定：

①线性部分的阶次 n,m 已知。

②系统是稳定的，即对所有给定的有界输入其输出响应必定也是有界的。反映在模型Ⅰ上要求线性部分的特征多项式 $z^n-\alpha_0 z^{n-1}-\cdots-\alpha_{n-1}=0$ 的根应全部位于单位圆内。

③系统是最小相位系统，反映在模Ⅱ上要求 $\beta_0 z^m+\beta_1 z^{m-1}+\cdots+\beta_{m-1}=0$ 的零点全部在单位圆内。

④$\{u(k-i),i=0,1,\cdots\}$ 与 $\{y(k-i),j=0,1,\cdots\}$ 可以量测。

基于以上假设，可以利用带时滞的多层感知网络模型来描述非线性动态系统，并结合动态误差反向回归学习算法，完成对实际系统的辨识。与线性系统的辨识相似，非线性动态系统的神经网络辨识也存在两种辨识模型结构，即并行模型和串行模型。以模型Ⅲ为例（其余类同），神经网络的并行模型表示形式为

$$\hat{y}(k+1)=N_1[\hat{y}(k),\hat{y}(k-1),\cdots,\hat{y}(k-n+1)]+N_2[u(k),u(k-1),\cdots,u(k-m+1)] \tag{10.18}$$

其中，$\hat{y}(k+1)$是辨识模型的输出；N_1 和 N_2 分别代表多层网络实现的算子。

该模型在 $k+1$ 时刻的输出依赖于它在 $k+1$ 时刻以前的输出和系统的输入。尽管已假设待辨识系统是稳定的，然而在学习开始并不能保证 $\hat{y}(k+1)$ 逼近 $y(k+1)$。这种结构存在产生不稳定因素的可能性，因此并不是相当可靠的。串行模型具有更稳定的因素，即在辨识模型的网络输入端总是利用系统的实际有界输出，因此网络的输出肯定也是有界的，从而保证学习算法是收敛的。这种模型结构可用下列方程描述：

$$\hat{y}(k+1) = N_1[y(k),y(k-1),\cdots,y(k-n+1)] + N_2[u(k),u(k-1),\cdots,u(k-m+1)] \tag{10.19}$$

由于串行模型具有较好的收敛性，下面将采用串行模型分别对非线性动态离散模型Ⅰ、模型Ⅱ和模型Ⅲ、模型Ⅳ进行辨识分析。对第一组模型的辨识问题，根据参数是否已知其辨识方法可分为以下两种：

(1)线性部分的参数已知

这种情况下模型的辨识问题可简单地归结为带时滞的多层感知网络模型的学习问题。这样，模型Ⅰ和模型Ⅱ的辨识思想就基本相同，只是两种模型的输入输出信号代表的意义有所不同而已。它们的神经网络辨识结构如图 10.8 所示。因为线性部分已知，系统实际输出与模型输出（神经网络输出与线性部分输出之和）的差可以用来训练神经网络模型。这种情形比较简单，读者不难得出其学习算法。

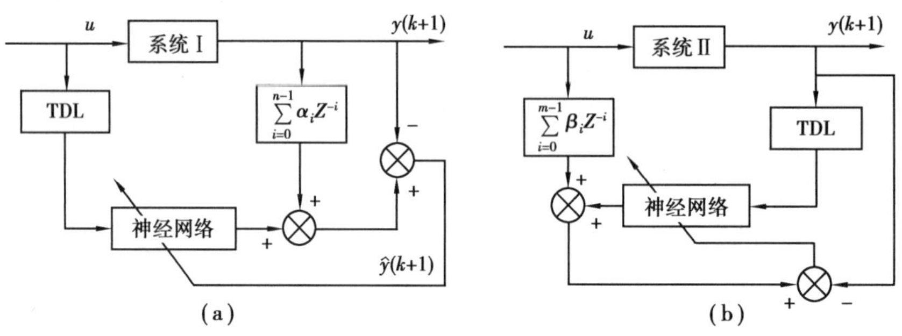

图 10.8　模型Ⅰ和模型Ⅱ的神经网络辨识结构

(2)线性部分的参数未知

这种情况下模型的辨识问题可简单地归结为带时滞的多层感知网络模型的学习和线性系统的参数估计问题。已知，多层感知器网络的权系数学习规则是通过求误差二次方极小得到的，同时，线性系统的参数估计算法——最小二乘法公式也是通过误差二次方极小实现的。因此，从这个角度来看，两者的参数学习算法的判断准则是一致的。由于神经网络的权阵更新是通过递推的方式实现的，因此，为了将两者结合起来，线性部分的参数估计算法也可采用递推最小二乘辨识算法。作者在分析了最小二乘学习算法和 BP 学习算法的共同点后，并结合模型Ⅰ和模型Ⅱ的特点提出了一种新的神经网络辨识结构，如图 10.9 所示。

设线性部分的未知参数用矢量 α 表示，非线性部分的神经网络模型参数用 W 阵表示。则对模型Ⅰ的混合递推辨识算法可归纳为

$$\hat{\alpha}(l+1) = \hat{\alpha}(l) + K(l+1)(Z(l+1) - \phi^{\mathrm{T}}(l+1)\hat{\alpha}(l)) \tag{10.20}$$

$$K(l+1) = P(l)\phi(l+1)[\lambda(l+1) + \phi^{\mathrm{T}}(l+1)P(l)\phi(l+1)]^{-1} \tag{10.21}$$

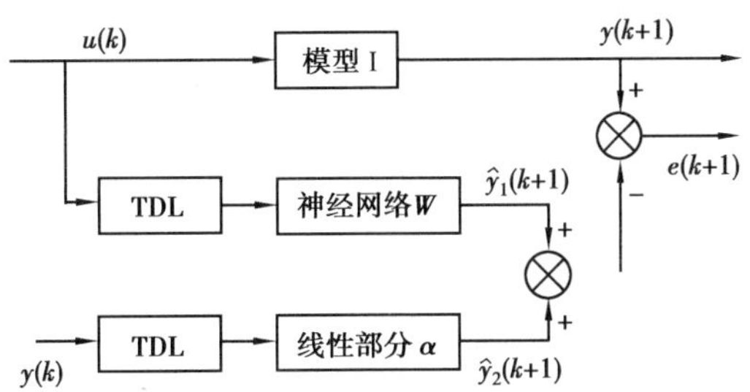

图 10.9 模型 I 的辨识结构

$$P(l+1)=[I-K(l+1)\phi^{\mathrm{T}}(l+1)]P(l) \tag{10.22}$$

$$w_{ji}(l+1)=w_{ji}(l)+\eta\delta_{pj}o_{pi}+\beta\Delta w_{ji}(l) \tag{10.23}$$

$$\delta_{pj}(l+1)=\begin{cases}(t_{pj}-o_{pj})\Gamma'(Net_{pj}) & (\text{输出层})\\ \sum\limits_{s}\delta_{ps}w_{sj}\Gamma'(Net_{pj}) & (\text{隐含层})\end{cases} \tag{10.24}$$

其中,s 为前一隐含层的神经元下标变量。

当输出层神经元为线性单元、隐含层神经元为 Sigmoid 函数时,广义误差的计算公式可写成

$$\delta_{pj}(l+1)=\begin{cases}t_{pj}-o_{pj} & (\text{输出层})\\ o_{pj}(1-o_{pj})\sum_{s}\delta_{ps}w_{sj} & (\text{隐含层})\end{cases} \tag{10.25}$$

针对模型 I,有

$$\phi(l+1)=[y(l),y(l-1),\cdots,y(l-n+1)] \tag{10.26}$$

特别要注意的是,由于线性模型和非线性模型的期望输出 $Z(l+1)$ 和 t_{pj} 在这里都是未知的,已知的只是两个模型的输出之和,而它们的期望值应该是系统在当前时刻 $k+1$ 的实际输出矢量 $y(k+1)$ 值,因此,在实际对如上算法进行计算时可交替使用 $y(k+1)-y_2(k+1)$ 和 $y(k+1)-y_1(k+1)$ 去近似地代替 $Z(k+1)$ 和 t_{pj}。在一定条件下(即可用神经网络逼近非线性函数 f)可以保证如上算法随着学习过程的进行而逐步逼近真实参数。其中,l 表示迭代学习的下标标量;k 表示系统的时间变量。

在初始条件完全未知的情况下可以取

$$\hat{\alpha}(0)=0;P(0)=\rho I \tag{10.27}$$

其中,ρ 为比较大的数字。

10.2.3 神经网络控制的学习机制

要使神经网络控制器真正有效地对未知系统或非线性动态系统实现控制,就必须要求网络控制器具备一定的学习能力。与神经网络辨识完全不同的是,神经网络辨识器的期望输出值应该是系统的实际输出值。网络辨识器的样本信息是已知的,而神经控制器的样本信息应该是系统的最佳控制量。一般说来,往往预先是无法知道的,尤其在被控系统模型未知的情况下。因此,如何解决神经网络控制器的学习问题是网络控制能否成功应用于非线性系统控制的关键所在。与传统控制器设计思想相仿,神经元控制器的目的在于如何设计一个有效的神经元网络去完成代替传统控制器的作用,使系统的输出跟随系统的期望输出。为了达到这个目的,神经网络的学习方法就是寻找一种有效的途径进行网络连接权阵或网络结构的修改,从而使得网络控制器输出的控制信号能够保证系统输出跟随系统的期望输出。根据控制

系统的不同结构和系统存在的不同已知条件，有以下两种基本学习模式：监督式学习和增强式学习。所谓监督式学习，实质上是有导师指导下的控制网络学习。根据导师信号的不同和学习框架的不同，监督式学习又可分为离线学习法、在线学习法、反馈误差学习法和多网络学习法。所谓增强式学习，指的是无导师指导下的学习模式，它通过某一评价函数来对网络的权系数进行学习和更新，最终达到有效控制的目的。

1）监督式学习

神经网络控制器的学习规则不同于神经网络辨识器的学习规则。由于网络控制器的期望输出预先无法知道，因此系统的输入输出样本信息不能直接用于控制网络的学习算法。就神经网络控制器的学习，唯一能利用的信息就是系统期望输出 y_d 和系统实际输出 y。因此，如何利用系统信息寻求一种稳定快速的学习途径是监督式学习要解决的主要内容。下面介绍几种常见的监督式学习算法。

（1）离线学习法

这种学习方法的思路是先通过对一批系统样本输入输出数据的训练，建立一个系统的逆模型，然后用这个逆模型去进行在线控制。网络结构如图 10.10 所示。

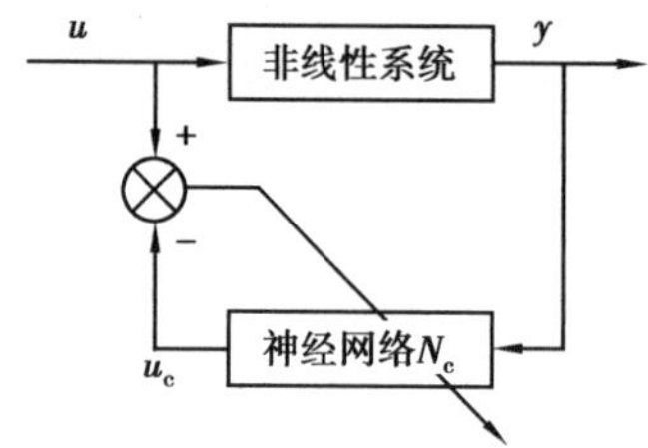

图 10.10　离散学习法的网络结构

整个过程利用已知系统输入 u 产生的系统输出 y 作为神经网络的输入，那么网络的输出为 u_c。学习的目的要求 u 和 u_c 的二次方误差为最小，一旦学习过程结束，神经网络中神经元之间的连接权阵就固定了，并把这个网络作为此系统的控制器直接连接在非线性系统的输入端从而构成一个逆动力学模型的控制系统。从上述分析可知，样本空间的选择应该尽量遍及整个控制域，这样才能保证逆动力学系统网络能够在最大范围内逼近系统的逆模型。同时也应注意到，一旦离线学习结束，神经网络控制器 N_c 的学习能力就将停止。因此，这种控制系统在变化的环境下是无法使用的，而且，在网络离线训练中选择的性能指标为 $u-u_c$ 的二次方误差极小，这一指标并不能保证系统的最终性能 y_d-y 的二次方误差极小。综上所述，这类控制结构在实际系统应用中还存在相当大的困难。

（2）在线学习法

为了克服离线学习法的困难，首先要考虑的是如何增强网络控制器的学习功能，保证整个控制器具备自适应、自学习的能力。在线学习法的网络结构，如图 10.11 所示。

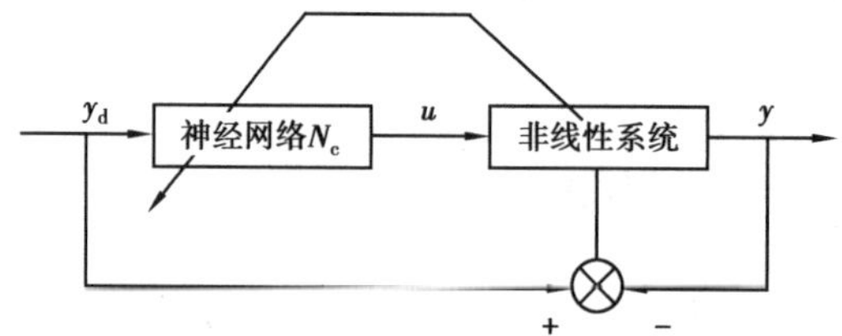

图 10.11　在线学习法的网络结构

在这种控制器训练中,学习只能在期望输出 y_d 值域内进行。同一般的网络控制器学习一样,此网络结构学习的目的是找出一个最优控制量 u 使得系统输出 y 趋于期望输出 y_d。权阵的调整应使 y_d-y 的误差减少最快。下面详细讨论在线学习法的学习算法。

不失一般性,假设非线性系统模型为

$$y=f(u,t) \tag{10.28}$$

选用控制器网络为多层感知器神经元网络。取最优性能指标函数为

$$E_p=\frac{1}{2}[y_d(k)-y(k)]^2 \tag{10.29}$$

则权阵的学习规则可以通过最速下降法寻优求得,即

$$\begin{aligned} w_{ji}(k+1) &= w_{ji}(k)-\eta\frac{\partial E_p}{\partial w_{ji}} \\ &= w_{ji}(k)+\eta[y_d(k)-y(k)]\frac{\partial y(k)}{\partial w_{ji}(k)} \\ &= w_{ji}(k)+\eta[y_d(k)-y(k)]\frac{\partial y(k)}{\partial u(k)}\frac{\partial u(k)}{\partial w_{ji}(k)} \end{aligned} \tag{10.30}$$

那么,如果系统模型已知,则$\frac{\partial y(k)}{\partial u(k)}$可以求得,而$\frac{\partial u(k)}{\partial w_{ji}(k)}$则利用广义的 Delta 规则来计算。这样,对已知 Jacobian 矩阵$\frac{\partial y(k)}{\partial u(k)}$的系统,其求逆网络控制器的学习问题已经解决。整个自适应学习控制器就能很好地跟踪系统的期望输出,达到控制的目的。然而,一旦系统模型发生变化,且这种变化是未知时,这类网络控制器结构就失去了原有的优点,从而导致控制轨迹偏离期望轨迹。

(3)反馈误差学习法

在线学习法在权系数矩阵的学习过程中需要已知系统的 Jacobian 阵。这在系统模型未知的情况下难以应用,反馈误差学习法就是为了克服这个困难而提出的。这种控制系统的结构通常由前馈控制和反馈控制两个部分组成,把反馈控制的输出作为网络控制器的训练误差信号,其网络结构如图 10.12 所示。在此,神经网络控制器就是其前馈控制器。

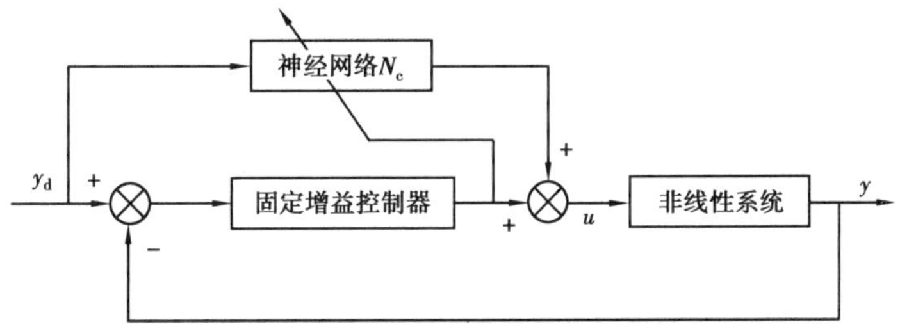

图 10.12　反馈误差学习法的网络结构

大家知道,反馈控制的优点是保持系统的稳定并能实现无静差控制,但在许多非线性系统的控制中单靠反馈控制已不能满足控制精度要求,因此,需引入前馈补偿控制以加快控制速度。由于前馈控制器的这一优点,在外部信号的充分激励下,由反馈误差不断训练的神经网络前馈控制器将逐渐在控制行为中占主导地位。一旦训练完毕,整个控制系统将主要由前馈神经网络控制器来实现,而反馈控制只用于解决诸如扰动之类的问题。必须指出的是,由

于直接使用系统的误差信号去更新控制网络的权矩阵，而忽略了非线性系统本身的动态性能，因此有可能导致学习算法的发散现象。这种控制结构只适用于非线性系统线性绝对占优条件下的网络学习。

(4)多网络学习法

以上 3 种学习算法都不能从根本上解决未知非线性系统的学习问题。解决这类问题的方法之一就是利用神经网络辨识的手段在线识别出未知系统的动态模型，并利用此模型进行神经网络控制的设计和学习，且在学习过程中进一步改善模型的精确性，达到高精度控制的目的。多网络学习法根据系统模型的建模方式不同有两种学习算法：一是建立未知非线性动态系统的前向模型，利用此前向模型实现系统误差信息的反向传播，从而完成网络控制的权阵学习，其结构如图 10. 13 所示。二是建立未知非线性动态系统的逆模型，利用期望的输出 y_d 作为逆神经网络模型的输入信号，由此网络模型产生期望的控制信号 u_d，并将此信号与实际的网络控制器信号 u 进行比较，产生的误差作为神经网络控制 N_c 的学习信号，从而解决系统模型未知的网络控制器学习问题，其结构如图 10. 14 所示。

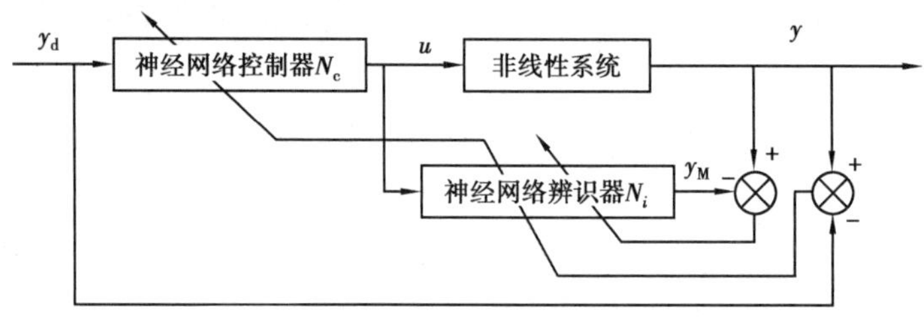

图 10. 13　前向建模多网络控制结构

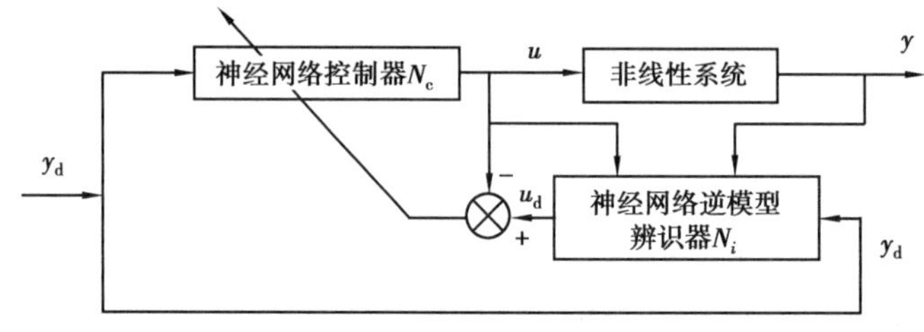

图 10. 14　逆模型建模的多网络控制结构

2)增强式学习

当某些被控系统的导师信号无法得到时，监督式学习算法就不能使用了。与监督式学习不同的增强式学习是利用当前控制是否成功来决定下一次控制该如何进行的学习方式。神经网络的增强式学习最早始于自动机理论。对给定的一组行为 $a=\{a^{(0)},a^{(1)},\cdots,a^{(m)}\}$，自动机从中选取某行为 $a^{(i)}$ 的概率 $p^{(i)}$。则对应于行为 a，该行为发生的概率 $p(t)=\{p^{(0)}(t),p^{(1)}(t),\cdots,p^{(m)}(t)\}$，其中 $p^{(i)}(t)=P_r[y(t)=a(t)]$。在自动机产生行为 $a^{(i)}$ 后，环境对该行为的评价用一标量因子 $r(t)$（称为增强因子）表示。这里，$r=[0,1]$，0 表示失败，1 表示成功。假设采取行为 $a^{(i)}$ 的最大成功概率 $d(t)=\{d^{(0)}(t),d^{(1)}(t),\cdots,d^{(m)}(t)\}$，则自动机的学习目标是修正概率 $p^{(i)}(t)$，使成功的概率最大。修正的办法是对某一成功的行为进行鼓励，而对不成功的行为进行惩罚。与传统学习方法不同的是，在增强式学习中，预先不知道下一步该怎么做，只知道某一行为好不好，因此，其学习思路是一旦某一行为比较好时应该增强此行为的分量，减弱其他行为的影响，以达到奖惩的目的。一种最常用的次优奖励方法如下：

当第 i 个行为成功时

$$\Delta p^{(i)} = \alpha(1 - p^{(i)}) \tag{10.31}$$

$$\Delta p^{(j)} = -\alpha p^{(j)},\ j \neq i \tag{10.32}$$

其中,α 为学习速率,$\alpha \in [0,1]$。

上述学习算法表明,若某行为正确,则提高它的发生概率,并减少其他行为的发生概率。当此算法用神经网络来实现时,则权值空间的学习代替了概率空间的学习,令

$$p_i(t) = f(w_i(t)) = \frac{1}{1 + e^{-w_i}} \tag{10.33}$$

则权值更新为

$$\Delta w_i = dr(y_i - p_i) \tag{10.34}$$

10.2.4 神经网络控制器的设计

神经网络控制器的设计可分为神经网络直接逆模型控制法、多神经网络自学习控制法和单一神经元控制法。下面分别介绍这 3 种方法。

1)神经网络直接逆模型控制法

直接逆模型控制法是最直观的一种神经网络控制器的实现方法,其基本思想就是假设被控系统可逆,通过离线建模得到系统的逆模型网络,然后用这一逆模型网络去直接控制被控对象。

考虑以下单输入-单输出系统:

$$y(k+1) = f[y(k-1),\cdots,y(k-n+1),u(k),u(k-1),\cdots,u(k-m)] \tag{10.35}$$

其中,y 为系统的输出变量;u 为系统的输入变量;n 为系统的阶数;m 为输入信号滞后阶;$f(\cdot)$为任意线性或非线性函数。

如果已知系统阶次 n 和 m,且系统(10.35)阶次可逆,则存在函数 $g(\cdot)$,有

$$u(k) = g[y(k+1),\cdots,y(k-n+1),u(k-1),\cdots,u(k-m)] \tag{10.36}$$

对关系式(10.36),若能用一个多层前向传播神经网络来实现,则网络的输入输出关系为

$$u_{\mathrm{N}} = \Pi(X) \tag{10.37}$$

其中,u_{N} 为神经网络的输出,它表示训练完成后神经网络产生的控制作用;Π 为神经网络的输入输出关系式,它用来逼近被控系统的逆模型函数 $g(\cdot)$;$\boldsymbol{X}$ 为神经网络的输入矢量

$$\boldsymbol{X} = [y(k+1),\cdots,y(k-n+1),u(k-1),\cdots,u(k-m)]^{\mathrm{T}} \tag{10.38}$$

这样,神经网络共有 $m+n+1$ 个输入节点、1 个输出节点。神经网络的隐含节点数根据具体情况决定。

大家知道,如果以上逆动力学模型可以用某个神经网络模型来逼近,则直接逆模型控制法的目的在于产生一个期望的控制量使得在此控制作用下系统输出为期望输出。为了达到这一目的,只要将神经网络输入矢量 $\boldsymbol{X}$ 中的 $y(k+1)$ 用期望系统输出值 $y_{\mathrm{d}}(k+1)$ 去代替就可以通过神经网络 Π 产生期望的控制量 u,即

$$\boldsymbol{X} = [y_{\mathrm{d}}(k+1),y(k)\cdots,y(k-n+1),u(k-1),\cdots,u(k-m)]^{\mathrm{T}} \tag{10.39}$$

逆神经网络动力学模型的训练结构,如图 10.15 所示。

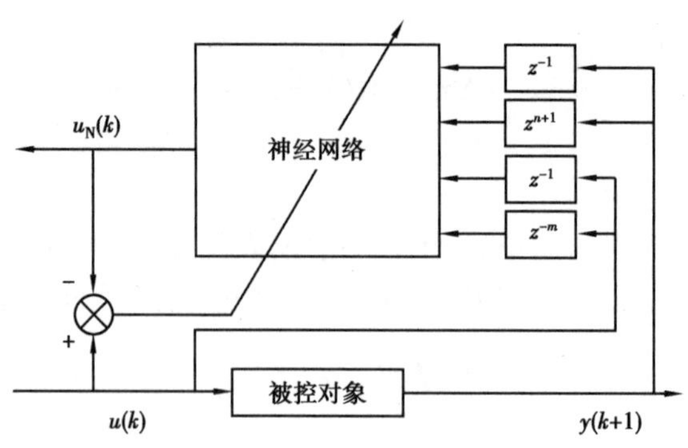

图 10.15 逆神经网络动力学模型的训练结构

定义训练的误差函数为

$$E(k)=\frac{1}{2}[u(k)-u_N(k)]^2 \tag{10.40}$$

为了实现有效的训练,对于离线训练的神经网络而言,通常采用批处理训练方式,即取被控系统实际输入输出的数据序列

$$[(y(k),u(k-1)),(y(k-1),u(k-2)),\cdots,(y(k-n-P+1),u(k-n-P+1))] \tag{10.41}$$

因此,有神经网络的输入矢量样本集

$$X(k,k)=[y(k+1),y(k)\cdots,y(k-n+1),u(k-1),\cdots,u(k-m)]^{\mathrm{T}} \tag{10.42}$$

$$X(k,k-1)=[y(k),y(k-1)\cdots,y(k-n),u(k-2),\cdots,u(k-m-1)]^{\mathrm{T}} \tag{10.43}$$

$$X(k,k-P)=[y(k-P+1),y(k-P)\cdots,y(k-n-P+1),u(k-P-1),\cdots,u(k-m-P)]^{\mathrm{T}} \tag{10.44}$$

于是取目标函数

$$E(k,P)=\frac{1}{2}\sum_{p=0}^{p-1}\lambda_{\mathrm{p}}[u(k-p)-u_{\mathrm{N}}(k-p)]^2 \tag{10.45}$$

其中,λ_{p} 为常值系数,类似于系统辨识中的遗忘因子,且有

$$0\leqslant\lambda_0\leqslant\lambda_1\leqslant\cdots\leqslant\lambda_{p-1}\leqslant 1$$

利用误差准则式,不难推导出相应的 BP 学习算法:

①随机选取初始权系数阵 W_0,选定学习步长 η、遗忘因子 λ_{p} 和最大误差容许值 $E_{\max}$。

②按式(10.42)至式(10.44)构成神经网络输入矢量空间样本值。

③$l\leftarrow 0$。

④$W_{l+1}\leftarrow W_l$,计算神经网络各神经元的隐含层输出和神经网络的输出 u_{N}。

⑤计算误差 $E(k,P)=\frac{1}{2}\sum_{p=0}^{p-1}\lambda_{\mathrm{p}}[u(k-p)-u_{\mathrm{N}}(k-p)]^2$,对 $E(k,P)<E_{\max}$ 进行判断。若是,则训练结束;否则,继续下一步。

⑥求反向传播误差

$$\delta_j=\sum_{p=0}^{p-1}\lambda_{\mathrm{p}}[u(k-p)-u_{\mathrm{N}}(k-p)] \qquad (\text{输出层}) \tag{10.46}$$

$$\delta_j=\Big(\sum_q\delta_{\mathrm{q}}w_{qj}\Big)\,\Gamma'(Net_j) \qquad (\text{隐含层}) \tag{10.47}$$

⑦调整权系数阵

$$\Delta w_{ji} = \eta \delta_j o_j, w_{ji}(l) \leftarrow w_{ji}(l) + \Delta w_{ji} \tag{10.48}$$

⑧$l \leftarrow l+1 l \leftarrow l+1$，转步骤四。

直接逆模型控制法是在被控系统的逆动力学神经网络模型训练完毕后直接投入控制系统的运行。在神经网络得到充分训练后，由于 $y_d(k)$ 和 $y(k)$ 基本相等，因此在控制结构中可以直接用 $y_d(k), y_d(k-1), \cdots, y_d(k-n+1)$ 来代替 $y(k), y(k-1), \cdots, y(k-n+1)$。直接逆模型控制法的结构，如图 10.16 所示。

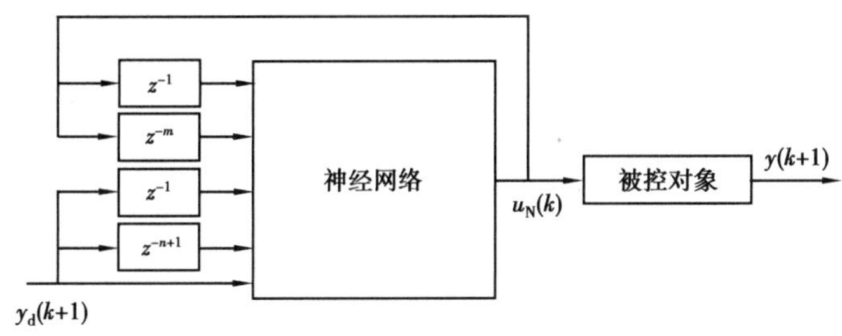

图 10.16　直接逆模型控制法的结构

值得指出的是，直接逆模型控制法不进行在线学习，因此，这种控制器的控制精度取决于逆动力学模型的精度，并且在系统参数发生变化的情况下无法进行自适应调节。这种控制方式还有很大的局限性。为了改善控制系统的性能，可在系统的外环增加一个常规的反馈控制。

2) 多神经网络自学习控制法

对未知动力学行为的非线性系统，单纯地依靠前面提到的控制方法都无法达到满意的控制效果。多网络自学习控制方法就是利用神经网络的众多优点，将神经网络的辨识和神经网络的控制分离出来，从而构造出一套有效的学习控制算法，使得系统的输出能够在神经网络控制器的作用下精确快速地跟踪系统的期望输出，如图 10.17 所示。下面进一步分析这种控制结构下的神经网络辨识器和神经网络控制器的学习算法，并通过一个例子来说明多神经网络自学习控制方法的有效性。

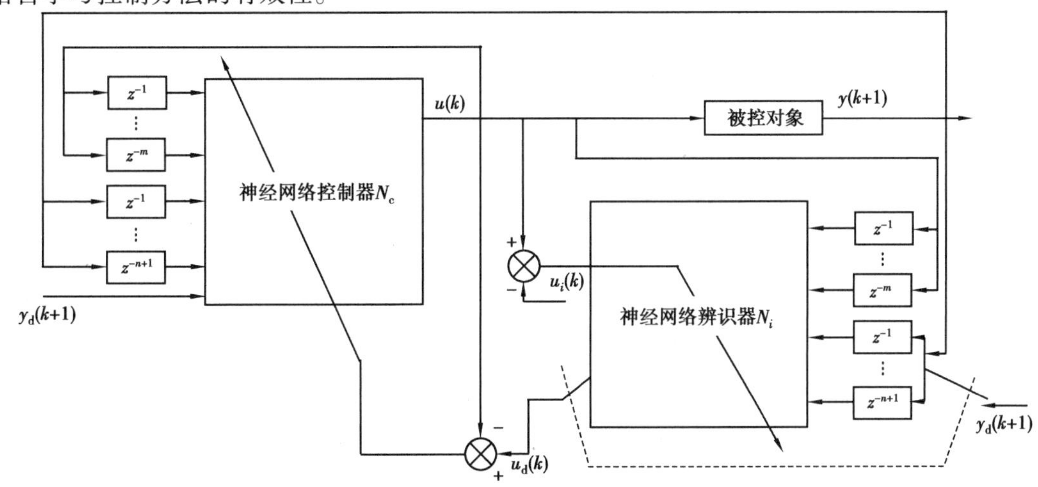

图 10.17　多神经网络自学习控制法的结构

对非线性系统

$$y(k+1)=f[y(k),y(k-1),\cdots,y(k-n+1),u(k),u(k-1),\cdots,u(k-m)] \tag{10.49}$$

控制器的控制目的在于希望找到 $u(k)$，使得 $y(k+1)\to y_{\mathrm{d}}(k+1)$。同样，假设被控系统的逆动力学模型存在，即

$$u(k)=g[y(k+1),y(k),\cdots,y(k-n+1),u(k-1),\cdots,u(k-m)] \tag{10.50}$$

是唯一的，则可以通过神经网络的辨识器实现被控对象的逆动力学模型的逼近，从而为神经网络控制器的学习创造条件。如图 10.17 所示，N_i 是逆动力学神经网络模型，它可以实时地利用系统的输入输出信息（$u(k)$，$y(k+1)$）来改善神经网络模型的精度，并且也实现了自适应的功能。这里，仍然选用前向传播神经网络结构模型，则神经辨识器的学习规则可归纳为

$$u_i(k)=\Pi_{N_i}(y(k+1),y(k),\cdots,y(k-n+1),u(k-1),\cdots,u(k-m)) \tag{10.51}$$

其中，$\Pi_{N_i}(\cdot)$ 是系统逆模型函数 $g(\cdot)$ 的神经网络逼近函数

$$e_u(k)=u(k)-u_i(k) \tag{10.52}$$

$$\begin{cases}\delta_{pj}^i=e_{uj}(k) & \text{（输出层）}\\ \delta_{pj}^i=o_j^i(1-o_j^i)\sum\limits_l \delta_{pj}^i w_{lj}^i & \text{（隐含层）}\end{cases} \tag{10.53}$$

$$w_{ij}^i(k+1)=w_{ij}^i(k)+\eta_i\delta_{pj}^i o_l^i+\alpha_i\Delta w_{ij}^i(k) \tag{10.54}$$

其中，$e_{uj}(k)$ 为矢量 $e_u(k)$ 的第 j 个分量。

系统逆模型的在线学习保证了在系统参数发生变化的情况下能及时调节神经辨识器连接权系数，达到精确逼近系统模型的目的。从而也保证了基于这个逆模型的神经网络控制器能够实现准确的输出跟踪控制。神经网络控制器 N_{c} 设计的前提是这个神经网络辨识器能够精确地表示此系统的逆动力学模型，只有这样，神经控制器的导师信号才是可靠的。因此，神经网络辨识器的在线学习特性对整个控制器的控制性能影响是至关重要的。多神经网络自学习控制器的基本思想是利用逆动力学模型和系统的期望输出 $y_{\mathrm{d}}(k+1)$ 去构造一个期望的控制量 $u_{\mathrm{d}}(k)$，从而解决神经控制器 N_{c} 在系统模型未知情况下的学习问题。在多层前向传播神经网络结构下，其学习规则为

$$u_d(k)=\Pi_{N_i}(y_{\mathrm{d}}(k+1),y_{\mathrm{d}}(k),\cdots,y_{\mathrm{d}}(k-n+1),u(k-1),\cdots,u(k-m)) \tag{10.55}$$

其中，$\Pi_{N_i}(\cdot)$ 是系统逆模型函数 $g(\cdot)$ 的神经网络逼近函数

$$e_u(k)=u_{\mathrm{d}}(k)-u(k) \tag{10.56}$$

$$\begin{cases}\delta_{pj}^c=e_{cj}(k) & \text{（输出层）}\\ \delta_{pj}^c=o_j^c(1-o_j^c)\sum\limits_l \delta_{pj}^c w_{lj}^c & \text{（隐含层）}\end{cases} \tag{10.57}$$

$$w_{lj}^c(k+1)=w_{lj}^c(k)+\eta_i\delta_{pj}^c o_l^c+\alpha_c\Delta w_{lj}^c(k) \tag{10.58}$$

其中，$e_{cj}(k)$ 为矢量 $e_c(k)$ 的第 j 个分量；η_i，η_c 分别为两个神经网络的学习因子；α_i，α_c 分别为两个神经网络的 Momentun 系数。

3）单一神经元控制法

单一神经元模型实质上是一个非线性控制器，对许多单输入-单输出系统完全可以通过单一神经元模型进行控制。单一神经元控制系统的结构，如图 10.18 所示。

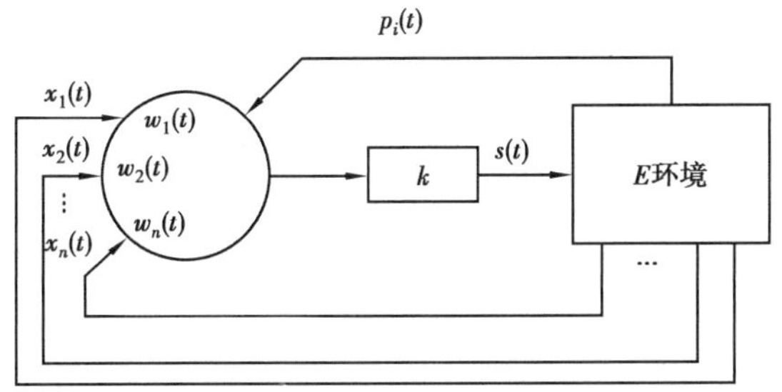

图 10.18 单一神经元控制系统的结构

$x_i(t)(i=1,2,\cdots,n)$是神经元的 n 个输入状态量,神经元输出可表示为

$$s(t)=k\sum_{i=1}^{n}w_i(t)x_i(t) \tag{10.59}$$

其中,$k>0$ 是神经元的比例系数;$w_i(t)$为对应输入 $x_i(t)$的加权值。

权值的学习根据神经网络的学习算法进行。

根据 Hebb 提出的著名假设,神经元是前置与后置突触同时触发时,加权值增加。则有以下学习规则:

$$w_i(t+1)=\gamma w_i(t)+\eta p_i(t) \tag{10.60}$$

其中,$0<\gamma<1$ 为衰减速率;$\eta>0$ 为学习速率;$p_i(t)$为递进学习策略。

神经元的简单学习策略主要有以下 3 种。

(1)Hebbian 学习

Hebbian 学习,即

$$p_i(t)=s(t)x_i(t) \tag{10.61}$$

表示对一个动态特性未知的环境,自适应神经元通过学习,可逐步使神经元控制器适应被控制对象特性以达到最佳控制的目的。同时,自适应神经元也能通过其自身的学习能力适应外界的变化。

(2)监督学习

监督学习,即

$$p_i(t)=z(t)x_i(t) \tag{10.62}$$

表示对一个动态特性未知的环境,神经元在导师信号 $z(t)$的指导下进行强迫学习,使神经元控制器尽快适应被控制对象的特性以达到最佳控制的目的,同时,又能满足适应外界变化的要求。

(3)联想式学习

联想式学习,即

$$p_i(t)=z(t)s(t)x_i(t) \tag{10.63}$$

表示自适应神经元采用 Hebbian 学习和监督学习相结合的方式,通过关联搜索对未知的外界环境作出反应。这意味着神经元在导师信号 $z(t)$的指导下,通过自组织关联搜索进行递进式学习修正加权值来产生控制作用。

采用神经元非模型控制的基本方法构成的控制系统的一般形式,如图 10.19 所示。

在图 10.19 中,转换部件的输入为反映被控对象及控制指标的状态变量,如设定值 $r(t)$、对象输出测量值 $y(t)$等。转换部件的输出为神经元学习所需的状态,如设定值 $r(t)$、误差

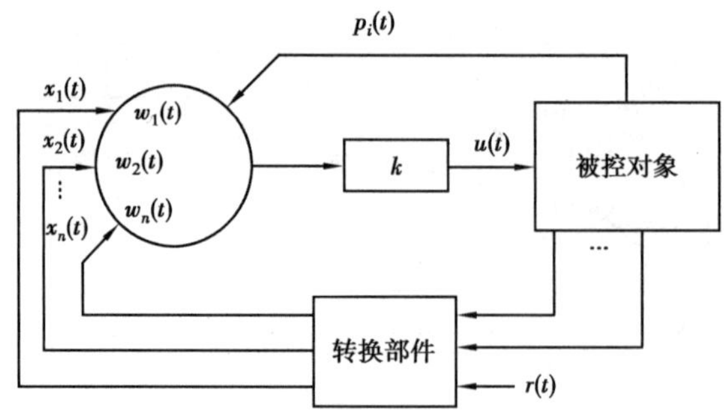

图 10.19　采用神经元非模型控制基本方法构成的控制系统的一般形式

$e(t)$、误差变化 $\Delta e(t)$ 等,控制信号 $u(t)$ 由神经元通过关联搜索来产生。根据以上模型,采用联想式学习方法,可得出以下规范化神经元非模型控制方法:

$$u(t)=\frac{k\sum_{i=1}^{n}w_i(t)x_i(t)}{\sum_{i=1}^{n}w_i(t)} \tag{10.64}$$

$$w_i(t+1)=w_i(t)+\eta[r(t)-y(t)]u(t)x_i(t) \tag{10.65}$$

其中,$x_i(t)$ 为神经元的输入状态,$x_i(t)$,$i=1,2,\cdots,n$;K 为神经元的比例系数;η 为神经元的学习速率。神经元的输入状态可在进行控制系统设计时根据需要选取。例如,当选择神经元的输入状态如下时($n=3$)

$$x_1(t)=r(t),x_2(t)=r(t)-y(t),x_3(t)=x_2(t)-x_2(t-1) \tag{10.66}$$

则神经元非模型控制器转化为

$$u(t)=K_1r(t)+K_2e(t)+K_3\Delta e(t) \tag{10.67}$$

其中,$e(t)=r(t)-y(t)$,$\Delta e(t)=e(t)-e(t-1)$。

分别为前馈比例控制、反馈比例控制和反馈微分控制。

若取

$$\Delta u(t)=\frac{k\sum_{i=1}^{n}w_i(t)x_i(t)}{\sum_{i=1}^{n}w_i(t)} \tag{10.68}$$

$$w_i(t+1)=w_i(t)+\eta[r(t)-y(t)]u(t)x_i(t) \tag{10.69}$$

其中,$\Delta u(t)=u(t)-u(t-1)$,并取神经元的输入状态 $x_i(t)(i=1,2,3)$ 为

$$\begin{aligned}x_1(t)&=r(t)-y(t)\\x_2(t)&=x_1(t)-x_1(t-1)\\x_3(t)&=x_2(t)-x_2(t-1)\end{aligned} \tag{10.70}$$

则此控制器与增量型 PID 控制相似。

以上分析说明,单一神经元模型控制方法十分灵活,可以通过神经元输入状态的选择、学习速率的确定,甚至神经元结构的设计等多种方法来满足控制系统的设计要求。

习 题

习题答案

1. 模糊控制器由哪几部分组成？各完成哪些功能？

2. 模糊控制器设计的步骤是什么？

3. 神经网络控制系统的结构有哪几种？在设计神经网络控制系统时应如何选择最佳控制结构？

4. 神经网络可作为非线性动态系统辨识器的条件是什么？

11 计算机视觉

研究表明,在大脑处理的信息中,来自视觉的信息量比来自其他感知途径的信息量总和还要大两个数量级,可见人对外界环境的感知途径中,视觉感知是最主要也是最重要的感知方式之一。人类视觉系统非常高效灵活,例如,人往往潜意识之下就能快速完成场景中某一类物体的识别,且能够迁移到具有某种相似性的其他类别物体上。科学家针对人类的视觉系统已经研究多年,取得了部分有益成果,但是仍无法完全理解人类的视觉感知原理。但是人们已经普遍认可,视觉感知是人类智能形成的重要前提,是人类智能的重要组成部分。同样地,人工智能作为模拟人类智能的学科,计算机视觉是人工智能获取外界知识的重要途径,是人工智能的重要组成部分。

11.1 计算机视觉概述

计算机视觉(Computer Vision,CV)是一门研究如何使计算机具有如同人类一样视觉的学科,也可以指代所有试图从图像或视频数据中获取信息并进行分析理解的人工智能系统,是包括获取、处理、分析和理解视觉图像或者更一般意义的真实世界的高维数据等方法的总和,其主要目的是从视觉图像中获取信息。

与计算机视觉概念相近的学科,主要有图像处理(Image Processing,IP)和计算机图形学(Computer Graphics,CG)。图像处理是借助信号处理等数学工具实现对图像进行操作的过程,例如图像灰度化、图像滤波等操作属于图像处理;而计算机图形学是从几何信息出发,在计算机平台上构建出接近真实的图像,例如,3D 动画和 3D 游戏的制作属于计算机图形学的应用范畴。关于这 3 个概念的辨析,可以简单地理解为,图像处理从图像获取图像,计算机视觉是从图像获取知识,计算机图形学是从知识获取图像,如图 11.1 所示。在实际中,这 3 个概念也并不完全明确区分,例如,计算机视觉方法中通常也包含图像增强等与图像处理相重叠的内容。

理论研究方面,计算机视觉的发展伴随着 20 世纪 70 年代计算机硬件的发展而开始起步,经过几十年的发展,计算机视觉已形成一套较为完整的理论和方法体系。尤其是近年来随着深度学习理论的发展,与深度学习相结合的计算机视觉研究迎来了高速发展。按照本书

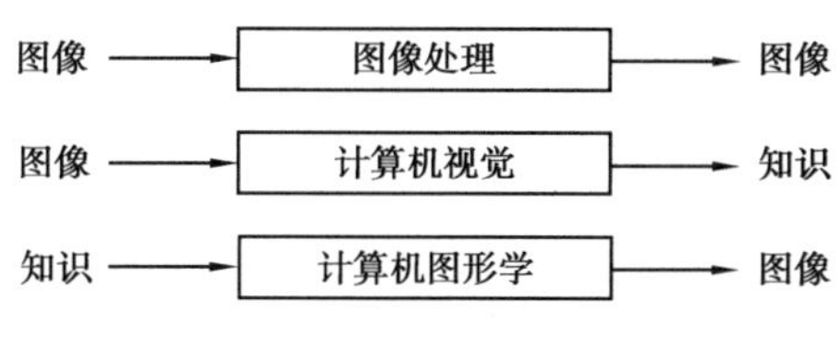

图 11.1 概念比较

的思路,将计算机视觉的理论划分为经典计算机视觉方法和基于深度学习的计算机视觉方法。

经典计算机视觉方法主要借助几何变换、信号处理和线性代数等工具实现图像变换、图像处理、特征提取、图像分割、图像配准、目标检测和目标跟踪等功能;而基于深度学习的计算机视觉方法主要依靠深度神经网络,尤其是 CNN,实现图像特征自动提取、图像增强、图像分类、目标检测、图像分割和图像风格迁移等功能。前者机理明确,但存在技术难度较大、灵活性不足等缺点,后者由于其入门容易、灵活方便、端到端等优点成为计算机视觉的主流研究方法,但也存在机理不明确、严重依赖标注数据等不足。本章主要介绍基于深度学习的计算机视觉技术。

实际应用方面,计算机视觉从早期的简单图像处理开始,逐渐向高级视觉应用发展,最新研究成果目前已在视频安防、医学影像、自动驾驶、遥感监测和人机交互等领域得到广泛应用,见表 11.1。

表 11.1 计算机视觉的主要应用

视频安防	行人检测、行人重识别、车辆牌照识别、异常行为检测……
医学影像	血管影像分割、肺结节检测、肿瘤影像分割……
自动驾驶	车道检测、行人检测、车辆检测、信号灯检测……
遥感监测	森林火灾预警、海洋水文监测、大面积农作物监测……
人机交互	手势识别、表情识别、人体姿态估计……
工业制造	表面缺陷检测、工业机器人视觉系统……
国防军事	辅助制导、战场感知、无人机侦察……
其他领域	光学字符识别、图像去雾去噪、缺损图像重建、视频敏感信息检测……

虽然计算机视觉在各个领域的应用各式各样,但就计算机视觉的任务来划分,这些应用基本都可以归为图像分类、目标检测、图像分割、图像生成等几个主要类别,本章也可从这几个计算机视觉的主要任务展开分别予以介绍。

11.2 图像分类

11.2.1 图像分类的概念

图像分类,从图像语义的角度来说,指的是区分具有不同语义信息的图像的任务。从特征角度来说,指的是通过某种方法,实现将具有相同或相似特征表示的图像归为同一类,将具有不同特征表示的图像归为不同类的过程。

例如,对大量的猫狗图片,猫和狗在语义上属于不同的对象,图像分类的任务是将猫的图片归为一类,将狗的图片归为一类。因此,图像分类算法应学习到猫和狗的图像特征表示,并根据新图片的特征与猫狗图像特征表示的度量实现新图片的猫狗分类。

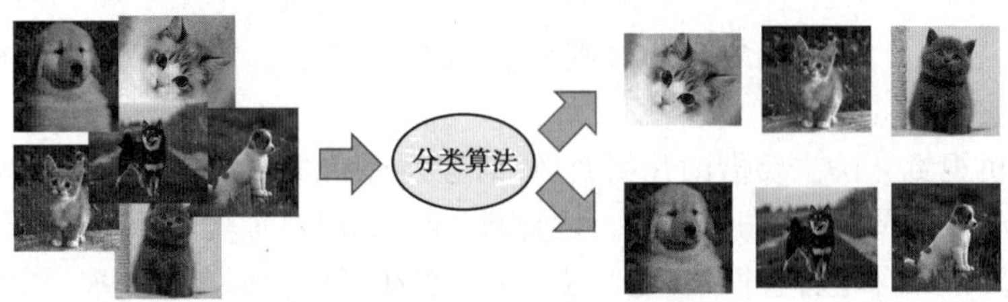

图 11.2　图像分类的概念

(1)跨物种语义的图像分类

上述的猫狗图像分类问题属于典型的跨物种语义的图像分类,这类图像分类问题的对象归属于具有较大差异的大类,通常类与类之间具有较大的类间方差。跨物种语义的图像分类是最简单的图像分类任务。

(2)子类细粒度图像分类

子类细粒度图像分类是深层次的分类问题,待分类对象属于相同的大类,但是要在更细的粒度上区分对象所属的小类。例如,对大量的鸟类图像,区分出麻雀、燕子、乌鸦等鸟类品种的任务,就属于细粒度图像分类。细粒度图像分类由于类间方差更小,因而分类难度更大。

(3)实例级图像分类

实例级图像分类是比子类细粒度分类更深层次的分类,其目的是对不同的个体进行区分,是难度最大的图像分类任务。例如,最典型的人脸识别,分类算法需要从人脸图像中区分出不同的人,现有的算法仍然没有达到人类的人脸识别水平。

11.2.2　图像分类的方法

图像分类算法最主要的两个组成模块分别是特征提取模块和模式分类模块,如图 11.3 所示。特征提取模块主要通过表示学习方法实现图像的特征表示,并以特征向量的形式输出表示结果;模式分类模块以特征向量作为输入,通过分类学习实现特征向量的模式分类,并给出类评分。

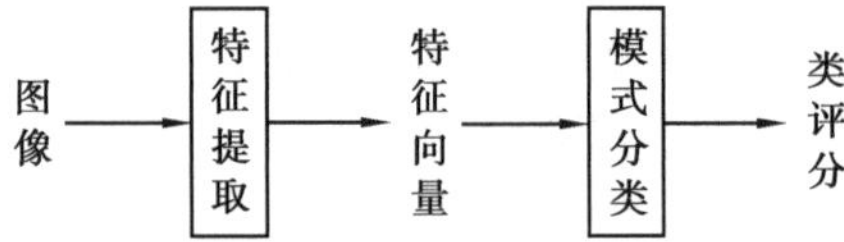

图 11.3　图像分类的方法

(1)特征提取方法

传统的图像分类依赖手工提取图像的特征,依赖针对问题的先验知识,并且通常难以提取全面有效的特征,对一些复杂的问题,甚至难以确定应当提取哪些特征和如何提取特征。而采用深度学习的图像分类方法,可以借助 CNN 实现图像特征的自动提取,避免手工提取特征的弊端。

CNN 提取图像特征依赖于大量卷积核与图像进行的卷积运算，每一种卷积核都能提取一种图像特征。以图 11.4 中的边缘提取卷积为例，对图片分别使用不同的 3 种卷积核进行卷积运算，显然第一个卷积核更加突出强调左侧的边缘特征，第二个卷积核更加突出强调物体的上边缘特征，而第三个卷积核则提取出了图像的所有边缘特征。这说明，通过调整卷积核的参数，就可以实现不同特征的提取。

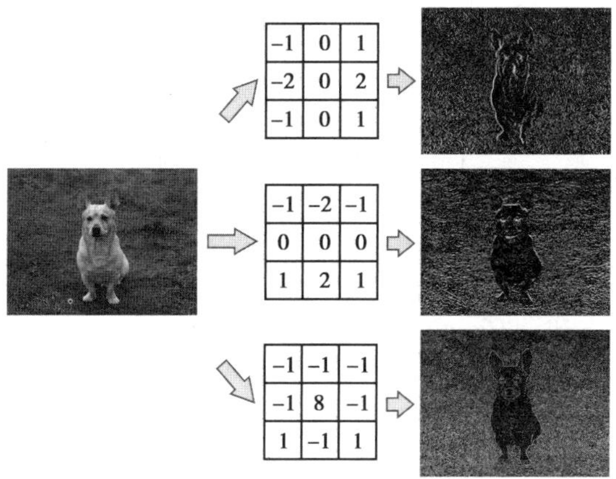

图 11.4 不同卷积核的特征提取效果

所以，出于提取足够丰富的图像特征的目的，CNN 通常会在同一层中堆叠使用多个卷积核，如图 11.5 所示。网络在学习中会根据任务的损失函数不断优化各卷积核的参数，从而学习出最适合该任务的特征表示。这个特征提取的过程是由算法自动优化的，没有人的先验知识参与。

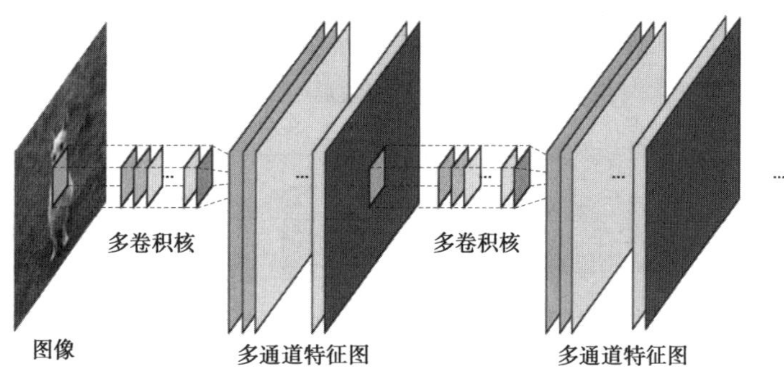

图 11.5 CNN 的特征提取

进一步地，CNN 通过将多个卷积层叠在一起，将不同的特征表示反复组合和非线性激活，从而实现由底层特征逐步表达出高层特征，如图 11.6 所示。对于一个典型的人类、汽车、动物分类网络来说，低层的卷积层学习到的通常是点、边缘、角等简单的特征，随着卷积层的增加，简单的特征开始组合出形状和纹理等较为高级的特征，并最终得到轮毂、人脸、尾巴等更加高级的特征表示，将这些高级特征输入分类器，就能实现图像目标的区分。

(2)模式分类方法

在图像模式分类阶段，最经典的分类器结构是全连接层(Full-Connection Layer)+Softmax 回归+交叉熵损失函数(Corss-Entropy Loss)，如图 11.7 所示。

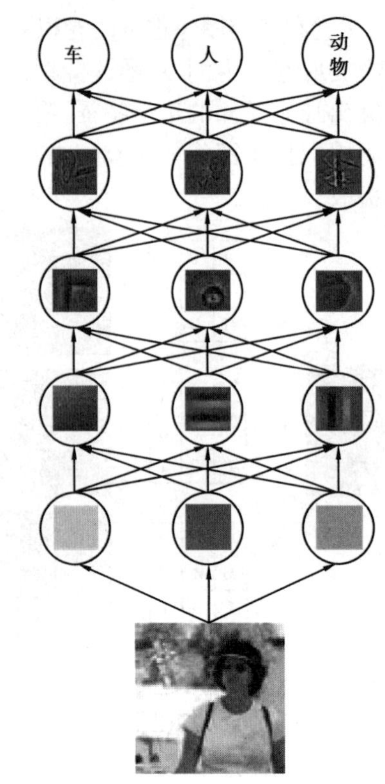

图 11.6　底层特征向高层特征的表达过程示意图

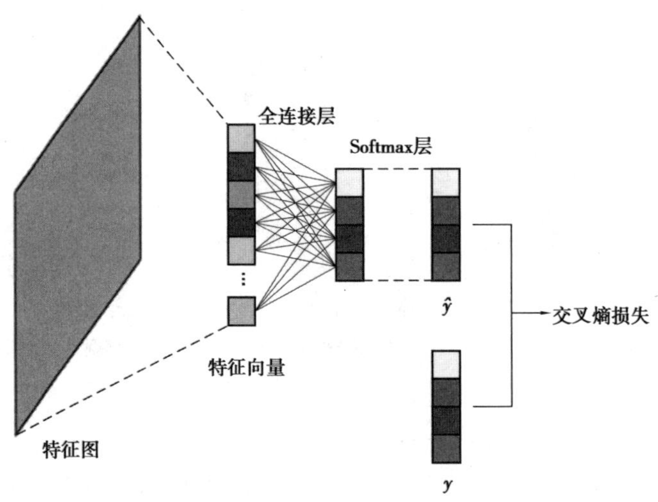

图 11.7　图像模式分类示意图

特征提取阶段产生的通常是张量形式的特征图，为了进入全连接层，需要被展开为一维的特征向量。特征向量经过全连接层的特征组合被降维至 C 维，此处 C 是待分类类数。

对类别标签 $y \in \{1,2,\cdots,C\}$ 和给定样本 $\boldsymbol{x}$，使用 Softmax 回归计算的该样本属于第 c 类的条件概率可以表示为

$$p(y=c|\boldsymbol{x})=\text{softmax}(\boldsymbol{w}_c^{\mathrm{T}}\boldsymbol{x})=\frac{\exp(\boldsymbol{w}_c^{\mathrm{T}}\boldsymbol{x})}{\sum_{c'=1}^{C}\exp(\boldsymbol{w}_{c'}^{\mathrm{T}}\boldsymbol{x})} \tag{11.1}$$

其中,$\boldsymbol{w}_c$ 是第 c 类的权重向量。

则 Softmax 回归的决策函数为

$$\hat{y}=\underset{c=1}{\overset{C}{\text{argmax}}}\,p(y=c|\boldsymbol{x})=\underset{c=1}{\overset{C}{\text{argmax}}}\,\boldsymbol{w}_c^{\mathrm{T}}\boldsymbol{x} \tag{11.2}$$

对一个批次图片中的 N 个训练样本$\{(\boldsymbol{x}^{(n)},\boldsymbol{y}^{(n)})\}_{n=1}^{N}$,设网络参数为 θ,$\boldsymbol{y}^{(n)}\in\{0,1\}^C$,则该批次的交叉熵损失函数可以表示为

$$\begin{aligned}L(\theta)&=-\frac{1}{N}\sum_{n=1}^{N}\sum_{c=1}^{C}\boldsymbol{y}_c^{(n)}\log\hat{\boldsymbol{y}}_c^{(n)}\\&=-\frac{1}{N}\sum_{n=1}^{N}(\boldsymbol{y}^{(n)})^{\mathrm{T}}\log\hat{\boldsymbol{y}}^{(n)}\end{aligned} \tag{11.3}$$

然后进行反向传播和梯度下降,就可对网络的参数进行学习。

11.2.3 典型的图像分类算法

近年来,基于深度学习的图像分类发展,主要还是集中体现在对特征提取模块的不断改进上,模式分类模块相对而言则比较稳定。研究者对图像分类更高准确度、更快推理速度的不断追求,推动了基于卷积的图像特征提取技术的突飞猛进。目前,在许多其他视觉任务中,选择合适的分类网络作为主干网络是十分重要的步骤,因为对于绝大多数的视觉任务来说,图像特征提取都是必要的步骤。因此,图像分类网络在基于深度学习的计算机视觉领域发挥着基础性的作用。为此,本节选择有代表性的图像分类网络进行简要介绍。

1) LeNet-5:手写数字识别

由 Yann LeCun 等人于 1998 年提出的 LeNet-5 网络是第一种具备通用学术意义与实际应用意义的图像分类网络,当时主要用于邮政、银行等行业的手写数字和手写字符识别任务。LeNet-5 最大的贡献在于确立了 CNN 的基本结构,并开辟了 CNN 在图像分类应用中的新研究领域。

LeNet-5 是一个简单的 7 层 CNN,网络结构为输入 Input-卷积层 C1-池化层 S2-卷积层 C3-池化层 S4-卷积层 C5-全连接层 F6-全连接层 F7-输出 Output,其中,卷积层和池化层负责特征提取,全连接层负责分类。

在 MNIST 手写数字数据集上,LeNet-5 的分类错误率可以低至 0.7%,虽然不如同时期支持向量机的表现,但是已经证明了利用 CNN 进行图像分类的可行性,是具有开创性意义的网络模型。

2) AlexNet:ImageNet 大规模视觉识别挑战赛

AlexNet 由 Geoffrey Hinton 团队的 Alex Krizhevsky 于 2012 年提出,是第一个现代卷积神经网络。AlexNet 的"现代"主要体现在以下 3 个方面:

①AlexNet 首次使用 GPU 进行网络训练,大大改善了深度神经网络的训练效率。

②使用修正线性单元(Rectified Linear Units,ReLU)作为激活函数,有效缓解了梯度消失问题,使得网络深度进一步得以提升。

③使用了 Dropout 这种正则化方法缓解网络过拟合,并降低了计算负担。

ImageNet 数据集是由斯坦福大学的李飞飞等人构建的大规模图像数据集,包含 1 400 多

万张图片，有超过 2 万多个类别。ImageNet 大规模视觉识别挑战赛（ILSVRC）是基于 ImageNet 数据集的国际性图像视觉比赛。AlexNet 提出后一举夺取了由 SVM 垄断的 ILSVRC 冠军。

3）VGG：小尺寸卷积核

VGG 是牛津大学的研究者提出的一种比 AlexNet 更深的 CNN，在 2014 年的 ILSVRC 大赛中获得第二名，其 top-5 分类错误率为 7.3%。VGG 的重要贡献在于发现级联多层小尺寸的卷积核可以用更少的参数量实现与大尺寸的卷积核相同的效果，从而有力地推动了 CNN 向更大深度发展。

4）Inception 系列网络：并行多尺度特征融合

Inception 结构是由谷歌的研究人员提出的一种并行多尺度卷积结构，其第一代 Inception 网络就是 2014 年 ILSVRC 的冠军——GoogLeNet。Inception 结构不但通过并行的多尺度卷积结构缓解了梯度消失问题，而且通过通道融合降低了网络参数量，提升了网络性能。GoogLeNet 中总共使用了 9 个 Inception 结构，得益于该结构对参数量的削减，GooLeNet 将网络深度提升到了 22 层。

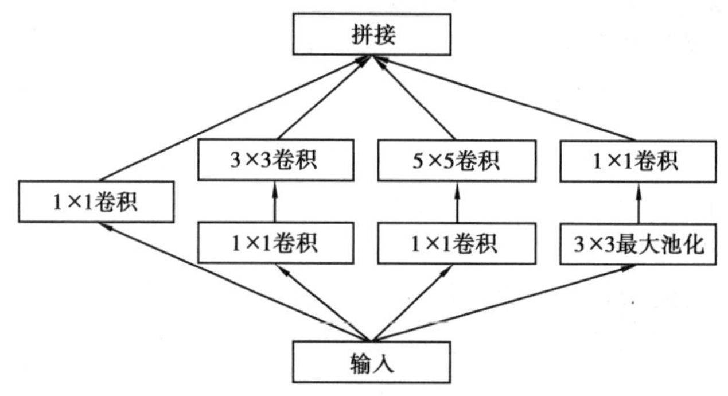

图 11.8 Inception 结构示意图

如图 11.8 所示，Inception 结构包含 4 个分支。第一个分支是 1×1 卷积，其作用是进行特征图通道融合，减少通道数量；第二个分支先使用 1×1 卷积减少通道数，然后进行 3×3 的小尺寸卷积；第三个分支同样先进行 1×1 卷积，然后进行 5×5 的大尺寸卷积；第四个分支先进行 3×3 的最大池化，然后使用 1×1 卷积进行通道融合。最后，4 个分支生成的特征图在通道方向进行拼接。Inception 结构通过这种并行的多尺度卷积实现了不同尺度上的特征提取，能够有效提升网络的特征表达能力。

Inception-v2 是受 VGG 使用小卷积核代替大卷积核的启发，将第三个分支中的 5×5 卷积替换成了两个 3×3 卷积的级联。Inception-v3 进一步提出了非对称卷积，将 $n \times n$ 卷积替换成了 $1 \times n$ 和 $n \times 1$ 卷积的并联，进一步减少了网络参数量，如图 11.9 所示。

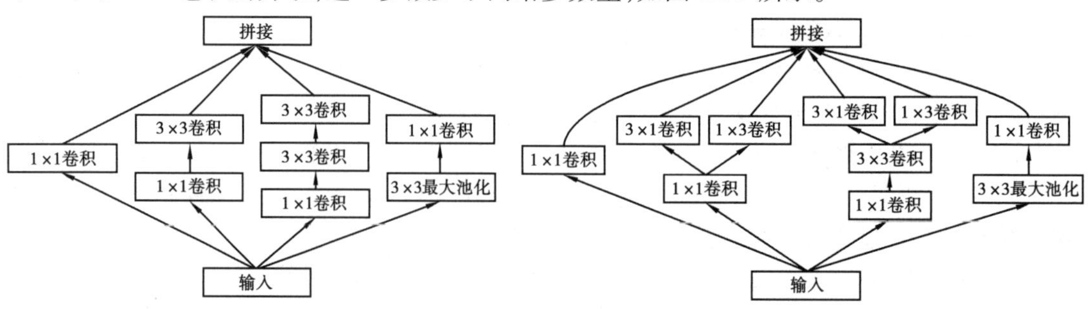

图 11.9 Inception-v2 和 Inception-v3 结构示意图

5) ResNet、DenseNet:残差连接

ResNet 是何恺明、任少卿和孙剑等人提出的具有里程碑意义的卷积神经网络模型,成功解决了卷积神经网络在深度过大时网络退化的问题,是最为成功的图像分类网络模型之一,至今仍作为最常用的图像特征提取主干网络。

理论上讲,深度神经网络的深度越深,经过的非线性变换越多,模型的表示能力越强。因此,CNN 的深度一直在朝着更大的深度发展,从 LeNet 的 7 层,到 GoogLeNet 的 22 层。但是研究发现,简单地堆叠更多层数,即便排除过拟合的影响,网络依然会出现分类准确度下降的问题。现有研究表明,深度神经网络除了存在易过拟合、梯度消失或梯度爆炸等问题,还存在更多深层次问题有待解决,这些问题都限制了网络的进一步加深。

ResNet 的思想是,为误差的反向传播增加残差连接,使得高层的误差更容易传递到网络底层,使得网络更容易训练。如图 11.10 所示的残差块是残差网络的基本单元,残差连接使得模块从学习输入到输出的映射 $X \rightarrow F(X)$,转为学习 $X \rightarrow (F(X)-X)+X$,其中,$F(X)-X$ 更容易学习。采用残差连接的 ResNet,其深度可以达到数百层,模型复杂度的大幅提升带来了更强的特征表达能力,对复杂的图像分类问题,选用带有残差连接的网络模型几乎是必然选择。

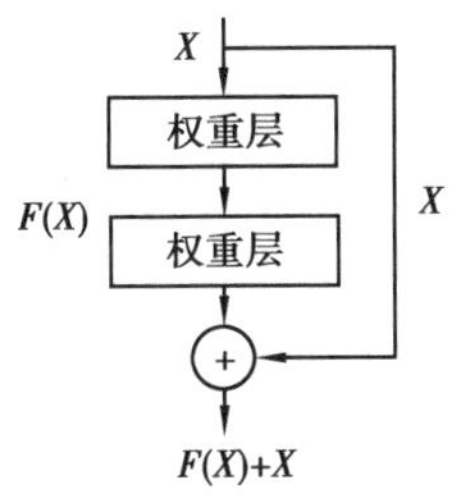

图 11.10 残差连接示意图

DenseNet 在 ResNet 的基础上采用了更为激进的密集残差连接,通过最大限度的特征复用有力缓解了梯度消失问题,同时由于增加了网络信息流的隐形深层监督,网络的特征提取性能也有了较大提升,如图 11.11 所示。

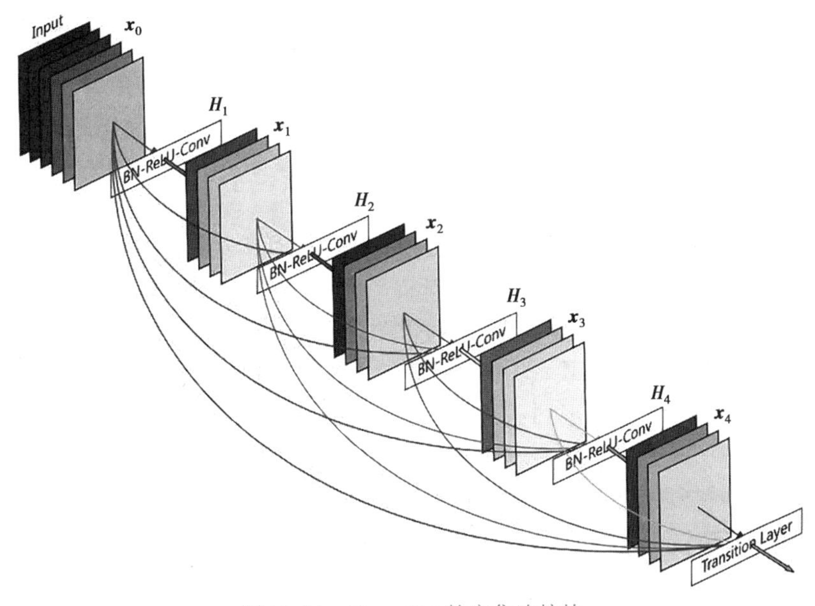

图 11.11 DenseNet 的密集连接块

6) MobileNet:深度可分离卷积

在图像分类领域,随着 CNN 相关研究的深入,提升图像分类准确度的难度与日俱增,部分研究人员开始转变研究方向,致力于降低 CNN 的参数规模,推动深度学习在资源受限的平台上的应用。MobileNet 使用了一种新型的深度可分离卷积运算代替传统图像卷积运算,大幅降低了卷积核参数量,使得在移动设备上运行深度卷积神经网络成为可能。

深度可分离卷积的思路是,对多通道的特征图,先对各通道分别进行单层的卷积运算,得到与原特征图相同通道数的新特征图,再对新特征图进行 1×1 卷积实现通道融合。这一过程相当于把传统卷积运算中的空间卷积和通道融合拆分开来,因而得名可分离卷积。深度可分离卷积大幅降低了卷积核参数量,而且特征图通道数越多,降参效果越明显。

以输入 3 通道特征图,输出 4 通道特征图,卷积核大小 3×3 的卷积运算为例。对传统的卷积运算,卷积核的总参数量为 $3\times4\times3\times3=108$,如果使用可分离卷积,卷积核总参数量为 $3\times3\times3+3\times4\times1\times1=39$。常规卷积示意图如图 11.12 所示,深度可分离卷积示意图 11.13 所示。

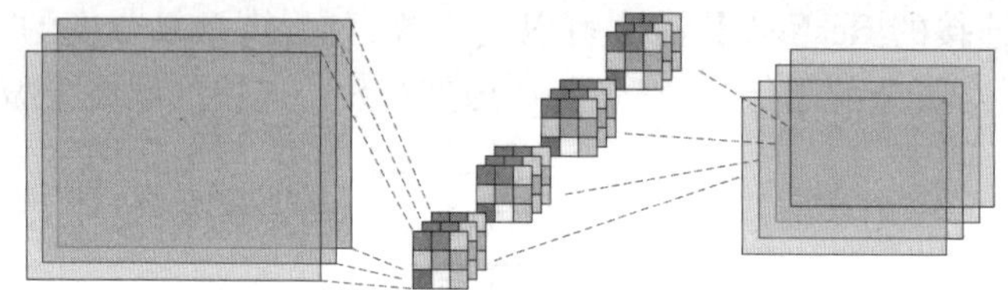

图 11.12　常规卷积示意图

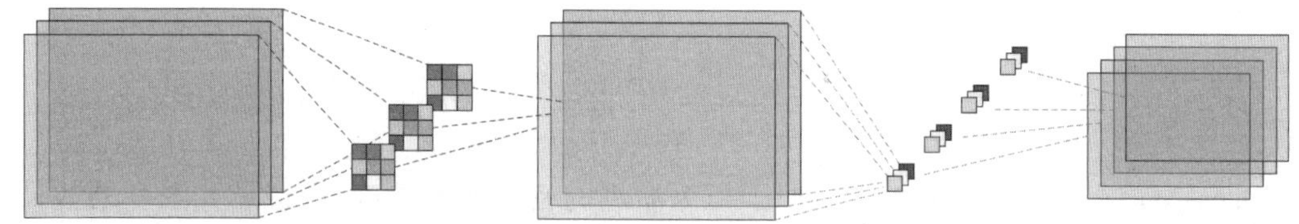

图 11.13　深度可分离卷积示意图

7) SENet:通道注意力机制

注意力是人类获取视觉信息时有意识或无意识地关注重点区域,忽略不重要区域的一种处理机制。注意力机制使得人类可以用有限的信息处理资源快速筛选出高价值的视觉目标,提高了视觉信息处理的效率和准确性。受人类注意力的启发,研究者尝试在深度学习中引入注意力机制,提高计算资源的利用效率并改善模型学习能力。在计算机视觉领域,注意力机制包括空间注意力、通道注意力和自注意力机制等。

对多通道的特征图,卷积运算在空间上具有局部性,但是在通道方向是所有通道平等融合的,即认为所有通道同等重要。而 SENet 引入了通道注意力,即尝试通过学习的手段认识特征图各个通道对任务的相对重要程度,增强重要的通道并抑制不重要的通道。

SENet 使用一种挤压激励模块,首先对特征图进行挤压,得到通道级的全局特征,然后对该全局特征进行激励操作,学习不同通道的权重,最后将该权重系数乘以原特征图完成通道赋权。挤压激励模块的结构如图 11.14 所示。

对 C 个通道的特征图 $\boldsymbol{X}=[\boldsymbol{x}_1,\boldsymbol{x}_2,\cdots,\boldsymbol{x}_C]\in R^{H\times W\times C}$,挤压激励模块的挤压环节通过全局平均池化得到通道全局特征 $\boldsymbol{z}=[z_1,z_2,\cdots,z_c,\cdots,z_C]\in R^C$,其中

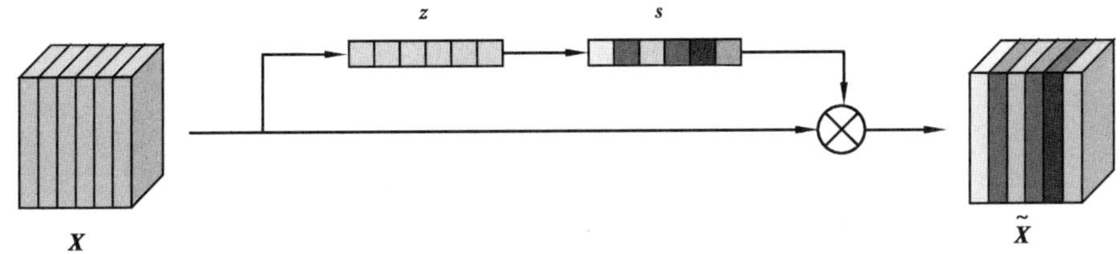

图 11.14 挤压激励模块的结构示意图

$$z_C = F_{sq}(x_C) = \frac{1}{H \times W}\sum_{i=1}^{H}\sum_{j=1}^{W} x_C(i,j) \tag{11.4}$$

激励环节为了实现学习的功能,通过两个全连接层引入了可学习的参数 $\boldsymbol{W}$ 和非线性激活函数,即

$$\boldsymbol{s} = F_{ex}(\boldsymbol{z},\boldsymbol{W}) = \sigma(\boldsymbol{W}_2\delta(\boldsymbol{W}_1\boldsymbol{z})) \tag{11.5}$$

其中,s 是学习到的通道权重系数向量;σ 是 ReLU 激活函数;δ 是 Sigmoid 激活函数。

最后,用通道权重系数向量对原特征图各通道进行赋权。其中,$\otimes$表示向量 $\boldsymbol{s}$ 的分量和 $\boldsymbol{X}$ 的各通道相乘。

$$\widetilde{\boldsymbol{X}} = \boldsymbol{s} \otimes \boldsymbol{X} \tag{11.6}$$

由于挤压激励模块只是在原结构上增加了一条支路,不改变模型原结构,因此,非常容易结合在其他网络结构中,提升原模型的性能。如图 11.15 所示为将挤压激励模块与 Inception 结构和残差块相结合的单元结构。

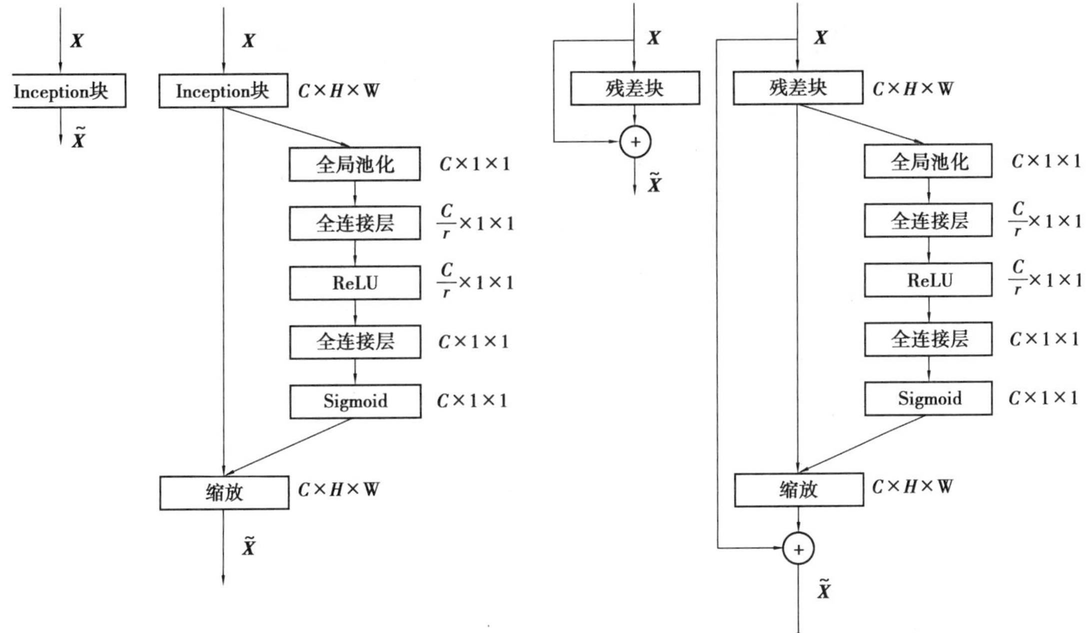

图 11.15 挤压激励模块与 Inception 和残差连接的结合

11.3 目标检测

11.3.1 目标检测的概念

图像分类是计算机视觉的基础任务，但是本身的应用存在一定的局限性。因为现实的图像中感兴趣的目标往往只占据图像较小的区域，或者一幅图像中存在多个不同类的感兴趣目标。前者导致感兴趣目标特征被大量背景特征掩盖而难以提取，后者导致多类语义特征混叠无法分离。因此，以上两种应用场景下，图像分类技术无能为力，应采用目标检测的技术方法。

目标检测是从图像中定位感兴趣目标的计算机视觉任务，本质上属于回归和分类两种模式识别任务的结合，要求算法能够根据图像语义正确分离前景和背景。目标检测中回归的目的是精确地定位出感兴趣目标在图像中的位置坐标和所覆盖的区域，通常用目标的外接边界框进行标识；分类的任务是将定位到的目标划分至正确的类别。

如图 11.16 所示，对一个面向人、狗和汽车的图像目标检测任务，目标检测的目的是在图像中以最小外接边界框标识出所有的人、狗和汽车目标，并确保正确识别出目标所属类别。

图 11.16 目标检测示意图

目标检测是计算机视觉领域举足轻重的热门研究方向，在视频安防、工业检测、医学影像和人机交互等诸多领域都具有重要的实用意义。例如，在视频监控中，通过对视频图像中人和车的自动检测，能够减少对值守人员的需求；在工业生产中，通过对工业相机拍摄的产品表面图像进行自动缺陷检测，能够大幅提升缺陷检测效率，降低人力成本。

11.3.2 目标检测的方法

传统目标检测算法的思路是，首先从图像中选定候选检测区域，其次手工提取这些区域的图像特征，最后使用分类器算法进行分类，如图 11.17 所示。一种典型的实现是，首先使用不同尺寸的滑动窗在图像上滑动选取候选区域，其次根据具体的感兴趣目标，提取 SIFT，HOG 等图像特征，最后使用 SVM 等分类算法进行分类。

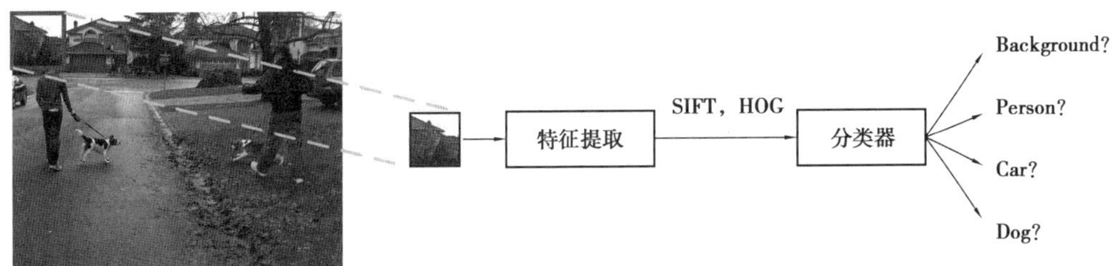

图 11.17 传统目标检测算法示意图

这种传统方式的弊端在于，首先滑动窗的大小和长宽比无法灵活应对目标在图像上尺寸分布的多样性；其次对分辨率较高的图像，滑动窗密集且缺乏针对性的滑动将带来巨大计算量；另外，手工提取图像特征需要较强的先验知识，且特征丰富度不足，特征选择不灵活；最后检测流程不是端到端，3 个环节难以同步优化，如图 11.8 所示。

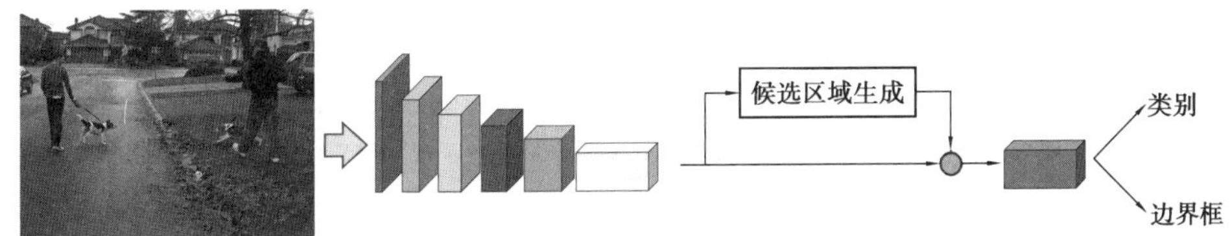

图 11.18 基于深度学习的目标检测示意图

基于深度学习的目标检测是当前的主流方法，根据是否存在显式的候选区域生成过程，可划分为两阶段目标检测方法和一阶段目标检测方法。两阶段目标检测方法以 R-CNN 系列为典型代表，一阶段目标检测方法以 YOLO 系列为典型代表。

表 11.2 两阶段和一阶段目标检测的典型代表

两阶段目标检测	R-CNN，Fast R-CNN，Faster R-CNN，Cascade R-CNN，…
一阶段目标检测	YOLO，SSD，YOLO v2，YOLO v3，YOLO v4，YOLO v5，CenterNet，…

由于目前基于深度学习的目标检测算法种类繁多，各自具有鲜明的特色，因此，难以一般性地归纳这些目标检测方法。下面仅从现在主要的算法中概括出基于深度学习的目标检测方法的几个关键步骤：

1）候选区域生成

将抛弃低效的滑动窗区域候选方式改为使用选择性搜索（Selective Search，SS）、区域生成网络（Region Proposal Network，RPN）等方式获取候选区域，或不再进行显式的区域候选。

选择性搜索是早期的 R-CNN 系列采用的候选区域生成方式，通过图像的颜色、纹理、边缘等底层特征进行自底向上的分割与合并，逐渐生成一个个候选区域。由于选择性搜索基于底层特征，效率并不高，Faster R-CNN 已经弃用该方法。

RPN 的做法是，将特征提取层输出的特征图输入专门用于生成候选区域的分支网络，对特征图进行卷积降低通道数量，然后在每个像素点生成 9 种不同尺寸和长宽比的锚框（Anchor）作为候选区域，如图 11.19 所示。RPN 自 Faster R-CNN 开始在两阶段目标检测技术中被广泛应用。

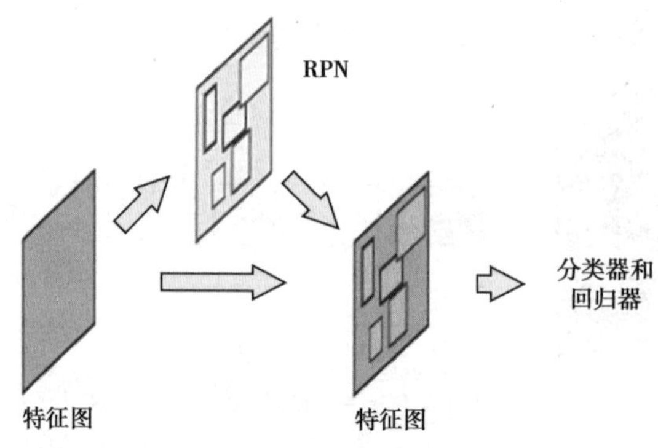

图 11.19　RPN 示意图

而对一阶段的目标检测，则不再进行显式的候选区域生成，而是与边界框的回归和目标分类放在同一个阶段进行。新提出的有些目标检测算法已经不再生成候选区域，而是直接对边界框的坐标和长宽进行回归，如 CenterNet。

2）图像特征提取

手工提取特征的方式已基本不再采用，而是使用深度卷积神经网络实现自动特征提取，降低对先验知识的需求。通常直接选用图像分类中成熟可靠的特征提取网络，如 VGG，ResNet 或 DarkNet 等。

3）边界框回归和图像分类

边界框回归的目的是精调预测边界框，使得预测边界框尽量接近标记边界框，如图 11.20 所示。最简单的一种做法是以预测框和标记框的交并比（Intersection over Union，IoU）作为优化目标，使预测框与标记框尽量重合。但是当预测框与标记框完全没有重合时，无论二者相隔远近，IoU 始终为 0，缺乏优化的梯度，因此，又有改进过的 GIoU，DIoU，CIoU 等边界框回归优化指标被相继提出。

图 11.20　边界框回归示意图

图像分类沿袭上一节介绍过的图像分类算法，这里不再赘述。

4)非极大值抑制

对使用了锚框的算法,由于生成的锚框数量通常远多于图像中的目标数量,不可避免地存在着多个锚框定位到了同一个目标的情况,此时需要进行非极大值抑制(Non-Maximum Suppression,NMS),以消除冗余的预测框,如图 11.21 所示。

图 11.21 非极大值抑制示意图

基于深度学习的目标检测,通过改进候选区域生成方式和边界框回归增强了目标定位的灵活性和计算效率,通过 CNN 实现了自动特征提取,而且除了早期的 R-CNN,也都是端到端的网络模型,有利于各环节的同步优化。总体而言,基于深度学习的目标检测全方位地改进了传统目标检测技术的不足。

11.3.3 典型的目标检测算法

当前的目标检测算法,既可以按照是否有显式的候选区域生成划分为两阶段目标检测和一阶段目标检测两大类,也可以按照是否使用了锚框进行目标定位划分为 Anchor-based 和 Anchor-free 两大类。兼顾上述的所有划分类别,以下简要介绍几种比较有代表性的目标检测算法。

1)R-CNN 系列算法

R-CNN 系列算法包括了 R-CNN,Fast R-CNN,Faster R-CNN 和 Cascade R-CNN 等,均为两阶段目标检测算法,以检测精度为首要目标。

(1)R-CNN

R-CNN 由 Ross Girshick 于 2014 年提出,是首个基于 CNN 的目标检测算法。R-CNN 首先在图像上使用选择性搜索生成大约 2 000 个候选区域,这个数量远少于滑动窗的实际候选区域数量;由于候选区域大小不一,因此候选区域的图像尺寸被统一调整为 227×227,然后输入去除了分类环节的 AlexNet 网络进行特征提取;AlexNet 输出的特征向量再输入 SVM 进行分类;最后对预测框进行非极大值抑制去除冗余框,以及边界框回归精调预测位置,如图 11.22 所示。

R-CNN 的不足主要体现在以下 5 个方面:

①算法采用选择性搜索作为候选区域生成方法,效率较低;

②候选区域图像经过非等比例缩放,导致图像信息改变;

③需要对每个候选区域分别进行 CNN 特征提取,导致时间和空间复杂度非常高;

④对每个类都要训练一个 SVM,同样导致时间和空间复杂度高;

⑤因为算法中的 CNN,SVM 和边界框回归器是分开训练的,并不是端到端的算法,所以不但需要保存大量中间结果,调优也较为困难。但即便如此,也不妨碍 R-CNN 成为目标检测

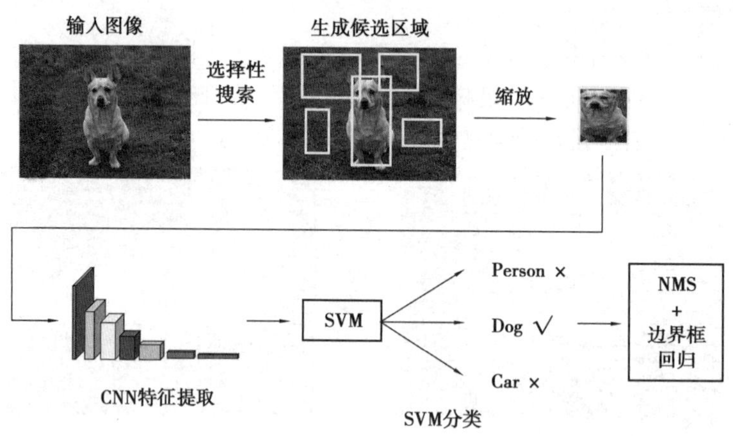

图 11.22　R-CNN 结构示意图

技术中具有开创性意义的研究成果。

(2) Fast R-CNN

Ross Girshick 针对 R-CNN 的不足进行了多方面的改进，又提出了 Fast R-CNN(图 11.23)。主要改进有：

①Fast R-CNN 不再对每个候选区域进行特征提取，而是直接用 ZF 或 VGG 提取整个图像的特征，然后将选择性搜索得到的候选框投影到特征图上，大幅提升算法时间和空间效率。

②参考何恺明提出的 SPPNet 思路，设计了一个 RoI 池化层，使用空间金字塔池化将任意尺寸的特征图生成固定长度的特征向量，避免图像缩放操作。

③弃用 SVM 和边界框回归器，直接由网络尾端的两个全连接层分支进行分类和边界框回归。

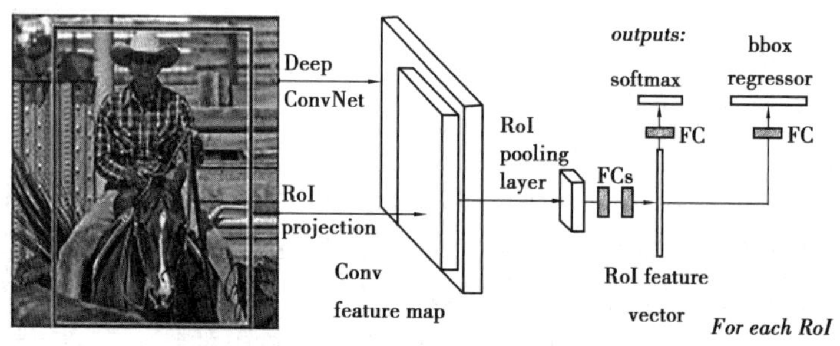

图 11.23　Fast R-CNN 结构示意图

Fast R-CNN 的损失函数通过融合分类和边界框回归两个分支的损失得到，对每一个标记框，其损失函数为

$$L(p,u,t^u,v)=L_{cls}(p,u)+\lambda[u\geqslant 1]L_{loc}(t^u,v) \tag{11.7}$$

式(11.7)中，$p=(p_0,\cdots,p_K)$，是预测框对总共 $K+1$ 个类别的预测分数，u 是该 RoI 的真实类别，使用交叉熵损失，则式(11.7)中的分类损失分量就是

$$L_{cls}(p,u)=-\log p_u \tag{11.8}$$

而边界框回归损失中，λ 是权重因子，$[u\geqslant 1]$是指示函数，表示只有预测为非背景类的预测框才会计入损失(因为背景类被设定为 $u=0$)。$t^u=(t_x^u,t_y^u,t_w^u,t_h^u)$是预测框预测的坐标和宽

高值,其与标记框 v 的回归损失使用的是改良过的 L_1 损失,即 smooth-L_1 损失

$$L_{\text{loc}}(t^u,v)=\sum_{i\in\{x,y,w,h\}}\text{smooth}_{L_1}(t_i^u-v_i) \tag{11.9}$$

这里

$$\text{smooth}_{L_1}(x)=\begin{cases}0.5x^2 & \text{如果}|x|<1\\ |x|-0.5 & \text{其他}\end{cases}$$

(3)Faster R-CNN

Fast R-CNN 仍然没有解决生成候选区域环节的低效问题,因此,何恺明、任少卿与 Ross Girshick 合作提出了 Faster R-CNN,使用区域生成网络代替了选择性搜索,补上最后一块短板,实现了真正意义上的端到端检测。

Faster R-CNN 的检测流程是,先将图像送入 ZF 或者 VGG 得到下采样过的特征图,该特征图送入 RPN 网络分支生成候选框,再投影到 VGG 输出的特征图上得到感兴趣区域(Region of Interest,RoI)。将 RoI 输入 RoI 池化层得到固定大小的特征向量,然后与 Fast R-CNN 一样,通过两个分支实现分类和边界框回归。本质上,Faster R-CNN = Fast R-CNN + RPN。

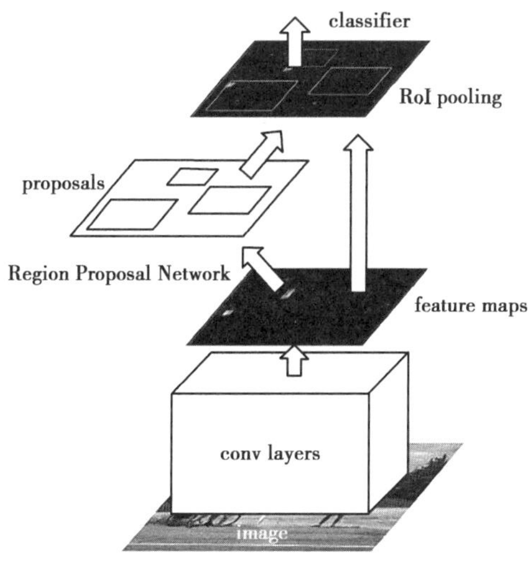

图 11.24　Faster R-CNN 结构示意图

RPN 网络是 Faster R-CNN 最关键的部分。RPN 网络首先对输入的特征图($256\times H\times W$)进行 3×3 卷积($256\times H\times W$),然后再对特征图分别进行两次 1×1 卷积,得到一个 $2k\times H\times W$ 的特征图和一个 $4k\times H\times W$ 的特征图,如图 11.25 所示。这里,k 的含义是,对特征图上空间平面的 $H\times W$ 个点位,每个点位要生成 k 种不同大小和长宽比的锚框(作者的论文中 $k=9$),$2k\times H\times W$ 的特征图含义就是每个点位的这 k 个锚框分别是前景和背景的评分,$4k\times H\times W$ 的特征图含义就是每个点位的这 k 个锚框对目标位置的预测值(即 x,y,w,h)。RPN 在训练中通过学习不断优化每个点位的锚框前背景得分和坐标值,就能输出比较令人满意的候选框。

Faster R-CNN 由于检测精度高,检测效率也较高,一直是应用得非常广泛的目标检测网络。

2)YOLO 系列算法

YOLO 系列算法包括 YOLO,YOLO v2,YOLO v3,YOLO v4 和 YOLO v5 等,是一阶段目标检测算法的代表,以检测速度为首要目标。

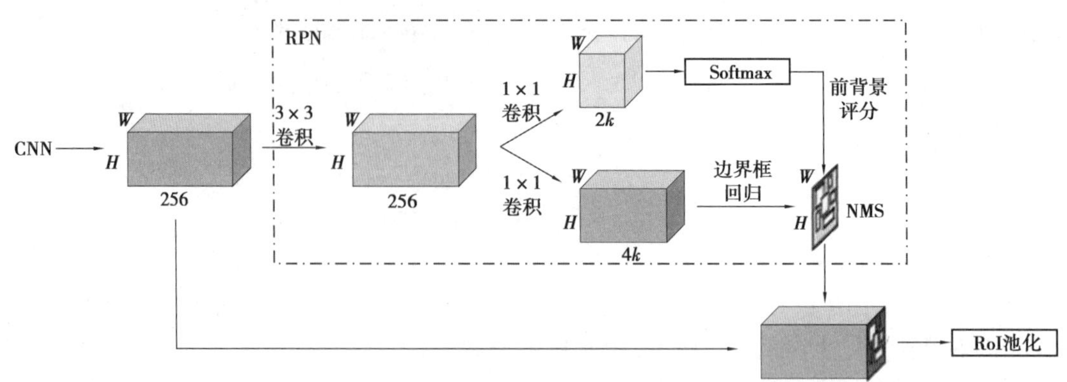

图 11.25　RPN 网络结构示意图

(1) YOLO

2016 年，华盛顿大学的 Joseph Redmon 在 CVPR 上发表论文 You Only Look Once: Unified, Real-Time Object Detection，提出了 YOLO(You Only Look Once)算法。YOLO 将目标检测任务视为一个回归任务，直接从图像中预测出目标对象的位置和类别，由于这一过程没有单独的候选区域生成阶段，因此大幅提升了检测速度。

YOLO 的大致流程是，先将图片调整至固定大小，送入 CNN 进行特征提取，然后在全连接层进行分类和边界框回归，最后使用 NMS 剔除冗余框。如图 11.26 所示，YOLO 的网络结构非常简单直接，总体可分为用于特征提取的卷积和池化层，以及用于回归的全连接层两个部分。

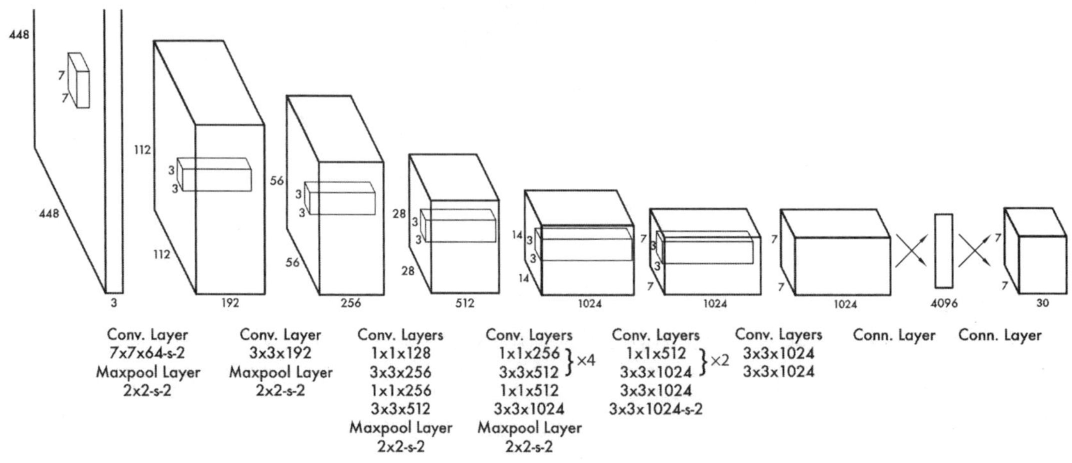

图 11.26　YOLO 网络结构示意图

YOLO 实现目标检测的原理是，将原图划分为 $S\times S$ 个网格，每个网格负责预测中心点落入该网格内的目标，包括 B 个边界框和 C 个类别分数，每个边界框包括(x,y,w,h, confidence)共 5 个参数，因此网络输出一个尺寸为 $S\times S\times(5\times B+C)$ 的张量。在实现中，YOLO 将原图分为 7×7 个网格，每个网格预测 2 个大小不同的边界框和 VOC 数据集中的 20 个类别的分数，因此，网络最后输出的张量尺寸为 $7\times7\times(5\times2+20)=7\times7\times30$。

YOLO 的损失函数采用误差平方和损失(MSE loss)，由于要直接回归预测目标位置和类别，所以损失函数比较复杂，如下式所示

$$\lambda_{\text{coord}} \sum_{i=0}^{S^2} \sum_{j=0}^{B} 1_{ij}^{\text{obj}} [(x_i - \hat{x}_i)^2 + (y_i - \hat{y}_i)^2] +$$
$$\lambda_{\text{coord}} \sum_{i=0}^{S^2} \sum_{j=0}^{B} 1_{ij}^{\text{obj}} \left[\left(\sqrt{w_i} - \sqrt{\hat{w}_i}\right)^2 + \left(\sqrt{h_i} - \sqrt{\hat{h}_i}\right)^2\right] +$$
$$\sum_{i=0}^{S^2} \sum_{j=0}^{B} 1_{ij}^{\text{obj}} (C_i - \hat{C}_i)^2 +$$
$$\lambda_{\text{noobj}} \sum_{i=0}^{S^2} \sum_{j=0}^{B} 1_{ij}^{\text{noobj}} (C_i - \hat{C}_i)^2 +$$
$$\sum_{i=0}^{S^2} 1_{i}^{\text{obj}} \sum_{c \in \text{clases}} (p_i(c) - \hat{p}_i(c))^2 \tag{11.10}$$

其中,1_{ij}^{obj} 是第 i 个网格的第 j 个预测框的指示函数,当有目标中心点落入本网格时取 1,否则取 0,1_{ij}^{noobj} 含义与 1_{ij}^{obj} 相反,1_{i}^{obj} 是第 i 个网格的指示函数。损失函数的第一、二行用于预测边界框的坐标和长宽,由于考虑小目标对长宽的损失更敏感,故对 w 和 h 进行开平方根的处理;第三、四行用于预测边界框的置信度 confidence,实际上可以视作边界框与标记框的 IoU,YOLO 会根据置信度的大小,取置信度大的预测框作为本网格的最终预测框;最后一行用于预测中心点落入网格内的目标类别。

YOLO 的检测速度为 45 FPS,最高可达 150 FPS,表现出极高的检测速度,可以用于对检测实时性要求高的场合。但是由于网格的设计,一个网格只能检测一个类的一个目标,YOLO 对密集小目标的检测效果较差。且实践中发现,YOLO 训练时收敛速度缓慢,定位精度也不甚令人满意。从各方面来看,YOLO 相比同时期的算法(如 SSD)都没有什么明显优势。

(2) YOLO v2

Joseph Redmon 针对 YOLO 在定位和密集小目标检测中的不足,经过改进,提出了 YOLO v2。YOLO v2 的部分改进措施如下:

①在每个卷积层引入了批次归一化(Batch Normalization,BN),大大提升了网络训练的收敛速度。

②没有沿袭 YOLO 直接回归目标边界框位置的做法,参考 Faster R-CNN,引入了锚框机制,但是也对 Faster R-CNN 中手工设定锚框尺寸进行改进,使用 K-means 聚类得到 5 种适应性更好的锚框。锚框的引入,有效地提升了定位精度。

③引入了锚框机制后,针对训练时模型不稳定的问题,改进了锚框的回归机制,在预测边界框中心相对于网格左上角坐标的相对偏移量时,使用了一个 sigmoid 函数将预测偏移量归一化,从而将预测边界框的中心点约束在当前网格。

④网络结构方面,YOLO 使用的是基于 GoogLeNet 的特征提取层,YOLO v2 则使用了更先进的 DarkNet-19,而且去除了网络中的全连接层,使得网络能够适应不同尺寸大小的图片。

⑤为了提升对小目标的检测效果,使用了一个路由层,融合高分辨率的低层特征和低分辨率的高层特征。

经过大量改进后的 YOLO v2,在继续保持检测速度优势的基础上,检测精度提升了大约 15 个百分点,超过了 Faster R-CNN 和 SSD,成为当时最好的目标检测算法。

(3) YOLO v3

YOLO v3 是对 YOLO v2 的进一步升级,由于其工程性好、检测效率和检测精度相平衡,在相当长的一段时间内都是工业界的主流检测网络。

在网络结构方面，YOLO v3 使用了更深的 DarkNet-53 作为主干网络，大幅提升了网络复杂度，见表 11.3，DarkNet-53 拥有 53 个卷积层，使用步长为 2 的卷积层替代池化层，且引入了残差连接。

表 11.3 DarkNet-53 网络结构

残差块数量	类型	卷积核尺寸	输出
	卷积层 卷积层	32×3×3 64×3×3/2	256×256 128×128
1×	卷积层 卷积层 残差连接	32×1×1 64×3×3	 128×128
	卷积层	128×3×3/2	64×64
2×	卷积层 卷积层 残差连接	64×1×1 128×3×3	 64×64
	卷积层	256×3×3/2	32×32
8×	卷积层 卷积层 残差连接	128×1×1 256×3×3	 32×32
	卷积层	512×3×3/2	16×16
8×	卷积层 卷积层 残差连接	256×1×1 512×3×3	 16×16
	卷积层	1 024×3×3/2	8×8
4×	卷积层 卷积层 残差连接	512×1×1 1 024×3×3	 8×8
	平均池化 全连接 Softmax	全局 1 000	

YOLO v3 进一步优化了多尺度特征的融合，借鉴了特征金字塔的思想进行低中高层特征拼接，使用 3 个分支分别预测不同尺度大小的目标。如图 11.27 所示是 YOLO v3 的网络结构。

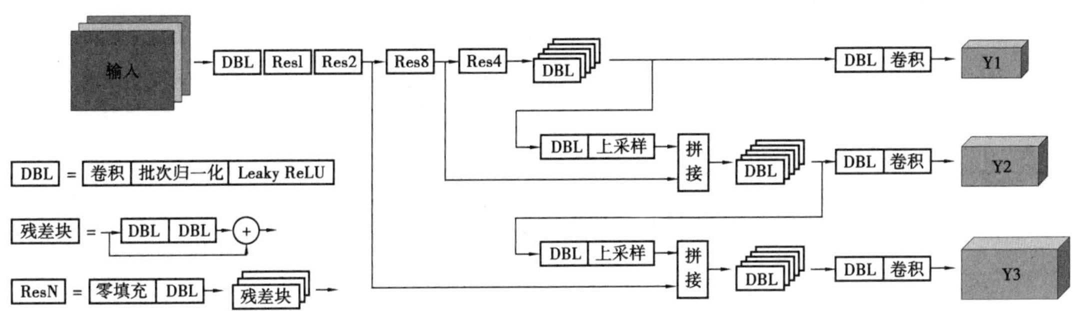

图 11.27 YOLO v3 网络结构示意图

YOLO v3 的第一个分支使用 DarkNet-53 输出的高层特征预测大目标,第二个分支使用 DarkNet-53 的高层与中层特征的拼接预测中等目标,第三个分支使用高、中、低层特征的拼接预测小目标。经过这项改进后的 YOLO v3 对多尺度目标的检测效果有了明显提升。

在检测方法上,YOLO v3 继续使用锚框机制,每个网格预测 3 种不同尺度的锚框,由于有 3 个分支,因此实际上有 9 种不同尺度的锚框。

损失函数方面,如式(11.11)所示,YOLO v3 对目标位置的预测沿用误差平方和,但对置信度和类别的预测,不再使用误差平方和,而是改为更合理的交叉熵损失。

$$\begin{aligned}&\lambda_{\text{coord}}\sum_{i=0}^{S^2}\sum_{j=0}^{B}1_{ij}^{\text{obj}}[(x_i-\hat{x}_i)^2+(y_i-\hat{y}_i)^2]+\\&\lambda_{\text{coord}}\sum_{i=0}^{S^2}\sum_{j=0}^{B}1_{ij}^{\text{obj}}\left[\left(\sqrt{w_i}-\sqrt{\hat{w}_i}\right)^2+\left(\sqrt{h_i}-\sqrt{\hat{h}_i}\right)^2\right]+\\&\sum_{i=0}^{S^2}\sum_{j=0}^{B}1_{ij}^{\text{obj}}[\hat{C}_i\log(C_i)+(1-\hat{C}_i)\log(1-C_i)]+\\&\lambda_{\text{noobj}}\sum_{i=0}^{S^2}\sum_{j=0}^{B}1_{ij}^{\text{noobj}}[\hat{C}_i\log(C_i)+(1-\hat{C}_i)\log(1-C_i)]+\\&\sum_{i=0}^{S^2}1_{i}^{\text{obj}}\sum_{c\in\text{clases}}[\hat{p}_i(c)\log(p_i(c))+(1-\hat{p}_i(c))\log(1-p_i(c))]\end{aligned}\tag{11.11}$$

3) CenterNet

R-CNN 系列算法都采用了锚框机制,YOLO 系列中,虽然 v1 没有锚框,但是从 v2 开始还是回归了锚框机制。这些算法采用锚框机制的原因是避免目标位置的回归中缺乏优化方向,增加训练的稳定性。然而,锚框的引入也带来了一些负面影响,主要有:

①锚框带来了难以优化的超参数,例如,锚框尺度和数量设计引入了非常强的先验,难以在训练中优化。

②锚框数量往往远大于图片中的目标数量,大量锚框中并没有目标,导致正负样本不平衡。

③锚框机制引入了大量额外计算,例如边界框回归中的 IoU 计算,用于消除冗余框的 NMS 计算等,这些额外计算不但拖慢计算速度,也会增大存储空间消耗。

因此,部分研究者开始探讨无锚框的 Anchor-free 目标检测算法,CenterNet 是其中的典型代表。CenterNet 的思路非常直接,直接使用关键点估计找到目标中心点,并回归目标的尺寸,实现目标的检测。

CenterNet 的网络结构如图 11.28 所示,网络使用一个下采样率为 4 的 CNN 主干网络得到图像的特征图，然后进入3个分支，分别预测目标的中心点、偏差量和边界框的长宽。其中，主干网络有3种选择，分别是ResNet-18，DLA-34和Hourglass-104。CenterNet分别选用这3种主干网络时，检测精度逐步提升，检测速度逐步下降。由于下采样率比Faster R-CNN和YOLO v3小得多，所以CenterNet无须多尺度的特征融合就具有较好的小目标检测效果。

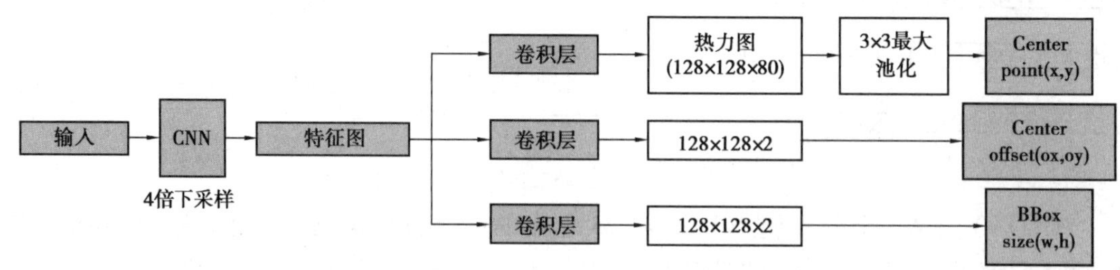

图11.28 CenterNet网络结构示意图

CenterNet的第一个分支用于预测目标中心点。按照传统的目标标记方法，对某个类的目标，中心点记为1，否则记为0。这样的标签如果用于中心点的回归，无论预测点距离真实中心点的远近，其损失没有任何区别，这就导致了预测中心点时没有可用于优化的梯度。CenterNet的解决思路是，在特征图上通过一个高斯核为每个类生成一个类目标的中心点热力图，即

$$Y_{xyc} = \exp\left(-\frac{(x-\tilde{p}_x)^2+(y-\tilde{p}_y)^2}{2\sigma_p^2}\right) \tag{11.12}$$

其中，$\tilde{p}$ 为标记目标的中心点在特征图上的投影，$\tilde{p}=\left[\frac{p}{R}\right]$，$R$ 是下采样率，σ_p^2 是与目标大小相关的方差。这样，目标的真实中心点热力值为1，越远离中心点的位置热力值越接近0。随着预测点从远处靠近真实中心点，热力值从0～1的某个值逐步增至1。使用这样的热力图作为标签进行训练，就相当于为中心点的预测提供了一个优化方向，从而解决了无锚框时目标定位无法稳定训练的问题。

中心点预测的损失函数是

$$L_k = -\frac{1}{N}\sum_{xyc}\begin{cases}(1-\hat{Y}_{xyc})^{\alpha}\log(\hat{Y}_{xyc}) & \text{如果 } Y_{xyc}=1\\(1-Y_{xyc})^{\beta}(\hat{Y}_{xyc})^{\alpha}\log(1-\hat{Y}_{xyc}) & \text{其他}\end{cases} \tag{11.13}$$

其中，α 和 β 为超参数，N 是图像内中心点的数量。对 $Y_{xyc}=1$ 即真实中心点位置，预测热力值越接近1，则该点损失越小；对 $Y_{xyc}\neq 1$ 即非中心点位置，预测热力值越接近0，则该点损失越小；$(1-Y_{xyc})$ 是补偿项，在真实中心点附近时，补偿预测点的损失。训练完成后，所有热力值比附近8个点都大的点，就作为预测得到的中心点。

CenterNet第二个分支用于补偿下采样时取整导致的精度损失，该分支的损失函数记为L_{off}，由于篇幅所限此处不再详细介绍。

CenterNet的第三个分支用于预测目标的长宽，该分支的损失函数为

$$L_{\text{size}} = \frac{1}{N}\sum_{k=1}^{N}\left|\hat{S}p_k - s_k\right| \tag{11.14}$$

其中，$\hat{S}p_k=(w_{p_k},h_{p_k})$，$s_k=(w_k,h_k)$。

CenterNet 的总损失函数为 3 个分支的损失加权，即

$$L_{\text{det}} = L_k + \lambda_{\text{size}} L_{\text{size}} + \lambda_{\text{off}} L_{\text{off}} \tag{11.15}$$

某种意义上，CenterNet 的思路是一种返璞归真，其简洁明了的目标检测手段无须候选区域生成，无须计算 IoU，无须非极大值抑制，因而具有非常高的检测速度和非常低的存储空间占用，非常适合应用在计算资源有限的平台上。

11.4　语义分割

11.4.1　语义分割的概念

语义分割是计算机视觉领域的重要研究分支，同时也是一大研究难点。语义分割的任务是将一幅图像中的像素点，按照其语义的不同划分为不同的类别，并使用掩码来表示图像像素点的类别划分，从而直观地展示出图像的各个感兴趣区域，如图 11.29 所示。

图 11.29　语义分割示意图

语义分割的本质是像素级分类，虽然在概念上与图像分类和目标检测有相似之处，但却是不同的计算机视觉任务。图像分类一般指图像整体语义的区分，目标检测是定位+分类任务的结合，侧重于描述实例在图像中的位置。语义分割则要求精细地分割出图像中不同语义的像素的分布区域，侧重于描述语义的分布。如果在对图像语义进行分割时，还要求区分相同语义的不同实例，那么这就是一种特殊的语义分割，叫作实例分割，如图 11.30 所示。

语义分割在多个领域都有着重要应用，在自动驾驶领域，语义分割帮助车辆自动区分路面、车辆、行人和人行道等不同语义的分布，辅助车辆的安全行驶；在医学影像领域，语义分割帮助划分肿瘤组织的病灶区域，为手术切除提供支持；在工业生产领域，语义分割帮助划分表面缺陷的分布区域，为缺陷修复提供重要参考，降低质检人力需求。

11.4.2　语义分割的方法

图像的语义分割是比较具有挑战性的计算机视觉任务，主要是语义分割面临的诸多难

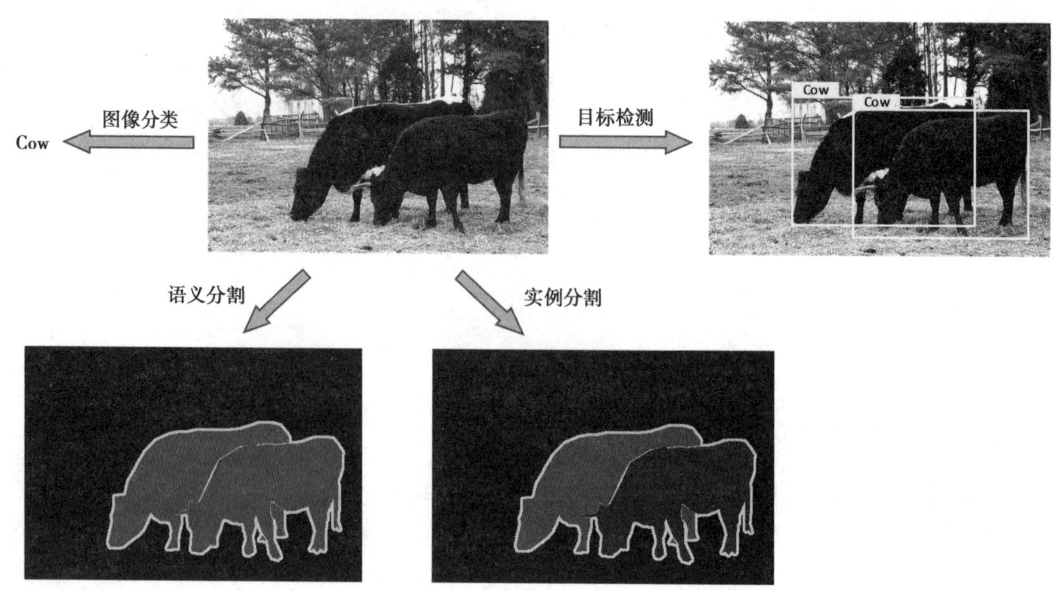

图 11.30 语义分割与图像分类、目标检测的概念区分

点。首先,现实世界中受光照、拍摄视角等因素的影响,相同语义对象表现出复杂多样的特征,导致语义的辨识存在困难;其次,图像中不同语义的对象也经常表现出相似的特征,例如,医学影像中病灶区域可能与旁边的正常组织具有某些相似的特征,导致语义区分困难;最后,实际的图像中可能存在高度复杂、碎片化的语义对象,这些语义与背景犬牙交错,难以实现有效的语义分割。

传统语义分割技术高度依赖人的先验知识进行手工特征提取,导致语义分割难度较高且泛化性和鲁棒性不足。随着深度学习在计算机视觉中的广泛应用,基于深度学习的语义分割也迎来了快速发展。目前,基于深度学习的语义分割方法大体可以划分为基于编码器-解码器的分割方法、基于信息融合的分割方法和基于循环神经网络的分割方法。

(1)基于编码器-解码器的分割方法

基于编码器-解码器的分割方法通常借助通用的分类网络实现图像的特征提取,然后经过上采样恢复图像原分辨率,最后使用 Softmax 函数进行语义分类得到分割结果,如图 11.31 所示。

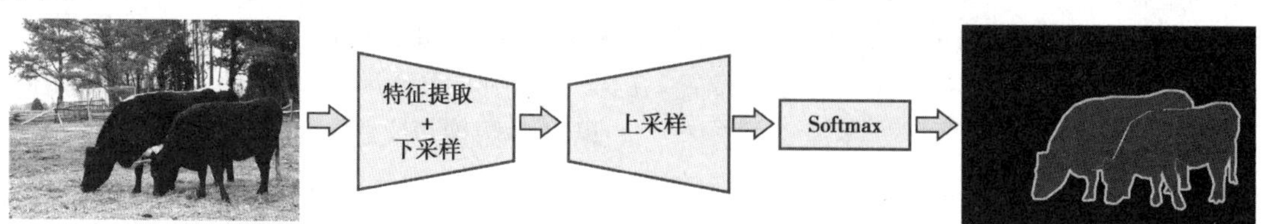

图 11.31 基于编码器-解码器的语义分割示意图

该过程中,特征提取环节通过 CNN 实现从直观的低层特征到抽象的高层特征、从高空间分辨率的源图像到低分辨率的特征图的映射,相当于通信技术中的编码环节。由于语义分割需要进行像素级的分类,因此又需要通过双线性插值、反卷积等上采样操作将特征图恢复到原图的分辨率,这相当于通信技术中的解码环节。最典型的编码器-解码器语义分割算法有全卷积网络(Fully Convolutional Netwo,FCN)和 SegNet。

(2)基于信息融合的分割方法

由于 CNN 主要学习图像局部特征,且具有空间平移不变性,因此,单纯依赖 CNN 会不利于利用图像的全局上下文信息,导致分割结果粗糙。为了提升语义分割效果,充分利用图像空间上下文信息,需要从不同的层次对图像信息进行融合。

条件随机场(Conditional Random Field,CRF)是像素级信息融合的代表。像素级信息融合的出发点是考虑图像的语义分布通常具有区域性分布特点,相邻的像素点通常具有较强的关联性。CRF 是一种判别式概率模型,广泛用于自然语言处理中的序列分析,在语义分割中作为一种底层信息融合方法,能够有效学习到像素点之间的关联性关系。CRF 通常作为网络的后处理模块,在 DeepLab 系列算法中得到了应用。

特征图融合可以通过融合网络浅层的全局特征图和深层局部特征图实现图像信息融合,许多早期的 FCN 网络中使用的跳跃连接结构就是特征图融合思想的实现。多尺度预测是整合上下文信息的另一种方式,通过选用多个不同尺度的网络,并综合各自的预测结果取得良好的语义分割效果。

(3)基于循环神经网络的分割方法

CNN 是受人眼局部感知的启发而建立的模型,虽然人类除了人眼的局部感知,还具有记忆力。CNN 并不具备记忆能力,无法利用之前已经处理过的特征。为此,可以将具有记忆能力的 RNN 用于语义分割,利用先前时刻的信息指导下一时刻的输出,有利于借助像素的序列信息和特征语义的依赖关系提升对全局上下文信息的利用。

11.4.3 典型的语义分割算法

基于深度学习的语义分割方法得益于深度神经网络强悍的特征表示能力,目前已经全面碾压了传统的图像分割方法。现在的主流语义分割网络具备端到端训练、自动特征提取等诸多优点,推动了语义分割技术的自动化水平。尤其是各种优化策略的提出,例如,编码器-解码器结构、金字塔池化、空洞卷积等,随之诞生了大量性能优异的语义分割网络。接下来,将从最早的 FCN 开始,依次介绍几个具有代表性的语义分割网络。

1)全卷积网络(Fully Convolutional Network,FCN)

2015 年,UC Berkeley 的研究者率先提出了基于 CNN 的图像语义分割算法——全卷积网络 FCN,是利用深度学习进行语义分割的开山之作。相比传统的语义分割方法,FCN 在语义的边缘细节上具有良好的表现,取得了可喜的突破。

FCN 的思路是,使用修改过的 VGG 进行图像特征提取和下采样,然后通过反卷积完成上采样,将特征图恢复至原图分辨率。在上采样过程中,通过跳跃连接逐步融合下采样过程中不同层级的特征图以优化分割效果。如图 11.32 所示为 FCN 的网络结构。

FCN 的训练过程包括 4 个阶段。以 Pascal VOC 数据集上的语义分割为例。

第一阶段,直接使用 VGG-16 进行分类训练,以便初始化特征提取层的网络参数,最后两层的全连接层的参数被丢弃。

第二阶段,将最后两层全连接层替换为卷积层,网络将输出 4 096×16×16 的特征图张量,经过 1×1 卷积压缩至 21 个通道(对应 Pascal VOC 的 20 个类和一个背景类),最后通过步长为 32 的反卷积直接获得最终的预测结果。这个网络称为 FCN-32s,如图 11.33 所示。

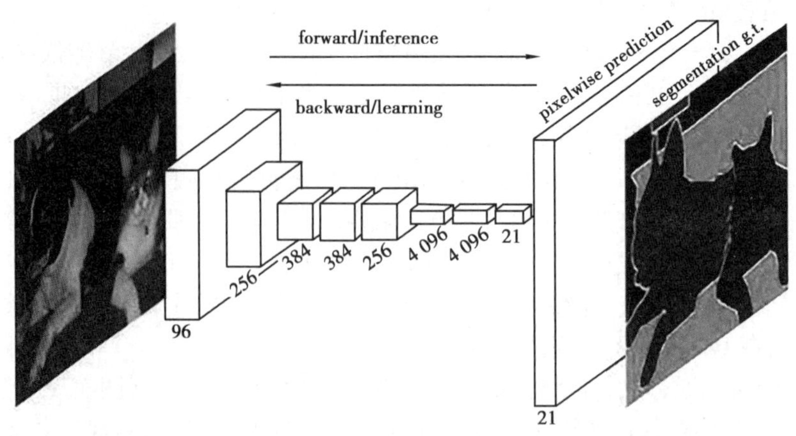

图 11.32　FCN 网络结构示意图

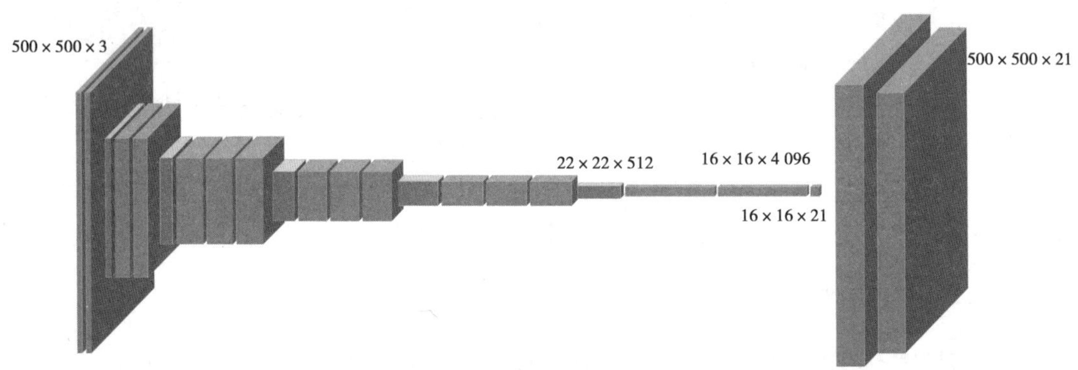

图 11.33　FCN-32s 网络结构示意图

第三阶段,将第 4 个池化层的预测结果与网络末端的预测结果相融合,生成 21×34×34 的特征图,最后通过步长为 16 的反卷积生成最终预测结果。这个网络称为 FCN-16s,如图 11.34 所示。

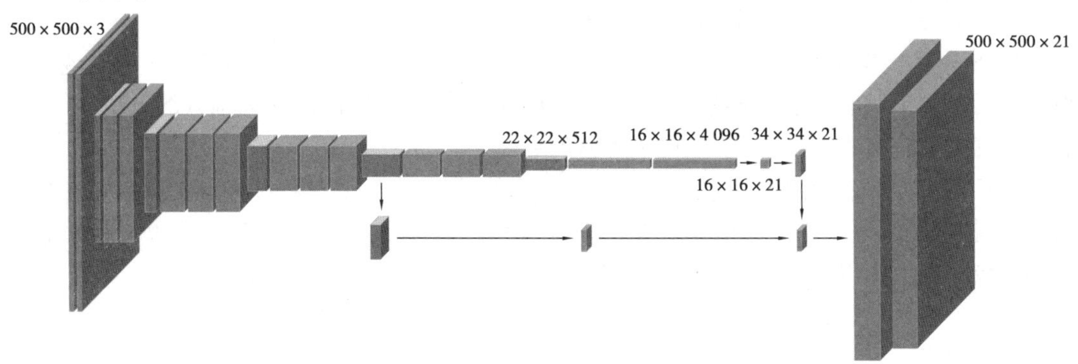

图 11.34　FCN-16s 网络结构示意图

第四阶段,将第 4 个池化层的预测结果与网络末端的预测结果相融合,然后该结果再与第 3 个池化层的预测结果相融合,生成 21×70×70 的特征图,最后通过步长为 8 的反卷积生成最终预测结果。这个网络称为 FCN-8s,如图 11.35 所示。

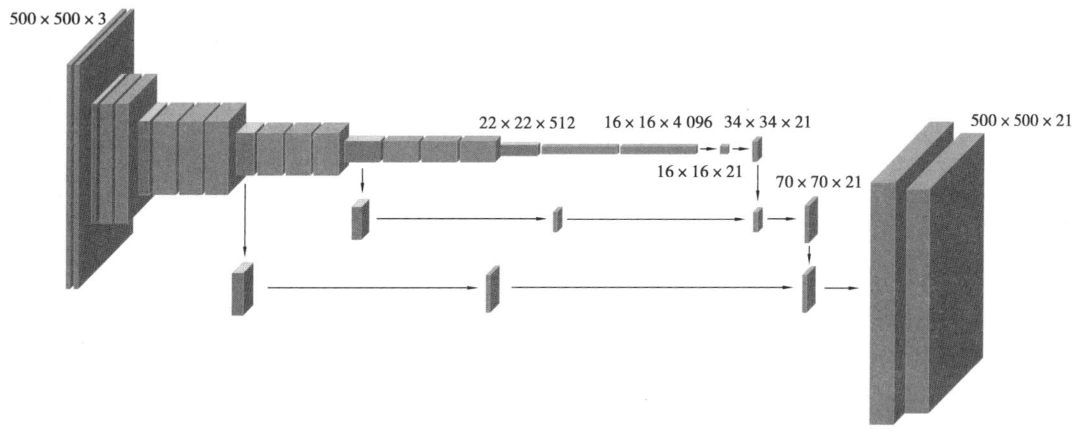

图 11.35 FCN-8s 网络结构示意图

FCN 作为基于深度学习的语义分割技术的开端,具备诸多传统方法不具备的优点,例如,全卷积的设计使得网络可以接收任意尺寸的图片,训练过程端到端,以及计算效率高等。但是由于 FCN 直接用一步反卷积恢复图像原分辨率,上采样层的网络复杂度不足,导致分割精细程度不够;另外,全卷积的设计也导致像素之间的关联性没有得到利用。

2) SegNet

由于低分辨率的高层特征不具备足够丰富的空间细节信息,FCN 中直接将低分辨率的特征图只用一步反卷积就恢复至原分辨率,客观上无法生成足够精细的分割效果。

为了解决这个问题,剑桥大学的研究者提出了 SegNet。SegNet 使用了一个完全对称的深度编码器-解码器网络结构,其镜像解码器上采样层具备更高的网络复杂度,能够充分发挥 CNN 的网络特征表达能力,网络的跳跃连接也能充分利用底层特征的丰富细节信息,使得网络的分割精细度有了巨大提升。

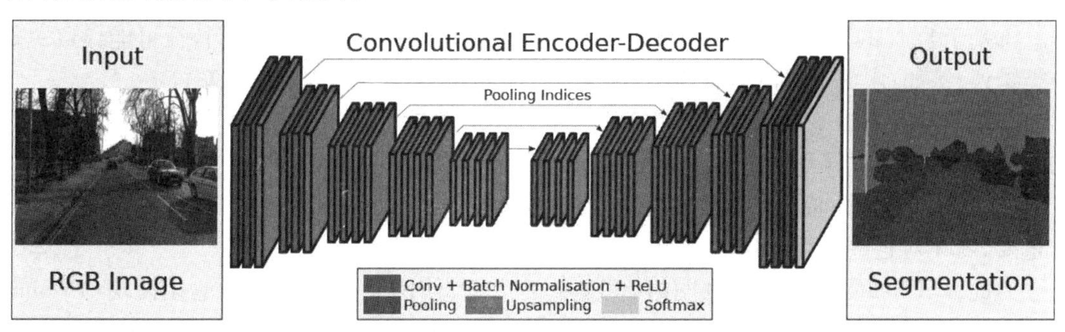

图 11.36 SegNet 网络结构示意图

SegNet 的网络结构如图 11.36 所示。编码器使用的是去除了全连接层的 VGG,编码阶段通过 5 次下采样得到尺寸为原图 1/32 的特征图。而解码器将编码器的最后一层输出又通过 5 次上采样恢复至原图尺寸,然后使用 Softmax 进行像素分类实现语义分割。为了解决空间细节信息丢失的问题,通过编码器和解码器对应层的跳跃连接实现高、中、低层特征的融合,使得 SegNet 能够输出更加精细的分割效果。

3) Dilated Convolution

为了保证整体的分类准确率,语义分割网络需要通过下采样的特征表示层获取全局的图像特征,但是下采样同样也导致图像局部的细节信息丢失,导致分割的边界粗糙、精细度下降。因此,整体的分类准确度和边界细节的精细度是一对矛盾体。SegNet 采用的对称编码器-解码器网络结构,通过融合编解码器对应层的特征以提升分割精细度。但是 SegNet 并没有从根源上解决下采样导致的细节信息丢失问题。

为此,普林斯顿大学的研究者提出了新的卷积运算方式——空洞卷积(Dilated Convolution)。空洞卷积通过使相隔一定距离的特征元素参与卷积运算,在没有增加参数量的前提下扩大了卷积的感受野。

Dilated Convolution 网络的特征表示层共 8 层,通过设置不同的膨胀率融合了多尺度的上下文信息,这样就可以在无须多次下采样的基础上获取大尺度的上下文信息,从而减少了空间细节信息的丢失。

表 11.4　Dilated Convolution 各层的卷积核、膨胀率和感受野

层	1	2	3	4	5	6	7	8
卷积核	3×3	3×3	3×3	3×3	3×3	3×3	3×3	1×1
膨胀率	1	1	2	4	8	16	1	1
感受野	3×3	5×5	9×9	17×17	33×33	65×65	67×67	67×67

4) PSPNet

在语义分割任务中,不受限制地开放词汇和丰富的场景会给任务带来巨大的挑战。为了应对这类复杂的任务,香港中文大学的研究者提出了金字塔场景解析网络(Pyramid Scene Parsing Network,PSPNet)。PSPNet 利用全局先验表示可以有效生成优异的场景图像分割效果,为语义分割任务提供了一个优秀的框架。

PSPNet 的提出者认为,基于 FCN 的语义分割方法存在以下不足:

①基于 FCN 的算法无法有效利用上下文信息,而单纯利用图像的局部特征可能导致一些分类错误,例如,水面上的游艇,FCN 可能基于特征的相似性将其判定为汽车。

②复杂场景下标签之间可能存在关联,由目标材质或光线原因导致类似疑惑,例如,平静的湖面倒映的天空,导致网络错误地将水面解析为天空。

③对微小类的识别能力不足,例如街景解析任务中,交通灯和指示牌通常很小,但是却非常重要,FCN 对这些小目标难以辨识。

为此,PSPNet 受到目标检测网络 SPPNet 的启发,使用了一个金字塔池化模块(Pyramid Pooling Module,PPM),借助于先验知识达到优化语义分割效果的目的。PSPNet 的网络结构如图 11.37 所示,图像首先由 CNN 进行特征表示获取高层语义特征,然后经过 PPM 融合不同尺度上的上下文信息。具体来说,PPM 有 4 个池化层次,CNN 输出的特征图经过池化分别得到空间维度为 1×1、2×2、3×3 和 6×6 的特征图,然后使用 1×1 卷积压缩通道维度至 $1/N$(这里 $N=4$)。接着将这些特征图全部使用双线性插值上采样,并与之前的 CNN 输出特征图一并在通道维度垒叠起来,最后由 CNN 处理,生成预测结果。

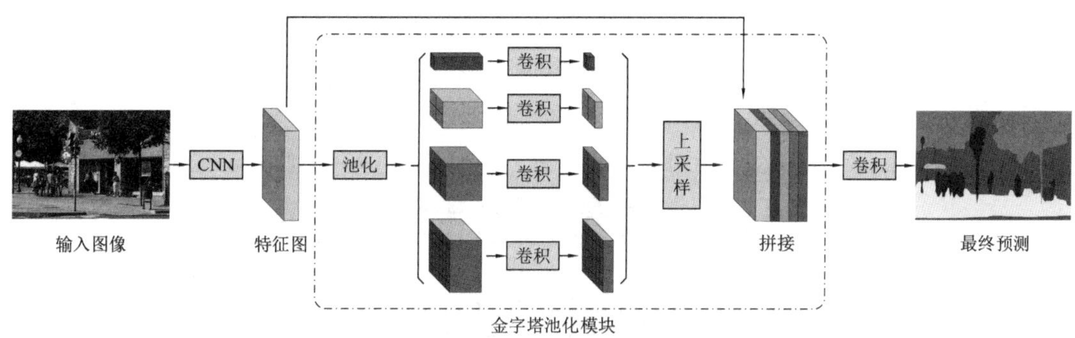

图 11.37 PSPNet 网络结构示意图

PSPNet 在 PPM 中利用全局池化特征获取了全局语义信息,解决了因下采样导致的上下文信息难以利用的问题,取得了强大的语义分割性能。如图 11.38 所示是 PSPNet 的语义分割效果。

图 11.38 PSPNet 的语义分割效果

5) DeepLab 系列算法

DeepLab 系列算法是谷歌的研究者对语义分割算法持续多年研究的成果,在语义分割领域具有举足轻重的地位。目前的 DeepLab 系列算法包括 DeepLab v1、v2、v3 和 v3+,每一代都对上一代进行了不同程度的改进。这里依次对 DeepLab 的各代算法进行简要介绍。

(1) DeepLab v1

DeepLab v1 同样是针对基于 CNN 的语义分割算法中存在的:下采样丢失细节信息,和卷积的平移不变性导致定位失准这两个关键问题而提出的。DeepLab v1 的创新点主要在于提出了使用 CRF 对语义分割结果进行后处理,改善了语义分割精细度。

传统方法中,短程 CRF 被用来平滑噪声分割图。这些模型包含耦合相邻节点的能量项,有利于为相邻像素点分配相同标签。短程 CRF 的作用是清除建立在手工特征基础上的弱分类器的虚假预测。但是对于基于 CNN 的语义分割,预测图通常是平滑且均匀的分类结果,这种情况下需要的是更细腻的局部结构而不是进一步平滑。因此,DeepLab 中使用的是全连接 CRF,以提升分割精度。由于 CRF 涉及专业的随机过程理论,超出本书范围,这里不再介绍。

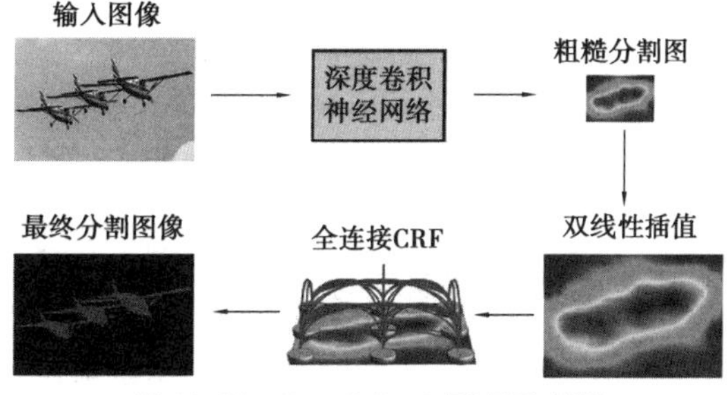

图 11.39 DeepLab v1 原理示意图

DeepLab v1 使用了全连接 CRF 的网络架构，如图 11.39 所示。网络同样是先通过 CNN 完成特征提取，其中使用了多个不同的膨胀率的空洞卷积。在特征图上进行粗糙的语义分割后，使用双线性插值上采样至原图分辨率，此时的分割结果精细度较低。这时再使用全连接 CRF 进行后处理，优化分割效果。如图 11.40 所示为全连接 CRF 的优化过程。

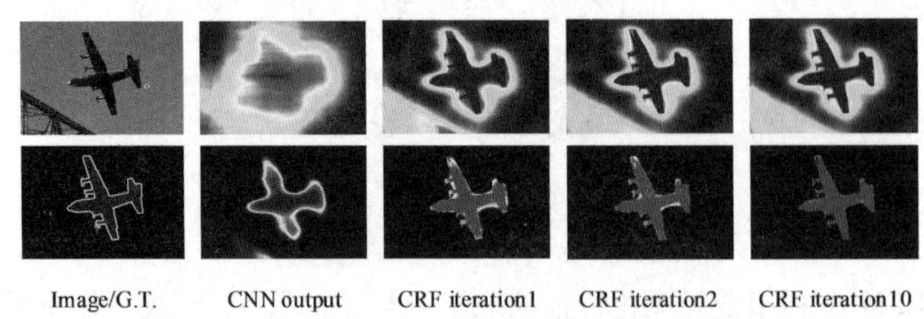

图 11.40　DeepLab 优化过程

(2) DeepLab v2

DeepLab v2 相对 DeepLab v1 的改进主要在于提出了一种空洞空间金字塔池化模块（Atrous Spacial Pyramid Pooling, ASPP），如图 11.41 所示，用于提升对多尺度目标分割的鲁棒性。研究者受 SPPNet 的启发，与 PSPNet 一样，使用多个具有不同空洞率的并行卷积层，对各空洞率卷积层提取的特征分别处理并进行融合，得到更优的结果。通过对单一尺度的特征进行重采样，可以增强模型识别不同尺度的同一类目标的能力。

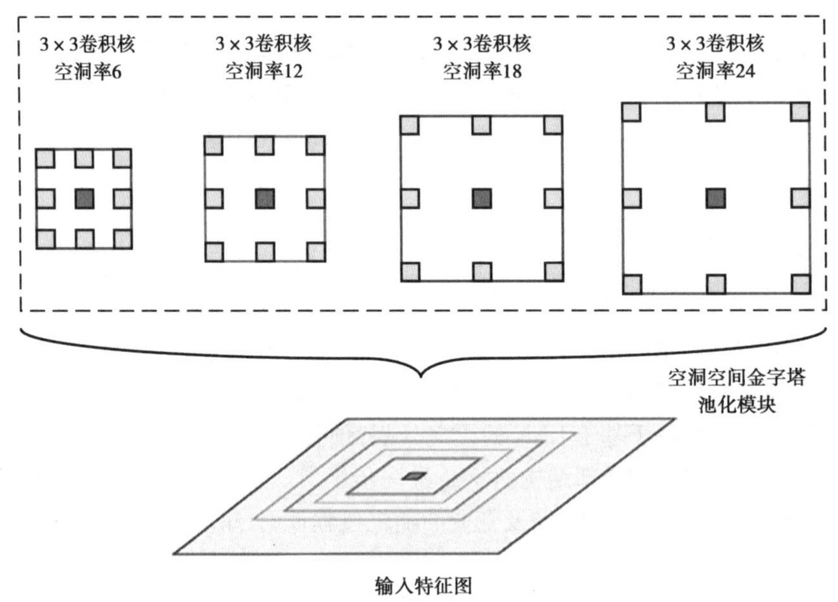

图 11.41　ASPP 模块示意图

(3) DeepLab v3

DeepLab v2 的 ASPP 结构虽然在一定程度上解决了分割边界精细度不足的问题，但研究者认为并行化的多尺度特征优化仍然没有完全挖掘出空洞卷积的所有潜力。所以在 ASPP 的基础上又设计了串行化的空洞卷积模块，利用多种不同膨胀率进一步挖掘多尺度特征，这就是 DeepLab v3。

DeepLab v3 中串行的空洞卷积被应用在特征表示层的最后几层,降低了网络的下采样率,并且通过控制膨胀率还能取得全局感受野的效果,如图 11.42 所示。

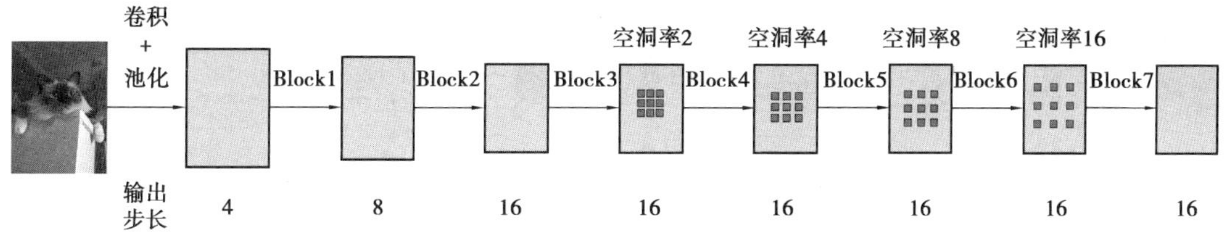

图 11.42 DeepLab v3 串行空洞卷积示意图

但研究者发现,随着采样率的提升,有效卷积核权重却在减少,甚至退化成简单的 1×1 卷积核,导致无法获取整个图像的信息。为此,又将并行的 ASPP 结构结合起来,以融合全局信息。图 11.43 所示为 DeepLab v3 网络结构示意图。

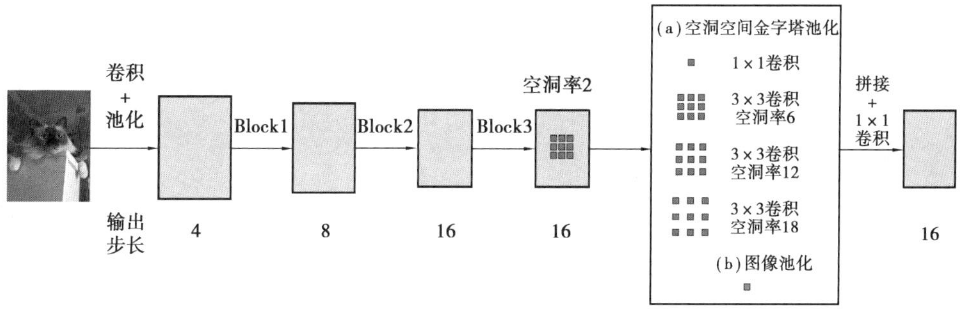

图 11.43 DeepLab v3 网络结构示意图

DeepLab v3 的解码部分继承自 DeepLab v2,这里不再赘述。

(4)DeepLab v3+

2018 年,研究者又在 DeepLab v3 的基础上,引入了深度可分离卷积,得到了分割速度更快的 DeepLab v3+,其网络结构如图 11.44 所示。首先使用带有空洞卷积和深度可分离卷积的特征提取层获取图像多层次语义特征,然后特征图输入 ASPP 模块融合多尺度特征,解码器部分 v3+在对 ASPP 的结果上采样时,也融合了部分低层次的特征以丰富空间细节信息。DeepLab v3+网络结构示意图,如图 11.44 所示。

DeepLab v3+的重要创新之处在于将空洞卷积和深度可分离卷积结合在一起,提出了新型的空洞可分离卷积。这种新型卷积运算不但能以任意分辨率提取特征,还降低了计算复杂度,有利于网络深度的提升以增强表达能力。

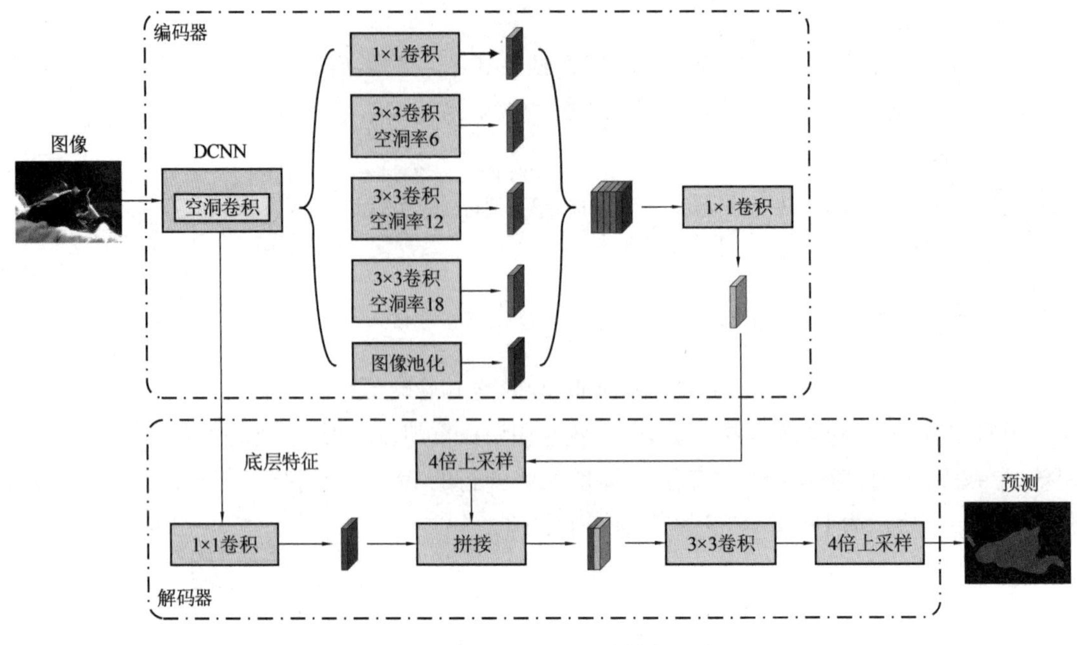

图 11.44　DeepLab v3+网络结构示意图

习　题

1. 分析图像处理、计算机视觉和计算机图形学的概念异同点，并分别列举其应用实例。

2. 简述图像分类的特征提取方法和模式分类方法。

3. 使用 PyTorch 或 TensorFlow 搭建一个简单的 LeNet 网络，并进行简单的 Mnist 手写数字识别。

4. 简述基于深度神经网络的目标检测关键流程。

5. 简述 Faster R-CNN 中 RPN 网络的基本原理。

6. 分析基于深度神经网络的目标检测和语义分割在概念、目标和网络结构方面的异同点。

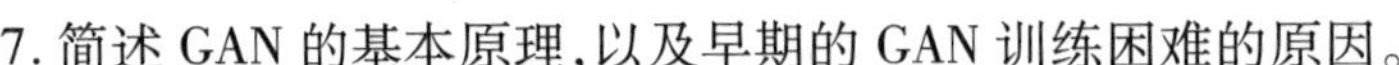

7. 简述 GAN 的基本原理，以及早期的 GAN 训练困难的原因。

12 自然语言处理

12.1 概述

自然语言处理(Natural Language Processing, NLP)是根植于计算机科学、语言学与数学等多门学科的一门新兴学科,其研究内容主要是自然语言信息处理,也就是人类语言活动中信息成分的发现、提取、存储、加工与传输。

自然语言处理的目标是让计算机处理或者"理解"自然语言,以完成有意义的任务,例如订机票、购物或者同声传译等。完全理解和表达语言是极其困难的,完美的语言理解等价于实现人工智能。自然语言处理一般至少包含语义理解和语言生成两个部分。语义理解是机器能够理解人类的语言,懂得其中的含义。语言生成则是机器能够生成人类可以理解的语言,完成与人的交互。设计语义理解的方向又包括语音识别(Speech Recognition)、词性标注(Part-of-Speech Tagging)、语法分析(Parsing)、机器翻译(Machine Translation)等。设计语言生成的方向还包括语音合成(Speech Synthesis)、对话生成(Dialogue Generation)等。宏观上说,这些都是自然语言处理的研究反向。

12.1.1 自然语言处理的概念及构成

用自然语言进行交流,不管是以文字的形式,还是以交谈的形式,都非常依赖于参与者的语言技能、感兴趣的领域知识和领域内的谈话预期。理解语言不只是对文字的翻译,还需要推测说话人的目的、知识和假设,以及交谈的上下文语境。实现一个自然语言理解程序需要表示出所涉及领域中的知识和期望,并能进行有效的推理,还必须考虑一些重要的问题,如非单调、信念改变、比喻、规划、学习和人类交互的实际复杂性。然而,这些问题正是人工智能本身的核心问题。

自然语言理解中(至少)有 3 个主要问题:第一,需要具备大量的语言知识。语言动作描述的是复杂世界中的关系,关于这些关系的知识,必须是理解系统的一部分。第二,语言是基于模式的。音素构成单词,单词组成短语和句子,音素、单词和句子的顺序不是随机的,没有对这些元素的一种规范性的使用,就不可能达成交流。第三,语言动作是主体(agent)的产物。或者是人,或者是计算机,主体处在个体层面和社会层面的复杂环境中,语言动作都是有其目的性的。

一方面,语言学是以人类语言为研究对象的学科。它的探索范围包括语言的结构、语言的运用、语言的社会功能和历史发展,以及其他与语言有关的问题。如果计算机能够理解、处理自然语言,那么人机之间的信息交流就能够以人们熟悉的本族语言进行,这将是计算机技术的一项重大突破。另一方面,由于创造和使用自然语言是人类高度智能的表现,因此对自然语言处理的研究也有助于揭开人类高度智能的奥秘,深化对语言能力和思维本质的认识。自然语言理解这个研究方向,在应用和理论两个方面都具有重大意义。从学术角度看,自然语言处理旨在模拟人类语言理解和产生的认知机制。自然语言处理典型应用场景包括语音识别、口语理解、对话系统、词汇分析、语法分析、机器翻译、知识图谱、信息检索、问答、情感分析、社会计算、自然语言生成和自然语言摘要等。自然语言是专门为传达含义或语义而构建的系统,其本质是象征性或离散性系统。自然语言的表面或可观察的"物理"信号总是以符号的形式出现,被称为文本。

12.1.2 自然语言理解过程的层次

自然语言虽然表示成一连串的文字符号或一连串的声音流,但其内部实际上是一个层次化的结构,从自然语言的构成中就可以清楚地看到这种层次性。一个用文字表达的句子的层次是词素→词或词形→词组或句子,而用声音表达的句子的层次则是音素→音节→音词→音句,其中每个层次都要受到语法规则的制约。因此,自然语言的分析和理解过程也应是一个层次化的过程。许多现代语言学家把这一过程分为 3 个层次,分别是词法分析、句法分析和语义分析。如果接收的是语音流,那么在上述 3 个层次之前还应加入一个语音分析层。语音分析就是根据音位规则,从语音流中区分出一个个独立的因素,再根据音位形态规则找出一个个音节及其对应的词素或词。虽然这种层次之间并非完全隔离的,但是这种层次化的划分的确有助于更好地体现自然语言本身的构成。

语言,即语料信息,是语言学研究的内容,是人类区别其他动物的本质特性。自然语言是指人类本身使用的语言,是人类在与大自然的搏斗中,为充分表达思想、交流信息而自然形成的交流根据。人类的多种智能都与语言有着密切的关系。人类的逻辑思维以语言为形式,人类的绝大部分知识也是以语言文字的形式记载和流传下来的。因而,它也是人工智能的一个重要甚至核心部分。语言是构成语料库的基本单元,所以简单地使用文本作为替代,并把文中的上下文关系作为现实世界中语言的上下文关系的替代品。把一个文本集合称语料库(Corpus),当有几个这样的集合时,称为语料库集合(Corpora)。语言的生成就是机器要能够生成人类可以理解的语言,完成与人的交互。

语言理解是人工智能中极其活跃的研究领域,也是研究开发新一代人工智能计算机必须面对的研究课题。

12.2 词法分析

词法分析是理解单词的基础,其主要目的是从句子中切分出单词,找出词汇的各个词素,从中获得单词的语言学信息并确定单词的词义,如 unchangeable 是由 un-change-able 构成的,其词义由这 3 个部分构成。不同的语言对词法分析有不同的要求,例如,英语和汉语就有较大的差距。词是最小的能够独立运用的语言单位,如图 12.1 所示,因此,词法分析是其他一切自然语言处理问题(如句法分析、语义分析、文本分类、信息检索、机器翻译、机器问答等)的基础,会对后续问题产生深刻的影响。

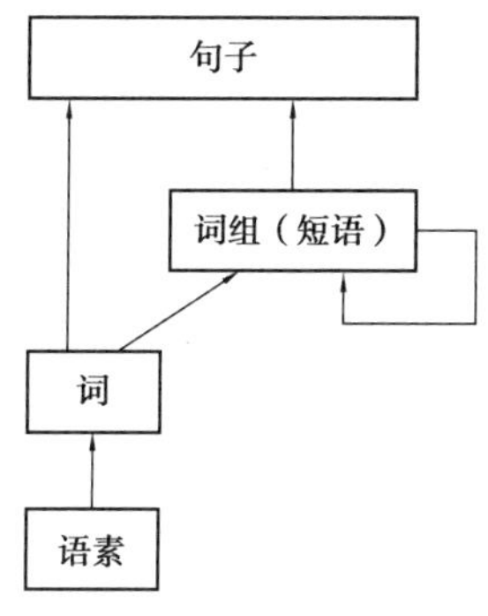

图 12.1　语素的组成

词法分析的任务是:将输入的句子字串转换成词序列并标记出各词的词性。从形式上看,词是稳定的字的组合。值得注意的是,这里所说的"字"并不仅限于汉字,也可以指标点符号、外文字母、注音符号和阿拉伯数字等任何可能出现在文本中的文字符号,所有这些字符都是构成词的基本单元。很明显,不同的语言词法分析的具体做法是不同的,见表 12.1。

表 12.1　英语和汉语词法分析对比

语　言	英语(曲折语)	汉语(孤立语)
特点	①空格隔开,无须分词 ②用词形态变化来表示语法关系	①词与词紧密相连,没有明显的分界标志 ②词形态变化小,靠词序或虚词来表示
词法分析	①英文词识别、词形还原 ②未登录词识别 ③词性标注	①分词 ②未登录词识别 ③词性标注

中文分词词法分析包括两个主要任务:一是自动分词:将输入的汉字串切成词串;二是词性标注:确定每个词的词性并加以标注。两个任务又分别面临着一些问题:一是自动分词:歧义问题、未登录词问题、分词标准问题;二是词性标注:词性兼类歧义问题。

1)自动分词技术

处理这些问题的方法依然有 3 种:规则法、概率统计法、深度学习法。在这里,值得注意的是,由于不同的方法有其不同的优势和短板,因此,一个成熟的分词系统,不可能单独依靠某一种算法来实现,而是需要综合不同的算法来处理不同的问题。上面提到,自动分词面临着 3 个问题:歧义问题、未登录词问题、分词标准问题,下面将对它们一一进行解释。

(1)歧义问题

这里的歧义指的是切分歧义:对同一个待切分字符串存在多个分词结果。歧义分为交集型歧义、组合型歧义和混合歧义。

①交集型歧义:字串 abc 既可以切分成 a/bc,也可以切分成 ab/c。其中,a,bc,ab,c 是词。

例 12.1

“白天鹅”——“白天/鹅”“白/天鹅”；

“研究生命”——“研究/生命”“研究生/命”。

至于具体要取哪一种分词方法，需要根据上下文推断。也许对于我们来说，这些歧义很好分辨，但是对于计算机而言，这是一个很重要的问题。针对交集型歧义，提出链长这一概念：交集型切分歧义所拥有的交集串的个数称为链长。

例 12.2

“中国产品质量”：{国、产、品、质}，链长为 4；

“部分居民生活水平”：{分、居、民、生、活、水}，链长为 6。

②组合型歧义：若 ab 为词，而 a 和 b 在句子中又可分别单独成词。

例 12.3

“门把手弄坏了”——“门/把手/弄/坏/了”“门/把/手/弄/坏/了”；

“把手”本身是一个词，分开之后又可以分别成词。

③混合歧义：以上两种情况通过嵌套、交叉组合等而产生的歧义。

例 12.4

“这篇文章写得太平淡了”其中“太平”是组合型歧义，“太平淡”是交集型歧义。

通过上面的介绍可以看出，歧义问题在汉语中是十分常见的。

(2)未登录词问题

未登录词是指词典中没有收录过的人名、地名、机构名、专业术语、译名、新术语等。该问题在文本中的出现频度远高于歧义问题。

未登录词类型：

①实体名称：汉语人名(张三、李四)、汉语地名(黄山、韩村)、机构名(外贸部、国际卫生组织)；

②数字、日期、货币等；

③商标字号(可口可乐、同仁堂)；

④专业术语(万维网、贝叶斯算法)；

⑤缩略语(五讲四美、计生办)；

⑥新词语(美刀、卡拉 OK)。

未登录词问题是分词错误的主要来源。

(3)分词标准问题

分词标准对“汉语中什么是词”这个问题，不仅普通人有词语认识上的偏差，即使是语言专家，在这个问题上依然有不小的差异。“缺乏统一的分词规范和标准”这种问题也反映在分词语料库上，不同语料库的数据无法直接拿过来混合训练。

在英语中，词性分析是要找出词汇的各个词素，从中获得语言学信息，如 unchangeable 是由 un-change-able 组成的。在英语等语言中，找出句子中的一个个词汇是一件很容易的事情，因为词与词之间是用空格来分隔的。但是要找到各个词素就复杂得多，如 importable，它可以是 im-port-able 或 import-able，这是因为 im，port 和 import 3 个都是词素。而汉语中要找出词素则相对容易些，因为汉语中每个字就是一个词素。

通过词法分析可以从词素中获取许多语言学信息。一方面，英语中词尾的词素“s”通常表示名词复数信息或动词的第三人称单数，“ly”是副词的后缀，而“ed”通常是动词的过去式与过去分词等，这些信息对词法分析都是非常有用的。另一方面，一个词可以有许多的派生、变形。如 work，可变化出 works，worked，working，worker，workings，workable 等。这些词全部放入词典将是十分庞大的，但它们的词根只有一个。

通过上述分析可知，词法分析具有以下优势：

①更灵活的颗粒度。词法分析模型在保证大粒度词汇的同时也保证了基本词汇的原子性，在识别专有名词和领域新词上的效果更佳。

②海量数据建模。百亿级的点击反馈，海量训练样本，对算法在复杂多变的应用场景下的适配性和效果稳定性进行了有力的提升。

③定制自由。用户可根据需求对分词效果进行自主定制和干预，专名实体类目可自由定制，有利于个性化的分词和专名识别系统打造。

2）词性标注

词性标注即在给定的句子中判定每个词最合适的词性标记。词性标注的正确与否将会直接影响后续的句法分析、语义分析，是中文信息处理的基础性课题之一。常用的词性标注模型有 N 元模型、隐马尔科夫模型、最大熵模型、基于决策树模型等。其中，隐马尔科夫模型（Hidden Markov Model，HMM）是应用较广泛且效果较好的模型之一，因此，这里主要对基于 HMM 的词性标注方法进行讲解。

实现基于 HMM 的词性标注方法时，模型的参数估计是其中的关键问题。假设输出符号表由单词构成（即词序列为 HMM 的观察序列），如果某个对应的“词汇-词性标记”都没有被包含在词典中，那么，就令该词的生成概率（符号发生概率）为 0，否则，该词的生成概率为其可能被标记的所有词性个数的倒数，即

$$b_{j,t}=\frac{b_{i,l}^{*}c(w^{l})}{\sum w^{m}b_{j,m}^{*}c(w^{m})} \tag{12.1}$$

其中，$b_{i,l}$ 为 l 由词性标注 j 生成的概率；$c(w^{l})$ 为词 w^{l} 出现的次数，分母为在词典中所有词汇范围的求和，而

$$b_{j,t}^{*}=\begin{cases}0, & \text{如果 } t^{j} \text{ 不是词 } w^{l} \text{ 所允许的词性}\\ \dfrac{1}{T(w^{l})}, & \text{其他情况}\end{cases} \tag{12.2}$$

其中，$T(w^{l})$ 为词 w^{l} 允许标记的词性个数。

对于词性标注任务来说，已知的单词序列 $w_1,w_2,\cdots,w_m$ 为观察值序列，词性序列 $t_1,t_2,\cdots,t_m$ 为隐含着的状态序列。训练过程实际就是统计词性转移矩阵 $[a_{ij}]$ 和词性到单词的输出矩阵 $[b_{ik}]$，而求解的过程实际上就是用维特比算法求可能性最大的状态序列。假设 W 是分词后的词序列，T 是 W 某个可能的词性标注序列，其中，T^{*} 为最终的标注结果，即概率最大的词性序列，则有

$$W=(w_1,w_2,\cdots,w_m),T=(t_1,t_2,\cdots,t_m),T^{*}=\text{argmax}\ P(T|W) \tag{12.3}$$

根据贝叶斯定理

$$P(T|W)=\frac{P(T)P(W|T)}{P(W)} \tag{12.4}$$

则有

$$T^* = \text{argmax}\frac{P(T)P(W|T)}{P(W)} \tag{12.5}$$

对一个给定的词序列，其词序列的概率 $P(W)$ 对任意一个标记序列都是相同的，因此，可以在计算 T^* 时忽略它，则

$$T^* = \text{argmax}P(T)P(W|T) \tag{12.6}$$

进行 N 元语法假设，可得

$$P(T)P(W|T) \approx \prod_{i=1}^{m} p(w_i|w_1t_1\cdots w_{i-1}t_{i-1}t_i)p(t_i|w_1t_1\cdots w_{i-1}t_{i-1}) \tag{12.7}$$

在此，利用二元语法模型即一阶隐马尔科夫模型，则有

$$\begin{aligned} p(w_i|w_1t_1\cdots w_{i-1}t_{i-1}t_i) &= p(w_i|t_i) \\ p(t_i|w=_1t_1\cdots w_{i-1}t_{i-1}) &= p(t_i|t_{i-1}) \end{aligned} \tag{12.8}$$

所以

$$T^* = \text{argmax}\prod_{i=1}^{m} p(w_i|t_i)p(t_i|t_{i-1}) \tag{12.9}$$

其中，$P(w_i|t_i)$ 指的是词性为 t_i 的词 W_{ip} 的概率；$P(t_i|t_{i-1})_j$ 则是指词性 t_{i-1}，到词性 t_i 的转移概率。可以利用最大似然度估计从相对频度来估计这两个概率：

$$\begin{aligned} p(w_i|t_i) &= \frac{c(w_i,t_i)}{c(t_i)} \\ p(t_i|t_{i-1}) &= \frac{c(t_{i-1},t_i)}{c(t_{i-1})} \end{aligned} \tag{12.10}$$

12.3 句法分析

句法的研究源远流长，关于梵语的 Panini 语法是两千多年以前写成的，至今它还是梵语教学的重要参考书。不过，与此形成鲜明对照的是，Geoff Pullum 在他最近的谈话中却说，“大多数受过教育的美国人认为英语语法中的几乎一切的东西都是错误的”。“句法”(Syntax)这个单词来自希腊语的 syntaxis，它的意思是“放在一起或者安排”，指把单词安排在一起的方法。句法分析有两个主要的新思想：组成性(Constituency)和语法关系(Grammatical Relations)。组成性的基本思想在于，单词的组合可以具有如一个单独的单位或短语一样的功能，这样的单词组合称为成分(Constituent)。

句法分析是对句子或短语的结构进行分析，以确定构成句子的各个词、短语等之间的相互关系以及各自在句子中的作用等，并将这些关系用层次结构加以表述。例如，确定一个句子中每个动词的主语和宾语，以及每个修饰性的词语或短语所修饰的成分。在对一个句子进行分析的过程中，如果把句子各成分间关系的推导过程用树形图表示出来，那么这种图称为句法分析树。也就是说，句法分析的过程是构造句法分析树的过程，对每个输入句子通过构造句法树完成对它的分析。

句法分析的方法主要有两大类：一类是基于规则的方法；另一类是基于统计的方法。基于规则的方法主要是短语结构法、乔姆斯基语法、递归转移网络和扩充转移网络、词汇功能语

法。其中,短语结构法是各种理论和方法的基础。这里只简短地介绍短语结构法、乔姆斯基语法、递归转移网络和扩充转移网络以及词汇功能语法。

12.3.1 短语结构语法

一种语言就是一个句子集,它包含属于这种语言的全部句子,而语法是对这些句子的一种有限的形式化描述。可以利用一种基于生产式的形式化工具对某种语言的语法进行描述。这种被用来描述或定义形式语言和自然语言的工具就称为短语结构语法或产生式语法。

一部短语结构的语法 G 可以用一个四元组来定义:

$$G = (V_t, V_n, P, S) \tag{12.11}$$

其中,V_t 是终结符的集合,终结符是指被定义的语言的词或符号;V_n 是非终结符的集合,这些集合符号不能出现在最终生成的句子中,是专门用来描述语法的。V_t 和 V_n 的并"∪"构成了符号集 V,称为总词汇表,且 V_t 和 V_n 不相交,因此有:$V = V_t \cup V_n, V_t \cap V_n = \varnothing$;$P$ 为如下形式的有穷产生式集:

$$\alpha \to \beta \tag{12.12}$$

其中,$\alpha \in V^* V_n V^*$,* 表示它前面的字符可以出现任意次;S 为非终结符表 V_n 的一个元素,称为起始符。

由上述定义可得,采用短语结构语法所定义的某种语言的语法是由一系列产生组成的。下面是采用短语结构语法对一个英语子集(受限英语)的语法描述:

例 12.5

$$G = (V_t, V_n, P, S)$$

Vn = {S, NP, VP, Det, N, V, Prep, PP}

Vt = {the, girl, letter, pencil, write, with, a}

S = S

P:

①S → NP VP

②NP → Det N

③VP → V NP

④VP → VP PP

⑤PP → Prep NP

⑥Det → the |a

⑦N → girl |letter| pencil

⑧V → write

⑨Prep → with

这一语法所描述的英语子集中,只有 the,girl,letter,pencil,write,with,a 几个单词。

12.3.2 乔姆斯基形式语法

句法分析的任务是确定句子的句法结构或句子中词汇之间的依存关系,主要包括 3 种:完全句法分析、局部句法分析、依存关系分析。其中,前两种句法分析是对句子的句法结构进行分析(也称为短语结构分析),而后一种句法分析则是对句子中词汇之间的依存关系进行分析。

在完全句法分析任务中，已得了曾进行过词法分析的句子，目的是得到句子的句法结构，通常用短语结构树来表示，如图 12.2 所示。

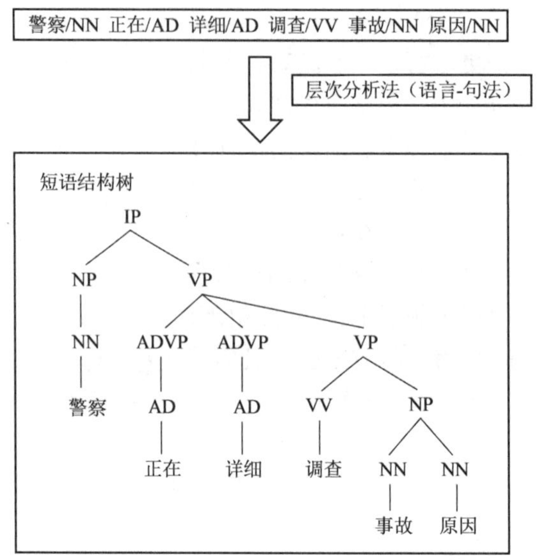

图 12.2　短语结构树示例

解决该任务的方法依然是提到过的 3 种方法：规则法、概率统计法、深度学习法（多数 NLP 问题的解决方法都是这 3 种）。那么，在图 12.2 中，通过一个叫作“层次分析法”的方法将已经进行过词法分析的句子处理为一棵短语结构树。

层次分析法就是利用语言学，从句子结构层面对句子进行分析：

①将句子分为主语、谓语、宾语、定语、状语、补语 6 个成分；

②以词或词组作为划分成分的基本单位；

③根据 6 个成分的搭配排列按层次顺序确定句子的格局。

一般来说，以树结构表示结果，将其称为句法分析树（也就是上文提到的短语结构树）。分析时，往往找出主语和谓语作为句子的主干，以其他成分作为枝叶，描述整个句子的结构。例如，如图 12.3 所示的例子：“我弟弟已经准备好了一切用品。”

我 弟弟	已经 准备 好了	一切 用品
（主语）	（谓语）	
我（定语） 弟弟（主语）	准备（谓语） 好了（补语）	（宾语）
	已经（状语） 准备（谓语）	一切（定语） 用品（宾语）

图 12.3　层次分析示例

层次分析法枝干分明，便于归纳句型。然而，这种方法会产生大量的歧义，例如，对“新桌子和椅子”，它会产生歧义“新桌子”“和椅子”或者“新”“桌子和椅子”，如图 12.4 所示。

此外，层次分析法还面临着很多困难：

①在汉语中，词类跟句法成分之间的关系比较复杂，除了副词只能作状语（一对一），其余

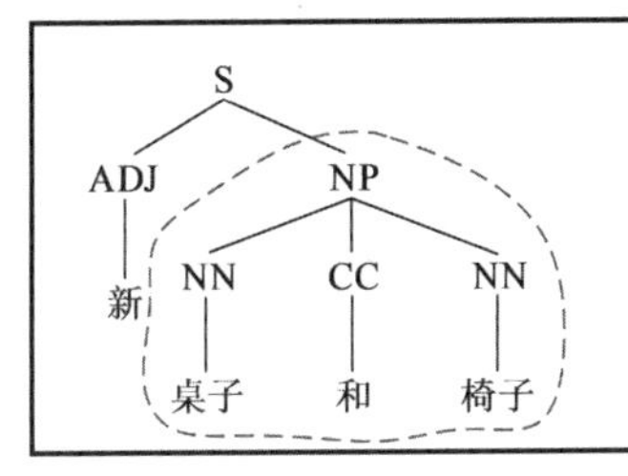

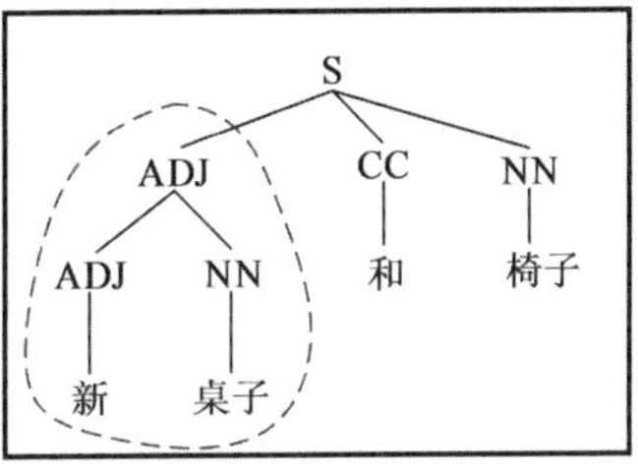

图 12.4 层次分析中歧义示例

的都是一对多,即一种词类可以作多种句法成分。

②词存在兼类。例如:“每次他都会在会上制造新闻。”其中,第一个“会”是名词,表示会议;第二个“会”是动词,表示能够。

③短语存在多义在完全句法分析中,Chomsky 形式文法是极为重要的理论。Chomsky 形式语言自诞生之日起至今,历经古典理论、标准理论、扩充式标准理论、管辖约束理论和最简理论 5 个阶段的发展变化。它在语言学界产生了重大影响,被誉为一场 Chomsky 式的革命。其影响力波及语言学之外的心理学、哲学、教育学、逻辑学、翻译理论、通信技术、计算机科学等领域。

短语结构语法具有较强的描述能力,它可以用来描述任何一种递归可枚举的语言,而这些语言却不可能递归。也就是说,尽管能建立一种语法,但编写不出一个程序,用以判断一个输入该程序的符号串是否由该语法所定义的语言中的一个句子。对这样的语言,人们就不可能编写程序,用计算机实现对其进行自动语法分析。为了实现对语言的自动分析,人们希望对短语结构语法进行一些限制或约束,使其所描述的语言是可递归的,这样就可以通过编写程序对这些语言进行自动分析。乔姆斯基语法体系是一组受限的短语结构语法。

乔姆斯基曾定义了 4 种语法:0 型语法、1 型语法、2 型语法、3 型语法。

①0 型语法:一种无约束的短语结构语法。

②1 型语法:也称上下文有关语法,是一种满足下列约束条件的短语结构语法:对每一条形式为 $x \rightarrow y$ 的产生式,符号串 y 中所包含的字符个数不少于字符串 x 中所包含的字符个数,而且 x,y 属于 V^*。

③2 型语法:也称上下文无关语法,是一种满足下列约束条件的短语结构语法:对每一条形式为 $A \rightarrow x$ 的产生式,其左侧必须是一个单独的非终结符,而右侧则是任意的符号串,即 $A \in V_n, x \in V^*$。在这种语法中,由于产生式规则的应用不依赖于符号 A 所处的上下文,因此称为上下文无关语法。

④3 型语法:也称正则语法,分左线性语法和右线性语法两种形式。在左线性语法中,每一条产生式的形式为 $A \rightarrow Bt$ 或 $A \rightarrow t$,而在右线性语法中,每一条产生式的形式为 $A \rightarrow tB$ 或 $A \rightarrow t$,这里的 A 和 B 都是单独的非终结符,t 是单独的终结符,即 $A,B \in V_n, t \in V_t$。

在这 4 种语法中,型号越高,所受的约束就越多,其生成语言的能力就越弱,因而生成的语言集就越小,也更容易对其生成的语言进行计算机自动分析。

12.3.3 递归转移网络与扩充转移网络

递归转移网络是对有限状态转移网络的一种扩展,在递归转移网络中每条弧的标注不仅可以是一个终结符(词或词类),也可以是一个用来指明另一个网络名字的非终结者。

其中，X^*表示符号 X 可以出现零次或多次。这 3 条语法规则可以使用如图 12.5 所示的递归网络来表示。

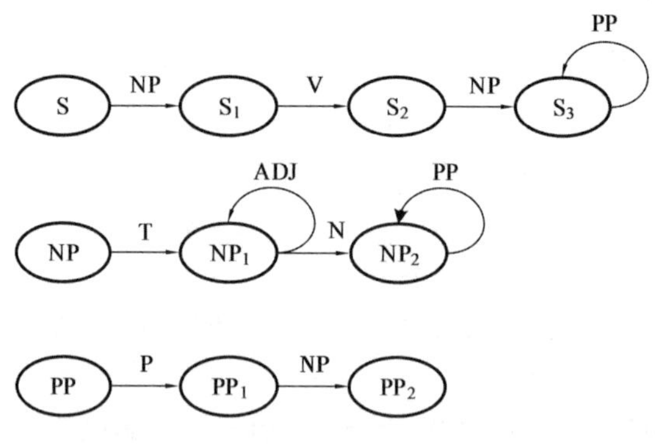

图 12.5　递归转移网络

需要注意的是，在递归转移网络中，任何一个子网络都可以调用包括它自己在内的任何其他子网络。在图 12.5 中，表示名词短语 NP 的子网络中包含了介词短语 PP，而在表示 PP 子网络中又包括了 NP。这种在 NP 的定义中包含了 NP 自身的定义叫作递归定义。相应的状态转移网络叫作递归转移网络。

从生成能力上看，递归转移网络等价于上下文无关语法。但是要用来分析自然语言，还必须在功能上予以增强，以便它可以描写各式各样的语法限制以及在识别过程中同时构造输入句子的句法结构。功能增强的递归转移网络就是下面要介绍的扩充转移网络。

扩充转移网络属于一种增强的上下文无关语法，它的基本思想是继续采用上下文无关语法来描写句子的成分结构；但对语法中的个别产生式增添了某些功能，主要是描写某些必要的语法限制，并建立句子的深层结构。扩充转移网络语法已被自然语言处理系统广泛采用。扩充转移网络是由一组网络构成的递归转移网络，每个网络都有一个网络名，它在以下 3 个方面对递归转移网络进行了扩充。

①增加了一组寄存器，用以存储分析过程中得到的中间结果和有关信息。

②每条弧上除了用句法范畴来标注外，还可以附加任意的测试，只有当弧上的这种测试成功之后才能通过这条弧。

③每条弧上还可以附加某些操作，当通过一条弧时，相应的动作便被依次执行，这些动作主要用来设置或修改寄存器的内容。

ATN 的每个寄存器由两个部分构成：句法特征寄存器和句法功能寄存器。

①特征寄存器中包含许多维的特征，每一维特征都由一个特征名和一组特征值以及一个默认值表示。如“数”的特征维可有两个特征值“单数”和“复数”，默认值可以是空值。可以使用一维特征值来表示英语中动词的各种形式。

②功能寄存器则反映了句法成分之间的关系和功能。分析树的每个节点都有一个寄存器，寄存器的上半部分是特征寄存器，下半部分是功能寄存器。

12.3.4　词汇功能语法

词汇功能语法是语言学中诸多语法理论之一，强调语法功能（如主语、宾语等）和词汇在语法中的核心地位，并提出语言中各个结构（语音、功能、讯息、语意、论元等）是平行存在且相互对应的。该理论除了运用在世界上各种语言语法的描写分析,还广泛使用在计算机语言学领域。近十年来,在第二语言习得领域兴起的语言处理理论也是以词汇功能语法理论为基础的。

以乔姆斯基为代表的转换语法理论对现代语言学的影响很大,但它适合于语言的生成,因为用它来对语言进行分析不仅困难而且效率很低,所以在实际的语法分析系统中很少得到真正的应用。计算机语言学陆续提出了一批新的语法理论,其中最引人注目的有词汇功能语法、功能合一语法、广义短语结构语法等。这些新的语法理论将对自然语言的计算机分析和生成产生巨大的影响。其中,词汇功能语法最具代表性。

词汇功能语法是一种功能语法,但是更加强调词汇的作用。上面介绍的扩充转移网络是有方向性的,也就是说,扩充转移网络语法的条件和操作要求语法的使用是有方向的,因为只有在寄存器被设置后才可被访问。而词汇功能语法试图通过互不矛盾的多层描述来消除这种有序性限制,它利用一种结构来表达特征、功能、词汇和成分的顺序。

在词汇功能语法中,对句子的描述包括两个部分:直接成分结构和功能结构。直接成分结构是由上下文无关语法产生的,用来描述表层句子的层次结构。功能结构则是通过附加到语法规则和词条定义上的功能方程来生成的,其作用是表示句子的结构功能。

词汇功能语法采用两种规则:一种是带有功能方程式的上下文无关语法规则;另一种是词汇规则。表 12.2 给出了词汇功能语法的语法规则,它是带有功能方程式的上下文无关语法。

表 12.2 词汇功能语法的语法规则

<table>
<tr><td>(1)</td><td>S → NP　　VP
(↑ Subject) = ↓　　↑ = ↓</td></tr>
<tr><td>(2)</td><td>NP → Determiner Noun</td></tr>
<tr><td>(3)</td><td>VP → Verb　　NP　　NP
↑ = ↓　　(↑ Object) = ↓　　(↑ Object2) = ↓</td></tr>
</table>

其中,符号↑和↓称为元变量。↑表示当前成分的上一层次的直接成分,如规则中 NP 的↑就是 S,VP 的↑也是 S。↓则表示当前成分。因此,规则(1)中的第一个方程式(↑Subject) = ↓就可解释为把 NP 的属性传递给 S 的 Subject 特征。第二个方程式↑ = ↓表示将 VP 的所有属性传递给它的上一成分 S。

用词汇功能语法对句子进行分析的过程如下:

①用上下文无关语法分析获得直接成分结构,不考虑语法中的方程式;该直接成分结构就是一棵直接成分树。

②将各个非叶节点定义为变量,并用这些变量置换词汇规则和语法规则中功能方程式的元变量(↑或↓),建立功能描述,这一描述实际上就是一组功能方程式。

③对方程式作代数变换,求出各个变量,获得功能结构。

12.4 语义分析

句法分析通过后并不等于已经理解了所分析的句子,至少还需要进行语义分析,把分析得到的句法成分与应用领域中的目标表示相关联,才能产生正确唯一的理解。简单的做法就是依次使用独立的句法分析程序和语义解释程序。这样做的问题是,在很多情况下,句法分析和语义分析相分离,常常无法决定句子的结构。为有效地实现语义分析,并能与句法分析紧密结合,研究者们给出了多种进行语义分析的方法,这里主要介绍语义文法和格文法。

12.4.1 语义文法

语义文法是将文法知识和语义知识组合起来,以统一的方式定义为文法规则集。语义文法是上下文无关的,形态上与面向自然语言的常见文法相同,只是不采用 NP、VP 及 PP 等表示句法成分的非终止符,而是使用能表示语义类型的符号,从而可以定义包含语义信息的文法规则。

下面给出一个关于舰船信息的例子,可以看出语义文法在语义分析中的作用。

S→PRESENT the ATTRIBUTE of SHIP

PRESENT→What is can you tell me

ATTRIBUTE→length | class

SHIP→the SHIPNAME | CLASSNAME class ship

SHIPNAME→Huanghe | Changjiang

CLASSNAME→carrier | submarine

上述重写规则从形式上看和上下文无关文法是一样的。其中,用全是大写英文字母表示的单词代表非终止符,用全是小写英文字母表示的单词代表终止符。这里可以看出,PRESENT 在构成句子时,后面必须紧跟单词 the,这种单词之间的约束关系显然表示语义信息。用语义文法分析句子的方法与普通的句法分析文法类似,特别是同样可以用扩充转移网络对句子做语义文法分析。语义文法不仅可以排除无意义的句子,而且具有较高的效率,对语义没有影响的句法问题可以忽略。但是实际应用该文法时需要很多文法规则,因此,一般适用于严格受到限制的领域。

12.4.2 格文法

格文法是由 Filimore 提出的,主要是找出动词和跟动词处在结构关系中的名词的语义关系,同时也涉及动词或动词短语与其他各种名词短语之间的关系。也就是说,格文法的特点是允许以动词为中心构造分析结果,尽管文法规则只描述句法,但分析结果产生的结构却对应于语义关系,而非严格的句法关系。例如,对英语句子

Mary hit Bill.

的格文法分析结果可以表示为

hit (Agent Mary)
(Dative Bill)

在格表示中,一个语句包含的名词词组和介词词组均以它们与句子中动词的关系来表示,称为格。上面的例子中 Agent 和 Dative 都是格,而像"(Agent Mary)"这样的基本表示称为格结构。

在传统文法中,格仅表示一个词或短语在句子中的功能,如主格、宾格等,反映的也只是词尾的变化规则,故称为表层格。如果格表示语义方面的关系,反映句子中包含的思想、观念等,则称为深层格。和短语结构文法相比,格文法更好地描述了句子的深层语义。

无论句子的表层形式如何变化,如主动语态变为被动语态、陈述句变为疑问句、肯定句变为否定句等,其底层的语义关系、各名词成分所代表的格关系都不会发生相应的变化。例如,被动句 Bill was hit by Mary,与上述主动句具有不同的句法分析树,如图 12.6 所示。两者格表示完全相同,这说明这两个句子的语义相同,并实现多对一的源-目的映射。

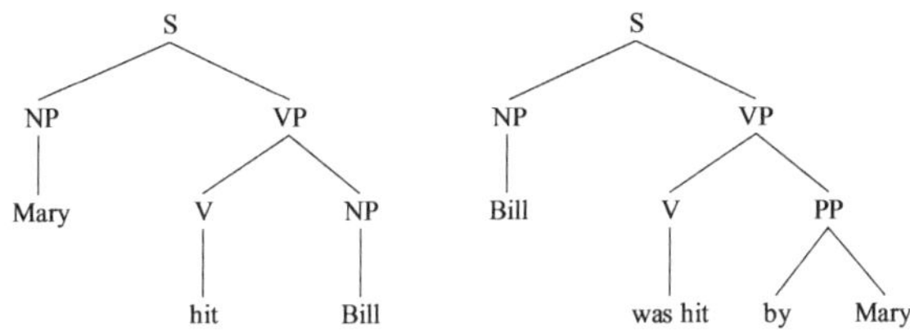

图 12.6　主动句和被动句的句法分析树

格文法和类型层次相结合,可以从语义上对扩充转移网络进行解释。类型层次描述了层次中父子之间的子集关系。根据层次中事件或项的特化(specialized)/泛化(generalized)关系,类型层次在构造有关动词及其宾语的知识,或者确定一个名词或动词的意义时非常有用。在类型层次中,为了解释扩充转移网络的意义,动词具有关键作用。因此,可以使用格文法,通过动作实施的工具或手段来描述动作主体的动作。

习　题

1. 什么是自然语言?自然语言是由哪些要素构成的?
2. 自然语言处理的发展分为几个阶段,各个阶段的重点是什么?
3. 句法分析的目的是什么?
4. 什么是乔姆斯基语法体系?
5. 句法分析的常用算法有哪些?
6. 语义分析的目的是什么?
7. 建立语料库的意义是什么?

习题答案

参考文献

[1] 史忠植. 高级人工智能[M].3 版. 北京:科学出版社, 2011.

[2] 贲可荣,张彦铎. 人工智能[M].3 版. 北京:清华大学出版社, 2018.

[3] 王万良. 人工智能及其应用[M].3 版. 北京:高等教育出版社, 2016.

[4] 张迎森,黄改娟. 人工智能教程[M].2 版. 北京:高等教育出版社, 2016.

[5] 马少平,朱小燕. 人工智能[M]. 北京:清华大学出版社, 2004.

[6] 蔡自兴. 人工智能及其应用[M]. 6 版. 北京:清华大学出版社, 2020.

[7] 周志华. 机器学习[M]. 北京:清华大学出版社, 2016.

[8] 雷明. 机器学习:原理、算法与应用[M]. 北京:清华大学出版社, 2019.

[9] RICHARD S S, ANDREW G B. 强化学习[M]. 北京:中国工信出版社, 2019.

[10] 肖智清. 强化学习:原理与 Python 实现[M]. 北京:机械工业出版社, 2019.

[11] 邱锡鹏. 神经网络与深度学习[M]. 北京:机械工业出版社, 2020.

[12] Ian Goodfellow, Yoshua Bengio, Aaron Courville:深度学习[M]. 赵申剑,黎彧君,符天凡,等译. 北京:人民邮电出版社, 2017.

[13] 陈钢. 空间机械臂建模、规划与控制[M]. 北京:人民邮电出版社, 2019.

[14] 陈孟元. 移动机器人 SLAM、目标跟踪及路径规划[M]. 北京:北京航空航天大学出版社, 2018.

[15] 杨辰光,程龙,李杰. 机器人控制:运动学、控制器设计、人机交互与应用实例[M]. 北京:清华大学出版社, 2020.

[16] SPONG M W, HUTCHINSON S, VIDYASAGAR M. 机器人建模和控制[M]. 贾振中,徐静,付成龙,伊强,译. 北京:机械工业出版社, 2016.

[17] 刘金琨. 智能控制[M]. 4 版. 北京:电子工业出版社, 2017.

[18] 李士勇,李研. 智能控制[M]. 北京:清华大学出版社, 2016.

[19] 韦巍. 智能控制技术[M].2 版. 北京:机械工业出版社, 2016.

[20] 蔡自兴. 智能控制原理与应用[M]. 北京:清华大学出版社, 2007.

[21] 李松斌,刘鹏. 深度学习与图像分析:基础与应用[M]. 北京:科学出版社, 2020.

[22] DANIEL J, JAMES H M. 自然语言处理综论[M]. 2 版. 冯志伟,孙乐,译. 北京:电子工业出版社, 2018.